AF547072

Bruno Brühwiler

Risikomanagement als Führungsaufgabe

Bruno Brühwiler

Risikomanagement als Führungsaufgabe

Umsetzung bei strategischen Entscheidungen und operationellen Prozessen

4., aktualisierte Auflage

Haupt Verlag

Prof. Dr. Bruno Brühwiler, Geschäftsführer und Inhaber der Euro Risk AG in Zürich. Berät seit 20 Jahren Unternehmen (Industrie, Energiewirtschaft, Finanzdienstleistung, Gesundheitswesen) und öffentliche Institutionen (Bund, Kanton, Städte, Versorgungsunternehmen usw.) im Risikomanagement mit Schwerpunkten im strategischen und projektbezogenen Risikomanagement, im Notfall-, Krisen- und Kontinuitätsmanagement, in der Gestaltung des Risikomanagements bei Grossunternehmen sowie in der Ausbildung von Risikomanagern. Er hat über 400 Risikomanagement-Projekte begleitet und mehr als 2500 qualifizierte Risikomanager in mehrtätigen Zertifikatslehrgängen ausgebildet.

Vorsitzender der Working Group *ISO 31000 Risk management – Principles and guidelines* im TC 262 der International Standard Organization (ISO) und Projektleiter des Regelwerkes *ONR 49000 Risikomanagement für Organisationen und Systeme* (4. Version 2014).

Professor für Risikomanagement an der Technischen Hochschule Deggendorf / Bayern, Mitglied der Leitung des Instituts für Risiko- und Compliance-Management. Dozent für Risikomanagement an weiteren in- und ausländischen Hochschulen.

Gründer und heute Ehrenpräsident von *Netzwerk Risikomanagement Schweiz.*

www.eurorisk.ch

4. Auflage: 2016
3. Auflage: 2011
2. Auflage: 2007
1. Auflage: 2003

Bibliografische Information der Deutschen Nationalbibliothek
Die Deutsche Nationalbibliothek verzeichnet diese Publikation in der Deutschen Nationalbibliografie; detaillierte bibliografische Daten sind im Internet über http://dnb.dnb.de abrufbar.

ISBN 978-3-258-07963-9

Umschlaggestaltung: René Tschirren
Satz: Die Werkstatt Medien-Produktion GmbH
Printed in Germany

www.haupt.ch

Dieses Buch ist meiner lieben Familie gewidmet

Meiner Frau Doris und
unseren erwachsenen Söhnen
Rolf und Karl

Zürich, im März 2016

Inhaltsverzeichnis

Übersichtenverzeichnis

Abkürzungsverzeichnis

AKW	Atomkraftwerk
AIA	Automatischer Informations-Ausgleich
ALARP	As low as reasonably practicable
AS/NZS	Australian/New Zealand
ATC	Air Traffic Control
ATIR	Air Traffic Incident Report
ATM	Air Traffic Management
BAV	Bundesamt für Verkehr (Schweiz)
BCM	Business Continuity Management
BMI	Bundesministerium des Innern (Deutschland)
BSI	British Standard Institute
CAPM	Capital Asset Pricing Model
CEN	European Committee for Standardization / Comité Européen de Normalisation
CENELEC	Comité Européen de Normalisation Electrotechnique / European Committee for Electrotechnical Standardization
CGMPS	Current Good Manufacturing Practices
CIRS	Critical Incidents Reporting System
CobiT	Control Objectives Information Technology
COSO	Committee of Sponsoring Organizations of the Teeadway Commission
CSR	Corporate Social Responsibility
DIIR	Deutsches Institut für Interne Revision
DIN	Deutsches Institut für Normung
DoD	Department of Defence (USA)
EBIT	Earnings Before Interest and Tax
EFQM	European Foundation for Quality Management
EG	Europäische Gemeinschaft
EN	Europäische Norm
EU	Europäische Union
EWG	Europäische Wirtschaftsgemeinschaft
ERM	Enterprise Risk Management
F.A.Z.	Frankfurter Allgemeine Zeitung
FERMA	Federation of European Risk Management Associations
FMEA	Failure Mode and Effects Analysis / Fehler-Möglichkeiten und Einfluss-Analyse
GRS	Gesellschaft für Reaktorsicherheit
GRC	Governance, Risk and Compliance
HSE	Health, Safety and Environment

IEC	International Electrotechnical Commission
ISACA	Information Systems Audit and Control Association
ISO	International Standard Organization
ITIL	Information Technology Infrastructure Library
KonTraG	Deutsches Gesetz über die Kontrolle und Transparenz im Unternehmensbereich vom 30. April 1998
MAS	Master of Advanced Studies (Hochschulabschluss)
MIL-STD	Military Standard
NHS	National Health Service (UK)
NPA	Non Prosecution Agreement (Schweizer Banken)
NZZ	Neue Zürcher Zeitung
OEM	Original Equipment Manufacturer
ON	Österreichisches Normungsinstitut
ONR	Regelwerk des Österreichischen Normungsinstituts (ON)
OR	Schweizerisches Obligationenrecht
Q	Quality
QRM	Qualitäts- und Risikomanagement
REACH	Registration, Evaluation, Authorization of Chemicals
RLCG	Richtlinie Corporate Governance (Schweiz)
RPZ	Risikoprioritätszahl
PRA	Probabilistic Risk Assessment
PrSG	Produktsicherheits-Gesetz (Schweiz) vom 1. Juli 2010
PSA	Persönliche Schutzausrüstung
SA	Social Accountablity
SE	Systems Engineering
SEC	Securities Exchange Commission
SNV	Schweizerische Normenvereinigung
SOP	Start of Production / Standard Operation Procedure
SOX	Sarbanes-Oxley Act (USA)
STEG	Bundesgesetz über die Sicherheit von technischen Einrichtungen und Geräten
STEV	Verordnung über die Sicherheit von technischen Einrichtungen und Geräten
StGB	Schweizerisches Strafgesetzbuch
SUVA	Schweizerische Unfallversicherungs-Anstalt
UN	United Nations
UNCED	UN Commission on Environment and Development
USV	Unterbrechungsfreie Stromversorgung
UVEK	Eidgenössisches Departement für Umwelt, Verkehr, Energie und Kommunikation (Schweiz)
VaR	Value at Risk
VSZV	Verordnung über die Sicherheitsuntersuchung von Zwischenfällen im Verkehrswesen (VSZV) vom 17. Dezember 2014 (Stand am 1. Februar 2015)
WEF	World Economic Forum

Vorwort

Seit der Veröffentlichung der 3. Auflage dieses Buches sind fünf Jahre vergangen. Seinerzeit dominierte die Finanzkrise die Diskussionen im Risikomanagement. Warum war diese trotz der umfangreichen regulatorischen Vorgaben im Risikomanagement möglich? Die aufwendigen internen Kontrollsysteme waren offenbar nicht ausreichend wirksam, um dieses weltweite Desaster zu verhindern.

Im März 2011 ereignete sich die Nuklearkatastrophe von Fukushima. Ausgerechnet im führenden Technologieland Japan, wo zudem weltweit die größte Erfahrung mit Erdbeben und Tsunamis vorhanden ist, hat die Katastrophe stattgefunden. Wenn man Fukushima eingehend analysiert, hat die Technik trotz des Erdbebens funktioniert. Aber ein überflutetes Kernkraftwerk kann seine Funktion nicht mehr wahrnehmen. Frühere Fehlentscheidungen betreffend die Wahl des Standortes sowie die Missachtung von Sicherheitsempfehlungen der IAEA betreffend Naturkatastrophen und Tsunamis führten zum verhängnisvollen Verlauf.

Im Januar 2012 lief die Costa Concordia in Giglio / Italien auf Grund. 100 Jahre nach der Titanic spielte wenigstens das Glück mit, indem das havarierte Schiff an die Küstennähe getrieben wurde und dort liegen blieb. Unvorstellbar wären die Folgen gewesen, wenn das Schiff mit 4200 Menschen an Bord nachts auf offenem Meer gesunken wäre. Der Kapitän hat schwere Fehler begangen. Ende Juli 2012 hat die Reederei das Arbeitsverhältnis mit Schettino gekündigt. Sie hat sich von ihm öffentlich distanziert. Die Kreuzfahrtgesellschaft einigte sich im April 2013 mit der italienischen Justiz auf einen strafrechtlichen Vergleich; gegen die Zahlung von einer Million Euro – die Höchstsumme im italienischen Recht – wurden die Ermittlungen gegen das Unternehmen eingestellt. Nach Abschluss des Vergleichs wurde die Reederei auf ihr Verlangen im Prozess gegen ihren Kapitän als Nebenklägerin zugelassen. Schettino wurde am 11. Februar 2015 erstinstanzlich zu 16 Jahren und einem Monat Freiheitsstrafe verurteilt. Dieses Gerichtverfahren hat allerdings mit Risikomanagement nichts mehr zu tun.

Am 15. November 2009 wurde der Internationale Standard ISO 31000 Risk management – Principles and guidelines veröffentlicht. Es wäre vermessen zu behaupten, dass dieser globale Ansatz die vergangenen Krisen und Katastrophen hätte verhindern können. Aber die Tatsache, dass eine solche globale Norm entstanden ist, weist auf die großen Erwartungen an das Risikomanagement hin.

Inzwischen darf ich als Vorsitzender der Arbeitsgruppe ISO TC 262 WG «Core risk management standards» die Weiterentwicklung der ISO 31000 auf globaler Ebene leiten. Eine anspruchsvolle und herausfordernde Aufgabe. Auch die ONR 49000-Serie wurde inzwischen überarbeitet. Mit der Version 2014 entstand ein Regelwerk, das insbesondere in Europa hohe Anerkennung errungen hat.

Inzwischen konnte ich rund 400 Risikomanagement-Projekte in Industrie, Energiewirtschaft, Finanz- und Gesundheitswesen leiten, rund 2500 Risikomanager in mehrtägigen Weiterbildungslehrgängen qualifizieren und hunderte von Studierenden an der Technischen Hochschule in Deggendorf (Bayern) sowie an anderen Universitäten und Fachhochschulen unterrichten.

Dieses Buch ist ein Ergebnis langjähriger und zielgerichteter Arbeiten im Risikomanagement, wo sich nun Praxis und Theorie miteinander verbinden. Ich wünsche mir, dass viele Menschen an meinen Erkenntnissen und Erfahrungen teilhaben können.

Ein sehr herzliches Dankeschön gehört meiner lieben Doris. Sie hat mich – einmal mehr – mit ihren sprachlichen Fähigkeiten und mit dem seit vielen Jahren gewachsenen Verständnis für mein komplexes Fachgebiet tatkräftig unterstützt. Sie war auch bei dieser vierten, überarbeiteten Auflage des Buches unentbehrlich.

Zürich, im März 2016
Bruno Brühwiler

1 Einführung

1.1 Für eine bessere Welt

Die aktive Auseinandersetzung mit dem Risiko beschäftigt uns in den vergangenen Jahren immer mehr. Dabei stellt sich die Frage, ob die Welt unsicherer geworden ist oder ob es am Menschen und seiner geschärften, subjektiven Risikowahrnehmung liegt. Es dürfte wohl beides zutreffen, wenn wir uns heute mit dem Risiko und dem Risikomanagement intensiver beschäftigen.

Der World Economic Risk Report 2015 bzw. das WEF selbst versteht sich als Organisation «Committed to Improving the State of the World". Diese jährlich angepassten Risikoberichte unterschieden zwischen ökonomischen, umweltspezifischen, geopolitischen, gesellschaftlichen und technologischen Risiken. Die Lektüre der WEF Risk Reports ist nicht gerade aufmunternd. Es sind in unserer Welt zu viele Herausforderungen entstanden, mit denen sich der Mensch schwer tut.

Dieses Buch kann die Welt nicht verbessern. Es beschäftigt sich jedoch eingehend mit dem Management von Risiken in öffentlichen Organisationen und privaten Unternehmen. Dabei handelt sich um einen Ausschnitt aus der gesellschaftlichen Wirklichkeit. Aber Organisationen und Unternehmen, die Ihre strategischen Ziele erreichen, ihre operationellen Tätigkeiten störungsfrei abwickeln und dabei die rechtlichen Anforderungen und die gesellschaftlichen Erwartungen erfüllen, können maßgeblich dazu beitragen, dass die Menschen ihre Welt, in der sie leben, aufrecht erhalten und vielleicht sogar langfristig leicht verbessern können.

Es stellen sich viele Fragen, auf die man Antworten sucht, um das Risikomanagement mit dem richtigen Hebel anzusetzen: Warum gehen Unternehmen unter, warum werden Projekte in den Sand gesetzt und warum treffen Menschen Fehlentscheidungen, die zu verheerenden Folgen führen können. Das sind die Kernfragen des Risikomanagement.

1.2 Warum gehen Unternehmen unter?

Jim Collins veröffentlichte 2009 eine Untersuchung über den Niedergang von großen amerikanischen Unternehmen. Ausgangslage sind 60 Unternehmensgruppen, die nach besonderen Kriterien weiter selektiert worden sind, sodass am Schluss noch elf Unternehmen Gegenstand seiner Analyse bildeten. Sie erstreckt sich über die Lebensdauer der Gesellschaften, meist mehrere Jahrzehnte. Das Ziel der Untersuchung von Collins bestand darin, das Muster zu verstehen und zu beschreiben, nach welchem Organisationen einen totalen Niedergang erleiden.

Der Niedergang von Großunternehmen verläuft in folgenden fünf Stufen:

Stufe 1: **Hybris Born of Success – Dem Erfolg entspringende Überheblichkeit**

Hybris ist eine menschliche Einstellung und Verhaltensweise, die man mit Überheblichkeit, Selbstüberschätzung, Arroganz oder Vermessenheit übersetzen könnte. In den alten griechischen Tragödien war die Hybris der Auslöser des Untergangs der Hauptfiguren. Menschen und Manager, die der Hybris verfallen, führen den Erfolg eines Unternehmens auf ihren eigenen Einfluss zurück. Sie verlieren die Sicht auf die wirklichen Faktoren und Ursachen, die für den Erfolg verantwortlich sind. Die zu einfache Erklärung des Erfolgs mit der eigenen Fähigkeit ersetzt die vertiefte Analyse und das Verständnis der wirklichen Erfolgsfaktoren. Chance und Glück spielen bei den Ergebnissen eine wichtigere Rolle als es die Verantwortlichen wahrhaben wollen. Die Überschätzung der eigenen Verdienste und Fähigkeiten verblendet ihre Sicht.

Stufe 2: **Undisziplined Pursuit of More – Undisziplinierte Gier nach mehr**

Die Selbstüberschätzung von Stufe 1 entwickelt sich logisch weiter zur Gier nach mehr Wachstum, Einfluss, Gewinn, Ansehen und Status. Das disziplinierte Handeln, das den früheren Erfolg begründet und herbeigeführt hat, wird ersetzt durch Improvisation und Ausweitung von Tätigkeiten weit über die gegebenen Fähigkeiten und Ressourcen hinaus. Die Selbstgefälligkeit und ein aufkommender Widerstand gegenüber Verhaltensänderungen führen zur Stufe 3.

Stufe 3: **Denial of Risk and Peril - Verneinung von Risiko und Bedrohung**

Das Unternehmen erzielt von außen betrachtet weiterhin gute Geschäftsergebnisse. Es gibt jedoch mehr interne Warnzeichen. Diese werden wegargumentiert mit Erklärungen, es gebe vorübergehende Phänomene oder zyklische Schwankungen. Negative Daten und Trends werden verharmlost, positive Elemente übergewichtet und Faktoren, die sich sowohl positiv als auch negativ entwickeln könnten, ins Positive interpretiert.

Stufe 4: **Grasping for Salvation - Griff nach dem Rettungsanker**

Das Zusammentreffen von mehreren unglücklichen Umständen löst einen weitum sichtbaren Niedergang des Unternehmens aus. Die Führung versucht, mit einfachen Rezepten oder mit der Erinnerung an die früheren Tugenden, die zur Größe geführt haben, das Unternehmen zu retten. Dazu gehören unausgereifte Strategien, der Ruf nach radikalem Wandel bis hin zu einer Akquisition, die die verfahrene Situation verändern soll. Dies gelingt in wenigen Fällen, weil die bisherigen Manager persönlich nicht in der Lage sind, einen Kulturwandel bzw. den «Turnaround» herbeizuführen.

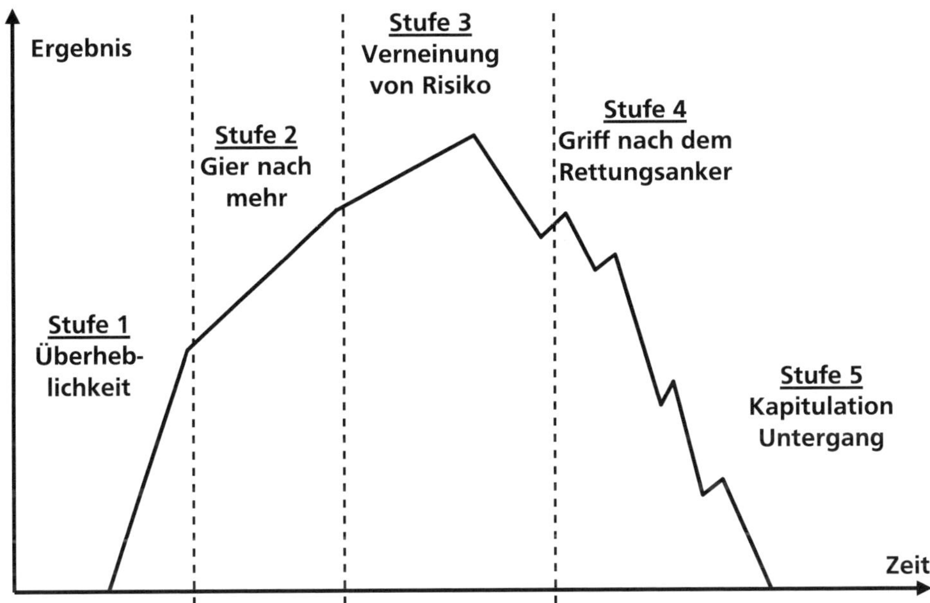

Übersicht 1: Muster der Selbstüberschätzung

Stufe 5: Capitulation to Irrelevance or Death - Kapitulation und Untergang

Je länger das Unternehmen in Stufe 4 verweilt, desto sicherer ist der Untergang. Er endet in Bedeutungslosigkeit oder in der Insolvenz.

Wenn man die Schweizer Firmengeschichten der letzten Jahre ansieht, passt das Schema von Collins ausgezeichnet zum Untergang der Swissair und zur Rettung der UBS durch den Staat. Die Swissair war für die Schweiz kein systemrelevantes Unternehmen, ihr Untergang hat «nur» die Aktionäre und die Gläubiger geschädigt. Demgegenüber erweisen sich Finanzunternehmen als «systemrelevant» und werden durch den Staat gerettet, wenn ihr Untergang viele andere Unternehmen, Klein- und Mittelbetriebe und Privatpersonen finanziell ruiniert und damit auch reiche Staaten an den Rand der Katastrophe getrieben werden.

Collins schließt die Darstellung seines Untergangsmusters von grossen Unternehmen mit den Worten: «..., we do ourselves a disservice by studying only success. We learn more by examining why a great company fell into mediocrity (or worse) and comparing it to a company that sustained its success than we do by merely studying a successful enterprise. Furthermore, one of the key to sustained performance lies in understanding how greatness can be lost. Better to learn from how others fell than to repeat their mistakes out of ignorance».[1]

1 Collins, 2009, S. 24.

[Wir tun uns einen schlechten Dienst, wenn wir nur Erfolgsgeschichten studieren. Wir lernen mehr, wenn wir erforschen, warum eine großartige Gesellschaft in die Mittelmäßigkeit (oder tiefer) zurückgefallen ist und sie vergleichen mit einer Gesellschaft, die ihren Erfolg aufrechterhalten hat. Ein Schlüssel nachhaltiger Leistung besteht darin, zu verstehen wie Größe verloren gehen kann. Es ist besser, aus dem Untergang von anderen zu lernen als ihre Fehler zu wiederholen und zu ignorieren].

1.3 Warum misslingen Projekte?

Neben dem Hybris-Schema gibt es noch ein weiteres Muster des Versagens, das nicht so sehr in der Selbstüberschätzung seinen Grund hat, sondern in der Unterschätzung der Komplexität der Zusammenhänge bei Systemen und deren Veränderungen. Darunter fallen besonders Innovationen und Projekte mit hohem Neuerungsgrad.

Erfolg oder Misserfolg von Innovationsprojekten sind im Wesentlichen eine Funktion von Fähigkeiten und Ressourcen. Die Fähigkeiten beziehen sich auf die Vorstellungskraft für die Zusammenhänge bzw. die Ursache-Wirkungs-Ketten der vielschichtigen Realität. Als Ressourcen kann man Arbeit, Geld und Zeit bezeichnen. Auch hier gibt es ein Misserfolgs-Schema. Ähnlich wie bei Collins lassen sich mehrere Stufen bzw. Phasen beobachten, die ein Veränderungsprojekt zum Scheitern bringen.

Phase 1: Planung zu optimistisch

Die Analyse, Planung und Durchführung von Veränderungen wird in der Regel sorgfältig angegangen, unter Berücksichtigung der bekannten Einflussfaktoren und beteiligten Personen. Veränderungen, besonders Innovationen stellen für diejenigen, die sie planen und realisieren, meistens eine Chance dar. Die Motivation für die Veränderung ist entsprechend groß, der Optimismus entsprechend vorprogrammiert. Positive Faktoren werden in den Vordergrund gestellt, Schwierigkeiten eher zurückgedrängt. Dieses Verhaltensmuster ist Grundlage für Entscheidungen, Veränderung zu wagen und Fortschritte zu erzielen.

Phase 2: Aufbau Ressourcen verzögert, Komplexität unterschätzt

Nach dem getroffenen Realisierungsentscheid beginnt der Aufbau der Projektressourcen. Diese bestehen aus Arbeitsleistung, finanziellen Mitteln und verfügbarem Zeitrahmen. Da die Komplexität der Innovation bzw. der Veränderung sich als grösser erweist als geplant, werden die Ressourcen nicht in der geplanten Zeit, also verspätet und nicht in der geplanten Qualität, also zu gering bemessen. Es entsteht eine Verzögerung im Ablauf des effektiven Projektes gegenüber den Planwerten.

Phase 3: Meilensteine führen zu Zeitdruck

Innovationen und Veränderungen sind i.d.R. durch Meilensteine eingegrenzt. Wichtige Meilensteine sind «Inbetriebnahme», «Übergabe an den Kunden», «Start der

Produktion». Diese Meilensteine werden vertraglich mit dem Kunden fixiert. Da solche Liefer- und Leistungsversprechen von wirtschaftlicher Bedeutung sind, werden Garantien und Sanktionen wie z.B. Poenalen vereinbart. Der nun verzögerte Projektablauf macht es absehbar, dass wichtige Meilensteine gefährdet sind. Er führt zu Zeitdruck und zum Entscheid, entweder zeitgerecht zu liefern und damit die Qualität zu gefährden oder den Meilenstein zu verschieben und dann die Sanktionen der Poenalen zu erleiden.

Phase 4: Qualitätsmängel und Nachbesserung

Wird der Meilenstein eingehalten, können danach erhebliche Qualitätsmängel auftreten, die Nachbesserungen und Garantieleistungen erfordern und das Projekt bzw. das Produkt massiv verteuern. Überheblichkeit oder Arroganz sind nicht die Treiber, sondern vielmehr die Komplexität, die bei der Beurteilung in der Startphase der Veränderung nicht ausreichend erfasst und berücksichtigt wurde.

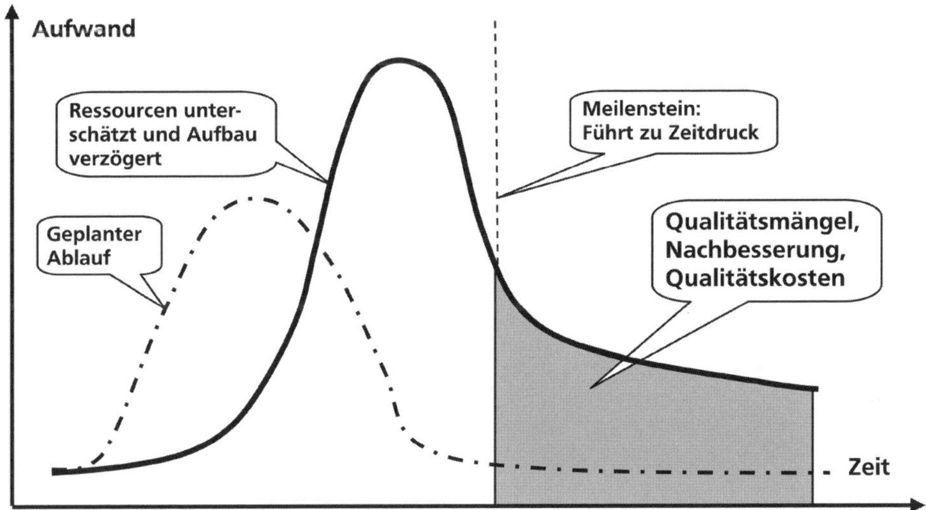

Übersicht 2: Muster der Unterschätzung von Komplexität

Die sogenannte Jahn-Kurve[2] stammt aus dem Qualitätsmanagement, wo es darum geht, die Qualitätskosten über die Produktentstehungsphasen Definition, Entwicklung, Ablaufplanung, Fertigung, Prüfung bis zum Produkteinsatz zu beschreiben. Das obige Bild zeigt, dass der Aufwand für die Planung und Vorbereitungen oft zu gering ist und der Start zu spät erfolgt, was sich dann in hohen späteren Qualitätskosten und Produkt- bzw. Projektrisiken niederschlägt.

2 Crostack, H.-A.: 2004.

Wenn man die Abwicklung von Projekten analysiert, seien es nun technische Innovationen oder auch organisatorische Entwicklungen, so wird offensichtlich, dass die Chancen regelmäßig übergewichtet und die Unsicherheiten bzw. die Risiken des Plans eher verdrängt werden. Um Projekte erfolgreich umzusetzen, kann man aus den Fehlern ebenso viel lernen wie aus dem Erfolg. Nur ist es schwieriger, über Fehler zu sprechen als über den Erfolg. Das Sprichwort sagt es: «Erfolg hat viele Väter, Misserfolg ist ein Waisenkind».

1.4 Warum treffen Menschen Fehlentscheidungen?

Die tieferen Gründe, weshalb Menschen Fehlentscheidungen treffen, liegen nicht nur in der Selbstüberschätzung und in der Überforderung durch Komplexität. Vielmehr bringt der Mensch mit seinen unendlichen kreativen Fähigkeiten auch immer seine Schwächen in die Entscheidungen ein. Wir wissen es schon längst: «Irren ist menschlich». Aber es ist nicht nur das Individuum, sondern auch das Team und die ganze Organisation, die von Fehlern und Schwächen gestört und am Erreichen des beabsichtigten Erfolgs gehindert werden[3].

Ebene 1: **Individuum**

Menschen folgen gerne ihrer eigenen Psycho-Logik, sie verhalten sich nicht immer rational. Die Wahrnehmung der eigenen Situation stimmt oft nicht mit den Gegebenheiten der Wirklichkeit überein. Die Erkennungs-Prozesse können einmal sehr schnell, ein anderes Mal langsam ablaufen. Vorurteile und Geltungsdrang überspielen oft die rationalen Anforderungen. Und schließlich kann das Denken und Handeln des Menschen durch viele äußeren und inneren Faktoren beeinträchtigt werden, so z.B. durch Zeitdruck, Stress oder gesundheitliche Einschränkungen.

Ebene 2: **Team**

Individuen, die in einem Team arbeiten, bringen ihre Schwächen und Unzulänglichkeiten ein. Die individuellen Fehler können sich verstärken, vielleicht ausgleichen. In einem Team entstehen Kräfteverhältnisse und Spannungsfelder, die der übergeordneten Ausrichtung und Zielerreichung nicht zuträglich sind. Autorität und Unterordnung beeinträchtigen das Verhalten ebenso wie Missverständnisse in der Kommunikation, Überforderung und Unterforderung.

Ebene 3: **Organisation**

Eine Organisation versucht sich Strukturen und Prozesse zu geben, um die Zusammenarbeit zwischen den vielen Individuen und Teams zu erleichtern und aufeinander abzustimmen. Doch das gelingt oft nur begrenzt und verbraucht viel Energie. Im

3 Vgl. St.Pierre, Hofinger (2014)

Idealfall entsteht aber eine Unternehmenskultur, die den Menschen und die Teams in ihrer Zusammenarbeit unterstützt. Man kann hier auch die Sicherheitskultur oder die offene Risikokultur dazu zählen.

1.5 Was dürfen wir vom Risikomanagement erwarten?

Risikomanagement trägt auf allen Ebenen bei, dass Ziele erreicht, Tätigkeiten planmäßig umgesetzt und Anforderungen erfüllt werden. Das ist ein hoher Anspruch, der sich nie vollständig, sondern immer nur teilweise erfüllen lässt.

Nachfolgend werden zuerst die Grundlagen des Risikomanagements dargestellt (Teil 2), die Anwendungen des Risikomanagements in Organisationen und Unternehmen beispielhaft aufgezeigt (Teil 3), der Prozess Risikomanagement als Entscheidungsmechanismus beschrieben (Teil 4), die Methoden, mit denen man den Prozess Risikomanagement (Teil 5) umsetzen kann und schließlich die organisatorischen und führungstechnischen Rahmenbedingungen vorgeschlagen (Teil 6), die das Risikomanagement in einer Organisation einbetten können.

Von einem Risikomanagement, das mit «Augenmaß» umgesetzt wird, dürfen wir Beiträge zur Wertschöpfung der Organisation und zum Wohlbefinden der damit verbundenen Menschen erwarten.

2 Grundlagen des Risikomanagements

2.1 Risikomanagement im Kontext

2.1.1 Management und Risiko

«Wer nichts waget, der darf nichts hoffen.» Dieses Sprichwort stammt aus Schillers Wallenstein. Es weist auf die Notwendigkeit hin, Entscheide zu treffen, damit sich bestimmte Erwartungen erfüllen. Entscheidungssituationen sind immer durch Unsicherheit gekennzeichnet. Ihr kann man nur bedingt ausweichen, indem man seine eigenen Erfahrungen der Vergangenheit einbringt und versucht, aus den Erkenntnissen von anderen zu lernen. Der Mensch will sich nicht dem Zufall ausliefern, sondern die möglichen Ergebnisse der unsicheren Entscheidungen sich vorstellen. Die Auseinandersetzung mit dem Risiko ist dem Menschen als Individuum angeboren. Und eine zielorientierte Organisation braucht Risikomanagement zum Überleben.

Risikomanagement ist Bestandteil der Führung von Organisationen. Führung ist eine Kunst. Sie beginnt bei der Menschenführung, die Führung von Teams und die Lenkung von Organisationen. Führung umfasst ganz allgemein die Abfolge der Tätigkeiten der Planung, Umsetzung, Leistungsbewertung und Verbesserung, auch Plan-Do-Check-Act bezeichnet (P-D-C-A-Zyklus). Führung beinhaltet aber auch die Entscheidungsfindung (decision making) und die Steuerung von Organisationen und Unternehmen. Wenn verschiedene Handlungsmöglichkeiten vorliegen, geht es darum, bei definierten Bewertungskriterien die günstigste Alternative auszuwählen und zu verfolgen, um den optimalen Nutzen für alle daran Beteiligten zu erreichen.

Risikomanagement ist eine Führungsaufgabe. Sie umfasst nicht nur die instrumentellen Aspekte der Risikobeurteilung (Risk assessment), sondern geht weit darüber hinaus. Risikomanagement als Führungsaufgabe befasst sich mit der Frage, wie eine Organisation, sei sie nun privater Natur oder öffentlichen Charakters, mit Risiken systematisch und gekonnt umgehen kann.

Unternehmensführung selbst umfasst viele Aspekte, z. B. die Strategiefindung und Strategieumsetzung, die Personalführung, die finanzielle Führung, das Marketing, die Innovation, die Beschaffung, die Herstellung, der Vertrieb von Produkten und Dienstleistungen und die erforderliche Kundenbetreuung. Alle Tätigkeiten erfolgen in einem komplexen Umfeld. Jede Organisation ist ein System, das nicht nur die strategischen und operativen inneren Funktionen erfüllt, sondern diese mit vielen äusseren Anforderungen abstimmen muss, um überleben zu können und langfristig erfolgreich zu sein. Eine Organisation zu führen bedeutet deshalb für das Management, die Umweltsphären wie die Gesellschaft, die Natur, die Technologie, die Politik und die Wirtschaft zu verstehen. Dabei müssen die Anspruchsgruppen wie Kunden, Lieferanten, Mitarbeiter, Kapitalgeber, andere Marktteilnehmer, der

Staat und weitere Gruppen berücksichtigt werden[4]. Die Interaktionen zwischen der Organisation, ihrem Umfeld und den Anspruchsgruppen wird immer globaler und vielschichtiger. Strategische Entscheidungen und operative Führung sind von bisher noch nie da gewesener Unsicherheit gekennzeichnet. Diese zu verstehen und mit den daraus entstehenden Risiken möglichst bewusst umzugehen, ist das Anliegen von Risikomanagement.

Das systemische Denken, das im Wesentlichen im St. Galler Management-Modell seinen Ursprung hat, lässt sich gut auf das Risikomanagement anwenden. Damit das Zusammenspiel vieler interner und externer Elemente funktioniert, braucht es ein «Gefühl» und eine «Systematik» für den Umgang mit den Unsicherheiten. Das ist die Herausforderung des Risikomanagements.

2.1.2 Grundverständnis von Risiko

Es ist interessant festzustellen, dass Risikomanagement als Führungsaufgabe erst seit jüngster Zeit einen langsamen, aber immer sichtbareren Vormarsch in die Welt des Managements angetreten hat, obwohl die Betriebswirtschafts- bzw. Managementlehre als Wissenschaft schon vor genau einhundert Jahren sich erstmals mit Risiko befasst hat. In Deutschland wurde der Begriff Risiko schon 1915 als ein klar negatives Konzept, z. B. als «Gefahr des Misslingens einer Leistung», als «Gefahr des Vermögens- und Kapitalverlustes, zusätzlicher Kosten und entgangenen Gewinnes» in der betriebswirtschaftlichen Literatur eingeführt[5].

Demgegenüber stellt die etwas später von Knight 1921 publizierte amerikanische Sichtweise das Risiko in den Kontext von Entscheidungen bzw. den dabei vorzufindenden Informationszustand, was schon im Titel des Buches «Risk, uncertainty and profit»[6] zum Ausdruck kommt.

Vielschichtig ist der Begriff Risiko in der asiatischen Denkweise definiert, wo es in Mandarin folgende Schriftzeichen und Interpretationen gibt:

Der Begriff Risiko wird einerseits mit «fengxiang» bezeichnet. Die beiden Zeichen bedeuten Gefahr, Not, Risiko oder Wagnis.	Andererseits gibt es eine Definition, die Chance und Gefahr beinhaltet und mehr Krise als Risiko bedeutet, es wird «wei-ji» bezeichnet.
风险	危机

Das Grundverständnis von Risiko geht aber über die Betriebswirtschafts- und Managementlehre weit hinaus. Es geht nicht nur um das Risiko, das mit der Führung einer Organisation verbunden ist. Risiko und Risikomanagement sind Gegenstand des planmäßigen Funktionierens von technischen Systemen. Diese kann man alleine oder eingebettet in sozialen Systemen betrachten. Risikomanagement trägt bei dieser

4 Rüegg-Stürm (2002) S. 17ff.
5 Leitner (1915)
6 Knight (1921)

mehr auf die Technik ausgerichteten Betrachtung zur Gewährleistung der Sicherheit dieser Systeme bei. Viele Inputs zum Risikomanagement kommen deshalb aus den Ingenieurwissenschaften und aus der Technik.

2.1.3 Quellen des Risikomanagements

2.1.3.1 Sicherheit von technischen Systemen

Die amerikanischen Forschungen in den Spitzenindustrien haben entscheidende Methoden geliefert, um technische Risiken zu beurteilen und zu managen. Einen wichtigen Beitrag zur Risikoabschätzung haben die Ingenieurwissenschaften geleistet. Sie haben sich mit den Risiken von militärischen Rüstungsprojekten, von der Luft- und Raumfahrt- sowie der Nuklearindustrie, welche sich mit der Sicherheit von Kernkraftwerken befassten, auseinandergesetzt. Von hier stammen viele Methodenansätze, die erst Jahre später die Weiterentwicklung des Risikomanagements beeinflusst haben.

- Ein erstes Beispiel liefert die amerikanische Rüstungsindustrie, die sich schon früh mit der Beurteilung von Sicherheitsrisiken bei militärischen Systemen befasst hat. Das amerikanische Verteidigungsministerium (Department of Defense, DoD) veröffentlicht den MIL STD 882 E (letzte Version E vom 11. Mai 2012) mit dem Titel «System Safety»[7]. Das Vorwort beschreibt die Zielsetzung dieses Standards: «(2) This system safety standard practice is a key element of Systems Engineering (SE) that provides a standard, generic method for the identification, classification, and mitigation of hazards». (3) DoD is committed to protecting personnel from accidental death, injury, or occupational illness and safeguarding defense systems, infrastructure, and property from accidental destruction, or damage. ... The DoD will also ensure that the quality of the environment is protected to the maximum extent practical. Integral to these efforts is the use of a system safety approach to identify hazards and manage the associated risks». Der MIL-STD-882E liefert bzw. aktualisiert eine Methode bzw. ein Vorgehen, wie man mit Sicherheitsrisiken umgehen soll: Dabei werden die wesentlichen Schritte unterteilt in «(1) Management, (2) Analysis, (3) Evaluation und (4) Verification»[8]. Der Standard berücksichtigt auch das Life Cycle Management der Systeme und stellt den Einfluss von Software auf die Systemsicherheit und die Anforderungen an ihre sichere Handhabung eingehend dar[9].
- Ein zweites Beispiel stellen die Sicherheitsstudien für die zivile Nutzung der Kernenergie dar. Es gibt mehrere Reaktorsicherheitsstudien. Die erste stammt aus dem Jahr 1975 und wurde von Norman Rasmussen in den USA erstellt. Diese Studie hat auch die Bezeichnung WASH 1400. Rasmussen entwickelte dazu ein wahrscheinlichkeitstheoretisches Verfahren für die Sicherheitsbeurteilung (Pro-

7 MIL-STD-882E (2012)
8 a. a. O.: S. iif.
9 a. a. O.: S. 95ff

babilistic Risk Assessment, PRA) für Kernkraftwerke. Die Studie kam zum Schluss, dass die Sicherheitsrisiken von Kernkraftwerken sehr niedrig waren, verglichen mit dem Risiko, dass ein Mensch von einem Meteoriten getroffen würde[10]. In Deutschland entstanden in der Folge mehrere Studien durch die Gesellschaft für Reaktorsicherheit (GRS). Die Studie A wurde 1979 veröffentlicht und befasst sich eingehend damit, «die mit Unfällen verbundenen Schadensfolgen außerhalb der Anlage, insbesondere um das Ausmaß und die Häufigkeit gesundheitlicher Schäden für die Bevölkerung zu ermitteln»[11]. Die Studie B wurde im Jahr 1981 begonnen und im Jahr 1986 veröffentlicht. Sie bezieht sich auf den Reaktor Biblis B. Hier soll die Eintrittswahrscheinlichkeit einer Kernschmelze zwischen 10^{-5}/a und 10^{-4}/a liegen. Werden anlageinterne Notfallmaßnahmen berücksichtigt, liegt gemäß der Studie die Eintrittswahrscheinlichkeit um eine Zehnerpotenz tiefer.
- Ein drittes, sehr weit verbreitetes und bekanntes Beispiel ist in der Automobilindustrie anzutreffen. Die Methode der Fehlermöglichkeiten- und Einflussanalyse (FMEA, auch Failure Mode and Effects Analysis genannt) ist zwar in der Handhabung deutlich einfacher, findet aber in der Konstruktion von Systemteilen und bei der Steuerung des Produktionsprozesses eine sehr breite und integrierte Anwendung. Es handelt sich um Methoden für die Erhöhung der Zuverlässigkeit und Sicherheit von Produkten. Aus der Sicht des Risikomanagements liegt ihre Bedeutung insbesondere darin, dass die Prozess-Risikoanalyse ein Vorbild für verschiedene Anwendungen bei Dienstleistungsprozessen geworden ist: So etwa die Gefährdungsanalyse von medizinischen Prozessen im Gesundheitswesen oder etwa die Analyse von Finanz- und Warenfluss-Prozessen bei der Gestaltung von Internen Kontrollsystemen.

Aus dem Bestreben, die Sicherheit und Zuverlässigkeit von technischen Systemen zu gewährleisten, hat das Risikomanagement wesentliche Impulse erhalten. Die dort entwickelten Methoden und Instrumente haben eine weite Verbreitung und nutzbringende Anwendung gefunden. Dazu gehört insbesondere auch die Versicherungswirtschaft.

2.1.3.2 Versicherungswirtschaft und Risikomanagement

Die Unfall- und Schadenversicherung befasst sich mit der Finanzierung von Schadensfällen, die als Sachschäden, Betriebsunterbrechungen, als Produkt- und Betriebshaftungen auftreten. Bei der Optimierung von Versicherungs-Vorgängen spielt deshalb die Identifikation, Analyse, Bewertung und Verbesserung von versicherbaren Risiken eine zentrale Rolle. Deshalb hat die Versicherung ein wesentliches Interesse gehabt, als sie vor rund 40 Jahren das Risikomanagement als Instrument für die Steuerung des finanziellen Risikotransfers entdeckt hat.

---

10 http://de.wikipedia.org/wiki/Norman_Rasmussen, letzter Zugriff Mai 2013
11 Gesellschaft für Reaktorsicherheit (1979)

Die versicherten Organisationen selbst, in denen die Risiken entstehen, machten vom Risikomanagement Gebrauch. Die amerikanischen Großunternehmen, bei denen – meist in der Finanzabteilung – ein «Risikomanager», oft auch als «Risk and Insurance Manager» tätig wurde, befassten sich mit der Analyse des Versicherungsbedarfes und dem Versicherungseinkauf. Das Risikomanagement erstreckte sich auch auf Fragen der Schadenverhütung.

In der Versicherungswirtschaft, einschließlich die Versicherungsbroker, wurden früh Risikomanagement-Aktivitäten eingeführt, oft «Risk Engineering» genannt. Sie sollten einerseits die Qualität der gezeichneten, bzw. versicherten Risiken abschätzen, andererseits aber auch die vorhandenen Versicherungsbestände pflegen. Die Zielsetzung war einfach: Verbesserung des Verhältnisses zwischen Versicherungsprämien und versicherten Schäden, was direkt gewinnwirksam ist.

Auf eine Pionierleistung kann hier die ZURICH Versicherung zurückblicken, die vor vielen Jahrzehnten schon die «Zurich Hazard Analysis» eingeführt hat. Vorbild für diese Methode bildete eine frühe Version des MIL-STD-882. Die Zurich Hazard Analysis wurde bei Tausenden ihrer Kunden geschult und angewendet. Andere Industrieversicherer folgten diesem Beispiel. Diese Bewegung hat dazu beigetragen, dass das Risikomanagement nicht nur im System Engineering bekannt geworden ist, sondern schließlich auch bei den Unternehmensleitungen, insbesondere bei den Finanzvorständen.

2.1.3.3 Managementlehre und moderne Finanztheorie

Eine Quelle für das Risikomanagement stellt die Managementlehre dar. Obwohl sich die frühe Betriebswirtschaftslehre intensiv mit Risiken und Risikopolitik befasst hat, verliert die klassische Führungslehre das Thema Risikomanagement vorübergehend aus den Augen. In den Vordergrund treten vielmehr Themen wie Entscheidungsfindung[12], systemisches Management[13] oder Unternehmensstrategie[14]. Das Risikomanagement wird hier nur noch beiläufig und indirekt angesprochen. Eine eigentliche Theorie des Risikomanagements entstand bis heute daraus nicht.

Demgegenüber stellt die moderne Finanztheorie die Begriffe des Risikos und der Rendite in den Mittelpunkt (risk/return). Dieses Konzept findet im bekannten Capital Asset Pricing Model (CAPM) ihren Höhepunkt. Das beschriebene Risiko-Rendite-Modell erfreut sich großer Bekanntheit und Beliebtheit.[15] Mit ihm können Investments, Geschäftsfelder und operative Investitionen bewertet werden.

Schließlich gilt der allgemeine Grundsatz, dass die von einer Organisation eingegangenen Risiken nicht höher sein sollen als die in der nachweislich bestehenden Risikofähigkeit ermittelten Werte. Das dazu eingesetzte Berechnungsinstrument ist der Value at Risk[16]. Spekulation und Hoffnung auf großen Profit ohne die Berücksich-

12 Heinen (1986)
13 Ulrich (1978); Rühli (1973), (1978)
14 Vgl. Porter (1991), Mintzberg (1994), Ansoff (1990), Lombriser-Aplanalp (2005)
15 Vgl. Oertmann (2000) S. 79 ff.
16 Der Value at Risk (Wert im Risiko) ist der Verlust, der mit einer vorgegebenen hohen Wahrscheinlichkeit nicht überschritten wird. Siehe Darstellungen in Kapitel 563. Value at Risk

tigung der existierenden Risiken, einschließlich ihrer Extremwerte und die existierende Risikofähigkeit sind schlechte und gefährliche Ratgeber, die im Risikomanagement keinen Bestand haben.

2.1.3.4 Corporate Governance

Eine bedeutende Quelle für das Risikomanagement kommt über die recht jungen Vorgaben von Corporate Governance. Obwohl viele Grundsätze der Führung von Organisationen und der Verantwortung von Führungskräften bereits seit geraumer Zeit im Zivilrecht festgelegt sind, wird deren Auslegung heute strenger als früher interpretiert. Dabei kommen die Aufgaben der Organe, insbesondere von der Geschäftsführung / Vorstand und Aufsichtsrat / Verwaltungsrat zur Diskussion. Neu findet das Risikomanagement hier einen beachtlichen Stellenwert. Dieser kann in den neuesten Ausgaben der Corporate Governance Kodexe der OECD[17], von Deutschland[18], von Österreich[19], von der Schweiz[20] oder etwa auch von England[21] nachgelesen werden: Die Standardformulierung etwa im Deutschen Kodex lautet wie folgt: «Der Vorstand informiert den Aufsichtsrat regelmäßig, zeitnah und umfassend über alle für das Unternehmen relevanten Fragen der Strategie, der Planung, der Geschäftsentwicklung, der Risikolage, des Risikomanagements und der Compliance. Er geht auf Abweichungen des Geschäftsverlaufs von den aufgestellten Plänen und Zielen unter Angabe von Gründen ein». Die Vorgaben von Corporate Governance beziehen sich nicht nur auf Kapitalgesellschaften, sie haben eine ausstrahlende Wirkung auf andere Unternehmen sowie auf Organisationen des öffentlichen Rechts.

2.2 Risiko definiert

Die aufgezeichneten Quellen des Risikomanagements zeigen ein ganz unterschiedliches Verständnis von Risiko. Während bei den technischen Methoden und bei der Versicherung die Risiken eher von ihrer negativen Seite betrachtet werden, eröffnet die Sichtweise der Managementlehre und der modernen Finanztheorie sowie von Corporate Governance eine dynamische Perspektive. In diesem Sinn soll auch das Risiko definiert werden. Diese Anforderung erfüllt genau der Begriff, wie er in der Version von 2014 der ONR 49000 festgelegt worden ist[22].

17 G20/OECD (2015)
18 Deutscher Kodex (2015)
19 Österreichischer Kodex (2015)
20 Swiss Code (2014)
21 The UK Code (2014)
22 ONR 49000:2014 Ziff. 2.1.11

Risiko = Auswirkung von Unsicherheit auf Ziele, Tätigkeiten und Anforderungen
Der Begriff «Risiko» umfasst folgende Aspekte:

- die Kombination von Wahrscheinlichkeit und Auswirkung,
- die Auswirkungen können positiv oder negativ sein,
- die Unsicherheit bzw. Ungewissheit wird mit Wahrscheinlichkeiten geschätzt bzw. ermittelt,
- die Ziele der Organisation erstrecken sich auf die strategische Entwicklung (z.B Kundenbedürfnisse, Innovation, Marktstellung). Die Tätigkeiten umfassen die operativen Aktivitäten (z.B Beschaffung, Produktion und Dienstleistung sowie Vertrieb). Die Anforderungen beziehen sich insbesondere auf Gesetze, Normen sowie weitere externe oder interne regulatorische Vorgaben, auch betreffend die Sicherheit von Menschen, Sachen und der Umwelt, und
- Risiko ist eine Folge von Ereignissen oder von Entwicklungen.

2.2.1 Unsicherheit bzw. Ungewissheit

Der Begriff «Unsicherheit» ist an sich nicht richtig übersetzt, denn die englischsprachigen Vorlagen, sowohl historisch als auch in der ISO 31000 sprechen von «Uncertainty», also «Ungewissheit». Die etwas andere Übersetzung ist aber bewusst so gewählt und hat einen tieferen Sinn:

Der Begriff Ungewissheit bezieht sich auf den Stand und die Qualität von Informationen, die zu einem bestimmten Risiko vorhanden sind, gewiss ein sehr wichtiger Aspekt. Der Begriff Unsicherheit umfasst des Weiteren die Themen «Safety» und «Security». Diese befassen sich in technischen und organisatorischen Systemen mit der Sicherheit von Menschen (Gesundheitsschutz, Umweltschutz) und der Sicherheit von Individuen und Organisationen (Schutz vor kriminellen Handlungen). Unsicherheit ist also ein gegenüber der Ungewissheit weiter gefasster Begriff. Damit wird der Begriff Risiko direkt für das System Engineering und für die Versicherung zugänglich, ohne dass man die «Ungewissheit» zurechtbiegen muss.

2.2.2 Kombination von Eintrittswahrscheinlichkeit und Auswirkung

Der Begriff der Eintrittswahrscheinlichkeit bzw. der Häufigkeit, mit der ein Risiko auftreten kann, weist darauf hin, dass es sich um etwas Mögliches, Zukünftiges handelt. Die Wahrscheinlichkeit drückt die Ungewissheit aus und charakterisiert die fehlende Information zu einer bestimmten Annahme über Ereignisse und Entwicklungen in der Zukunft.

Häufig ist die Meinung anzutreffen, Risiko sei die Multiplikation von Eintrittswahrscheinlichkeit und Auswirkung (R = W * A). Diese Multiplikation könnte natürlich nur erfolgen, wenn beide Elemente des Risikos quantitativ festgelegt sind, also in Prozenten und in monetären Werten. Eine Multiplikation ist grundsätzlich nicht sinnvoll und deshalb meist nicht zulässig, weil sie das Risiko zu einem mittleren Erwartungswert degradiert. Vorhandene oder wünschbare Informationen über eine minimale, mittlere und maximale Auswirkung des Risikos gehen verloren. Im Risikomanagement ist es besonders wichtig, dass das Risiko als «Value at Risk» bzw. als «schlimmstmöglicher, aber dennoch glaubwürdiger Fall» («credible worst case») betrachtet wird. Diese extreme Risikoausprägung ist im Risikomanagement von besonderer Relevanz, weil sich aus ihr die Insolvenzen und der Zusammenbruch von Unternehmen und Organisationen ergeben.

2.2.3 Auswirkungen positiv oder negativ

Die positiven bzw. negativen Auswirkungen eines Risikos weisen auf eine Dualität von Chancen und Bedrohungen / Gefährdungen hin. Bei vielen Risiken ist es zweckmäßig, auch von den Chancen zu sprechen: Unternehmensrisiken (Businessrisiken, Geschäftsrisiken) sind dadurch gekennzeichnet, dass sie neben dem Bestehen von negativen Folgen auch vielfältige positive Auswirkungen, also Chancen (opportunities) beinhalten. Spricht man hingegen von den Sicherheitsrisiken (Gesundheitsrisiken) wie Arbeitssicherheit, Produktsicherheit oder von Patientensicherheit (fehlerhafte Behandlung im Krankenhaus), so kann man die Chancen solcher Risiken nicht direkt erkennen.

Doch bei vielen Risiken, welche die Gesundheit von Menschen betreffen, findet letztlich gleichwohl ein Abwägen zwischen den Chancen und dem Schadenspotential statt. Ein Medikament oder ein Medizinprodukt führt zu einer erhebliche Verbesserung der Lebensqualität oder der Lebensdauer und ist eine Chance. Es kann auf der anderen Seite Nebenwirkungen und ein hohes Gesundheits- oder Integritätsrisiko für den Patienten bedeuten. Ohne dieses Spannungsfeld zwischen großer Chance und abschätzbarem Schadenspotential würde sich kein Patient im Krankenhaus einer Operation unterziehen.

Die Auseinandersetzung mit den Chancen im Risikomanagement soll aber nicht dazu führen, ein isoliertes Chancenmanagement zu entwickeln. Wer in unserer Wirtschaftswelt heute von Risiko spricht, denkt vor allem daran, dass strategische Ziele verfehlt, operative Tätigkeiten falsch angegangen und Anforderungen rechtlicher und normativer Art nicht erfüllt werden. Insgesamt trägt aber das Risikomanagement immer zu positiven Ergebnissen und Resultaten bei.

2.2.4 Ungewissheit als Eintrittswahrscheinlichkeit

Beim Verständnis des Begriffs Wahrscheinlichkeit, mit der ein Ereignis eintritt oder eine (ungünstige) Entwicklung ihren Lauf nimmt, gibt es verschiedene Auffassungen. Weitgehende Einigkeit herrscht in der Mathematik.

Wahrscheinlichkeiten werden entweder als Prozentsätze (z.B. 20 %), als Dezimalzahlen (z.B. 0,2) oder als Häufigkeiten (2 von 10 bzw. zweimal in zehn Fällen) angegeben. Ein Ereignis oder eine Entwicklung, die sicher eintritt, hat die Wahrscheinlichkeit W = 1. Ein unmögliches Ereignis bzw. eine unmögliche Entwicklung nimmt den Wert W = 0 an. Alle Stufen von mehr oder minder wahrscheinlichen Auswirkungen liegen dazwischen.

Uneinigkeit besteht jedoch darüber, worauf die Rechenregeln der mathematischen Theorie angewendet werden dürfen. Dies führt zur Frage nach der Interpretation des Begriffs «Wahrscheinlichkeit». Es gibt mehrere, unterschiedliche Sichtweisen.[23]

- Die **aleatorische Wahrscheinlichkeit** beschreibt die relative Häufigkeit zukünftiger Ereignisse, die von einem zufälligen physikalischen Prozess bestimmt werden. Deterministische Prozesse sind i. d. R. mit ausreichender Information vorhersehbar. Das Ergebnis von zufälligen Prozessen (Würfelspiel, Wettervorhersage) ist i. d. R. im Einzelfall nicht genau bestimmt (so auch nicht die Entwicklung einer Organisation in der Zukunft). Erst durch die Anwendung des Häufigkeitsprinzips bzw. durch das «Gesetz der großen Zahl» ist die Voraussetzung für die Anwendung von Wahrscheinlichkeiten gegeben.
- Die **epistemische Wahrscheinlichkeit** beschreibt die Unsicherheit von Aussagen, bei denen kausale Zusammenhänge und Hintergründe nur unvollständig bekannt sind. Solche Aussagen können sich auf vergangene und auf zukünftige Ereignisse beziehen. Diese Interpretation der Wahrscheinlichkeit kommt vor allem in der Politik, der Wirtschaft und in der Rechtsprechung vor.
- Die **bayessche Wahrscheinlichkeit** steht für den Grad an persönlicher Überzeugung betreffend den Eintritt eines Ereignisses oder einer Entwicklung. Die Wahrscheinlichkeit steht für den Grad der (Un-)Sicherheit in der persönlichen Einschätzung eines Sachverhaltes oder einer Entwicklung.

Im Risikomanagement spielt die Wahrscheinlichkeit als Maß für die Ungewissheit eine zentrale Rolle. Es wäre natürlich wünschbar, eine aleatorische, streng statistische Wahrscheinlichkeits-Konzeption zu verfolgen. Doch die vielen Lebensbereiche, in denen Ungewissheiten vorhanden sind, lassen sich meistens nicht mit ausreichender Information statistisch erfassen. Es fehlt i. d. R. die «Große Zahl» an beobachtbaren Ereignissen oder Entwicklungen.

Der epistemischen Wahrscheinlichkeits-Konzeption kommt in Organisationen eine besondere Bedeutung zu, weil die kausalen Zusammenhänge und Hintergründe oft nur ungenügend bekannt sind. Die Komplexität der Wirklichkeit ist enorm und sie nach zwingender Logik zu strukturieren entsprechend schwierig. Die Unsicherheit wird zwar mit einem Wahrscheinlichkeitswert beschrieben, doch dieser beruht auf einer Interpretation einer Vielzahl logisch erscheinender Zusammenhänge.

Auch die bayessche Wahrscheinlichkeits-Konzeption spielt im Risikomanagement von Organisationen eine dominante Rolle. Risikoeigner haben über die Ungewissheit des Eintritts von Ereignissen eine auf individuellen Erfahrungen beruhende Meinung. Sie drücken mit einem Wahrscheinlichkeitswert die persönliche Einschätzung aus. Der Wert der eingeschätzten Wahrscheinlichkeit steigt mit dem Erfahrungsbereich und mit der Anzahl von Aussagen von erfahrenen Risikoeignern und Risikomanagern. So können die Festlegungen von Wahrscheinlichkeit eines Ereignisses oder einer Entwicklung recht zuverlässig sein.

23 http://de.wikipedia.org/wiki/Wahrscheinlichkeit, letzter Zugriff Januar 2016.

Wenn immer möglich, sollten für die Bestimmung der Wahrscheinlichkeit nicht subjektive Einschätzungen, sondern objektiv nachvollziehbare Werte herangezogen werden. In der Wirklichkeit ist diese Anforderung oft nicht erfüllbar.

2.2.5 Ziele, Tätigkeiten und Anforderungen

Bisher wurde der Begriff Risiko fast ausschließlich auf die Erreichung von Zielen ausgerichtet. Dieses Verständnis liegt sowohl der ISO 31000 Risk Management – Principles and guidelines als auch dem COSO Enterprise Risk Management Framework zugrunde. Diese Ausrichtung des Risikobegriffs ist zweifelsfrei nicht falsch, aber auch nicht vollständig und lässt manche Aspekte offen. Es gibt Risiken, die nicht direkt an Ziele eines Unternehmens oder einer Organisation gebunden sind, sondern an die operationellen Tätigkeiten. Zudem gibt es Risiken, die sich aus dem Umfeld der Organisation ergeben, z. B. Naturereignisse oder Schadensrisiken, die höchstens indirekt mit der Zielbildung und Entscheidungsfindung in Verbindung zu bringen sind.

Diese Erweiterung des Risikobegriffs führt auch dazu, dass Risikomanagement eine strategische und eine operationelle Dimension hat. Strategisches Risikomanagement befasst sich mit der Entwicklung bzw. mit möglichen ungünstigen Entwicklungen eines Unternehmens oder einer Organisation. Dabei ist Risikomanagement Bestandteil der strategischen Führung. Auf einer nachgelagerten operationellen Ebene findet das operationelle Risikomanagement statt, das sich mit der richtigen, fehlerfreien und verlässlichen Durchführung von Tätigkeiten befasst.

Und nun zu den Anforderungen: Dieser Begriff umfasst Anforderungen rechtlicher oder normativer Art. Es handelt sich um dieselben Anforderungen, die im Konzept von Compliance Management enthalten sind. Wenn eine Organisation die verbindlichen rechtlichen Anforderungen einhält, bedeutet dies immer Risiko mit negativem Potential. Die Erweiterung des Risikobegriffs mit «Anforderungen» stellt eine Brücke zwischen dem Risikomanagement und dem Compliance Management dar.

2.2.6 Entwicklungen und Ereignisse

Wer von einem Risiko spricht, denkt an ein bestimmtes Ereignis oder an eine konkrete Entwicklung von internen und / oder externen Umständen. Diese beiden Begriffe wiederspiegeln die seit jeher in der Risikoliteratur zu findende Dualität des Risikobegriffs. Früher sprach man bei den «Ereignissen» von statischen, reinen, messbaren und deshalb auch versicherbaren Risiken. Der Begriff «Sicherheitsrisiken» ist gleichbedeutend mit den Ereignisrisiken.

Demgegenüber umfassen die «Entwicklungen» die sogenannten Unternehmensrisiken, die Business-Risiken, die dynamischen, spekulativen und nicht messbaren oder strategischen Risiken[24]. Ereignisse treten plötzlich und überraschend ein, während Entwicklungen sich allmählich, schleichend und durchaus langsam einstellen. Es

24 Siehe Brühwiler (1980), S. 1 ff.

wurde auch versucht, die Risiken in Aktions- und Bedingungsrisiken zu unterteilen[25]. Wie auch immer diese Gliederungsversuche ausgefallen sind, niemand hat es bisher geschafft, eine klare Trennlinie zu definieren. So können Ereignisse bestimmte Entwicklungen auslösen (Terrorakt von 9/11 führte zum Krieg gegen den Terror) oder Entwicklungen können zu Ereignissen führen (Klimaveränderung führt zu mehr Stürmen und Überschwemmungen, die Finanzkrise führt zum Konkurs von Lehman Brothers).

2.3 Risikomanagement als Führungsaufgabe

2.3.1 Management

Die Auseinandersetzung mit Risikomanagement führt im Vorfeld zur Frage, was der Begriff Management umfasst bzw. was zur Managementfunktion und zur Managementtätigkeit gehört. «Manum agere» ist der lateinische Urbegriff und bedeutet «an der Hand führen». Man kann Management als «die Gesamtheit der üblichen Tätigkeiten zur Führung oder Verwaltung von Organisationen»[26] bezeichnen. Viele Wirtschaftswissenschaftler haben sich mit dem Begriff und der Konzeption «Management» bzw. dem deutschen Synonymbegriff «Führung» auseinandergesetzt. Rühli versteht unter Führung «die Gesamtheit der Institutionen, Prozesse und Instrumente, welche im Rahmen der Problemlösung durch eine Personengemeinschaft (mit komplexen zwischenmenschlichen Beziehungen), der Willensbildung (Planung und Entscheidung) und der Willensdurchsetzung (Anordnung und Kontrolle) dient».[27] Ulrich beschreibt die Unternehmensführung als den Inbegriff aller Handlungen der Gestaltung und Lenkung von Organisationen.[28]

Eine ganz besondere Verbreitung hat die Managementkonzeption über das Qualitätsmanagement erhalten. Deming[29], der amerikanische Physiker, Statistiker und Wirtschaftspionier im Bereich des Qualitätsmanagements, hat den Prozess der Führung im Qualitätsmanagement mit dem bekannten Deming-Kreis «Qualitätsplanung, Qualitätslenkung, Qualitätssicherung und Qualitätsverbesserung» umschrieben.[30] Der Deming-Kreis umschreibt die Managementfunktion mit den vier Begriffen «Plan – Do – Check – Act», worunter die Führungstätigkeit als Prozess der Planung, Umsetzung, Bewertung und Verbesserung verstanden wird.

Die Planung ihrerseits verfolgt die Aufgabe, Ziele zu setzen und Wege festzulegen, um die angestrebten Ziele zu erreichen. Hier setzt das Risikomanagement an, indem es sich mit der Möglichkeit befasst, dass die Ziele einer Organisation nicht erreicht werden. Es interessieren dabei die Quellen der Unsicherheit und die Hintergründe von Fehlleistungen des Managements.

---

25 Siehe Haller (1999), S. 90.
26 http://de.wikipedia.org/wiki/Management, letzter Zugriff Februar 2016
27 Rühli (1973), S. 26.
28 Ulrich (1978), S. 13.
29 https://de.wikipedia.org/wiki/William_Edwards_Deming, letzter Zugriff Februar 2016.
30 http://de.wikipedia.org/wiki/Demingkreis, Februar 2016.

Das Management unterscheidet verschiedene Ziele und Strategien einer Organisation. Sie werden oft nach ihrer Wichtigkeit und nach dem Zeithorizont gegliedert. Langfristig wirksame Ziele und Strategien fallen unter das strategische Management, mittelfristige Entscheidungen sind operativer Natur und kurzfristige Entscheidungen taktischen/dispositiven Inhalts. Ebenso könnte man nun das Risikomanagement als strategisches, operatives und dispositives Risikomanagement kennzeichnen, je nachdem, welche Bedeutung es für die Zukunft, für die Prosperität und für das Überleben der Organisation hat.

Risikomanagement setzt beim strategischen Management ein, weil dort die Unsicherheiten und ihre Auswirkungen auf die Organisation besonders groß und folgenreich sein können.

2.3.2 Strategisches Management

«Strategisches Management ist der Prozess, mit dem sich ein Unternehmen an die Veränderungen in seiner Umwelt anpasst.»[31] Diese Definition gilt nicht nur für gewinnorientierte, sondern auch für Non-Profit-Organisationen.

Es ist heute auffallend, dass die Menschen Veränderungen intensiver wahrnehmen als in früheren Zeiten. Dies hat damit zu tun, dass die verfügbaren Informationen, die als Eingabe für eine Entscheidung zur Verfügung stehen, heute um Quanten grösser sind als noch vor wenigen Jahren. Die Unsicherheit und die Komplexität von Entscheidungen sind bei diesem weit höheren Informationsstand nicht einfacher, sondern viel schwieriger. Die verfügbaren Informationen betreffen das globale Umfeld, in welchem sich die Organisation bewegt. Sie beziehen sich auf technologische, wirtschaftliche, ökologische, politische und gesellschaftliche Entwicklungen. Die Veränderungen im Wettbewerb, in der Branchenstruktur und in der Distribution sind nur teilweise voraussehbar und mit Unsicherheiten behaftet. Schließlich führen die Nutzung von Ressourcen und der Aufbau von Fähigkeiten bzw. Kompetenzen zu neuen Herausforderungen, denke man nur an die Rohstoffverfügbarkeit, das Sourcing oder das Wissensmanagement.

Was umfasst das strategische Management angesichts dieser hohen Unsicherheiten? Die Wissenschaft kennt mehrere Ansätze. Besonders hervorzuheben sind der traditionelle Ansatz von Ansoff, der fähigkeitsorientierte von Porter und der kritische von Mintzberg.[32]

- Der traditionelle Ansatz von Ansoff für strategisches Management geht von einem proaktiven, langfristig geplanten und durch rationales Entscheiden und Handeln geprägten Verständnis des strategischen Managements aus. «Basically, a strategy is a set of decision-making rules for guidance of organizational behaviour."[33] Gemäß Ansoff folgt einer Strategie nicht unmittelbare Aktion. Die Strategie formuliert lediglich die allgemeine Richtung, in welche sich eine Organisation entwickeln

31 Lombriser/Aplanalp (2005), S. 17.
32 Mintzberg (1994).
33 Ansoff (1990), S. 43.

soll. Sie formuliert Leitplanken, die dabei zu beachten sind. Der traditionelle Ansatz ist prozessorientiert. Nicht die Inhalte stehen im Vordergrund, sondern die Frage, wie man zu einer Strategie kommt.[34] Wenn man diesen Prozess richtig durcharbeitet, sollte der Strategie auch Erfolg beschieden sein, meint dieser rationale Ansatz.

- Der fähigkeitsorientierte Ansatz von Porter befasst sich mit der Frage, welche Fähigkeiten eine Organisation braucht, um erfolgreich zu sein. «The reason why firms succeed or fail is perhaps the central question in strategy.»[35] Diesem Ansatz »liegt die Erkenntnis zugrunde, dass der Erfolg vorwiegend durch die Branchenattraktivität und die Position des Unternehmens im Markt bestimmt wird. Das Wesen der Unternehmensstrategie besteht im Aufbau spezifischer, der Konkurrenz überlegener Fähigkeiten. Eine Strategie zielt darauf ab, eine nachhaltige und verteidigungsfähige Wettbewerbsposition zu erreichen.[36]
- Den auf die rationale Planung abgestützten Strategien stellt Mintzberg einen kritischen Ansatz gegenüber. Strategien, auch erfolgreiche, seien selten das Ergebnis rationaler, bewusster Planung, denn sie würden häufig gar nicht realisiert oder würden in einem Misserfolg enden. Vielmehr würden sich nicht geplante, überraschend auftauchende Strategien als erfolgreich erweisen. Nicht was ein Unternehmen plane, sei entscheidend, sondern was das Unternehmen tatsächlich realisiere. In diesem Konzept sind Lernen, Flexibilität und Kreativität besonders hervorzuheben. Dieser kritische Ansatz räumt der Unsicherheit bzw. der Ungewissheit der Rahmenbedingungen und der Systementwicklung großen Raum ein.

Risikomanagement wird in der Entwicklung und Umsetzung von Unternehmensstrategien umso wichtiger, je grösser die Unsicherheit von Informationen, Annahmen und Rahmenbedingungen sind.

2.3.3 Operatives Management

Operatives Management umfasst die Prozesse, mit denen eine Organisation ihre Leistungen erbringt und steuert. Die Leistungsprozesse umfassen die Produkt- und Dienstleistungs-Prozesse, von der Marktforschung, Entwicklung, Herstellung, Vertrieb, Unterhalt bis zum Rückbau und der Entsorgung. Zu den Leistungsprozessen gehören auch die Prozesse des Projektmanagements bzw. der Projektentwicklung, Umsetzung und Inbetriebsetzung.

Zusätzlich zu den operativen Leistungsprozessen laufen in Organisationen auch Ressourcen- und Beschaffungsprozesse sowie Unterstützungsprozesse ab, um die Leistungsprozesse aufrecht zu erhalten und zu steuern.

34 Lombriser/Aplanalp (2005), S. 22.
35 Porter (1991), S. 95.
36 Lombriser/Aplanalp (2005), S. 23.

Risikomanagement begleitet operative Prozesse und versucht sicherzustellen, dass sie störungsfrei ablaufen. Solche Störungen können nicht nur die Prozesse selbst bzw. ihr Ergebnis beeinträchtigen, sondern sich auf die natürliche Umwelt und das wirtschaftliche und soziale Umfeld auswirken.

2.3.4 Strategisches und operatives Risikomanagement

Auf den ersten Blick scheint es selbstverständlich zu sein, dass es Risiken mit strategischem und operativem Charakter mit fließendem Übergang zwischen den beiden Ebenen gibt. Doch bei genauerem Hinsehen gibt es markante Unterschiede: Strategische Risiken treten in einem auf lange Sicht ausgelegten Zeitraum ein, operative Risiken hingegen können sich täglich verwirklichen. Die strategischen Risiken sind Entwicklungsrisiken, die aus den allmählichen Veränderungen von internen und externen Gegebenheiten entstehen, während dem die operationellen Risiken sich stärker auf die Ereignisrisiken (plötzlich und unvorhergesehene Vorfälle) konzentrieren.

Ein weiterer Unterschied zwischen strategischen und operativen Risiken besteht in deren Handhabung bzw. in der «Flughöhe», die man für die Risikobeurteilung und Risikobehandlung wählt. Strategische Risiken gehören direkt in die Entscheidungsfindung des Managements, während dem die operativen Risiken nicht direkt von den Entscheidungen des Managements abhängig sind. Gesprächspartner für das Risikomanagement sind bei den strategischen Risiken das Management. Demgegenüber finden die operativen Risiken mehrheitlich auf der Ebene der ausführenden Prozesse statt. Diese Feststellungen führen dazu, dass das Risikomanagement auf verschiedenen Ebenen, mit anderen Ansprechpartnern und nach verschiedenen Konzepten erfolgen sollte. Man spricht deshalb auch vom «Top-down» und vom «Bottom-up»-Ansatz. Top-down bezieht sich auf eine ganze Organisation mit ihrem Umfeld, Bottom-up jedoch auf einen Prozess oder auf die Gestaltung einer technischen Konstruktion. Je nach gewähltem Ansatz sind auch unterschiedliche Methoden bei der Risikobeurteilung zu wählen.

2.3.5 Ziele des Risikomanagements

2.3.5.1 Formelle Ziele des Risikomanagements

Die formellen Ziele des Risikomanagements bestehen erstens in der Früherkennung von Unsicherheiten, die sich auf die strategischen Ziele, auf die operationellen Tätigkeiten und auf die Erfüllung von gesetzlichen und gesellschaftlichen Anforderungen einer Organisation beziehen. Früherkennung schafft Handlungsfreiheit. Sie ermöglicht rechtzeitige Analyse und Einflussnahme auf die bevorstehenden Entwicklungen der Organisation. Bei Überraschung entsteht Zeitdruck, die Handlungsalternativen werden eingeschränkt. Die Früherkennung begleitet auch die Risikoidentifikation, was den ersten Schritt im Risikomanagement-Prozess darstellt.

Nach der Früherkennung folgen die Analyse und das Verständnis der Risiken. Es geht darum, dass die rechtzeitig identifizierten Risiken auf ihre möglichen Ursachen und Auswirkungen hin untersucht werden. Dadurch entsteht ein Verständnis der Risiken, welches Voraussetzung für die gezielte Einwirkung und Risikosteuerung bildet.

Die Einflussnahme auf die Ursachen und auf den Verlauf der Auswirkungen der Risiken ist der wichtigste Schritt im Risikomanagement, denn ohne Prävention bzw. Risikobehandlung würde das Risikomanagement eine theoretische Disziplin ohne Einwirkung auf Erfolg bzw. Misserfolg einer Organisation bleiben.

Schließlich gibt es Restrisiken, die trotz früher Erkennung, sorgfältiger Analyse, richtiger Einflussnahme immer noch schwerwiegende Auswirkungen auf die Erreichung der Ziele, die Umsetzung von Tätigkeiten und die Erfüllung von Anforderungen haben. Um diesen zu begegnen, steht das Notfall-, Krisen- und Kontinuitätsmanagement zur Verfügung.

2.3.5.2 Materielle Ziele des Risikomanagements

Die materiellen Ziele des Risikomanagements liegen darin, dass Ziele und Strategien erreicht, Tätigkeiten störungsfrei umgesetzt, rechtliche und relevante normative Anforderungen erfüllt und damit die Organisation insgesamt erfolgreich ist. Diese Aspekte sind die Grundlage jeder Wertschöpfung.

Oft wird argumentiert, dass das Ziel des Risikomanagements im langfristigen Überleben der Organisation besteht. Das ist richtig, kann aber erst nach langer Zeit festgestellt werden. Organisationen folgen einem Lebenszyklus, an deren Ende der Untergang stehen kann. Der Lebenszyklus einer Organisation kann einbrechen, etwa wenn bedeutende Management-Fehler begangen werden.

Rund ums Überleben einer Organisation gibt es weitere, verwandte Themen, etwa die Risikofähigkeit, die Widerstandsfähigkeit (Resilienz) oder etwa die Vermeidung der Insolvenz, die bei der Festlegung der materiellen Ziele des Risikomanagement erwähnt werden.

Gesamthaft kann man feststellen, dass Risikomanagement eine flankierende Maßnahme von Management und Entscheidungsfindung darstellt. Der übergeordnete, bekannte Begriff dafür ist «Corporate Governance».

2.4 Corporate Governance

2.4.1 Corporate Governance als Grundlage für das Risikomanagement

«Ganz allgemein kann Corporate Governance als die Gesamtheit aller internationalen und nationalen Regeln, Vorschriften, Werte und Grundsätze verstanden werden, die für Unternehmen gelten und bestimmen, wie diese geführt und überwacht werden.

Kennzeichen guter Corporate Governance:

- angemessener Umgang mit Risiken

- formelles, transparentes Verfahren für Vorschlag und Wahl der Board-Mitglieder (z. B. breites Spektrum von Personen einbeziehen)
- funktionsfähige Unternehmensleitung
- keine Kreuzverflechtung zwischen den Vergütungsausschüssen verschiedener Unternehmen
- Managemententscheidungen sind auf langfristige Wertschöpfung ausgerichtet
- Transparenz in der Unternehmenskommunikation
- Wahren der Interessen verschiedener Gruppen (z. B. der Stakeholder)
- zielgerichtete Zusammenarbeit der Unternehmensleitung und -überwachung

Corporate Governance ist dabei sehr vielschichtig und umfasst obligatorische und freiwillige Maßnahmen: das Einhalten von Gesetzen und Regelwerken (Compliance), das Befolgen anerkannter Standards und Empfehlungen sowie das Entwickeln und Befolgen eigener Unternehmensleitlinien. Ein weiterer Aspekt der Corporate Governance ist die Ausgestaltung und Implementierung von Leitungs- und Kontrollstrukturen»[37].

Was hier in allgemeiner Weise definiert ist, findet heute in einer breiten Darstellung verschiedener Institutionen ihre Konkretisierung. Die erste und wohl bedeutendste Quelle liegt bei G20 / OECD, die im Jahr 2015 die «Principles of Corporate Governance» als internationale Vereinbarungen nach ersten Veröffentlichungen von 1999 und 2004 herausgegeben hat[38].

2.4.2 Internationale Vereinbarung der G20 / OECD

In der Einleitung zu den Prinzipien wird der Zweck von Corporate Governance wie folgt beschrieben: Es geht um den Aufbau von Vertrauen, Transparenz und Verantwortung für langfristige Investitionen, finanzielle Stabilität und geschäftliche Integrität zu fördern, um dadurch stärkeres Wachstum und gesellschaftliche Einbindung zu erreichen: «The purpose of corporate governance is to help build an environment of trust, transparency and accountability necessary for fostering long-term investment, financial stability and business integrity, thereby supporting stronger growth and more inclusive societies»[39].

Im Vorwort wird auf die Anwendung der Prinzipien nochmals eingegangen, indem den Entscheidungsträgern Hilfe gewährt wird, den rechtlichen, regulatorischen und institutionellen Rahmen der Führung wirksam zu gestalten : «The G20/OECD Principles of Corporate Governance help policy makers evaluate and improve the legal, regulatory, and institutional framework for corporate governance, with a view to supporting economic efficiency, sustainable growth and financial stability»[40].

Die in der Einleitung und im Vorwort formulierten Zwecksetzungen werden später konkretisiert. Die Benutzer von Finanzinformationen und die Marktteilnehmer be-

37 https://de.wikipedia.org/wiki/Corporate_Governance, letzter Zugriff Januar 2016.
38 OECD (2015)
39 OECD (2015), S. 7
40 OECD (2015), S. 3

nötigen Informationen über die voraussehbaren materiellen Risiken. Diese sollten die speziellen Risiken des Wirtschaftssektors, des geographischen Gebiets, in welchem das Unternehmen arbeitet, Abhängigkeiten von Rohstoffen, Risiken der Finanzmärkte einschließlich Zins- und Währungsrisiken, Risiken von derivativen Instrumenten und Außer-Bilanz-Transaktionen, Verhaltensrisiken und Risiken in Bezug auf die Umwelt. «Users of financial information and market participants need information on reasonably foreseeable material risks that may include: risks that are specific to the industry or the geographical areas in which the company operates; dependence on commodities; financial market risks including interest rate or currency risk; risk related to derivatives and off-balance sheet transactions; business conduct risks; and risks related to the environment"[41].

Die Prinzipien umfassen die Offenlegung ausreichender und umfassender Information, um die Investoren vollständig über die materiellen und voraussehbaren Risiken des Unternehmens in Kenntnis zu setzen. Die Offenlegung von Risiken ist am wirksamsten, wenn sie dem betreffenden Unternehmen und dem Wirtschaftssektor angemessen ist. Die Offenlegung des Systems für die Überwachung und für die Handhabung der Risiken wird zunehmend als gute Praxis betrachtet. «The Principles envision the disclosure of sufficient and comprehensive information to fully inform investors of the material and foreseeable risks of the enterprise. Disclosure of risk is most effective when it is tailored to the particular company and industry in question. Disclosure about the system for monitoring and managing risk is increasingly regarded as good practice"[42].

2.4.3 Deutschland

Der Deutsche Corporate Governance Kodex wurde letztmals im Mai 2015 von der Regierungskommission angepasst und veröffentlicht. Darin werden allgemein die Zusammenarbeit zwischen Vorstand und Aufsichtsrat sowie die Aufgaben und Zuständigkeit dieser (und weiterer) Organe beschrieben. In treffender Art kommt das Risikomanagement zum Ausdruck:

«Der Vorstand informiert den Aufsichtsrat regelmäßig, zeitnah und umfassend über alle für das Unternehmen relevanten Fragen der Strategie, der Planung, der Geschäftsentwicklung, der Risikolage, des Risikomanagements und der Compliance. Er geht auf Abweichungen des Geschäftsverlaufs von den aufgestellten Plänen und Zielen unter Angabe von Gründen ein»[43].

Zu den Aufgaben und Zuständigkeiten des Vorstandes gehören ferner:

- «Der Vorstand entwickelt die strategische Ausrichtung des Unternehmens, stimmt sie mit dem Aufsichtsrat ab und sorgt für ihre Umsetzung.
- Der Vorstand hat für die Einhaltung der gesetzlichen Bestimmungen und der unternehmensinternen Richtlinien zu sorgen und wirkt auf deren Beachtung durch die Konzernunternehmen hin (Compliance).

---

41 OECD (2015), S. 41
42 OECD (2015), S. 41,
43 Deutscher Kodex (2015), Ziff. 3.4

- Der Vorstand sorgt für ein angemessenes Risikomanagement und Risikocontrolling im Unternehmen»[44].

Zu den Aufgaben und Zuständigkeiten des Aufsichtsrats gehören folgende:

- «Der Aufsichtsratsvorsitzende soll zwischen den Sitzungen mit dem Vorstand, insbesondere mit dem Vorsitzenden bzw. Sprecher des Vorstands, regelmäßig Kontakt halten und mit ihm Fragen der Strategie, der Planung, der Geschäftsentwicklung, der Risikolage, des Risikomanagements und der Compliance des Unternehmens beraten»[45].
- «Der Aufsichtsrat soll einen Prüfungsausschuss einrichten, der sich insbesondere mit der Überwachung der Wirksamkeit des internen Kontrollsystems, des Risikomanagementsystems sowie der Compliance, befasst
- Er soll unabhängig und kein ehemaliges Vorstandsmitglied der Gesellschaft sein, dessen Bestellung vor weniger als zwei Jahren endete»[46].

Das deutsche Recht hat aber schon im Jahr 1998 das Gesetz zur Kontrolle und Transparenz im Unternehmensbereich (KonTraG) als Ergänzung des Aktienrechts geschaffen.[47] Darin wir ein neuer § 91 (2) folgenden Inhalts erlassen:

- «Der Vorstand hat geeignete Maßnahmen zu treffen, insbesondere ein Überwachungssystem einzurichten, damit den Fortbestand der Gesellschaft gefährdende Entwicklungen früh erkannt werden.»

Diese Erweiterung des Aktiengesetzes spiegelt sich in der Ergänzung von § 317 (4) des Handelsgesetzbuches (HGB) wider:

- «Der Abschlussprüfer hat zu untersuchen, ob die geforderten Maßnahmen zur Früherkennung von bestandsgefährdenden Entwicklungen vom Vorstand getroffen wurden.»

Bei börsennotierten Gesellschaften ist das Risikomanagement im Rahmen des Jahresabschlusses zu prüfen. Dazu heißt es in § 322 (3) HGB:

- «Im Bestätigungsvermerk ist auch darauf einzugehen, ob der Lagebericht und der Konzernlagebericht insgesamt nach der Beurteilung des Abschlussprüfers eine zutreffende Vorstellung von der Lage des Unternehmens oder des Konzerns vermittelt. Dabei ist auch darauf einzugehen, ob die Risiken der zukünftigen Entwicklung zutreffend dargestellt sind.»

Im Jahr 2009 folgte dann das Bilanzrechtsmodernisierungs-Gesetz, welches die weitere Bestimmung des § 107 (3 / 2) ins AktG aufnahm, um die Anforderungen an Corporate Governance auf Gesetzesebene zu implementieren:

---

44 a. a. O.: Ziff. 4.1.2, 4.1.3 und 4.1.4

45 a. a. O.: Ziff. 5.2

46 a. a. O.: Ziff. 5.3.2

47 Das Deutsche Justizministerium hat auf dem Hintergrund spektakulärer Unternehmenszusammenbrüche am 30. April 1998 das Aktien- und Handelsrecht um das «Gesetz zur Kontrolle und Transparenz im Unternehmensbereich» (KonTraG) erweitert.

- «Der Aufsichtsrat kann aus seiner Mitte einen oder mehrere Ausschüsse bestellen Er kann insbesondere einen Prüfungsausschuss bestellen, der sich mit der Überwachung des Rechnungslegungsprozesses, der Wirksamkeit des internen Kontrollsystems, des Risikomanagementsystems und des internen Revisionssystems sowie der Abschlussprüfung, hier insbesondere der Unabhängigkeit des Abschlussprüfers und der vom Abschlussprüfer zusätzlich erbrachten Leistungen, befasst».

2.4.4 Österreich

Ähnlich formuliert der Österreichische Corporate Governance Kodex in seiner Fassung vom Jänner 2015 die Aufgaben und Zuständigkeiten von Aufsichtsrat und Vorstand:

- «Der Vorstand informiert den Aufsichtsrat regelmäßig, zeitnah und umfassend über alle relevanten Fragen der Geschäftsentwicklung, einschließlich der Risikolage und des Risikomanagements der Gesellschaft und wesentlicher Konzernunternehmen»[48].
- «Der Aufsichtsratsvorsitzende bereitet die Aufsichtsratssitzungen vor. Er hält insbesondere mit dem Vorstandsvorsitzenden regelmäßig Kontakt und diskutiert mit ihm die Strategie, die Geschäftsentwicklung und das Risikomanagement des Unternehmens»[49].
- «Darüber hinaus hat der Prüfungsausschuss die Wirksamkeit des unternehmensweiten internen Kontrollsystems, gegebenenfalls des internen Revisionssystems und des Risikomanagementsystems der Gesellschaft zu überwachen»[50].

Weitere Bestimmungen betreffen die Publizität, die im Risikomanagement gelten soll:

- «Die Gesellschaft legt im Konzernlagebericht eine angemessene Analyse des Geschäftsverlaufes vor und beschreibt darin wesentliche finanzielle und nichtfinanzielle Risiken und Ungewissheiten, denen das Unternehmen ausgesetzt ist sowie die wichtigsten Merkmale des internen Kontrollsystems und des Risikomanagementsystems im Hinblick auf den Rechnungslegungsprozess»[51].
- »Die Gesellschaft beschreibt im Konzernlagebericht die wesentlichen eingesetzten Risikomanagement-Instrumente in Bezug auf nicht-finanzielle Risiken»[52].

Auch in Österreich legt der § 92 AktG «Innere Ordnung des Aufsichtsrats» fest, dass ein Prüfungsausschuss die Wirksamkeit des Internen Kontrollsystem und des Risikomanagementsystem bestätigen muss. Weitere Ausführungen zum Risikomanagement sind weder im Aktiengesetz noch im Unternehmensgesetzbuch ausdrücklich festgehalten.

48 Österreichischer Kodex (2015), Ziff. 9
49 a. a. O.: Ziff. 32
50 a. a. O.: Ziff. 40
51 a. a. O.: Ziff. 69
52 a. a. O.: Ziff. 70

2.4.5 Schweiz

Der Corporate Governance Kodex der Schweiz wurde in 2014 aktualisiert und enthält einige Bestimmungen, die von den Nachbarländern abweichen, dies hauptsächlich wegen der nicht scharfen Trennung der Aufgaben und Kompetenzen von Verwaltungsrat und Geschäftsführung:

- «Der Verwaltungsrat sorgt für ein dem Unternehmen angepasstes Risikomanagement und ein internes Kontrollsystem. Das Risikomanagement bezieht sich auf finanzielle, operationelle und reputationmäßige Risiken.
  - Das interne Kontrollsystem ist der Größe, der Komplexität und dem Risikoprofil der Gesellschaft anzupassen.
  - Das interne Kontrollsystem deckt, je nach den Besonderheiten der Gesellschaft, auch das Risikomanagement ab.
  - Die Gesellschaft richtet eine interne Revision ein. Diese erstattet dem Prüfungsausschuss («Audit Committee») und gegebenenfalls dem Präsidenten des Verwaltungsrats Bericht»[53].

- «Der Verwaltungsrat trifft Maßnahmen zur Einhaltung der anwendbaren Normen (Compliance).
  - Der Verwaltungsrat ordnet die Funktion der Compliance nach den Besonderheiten des Unternehmens und erlässt geeignete Verhaltensrichtlinien…
  - Der Verwaltungsrat gibt sich mindestens einmal jährlich darüber Rechenschaft, ob die für ihn und das Unternehmen anwendbaren Compliance-Grundsätze hinreichend bekannt sind und ihnen dauernd nachgelebt wird»[54].

Bei der Schweizer Lösung ist – im Vergleich mit Deutschland und Österreich – auffallend, dass die enge Verbindung zwischen Strategie, Planung, Geschäftsentwicklung und Risikomanagement fehlt. Gleichzeitig erscheint das Verhältnis zwischen dem Internen Kontrollsystem und dem Risikomanagement undeutlich. Es ist nicht klar, ob es sich dabei um zwei gleichwertige Systeme handelt oder ob eines dem anderen zugeordnet ist.

In der Schweiz wird im Obligationenrecht in Art. 961 c Abs. 2 festgehalten, dass der Lagebericht namentlich Aufschluss geben muss über die «Durchführung einer Risikobeurteilung». Diese Formulierung wirkt nicht sehr verbindlich.

2.4.6 England

Die angelsächsischen Länder kennen in der obersten Leitung kein duales System, stattdessen gibt es einen «Board of Directors», der die Funktionen von Aufsichtsrat (Verwaltungsrat) und Vorstand vereint. Auf diesem Hintergrund wurde auch in England in 2014 «The UK Corporate Governance Code» neu herausgegeben. Auf-

53 Swiss Code (2014) Ziff. 20
54 a. a. O.: Ziff. 21

fallend ist im Vergleich zu den kontinentaleuropäischen Kodexen, dass dem Thema Risikomanagement ein deutlich höherer Stellenwert zukommt.

Der englische Kodex verlangt als ersten Grundsatz vom Board, dass er eine Aussage macht über die Art und das Ausmaß der Risiken, welche er einzugehen bereit ist, um die strategischen Ziele zu erreichen (Section C: «Accountability» in Teil C2: «Risk Management and Internal Control):

«The board is responsible for determining the nature and extent of the principal risks it is willing to take in achieving its strategic objectives. The board should maintain sound risk management and internal control systems»[55].

- »The directors should confirm in the annual report that they have carried out a robust assessment of the principal risks facing the company, including those that would threaten its business model, future performance, solvency or liquidity. The directors should describe those risks and explain how they are being managed or mitigated.
- Taking account of the company's current position and principal risks, the directors should explain in the annual report how they have assessed the prospects of the company, over what period they have done so and why they consider that period to be appropriate. The directors should state whether they have a reasonable expectation that the company will be able to continue in operation and meet its liabilities as they fall due over the period of their assessment, drawing attention to any qualifications or assumptions as necessary.
- The board should monitor the company's risk management and internal control systems and, at least annually, carry out a review of their effectiveness, and report on that review in the annual report. The monitoring and review should cover all material controls, including financial, operational and compliance controls"[56].

[Die Leitung ist verantwortlich für die Bestimmung von Art und Ausmaß, nach denen sie bereit ist Risiken einzugehen, um ihre strategischen Ziele zu erreichen. Die Leitung muss geeignete Risikomanagement und Interne Kontrollsysteme aufrechterhalten.

- Die Direktoren sollten im Jahresbericht bestätigen, dass sie eine vertiefte Analyse der die Gesellschaft bedrohenden Hauptrisiken durchgeführt haben, einschließlich derjenigen, die ihr Geschäftsmodell, die künftige Leistungsfähigkeit und die Zahlungsfähigkeit bedrohen könnten.
- Die Direktoren sollten, unter Berücksichtigung der gegenwärtigen Lage und Hauptrisiken der Gesellschaft, im Jahresbericht erörtern, wie sie die Zukunftsaussichten der Gesellschaft beurteilen, über welche Zeitdauer diese Einschätzung bereits gültig war und warum sie der Meinung sind, dass sie für diesen Zeitraum angemessen ist. Die Direktoren sollten bestätigen, dass sie eine vernünftige Erwartung darüber haben, dass die Gesellschaft fähig sein wird, den Betrieb fortzuführen und die Verpflichtung zu erfüllen, soweit sie in diesem beurteilen Zeitraum anfallen, wobei die Aufmerksamkeit auf allen benötigten Qualifikationen und Annahmen liegen soll.
- Die Leitung sollte das Risikomanagementsystem und das Interne Kontrollsystem der Gesellschaft überwachen und mindestens einmal jährlich eine Überprüfung ihrer Wirksamkeit durchführen und darüber im Jahresbericht informieren. Die Überwachung und Überprüfung sollte alle Kontrollbereiche berücksichtigen, einschließlich finanzielle, operationelle und Compliance Kontrollen.]

---

55 The UK Code (2014), Section C und C2
56 a. a. O.: Section C2.1, C2.2 und C2.3

Von Interesse ist der nachfolgende Absatz zum Thema «Audit Committee and Auditors». Es werden Richtlinien für die Anwendung der Grundsätze betreffend Berichterstattung, Risikomanagement und Internes Kontrollsystem verlangt: «The board should establish formal and transparent arrangements for considering how they should apply the corporate reporting and risk management and internal control principles and for maintaining an appropriate relationship with the company's auditors».

[Die Leitung sollte formelle und transparente Vorkehren treffen, um zu erwägen, wie diese angewendet werden sollen, um die Grundsätze der Berichterstattung, des Risikomanagements und der internen Kontrollen anzuwenden und um eine angemessene Beziehung zu den Revisoren der Gesellschaft aufrecht zu erhalten]

Es wird auch verlangt, dass diese Rolle von mehreren «unabhängigen» non-executive directors wahrgenommen wird[57]. Zudem soll ein «Audit Committee» eingerichtet werden, dem die Hauptaufgabe zukommt, die Wirksamkeit des Risikomanagements und des Internen Kontrollsystems zu prüfen und zu gewährleisten: «to review the company's internal financial controls and, unless expressly addressed by a separate board risk committee composed of independent directors, or by the board itself, to review the company's internal control and risk management systems»[58].

[um die internen finanziellen Kontrollen der Gesellschaft und die internen Kontroll- und Risikomanagement-Systeme zu überprüfen, ausser diese werden ausdrücklich von einem getrennten Risikokomitee der Leitung, das sich aus unabhängigen Direktoren zusammensetzt, oder durch die Leitung selbst, überwacht]

2.4.7 Vereinigte Staaten von Amerika

Die Entwicklung von Corporate Governance hatte in den Vereinigten Staaten von Amerika andere Auslöser: Nach dem Zusammenbrechen der DotCom-Börsenhausse im Jahr 2000 ereignete sich eine Anzahl von Betrugsfällen, von denen Enron den Anfang machte. Solche Fälle erschütterten das Vertrauen der Anleger. Dabei ging es einerseits um Bilanzbetrug, Selbstbereicherung und Insiderhandel. Andererseits war die Wirtschaftsprüfung in diesen beiden Fällen nicht unabhängig, sondern nach Auffassung der Gerichte Komplize bei der Begehung dieser Straftaten.

Enron hatte im Jahr 2001 Insolvenzantrag gestellt und damit für den bis dahin größten Zusammenbruch eines Unternehmens in der amerikanischen Geschichte gesorgt. Es stellte sich heraus, dass der Konzern über Jahre hinweg überhöhte Gewinne ausgewiesen hatte. Im Jahr 2002 folgte der Telekommunikationskonzern Worldcom mit einem noch größeren Insolvenzfall, ebenfalls nach einem Bilanzskandal. Um Ähnlichem zuvor zu kommen, erließ der amerikanische Gesetzgeber den bekannten Sarbanes-Oxley Act (kurz: SOA oder SOX), um der internen Kontrolle und dem Risikomanagement ein höheres Gewicht zukommen zu lassen. In der Präambel des neuen

57 a. a. O.: Section C3 und C3.1
58 a. a. O.: Section C3.2

Gesetzes ist der Zweck wie folgt definiert: «An Act to protect investors by improving the accuracy and reliability of corporate disclosures made pursuant to the securities laws, and for other purposes.»

Der SOX wurde am 30. Juli 2002 in Kraft gesetzt. Es besteht unter Fachleuten die Auffassung, dass SOX ein Gesetz ist, das die seit den frühen 1930er Jahren geltenden Bestimmungen über die Corporate Governance, über die Finanzberichterstattung von börsennotierten Kapitalgesellschaften und über die Praxis der Rechnungslegung grundlegend verändert.

Der Sarbanes-Oxley Act erließ in den Artikeln 302, 404 und 906 nachfolgende Vorschriften:

SEC. 302. CORPORATE RESPONSIBILITY FOR FINANCIAL REPORTS.

CEOs und CFOs müssen in jedem Jahres- und Quartalsbericht bescheinigen, dass sie den Bericht eingehend gelesen haben, dieser keine unwahren oder irreführenden Angaben enthält oder wichtige Tatsachen verschweigt. Die Aussagen zu finanziellen Gegebenheiten müssen die wirklichen Verhältnisse darstellen und Ergebnis der Betriebstätigkeiten sein. Zudem haben die Unterzeichnenden zu bestätigen, dass sie für die Gestaltung und Aufrechterhaltung der internen Kontrolle verantwortlich sind, einschließlich der internen Kontrollen bei konsolidierten Tochtergesellschaften. Die Unterzeichnenden haben die Wirksamkeit der internen Kontrollen zu beurteilen und rechtzeitig zu gewährleisten.

SEC. 404. MANAGEMENT ASSESSMENT OF INTERNAL CONTROLS.

Ein interner Kontrollbericht soll die Verantwortlichkeit des Managements für die Gestaltung und Aufrechterhaltung der internen Kontrollstruktur und Vorgehensweise für die finanzielle Berichterstattung festhalten. Der Bericht muss die Wirksamkeit der internen Kontrollstrukturen und der Vorgehensweisen für die finanzielle Berichterstattung beurteilen.

SEC. 906. CORPORATE RESPONSIBILITY FOR FINANCIAL REPORTS.

Zuwiderhandlungen gegen die obigen Vorschriften werden wie folgt bestraft:

1. Entspricht eine Bescheinigung nicht den Anforderungen, so droht dem verantwortlichen CEO oder CFO eine Buße von bis zu einer Mio. US-Dollar oder bis zu höchstens zehn Jahren Gefängnis oder beides zusammen.
2. Wird willentlich eine falsche Bescheinigung ausgestellt, droht Buße bis zu fünf Mio. US-Dollar oder Gefängnis bis zu 20 Jahren oder beides zusammen.

Anmerkung: Das Strafrecht der Vereinigten Staaten sieht für Flucht aus dem Gefängnis eine Strafe bis zu 2 Jahren, für Entführung mit Erpressung bis zu 5 Jahren, für Totschlag bis zu 14 Jahren und für Flugzeugentführung bis zu 25 Jahren Gefängnis vor.

Die US-amerikanischen Gerichte setzten diese neuen Vorschriften entschlossen um und sie bestätigen die erstinstanzlichen Schuldsprüche im Enron-Fall. Der spektakulärste Prozess der vergangenen Jahre ist am 25. Mai 2006 zu Ende gegangen. Kenneth Lay und Jeffrey Skilling, die beiden früheren Vorstandschefs des zusammengebrochenen Energiekonzerns, sind von den Geschworenen eines Gerichts in Houston abgeurteilt worden. Lay wurde in allen sechs Anklagepunkten schuldig gesprochen, Skilling bekam Schuldsprüche in 19 von 28 Punkten. Die Schuldsprüche erstreckten sich auf Vorwürfe wie Wertpapierbetrug, Verschwörung und Falschaussagen.[59] Die Anwälte des 64 Jahre alten Lay und des 52 Jahre alten Skilling legten Berufung ein. Lay erlitt im Juli 2006 im Gefängnis einen tödlichen Herzinfarkt. Skilling wurde im September 2006 zu 24 Jahren und vier Monaten Gefängnis verurteilt. Auch der frühere Worldcom-Chef Bernie Ebbers ist für seine Verwicklung in den Skandal schuldig gesprochen und zu einer Gefängnisstrafe von 25 Jahren verurteilt worden.

Für die Umsetzung der Anforderungen des neuen Gesetzes haben Fachgremien der Wirtschaftsprüfer den bereits existierenden COSO Standard (COSO steht für «Commitee of the Sponsoring Organizations of the Treadway Commission») weiter entwickelt. Der Standard trägt den Untertitel «Enterprise Risk Management Framework.»[60] Darin werden Richtlinien für die Gestaltung des internen Kontrollsystems und des Risikomanagements aufgestellt. Diese werden in den folgenden Jahren im globalen Risikomanagement eine dominierende Rolle spielen.

2.5 Normative Grundlagen

2.5.1 Allgemeines

Es gibt viele Standards zum Risikomanagement. Sie beziehen sich auf bestimmte funktions- oder sektorspezifische Anwendungen, wie z. B. die Maschinensicherheit, die IT-Sicherheit oder etwa die Arbeitssicherheit. Seit jüngerer Zeit kommen übergreifende Risikomanagement-Normen dazu. Weltweit gibt es heute für das Risikomanagement zwei dominierende Standards: COSO Enterprise Risk Management Framework und ISO 31000 Risk Management – Principles and Guidelines. Besonders zu erwähnen sind zudem die Risikomanagement-Standards für die Finanzindustrie, welche eine risikobasierte staatliche Aufsicht einführen. Allen diesen Ansätzen gilt die Aufmerksamkeit dieses Teils. Es werden die Herkunft und Entstehung, Zielsetzungen, Inhalte sowie Anwendungen und Nutzen dargestellt und schließlich einander gegenübergestellt.

Was ist ein Standard? Eine Beschreibung liefert die International Standard Organisation (ISO):

«A standard is a document that provides requirements, specifications, guidelines or characteristics that can be used consistently to ensure that materials, products, processes and services are fit for their purpose…

…ISO International Standards ensure that products and services are safe, reliable and of good quality. For business, they are strategic tools that reduce costs by minimizing waste and errors, and increasing productivity. They help companies to access new markets, level the playing field for developing countries and facilitate free and fair global trade.» [61]

---

59 Gemäß verschiedenen Pressemeldungen und https://de.wikipedia.org/wiki/Kenneth_Lay , letzer Zugriff Februar 2016

60 COSO (2004)

61 http://www.iso.org/iso/home/standards.htm

[Eine Norm ist ein Dokument, das Anforderungen, Spezifikationen, Richtlinien oder Merkmale enthält, die verlässlich verwendet werden können, um sicherzustellen, dass Materialien, Produkte, Prozesse und Dienstleistungen ihren Zweck erfüllen.

Die internationalen ISO Standards gewährleisten, dass Produkte und Dienstleistungen sicher, zuverlässig und qualitativ hochwertig sind. Für das Geschäft sind es strategische Instrumente, welche Kosten reduzieren durch Minimierung von Abfall und Fehlern und die Produktivität erhöhen. Sie helfen Gesellschaften neue Märkte zu erschließen, die Tätigkeitsfelder für Entwicklungsländer zu ebnen und erleichtern freien, fairen und weltweiten Handel.]

2.5.2 COSO Enterprise Risk Management Framework

2.5.2.1 Herkunft und Entstehung

Das erste umfassende Regelwerk des Risikomanagements für Organisationen ist das COSO-Modell. Ursprünglich war COSO eine freiwillige privatwirtschaftliche Organisation in den Vereinigten Staaten, die zum Ziel hatte, die Finanzberichterstattungen durch ethisches Handeln, wirksame interne Kontrollen und gute Unternehmensführung qualitativ zu verbessern. COSO wurde 1985 als Plattform für die «National Commission on Fraudulent Financial Reporting» (Treadway Commission) gegründet.[62]

Ab dem Jahr 1992 wird COSO durch die SEC (Securities and Exchange Commission – sie ist für die Kontrolle des Wertpapierhandels in den USA zuständig) als Standard für das interne Kontrollsystem offiziell anerkannt. Die Weiterentwicklung führt zur COSO-Ausgabe von 2004, die als «Enterprise Risk Management Framework» bezeichnet wird.[63]

2.5.2.2 Zielsetzungen und Inhalte

Das Risikomanagement nach COSO dient in erster Linie dem Schutz von Investoren, die am Kapitalmarkt ihr Geld einsetzen. Damit die Kapitalmärkte bzw. deren Handelsplätze (Börsen) das erforderliche Vertrauen genießen, haben die Gesetzgeber Vorschriften für die interne Finanzkontrolle erlassen, um die Interessen der Investoren zu schützen und um eine hohe Transparenz für den Umgang mit ihrem Kapital zu gewährleisten. Genau dies ist auch die Intention des Sarbanes-Oxley Acts.

Unternehmen sollen u. a. interne Kontrollen durchführen, um vor unbeabsichtigten Fehlern oder gar absichtlichen kriminellen Handlungen im Zusammenhang mit der Buchführung und Finanzberichterstattung geschützt zu sein. Drei Dimensionen der Kontrolle werden dabei vorgegeben: Die betrieblichen Aktivitäten (Operations), die Berichterstattung (Reporting) und die Einhaltung von gesetzlichen Vorschriften und von relevanten internen Weisungen (Compliance). Zuerst wird in vorbereitender Weise die interne Revision mit diesen Kontrollaufgaben betraut. Dann nehmen die

62 Vgl: http://de.wikipedia.org/wiki/COSO, letzter Zugriff Januar 2016.
63 COSO (2004).

externen Wirtschaftsprüfer die durch das Gesetz definierte unabhängige Kontrollfunktion wahr.

Grundlage für die Durchführung der internen und externen Kontrollen ist das COSO-Regelwerk, dessen Version von 1992 als «Internal Control – Integrated Framework» seinen Anfang nahm. Grundlage dieser Norm war ein «risikobasierter Ansatz». Dieser bedeutet, dass Kontrollen dort angesetzt werden sollen, wo die Unsicherheiten für Fehler und der Verdacht auf Betrug und Veruntreuung am größten sind. Das «Framework» wurde überarbeitet und im Jahr 2013 erneut mit gleicher Bezeichnung neu publiziert.

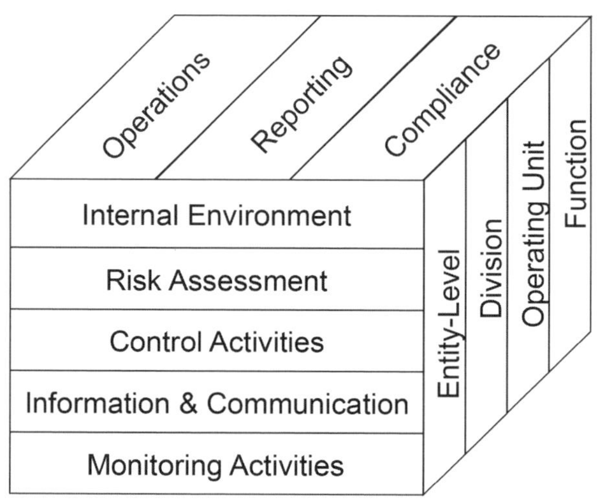

Übersicht 3: COSO Internal Control – Integrated Framework

In der Folge des Sarbanes-Oxley Acts von 2002 wurde das «Internal Control – Integrated Framework» aktualisiert bzw. zum «Enterprise Risk Management Framework» weiterentwickelt. Damit verbunden wurde das Anliegen weiter Kreise, das Risikomanagement nicht nur auf die Belange operationeller und rechtlicher Dimension zu begrenzen, sondern auf die Unternehmensstrategie auszudehnen. Die drei Dimensionen des Regelwerkes wurden beibehalten, der Risikomanagement-Prozess (Front-Seite des Würfels) und die Arten von Risiken (einschließlich «Strategic») erweitert.

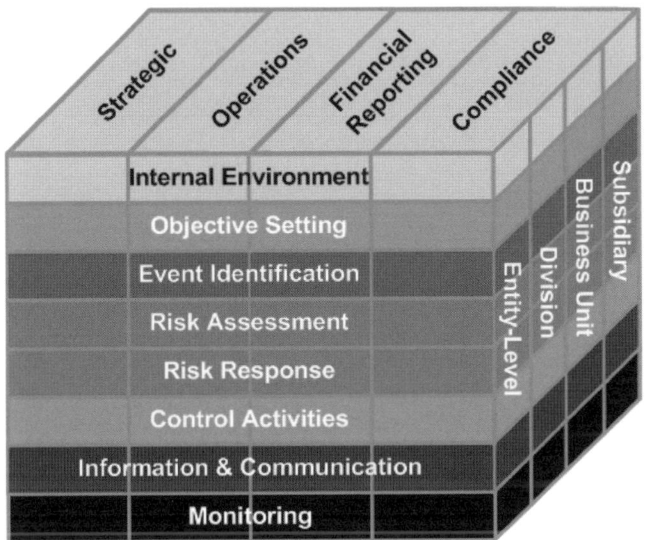

Übersicht 4: COSO Enterprise Risk Management Framework

Der COSO-Würfel von 2004 beschreibt nun die verschiedenen Dimensionen, allen voran die acht Schritte des Risikomanagement-Prozesses:

- Internes Umfeld (Internal Environment) – es bestimmt die Art und Weise, wie die Führungskräfte und Mitarbeiter der Organisation die Risiken sehen und angehen, einschließlich Risikomanagement-Philosophie, Risikoappetit, Integrität und ethische Werte.
- Zielsetzung (Objective Setting) – Eine Organisation muss Ziele verfolgen, bevor man Risiken identifizieren kann. Die gesetzten Ziele müssen mit dem Risikoappetit konsistent sein.
- Identifikation von Risikoszenarien (Event Identification) – Es müssen interne und externe Szenarien identifiziert werden, welche die Ziele beeinträchtigen. Chancen und Gefahren / Bedrohungen sind enthalten.
- Risikoeinschätzung (Risk Assessment) – Risiken werden nach ihrer Wahrscheinlichkeit und Auswirkung auf die Ziele analysiert.
- Risikobewältigung (Risk Response) – Das Management muss Maßnahmen der Risikobewältigung (vermeiden, akzeptieren, vermindern, aufteilen) entwickeln, um bei Bedarf die Risiken tolerierbar zu machen.
- Risikokontrolle (Control Activities) – Aktionspläne und Vorgehensweisen sind zu erarbeiten und umzusetzen, um die Wirksamkeit der Risikobewältigung sicherzustellen.
- Information und Kommunikation (Information and Communication) – Die für die Umsetzung des Risikomanagements erforderlichen Informationen werden zusammengestellt, damit die verantwortlichen Personen handeln können.
- Darstellung / Dokumentierung (Monitoring) – Das Risikomanagement wird dargestellt und dokumentiert, nötigenfalls aktualisiert und vom Management laufend verfolgt.

Die Umsetzung der beiden COSO Richtlinien erfolgt in der Praxis prozessorientiert. Für das interne Kontrollsystem werden dafür folgende Schritte vorgesehen:

- Definition der für die Kontrollen maßgeblichen Geschäftsprozesse, wobei die Relevanz für die Finanzberichterstattung zu berücksichtigen ist. Die Ergebnisse können mit Flow Charts abgebildet werden.
- Definition der für den Prozess verantwortlichen Person.
- Analyse der Risiken für jeden Teilprozess. Dabei sind Fragen der Bewertung, Abgrenzung, Vollständigkeit, Nachweise, Richtigkeit etc. zu berücksichtigen.
- Validierung: Es muss überprüft werden, ob die Geschäftsprozesse auch so gelebt werden, wie sie aufgezeichnet sind. Mit konkreten Beispielen bzw. Kontrollen muss sichergestellt werden, dass die Prozesse tatsächlich der Wirklichkeit entsprechen.
- Korrekturmaßnahmen: Wenn Prozessfehler und Abweichungen festgestellt oder Risiken entdeckt werden, so sind die Prozesse entsprechend anzupassen bzw. die Wirklichkeit zu verändern.
- Die Risikoanalyse und die Maßnahmen müssen so dokumentiert werden, dass jederzeit nachgewiesen werden kann, welche Kontrollen stattgefunden haben.

2.5.2.3 Anwendungen und Nutzen

COSO stammt aus der Welt der Wirtschaftsprüfung in den Vereinigten Staaten. «COSO Internal Control – Integrated Framework» konzentriert sich auf die ordentliche Betriebstätigkeit, die Finanzberichterstattung und die Einhaltung von gesetzlichen Vorschriften (Operations, Reporting, Compliance). «COSO Enterprise Risk Management Framework» erweitert diese Sichtweise zusätzlich auf die Unternehmensstrategie. Das Regelwerk ist im Zusammenhang mit den Anforderungen des Sarbanes-Oxley Acts zu großer, internationaler Bekanntheit gelangt. Darin steckt das immanente Merkmal beider COSO-Regelwerke: Sie konzentrieren sich zu sehr auf die Finanzen und die finanzielle Berichterstattung.

Auch in Europa ist das COSO-Framework im Kontext des internen Kontrollsystems bekannt, vor allem bei international tätigen Konzernen. Börsennotierte Unternehmen, deren Titel nur in Europa, nicht aber in den USA gehandelt werden, sind gegenüber dem COSO Standard oft sehr zurückhaltend bzw. ablehnend eingestellt, weil die Implementierung der hier formulierten Anforderungen außerordentlich aufwendig ist. Bei den Wirtschaftsprüfern, die sich mit dem internen Kontrollsystem befassen, ist COSO hingegen sehr beliebt und der anerkannte Standard.

Mit dem COSO Regelwerk verwandt ist der CobiT Standard (Control Objectives for Information and Related Technology). CobiT wurde 1993 vom Verband der EDV-Prüfer (Information Systems Audit and Control Association, ISACA) entwickelt und hat sich von einem Werkzeug für IT-Prüfer (Auditoren) zu einem Werkzeug für die Steuerung der IT entwickelt.

«Die in CobiT festgelegten Control Objectives sind in 34 Prozesse gegliedert. Ausgehend von Unternehmenszielen werden IT-Ziele festgelegt, die wiederum die Architektur der IT beeinflussen. Hierbei gewährleisten angemessen definierte und betriebene IT-Prozesse die Verarbeitung von Informationen, die Verwaltung von IT-

Ressourcen (Personal, Technologie, Daten, Anwendungen) und die Erbringung von Services.»[64]

Der Vollständigkeit halber sei erwähnt, dass sich neben dem CobiT weitere IT-Risikomanagement-Regelwerke entwickelt haben, so ITIL (IT Infrastructure Library, Ursprung Großbritannien), das IT-Grundschutzhandbuch (Deutschland) und ISO 27001 «Information technology – Security techniques – Information security management systems requirements»[65].

Was ist der Nutzen des COSO Regelwerkes? Zweifellos vermag die Anwendung dieses Regelwerkes Transparenz und Kontrolle zu schaffen, und zwar bis weit in die Details der operationellen Abläufe bzw. Betriebsprozesse. Die prozessbasierte Anwendung des COSO Standards entspricht einer Entwicklung, die auch andernorts festzustellen ist: In der Betriebswirtschaft, im Produktions- und im Qualitätsmanagement. Überall wurden in den vergangenen Jahren Managementsysteme entwickelt und auf der Grundlage des Prozessmanagements implementiert. Diese Ausrichtung ist operativ sehr wirksam, entspricht aber einem «Bottom-up-Ansatz», der auf der «Flughöhe» der Prozesse die strategische Sicht des Unternehmens in seinem wirtschaftlichen, politischen, sozialen und technologischen Umfeld gar nicht oder nicht ausreichend erfasst.

Zudem muss sich die Diskussion um den Nutzen des COSO Regelwerkes auch kritische Bemerkungen gefallen lassen. Interne und externe Kontrollsysteme sind zwar wichtig, ihnen haftet etwas Defensives, Buchhalterisches an. Im Vordergrund stehen nicht Führung, Steuerung, Qualität oder Produktivität, sondern die absichernde Kontrolle. Die Finanzkrise von 2008 hat gezeigt, dass die Kontroll-Philosophie und ihre praktische Umsetzung mit dem COSO Regelwerk nicht in der Lage waren, wirksames Risikomanagement sicherzustellen, geschweige denn die Auswirkung der Krise zu verhindern. Wäre nicht genau dies die Erwartung, die man an ein wirksames Risikomanagement hätte haben müssen?

2.5.3 ISO 31000 Risk management – Principles and guidelines

2.5.3.1 Herkunft und Entstehung

Hintergrund des im Jahr 2009 veröffentlichten internationalen Standards ISO 31000 «Risk management – Principles and guidelines» ist einerseits der vorbestandene Australisch-Neuseeländische Standard 4360 «Risk management», andererseits die in 2004 erstmals veröffentlichte ONR 49000 «Risikomanagement für Organisationen und Systeme» aus Österreich.

---

64 http://de.wikipedia.org/wiki/Cobit, letzter Zugriff Januar 2016.

65 Die internationale Norm ISO/IEC 27001 spezifiziert die Anforderungen für Herstellung, Einführung, Betrieb, Überwachung, Wartung, und Verbesserung eines dokumentierten Informationssicherheits-Managementsystems unter Berücksichtigung der Risiken innerhalb der gesamten Organisation.

Der Australisch-Neuseeländische Standard AS/NZS 4360 wurde erstmals im Jahr 1995 veröffentlicht, 1999 überarbeitet und im Jahr 2004 erneut angepasst. Urheber ist das Australisch/Neuseeländische Normungsinstitut. Die Zielsetzung besteht in der Beschreibung der Anforderungen an ein umfassendes Risikomanagement für Organisationen. Der Standard stellt das Risikomanagement als Aufgabe der Führung dar. «Risk management involves managing to achieve an appropriate balance between realizing opportunities for gains while minimizing losses. It is an integral part of good management practice and an essential element of good corporate governance»[66].

[Risikomanagement umfasst das Management, um einen angemessenen Ausgleich zwischen der Verwirklichung von Gewinnchancen bei gleichzeitiger Minimierung von Verlusten zu erreichen. Es ist ein integrierter Bestandteil guter Managementpraxis und ein wichtiges Element von guter Unternehmensführung.]

Obwohl der AS/NZS-Standard 4360 sich ausdrücklich mit dem Management von Risiken befasst, will er kein «Managementsystem-Standard» sein. «This Standard specifies the elements of the risk management process, but it is not the purpose of this Standard to enforce uniformity of risk management systems»[67].

[Diese Norm spezifiziert die Elemente des Risikomanagement-Prozesses, aber es ist nicht die Absicht dieser Norm, einheitliche Risikomanagement-Systeme zu erzwingen.]

Im Mittelpunkt steht auch hier Risikomanagement-Prozess. Der Standard beschreibt in der Ausgabe 2004 in anschaulicher Art die Einbettung des Risikomanagement-Prozesses in das Umfeld von «Communication and Consultation» sowie von «Monitoring and Review» [68] In dieser letzten Ausgabe wird auf die Terminologie des im Jahr 2002 erschienenen ISO Guide 73 «Risk Management – Vocabulary – Guidelines for use in Standards» Bezug genommen.

Das Charakteristische am australischen Risikomanagement-Standard besteht darin, dass er einfach und übersichtlich ist. Der Verzicht auf die Elemente eines Managementsystems nimmt vielen Organisationen die Furcht vor dem Aufwand einer möglichen Zertifizierung, der mit den klassischen Managementsystemen wie etwa ISO 9001 ff. oder ISO 14001 ff. verbunden ist. Dies mag mitunter ein Grund dafür sein, dass sich der Australische Standard AS/NZS 4360 «Risk Management» großer Beliebtheit erfreut und weit über Australien hinaus, insbesondere in Japan und in China, aber auch in Europa und den Vereinigten Staaten bekannt geworden ist.

---

66 AS/NZS 4360:2004, S. V
67 a. a. O.: S. 1
68 a. a. O.: 2004, S. 15

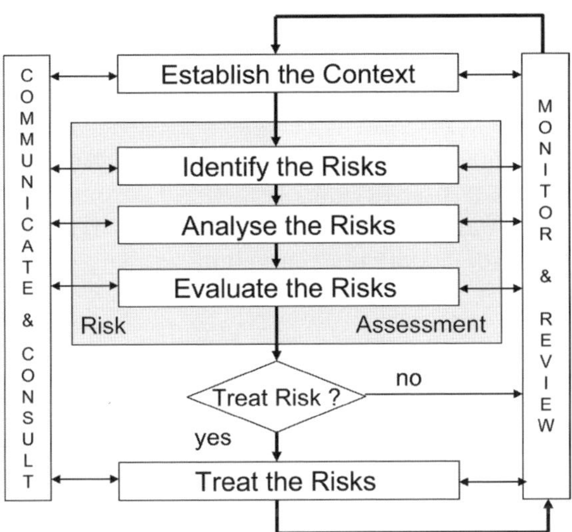

Übersicht 5: Prozess Risikomanagement nach AS/NZS 4360

Der Nachteil des Australischen Standards liegt darin, dass die Managementsystem-Elemente fehlen. Für die Umsetzung des Risikomanagements in einer Organisation gibt der Standard wenig Unterstützung. Das Managementsystem-Element «Planung» ist zwar beschrieben, aber weitere Elemente, z. B. die Leistungsbewertung, die Integration in die Prozesse der Organisation, das Review und die ständige Verbesserung als Verpflichtung des Managements fehlen oder sind nur andeutungsweise und spontan erwähnt.

Genau diese Lücke hat die ONR 49000 geschlossen, indem sie ein Risikomanagement-System auf der Grundlage des Deming-Kreises Plan-Do-Check-Act bzw. auf Deutsch Planung, Umsetzung, Bewertung und Verbesserung geschaffen hat. Diese Elemente hat die ISO 31000 später ganz übernommen.

Im Jahr 2005 stellte das Australische Normungsinstitut den Antrag an die International Standard Organsation (ISO), ihre Norm 4360 «Risk Management» als ISO Standard zu übernehmen. Eine Abstimmung in der ISO-Gemeinschaft ergab, dass man die AS/NZS 4360 nicht in unveränderter Form übernehmen wollte. Eine Arbeitsgruppe von internationalen Experten erarbeitete von 2005 bis 2009 die ISO 31000 «Risk management – Principles and guidelines». Sie stellt eine Fusion des Australischen Risikomanagement-Prozesses (in ISO 31000, Kapitel 5) mit dem Risikomanagement-System Österreichischen Ursprungs (in ISO 31000, Kapitel 4) dar.

2.5.3.2 Zielsetzungen und Inhalte

Die Zielsetzung der Internationalen Norm ISO 31000 ist von ihrer Herkunft, Entstehung und in der Zielsetzung sehr verschieden vom Amerikanischen COSO Standard. Es geht nicht um den primären Schutz von Investoren, auch nicht um die Gestaltung eines internen Kontrollsystems, sondern um effizientes Management und um eine entscheidungsorientierte Unternehmenssteuerung mit dem Ziel, die Wertschöpfung zu erhöhen. ISO 31000 ist zudem ein Top-down-Ansatz, der bei Politik und Strategie einer Organisation ansetzt und sich nicht primär auf die operativen Prozesse konzentriert.

«While all organizations manage risk to some degree, this International Standard establishes a number of principles that need to be satisfied to make risk management effective. This International Standard recommends that organizations develop, implement and continuously improve a framework whose purpose is to integrate the process for managing risk into the organization's overall governance, strategy and planning, management, reporting processes, policies, values and culture»[69].

Die Verbindung des Risikomanagement Prozesses aus der AS/NZS 4360 mit dem Risikomanagement-System aus der ONR 49001 kommt in folgendem Bild zum Ausdruck:

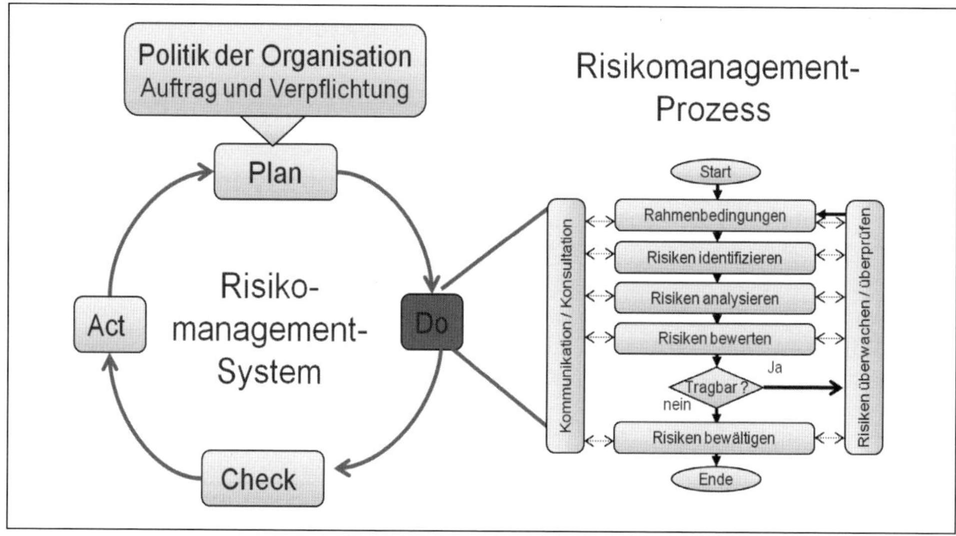

Übersicht 6: Das Risikomanagement-System[70]

Ein wichtiges Element der neuen ISO 31000 sind die in Kapitel 3 aufgeführten elf Grundsätze für die Anwendung bzw. Umsetzung des Risikomanagements. Sie beziehen sich auf die Führung, auf die Systematik sowie auf den Umgang mit der Unsicherheit. Die Grundsätze sind folgende:

Grundsätze betreffend die Führung

- Risikomanagement schafft und schützt Werte,
- Risikomanagement ist ein integrierter Teil von Organisationsprozessen,
- Risikomanagement ist Teil der Entscheidungsfindung,

69 ISO 31000:2009, S. V.
70 Dieses Bild stammt aus der ONR 49000:2014-Serie und entspricht inhaltlich der ISO 31000 Risk management.

- Risikomanagement berücksichtigt Human- und Kulturfaktoren,
- Risikomanagement erleichtert kontinuierliche Verbesserung.

Grundsätze betreffend die Systematik
- Risikomanagement ist systematisch, strukturiert und zeitgerecht,
- Risikomanagement ist transparent und umfassend,
- Risikomanagement ist dynamisch, iterativ, reagiert auf Veränderungen,
- Risikomanagement ist maßgeschneidert.

Grundsätze betreffend den Umgang mit Unsicherheit
- Risikomanagement befasst sich ausdrücklich mit der Unsicherheit,
- Risikomanagement stützt auf die besten verfügbaren Informationen ab.

2.5.3.3 Anwendungen und Nutzen

Die ISO 31000 bezeichnet sich selbst als «generischen» Standard. Er beschreibt Grundsätze, Systemelemente und Prozesse, jedoch wenig Konkretes über die Umsetzung und Anwendung in der Praxis.

ISO 31000 hat zwei Verdienste: Erstens stellt sie einen weltweiten Konsens dar. Experten aus vielen Nationen haben an der Entstehung der Norm mitgewirkt. Im Gegensatz zur COSO-Norm handelt es sich nicht um eine Norm amerikanischen Ursprungs, sondern um einen globalen Ansatz.

Zweitens ist ISO 31000 im Umfeld der herstellenden Industrie entstanden, ähnlich wie die ISO 9000-Serie. Hauptanliegen sind das Management der Unsicherheit und damit die Verbesserung der Planung und Steuerung von Organisationen. Die Norm erschöpft sich nicht in den Anliegen der Wirtschaftsprüfung mit Vorgaben bzw. Empfehlungen für interne und externe Kontrolle.

Der neue ISO-Standard ist ausdrücklich auch nicht auf eine Zertifizierung von Managementsystemen ausgerichtet. Dafür fehlen ihm die Spezifikationen bzw. die konkreten Anforderungen an ein Risikomanagement-System. Es handelt sich ausdrücklich um eine «Guideline», also um Empfehlungen.

Das Corporate Governance Committee der OECD führte in 2013 eine Umfrage zur Lage des Risikomanagements in der Führung von privaten Unternehmen und öffentlichen Institutionen in verschiedenen Ländern durch. Ausgangspunkt bildet dabei die Frage, welche Auswirkungen die Finanzkrise auf das Management von Risiken hat[71].

Die wichtigsten Ergebnisse der OECD-Umfrage waren folgende[72]:
- Unternehmen müssen Risiken eingehen, um ihre Ziele zu erreichen und Erträge zu erwirtschaften. Dabei werden die Kosten von Fehlern oder Versäumnissen im Risikomanagement oft deutlich unterschätzt. Corporate Governance sollte deshalb sicherstellen, dass die Risiken verstanden, behandelt, und sofern zweckmäßig, auch kommuniziert werden.

71 OECD (2013)
72 siehe: Brühwiler (2014)

- In der Folge der Finanzkrise haben viele Unternehmen dem Risikomanagement mehr Aufmerksamkeit geschenkt. Es scheint, dass die meisten Unternehmen der Meinung sind, dass das Risikomanagement eine ausschließliche Verantwortung des Linienmanagements sein sollte.
- Aufgrund von externem Druck, der auf das Topmanagement einwirkte, wurden Anreizstrukturen überprüft und mögliche Belohnung für exzessive Risikoübernahme, vor allem durch Stock options für Executives, herabgesetzt. An deren Stelle tritt eine angemessene Entlohnung für Geschäftserfolg und Risikomanagement.
- Bestehende gesetzliche Risikomanagement-Vorgaben gewichten immer noch interne Kontrolle und Audit-Funktionen, d. h. vor allem finanzielle Risiken, stärker als eine präventiv stattfindende Risikoidentifikation mit nachfolgendem umfassendem Risikomanagement.
- Auch nicht-finanzielle, insbesondere strategische und operationelle Risiken sollten unbedingt berücksichtigt werden.
- Gesetzlich verankerte Risikomanagement-Standards tendieren gegenwärtig dazu, sehr allgemein und abstrakt zu sein, womit sie ihre praktische Anwendbarkeit einschränken. Risk Governance Standards sollten konkreter sein, ohne ihre Anwendbarkeit einzuschränken. Die Erfahrungen der Finanzindustrie sind wertvoll, aber nicht direkt auf andere Industrien umsetzbar. Risiken aus dem Outsourcing und Supply-Chain-Risiken verdienen in allen Sektoren mehr Aufmerksamkeit.
- Es ist nicht immer klar, ob die Unternehmensleitung den potentiell «katastrophalen» Risiken ausreichende Aufmerksamkeit schenkt, auch wenn diese unwahrscheinlich sind. Es geht vor allem um Risiken mit hoher Einwirkung auf Investoren, weitere interessierte Kreise, Steuerzahler und die Umwelt.
- Die Unternehmensleitung sollte sich der engen Möglichkeiten von Risikomanagement-Modellen, die auf fraglichen Annahmen über die Eintrittswahrscheinlichkeit beruhen, im Klaren sein.
- Staatliche Unternehmen und Einrichtungen sollten ähnliche Risikomanagement-Praktiken verfolgen wie private Unternehmen.

Die Finanzkrise hat gemäß früheren Untersuchungen der OECD folgende schwerwiegenden Fehler bzw. unabdingbare Anforderungen an das Risikomanagement zum Vorschein gebracht:

- Der weit verbreitete Fehler des Risikomanagements bestand darin, dass Risiken nicht auf der Ebene des Gesamtunternehmens behandelt und nicht mit der Unternehmensstrategie abgestimmt waren.
- Oft fand das Risikomanagement getrennt von den Management-Tätigkeiten statt und wurde nicht als ein wesentlicher Teil der Umsetzung der Unternehmensstrategie betrachtet. Die oberste Leitung ignorierte in vielen Fällen die Risiken, welche das Unternehmen bedrohten.
- Die Regulatoren und die normenschaffenden Gremien haben nicht wirklich verstanden, dass Risikoübernahme zwar eine treibende Kraft des Geschäfts darstellt, es aber unumgänglich ist, diese Risiken zu verstehen, zu behandeln und gegebenenfalls auch zu kommunizieren.

- Wirksames Risikomanagement verlangt einen unternehmensweiten Ansatz und nicht nur eine Betrachtung innerhalb einer einzelnen Geschäftseinheit. Die oberste Leitung ist in die Einrichtung und Überwachung der Risikomanagement-Strukturen einzubeziehen.
- Unternehmensstrategie, Risikoappetit und interne Risikomanagement-Strukturen sind aufeinander abzustimmen.
- Das Risikomanagement und weitere Kontrollfunktionen sind unabhängig von Profit-Center zu gestalten. Der Chief Risk Officer bzw. der Risikomanager muss direkt und unabhängig der obersten Leitung berichten können.
- Der Risikomanagement-Prozess und die Ergebnisse von Risikobeurteilungen sind angemessen offenzulegen. Risikofaktoren sind transparent und verständlich zu kommunizieren.

Zusammenfassend kommt die OECD zu folgendem Schluss:

Die ISO 31000 Risk management – Principles and guidelines ist de facto zum Welt-Standard geworden. Er könnte eine Vielzahl von bestehenden Standards, Methoden und Vorgehensweisen zusammenführen, die heute zwischen verschiedenen Industrien, Themen und Ländern bestehen[73].

2.5.3.4 Spezifikation mit der ONR 49000-Serie

Das Risikomanagement in der ISO 31000 ist allgemein gefasst und generisch ausgestaltet. Konkrete Handlungsanleitungen fehlen weitgehend. Deshalb ist die ONR 49000-Serie einen Schritt weiter gegangen und hat die ISO 31000 spezifiziert. Schon die frühere ONR 49001 wurde zur Grundlage des Risikomanagement-Systems in der ISO 31000. Aber auch die letzte Version ONR 49000-Serie von 2014 hat die Inhalte und teilweise auch das Wording der ISO 31000 übernommen. Die ONR 49000-Serie, Ausgabe vom 1. Jänner 2014, versteht sich als Leitfaden für die «Umsetzung der ISO 31000 in der Praxis» und trägt zur Konkretisierung der ISO 31000 bei. Die ONR 49000 hat folgende Struktur:

73 OECD (2013), S. 13

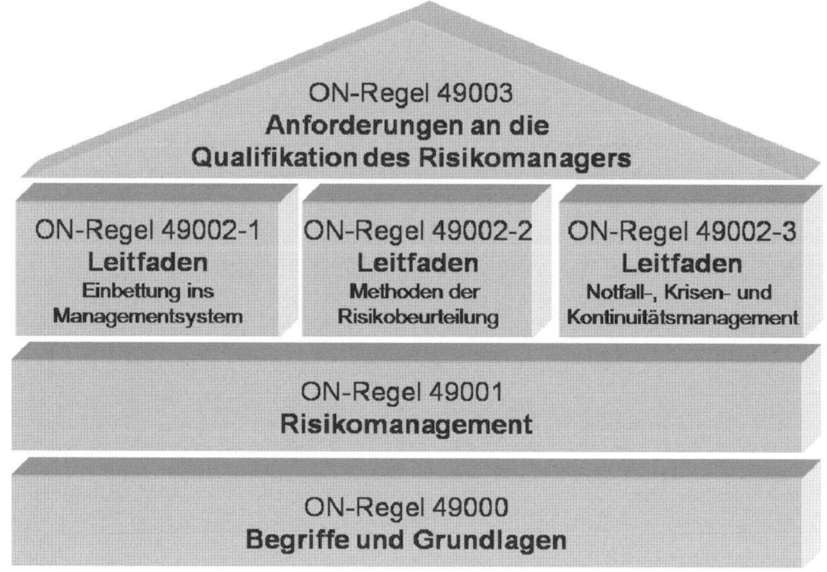

Übersicht 7: Struktur der ONR 49000 Serie

Worin besteht der Nutzen der allgemein gehaltenen ISO 31000 bzw. der spezifizierten ONR 49000-Serie als Anleitung zum «Umsetzung der ISO 31000 in der Praxis»?

Die ISO 31000 ist als internationales Regelwerk der Welt-Standard im Risikomanagement. Das Besondere liegt im Top-down-Ansatz, der das Risikomanagement mit der Unternehmensstrategie und mit der Führungsaufgabe verbindet. Die Führung muss eine Organisation trotz aller bestehenden Unsicherheiten bzw. Risiken umsichtig lenken und leiten. Das Risikomanagement dient der langfristigen Werterhaltung und Wertschöpfung. Es begrenzt sich nicht in regulatorischen Vorschriften oder in defensiver Kontrollpraxis.

2.5.4 Regulatorisches Risikomanagement in der Finanzindustrie

2.5.4.1 Ursachen für die Finanzkrise 2007-2009

Die Finanzkrise hatte ihren Ursprung in den USA, von dort wurde sie in die ganze westliche Welt verteilt. Der ursprüngliche Auslöser ist in den politischen Rahmenbedingungen der amerikanischen Gesellschaft zu finden: Die Politik sah seit vielen Jahren vor, dass die strukturschwachen Gebiete und die Bevölkerungsschichten mit geringem Einkommen gefördert werden sollten. Das Ziel der Chancengleichheit und damit auch des amerikanischen Traums eines Eigenheims sollte für viele US-Bürger zur Realität werden. Die beiden von der Regierung getragenen Hypothekenbanken Freddy Mac und Fanny Mae erhielten die politische Vorgabe, ihre Kredite in das Segment «low and moderate income»-Kunden zu vergeben. Bei den über lange Zeit herrschenden tiefen Zinssätzen blieben schließlich die Kredit- und Bonitätsprüfungen bei diesen Kundensegmenten aus oder wurden großzügig angewendet. Auf die im Hypothekengeschäft erforderlichen Eigenmittelanteile wurde oft verzichtet, da die stetig steigenden Liegenschaftspreise diese ohnehin relativierten.

Die Banken ihrerseits bündelten, strukturierten, verbrieften und versicherten die Hypothekarkredite. Die Rating-Agenturen bewerteten die strukturierten Produkte mit hoher Güte, womit sie dann an Investoren auf der ganzen Welt verkauft und die darin eingebundenen Risiken verteilt wurden. Die Finanzprodukte waren derart komplex, dass nur wenige Marktteilnehmer verstanden, wie sie konstruiert waren und welche Ursprungrisiken den Produkten zugrunde lagen. Der Boom im Immobilienmarkt der USA verteuerte die Preise von Liegenschaften, ermöglichte weitere Kreditgewährung und täuschte über die Risiken des Grundgeschäfts hinweg. Diese wurden erst offenbar, als bei steigenden Zinsen viele Hypothekargläubiger, die angesichts ihrer bescheidenen Einkommen nicht mehr in der Lage waren, die gestiegenen Zinsen zu bezahlen, geschweige denn die Schulden abzubauen.

Weitere Faktoren, die diese Entwicklung begünstigten, waren die Anreizmodelle der Marktteilnehmer: Die Broker vermittelten Hypothekarkredite auf der Basis von Umsatzprovisionen und die Banken bzw. die Investmentbanker, die die Kredite verbrieften und diese schließlich mit den damit verbundenen Risiken in den Kapitalmarkt transferierten, wurden ebenfalls nach Maßgabe der kurzfristigen Rendite, ohne Berücksichtigung des damit verbundenen langfristigen Risikos, entschädigt.

Das Risikomanagement der Banken musste die mit diesen Geschäften verbundenen Risiken bewerten. Es machte aber den entscheidenden Fehler, dass die Value at Risk Berechnungen der Insolvenzrisiken auf den Daten der Vergangenheit basierten und die eigentlichen Marktrisiken gar nicht in die Betrachtungen und in die Berechnungen einflossen. Dies verstärkte die Fehleinschätzung noch dahingehend, dass das Management der Banken im Risikomanagement sogar die Rechtfertigung sah, diese Geschäfte weiter zu betreiben. Die Fehleinschätzungen der Marktrisiken wurden kurzerhand ausgeblendet.

Die Folge davon ist bekannt: Bei ansteigenden Zinsen entstanden Kreditausfälle in bisher nicht bekannter Dimension, die Bewertung der Liegenschaften brach ein, die Kredite und Derivate verloren ihre Substanz und die Versicherungen konnten die Kreditausfälle nicht mehr bezahlen. Durch diesen Geschäftseinbruch entstand zusätzliches Misstrauen zwischen den Banken, die sich gegenseitig mit kurz- und mittelfristigen Krediten finanzierten. Schließlich brach der Kapitalmarkt völlig zusammen. Nur durch eine massive Liquiditätsversorgung des gesamten Bankensystems durch die US-Regierung bzw. durch die Notenbank der USA, später auch durch die Zentralbanken anderer Länder konnte die Zahlungsfähigkeit kurzfristig sichergestellt werden. Die Bank Lehmann Brothers brach zwar zusammen, aber durch die Rettungsaktionen konnten weitere Konkurse, wie z. B. von American International Group (AIG), in der Schweiz der UBS oder in Deutschland einiger Landesbanken, abgewendet werden.

Die Krise des Kapitalmarktes schwappte auch rasch auf die Realwirtschaft über. Ende 2008 bzw. anfangs 2009 stürzte sie in eine in der jüngsten Vergangenheit noch nie dagewesene Wirtschaftskrise, die nur dadurch in Grenzen gehalten werden konnte, dass sich viele Staaten in der westlichen Welt massiv verschuldeten. Heute stellt sich der Abbau dieser Staatsschulden immer noch als schwere Hypothek für die weitere wirtschaftliche Entwicklung dar.

2.5.4.2 Hat das Risikomanagement im Finanzsystem versagt?

Das Risikomanagement hätte die Aufgabe gehabt, die Stabilität der Finanzsysteme zu gewährleisten. Diese umfassen im Wesentlichen die Banken und die Versicherungen. Für die Gewährleistung der Zuverlässigkeit des Kreditwesens wurden deshalb schon früh die regulatorischen Konzepte bzw. Aufsichtsgesetzte für das Kreditwesen nach den Vorgaben von Basel I und II entwickelt. Das politische Ziel der Bankenaufsicht besteht nach wie vor darin, dass bei einer eintretenden Insolvenz kein Kunde einen Schaden erleidet, weil die Eigenmittel ausreichen müssen, die Forderungen aller Gläubiger zu erfüllen.

Analog hat die Versicherungswirtschaft (Lebens- und Rentenversicherung sowie Sach- und Vermögensversicherung) mit der Umsetzung der regulatorischen Konzepte von Solvency I und II die Aufgaben, die Ansprüche der «Policyholder» im Extremfall zu gewährleisten. Das Ziel besteht darin, dass kein Versicherungskunde zu finanziellem Schaden kommen soll, wenn ein Versicherungsunternehmen insolvent wird. Die Eigenmittelunterlegung muss den Risiken entsprechen, die diese Organisationen tatsächlich eingehen.

Das Risikomanagement vieler Banken und einiger Versicherungen hat in der Finanzkrise versagt. Die Entscheidungsträger haben die Risiken nicht verstanden und sich auf andere Marktteilnehmer verlassen, ohne eine eigenständige Risikobewertung vornehmen zu können. Viele Finanzunternehmen haben sich aber um die langfristigen Risiken auch deshalb nicht oder zu wenig gekümmert, weil sie die risikobehafteten Portfolios an andere Marktteilnehmern transferieren konnten.

Aufsichtsbehörden denken national, diese Finanzgeschäfte fanden aber international statt. Dies ist mit ein Grund, dass auch die Aufsichtsbehörden die Risiken nicht verstanden hatten und nicht in der Lage waren, zeitgerecht einzugreifen und der laufenden Entwicklung Gegensteuer zu geben. Damit wurden die Bestrebungen der Regulatoren – sprich der staatlichen Aufsichtsbehörden – ausgehebelt. Die Konzepte von Basel I und II sowie von Solvency I und II waren teilweise wirkungslos.

2.5.4.3 Basel I, II und III

Der Basler Ausschuss für Bankenaufsicht[74] hat mit BASEL I im Jahr 1988 die ersten harmonisierten Eigenmittelvorschriften verabschiedet und die Voraussetzungen für eine international einheitliche Eigenmittelunterlegungspflicht geschaffen. Diese schreibt den Banken vor, dass Kredite – je nach Schuldnertyp abgestuft – grundsätzlich zu 8 % mit Eigenmitteln zu unterlegen sind. Mit der Umsetzung von BASEL I gelten seit Ende 1992 weltweit einheitliche gesetzliche Mindestanforderungen für Kreditrisiken.

---

74 Der Basler Ausschuss für Bankenaufsicht wurde von den Gouverneuren der Zentralbanken der G-10-Länder eingesetzt: Belgien, Kanada, Frankreich, Deutschland, Italien, Japan, Luxemburg, die Niederlande, Spanien, Schweden, die Schweiz, das Vereinigte Königreich und die Vereinigten Staaten.

1996 wurden diese Bestimmungen zu den Eigenmittelvorschriften für Marktrisiken geschaffen und 1997 eingeführt. Im Januar 2001 folgte ein Vorschlag zur Änderung der internationalen Eigenkapitalregelungen, der allgemein unter dem Begriff BASEL II bekannt ist.

Die neuen Bestimmungen sollten bis 2007 in mehr als 100 Ländern der Welt in nationales Recht umgesetzt werden. Die Eigenmittelanforderungen sollen nach den Vorgaben von Basel II die Marktrisiken (Anlagerisiken), die Kreditrisiken und die operationellen Risiken berücksichtigen. Insbesondere sollten die Kreditrisiken besser erfasst und nicht mehr pauschal nach Kreditkategorie, sondern mit individuellen Ratings der Kreditnehmer mit entsprechendem Eigenkapital hinterlegt werden. Konkret wurde aus der Neuerung vor allem eine Verteuerung bzw. eine Verknappung der Kreditfinanzierung für mittelständische Unternehmen erwartet.

Marktrisiken Anlagerisiken	Kreditrisiken Bonitätsrisiken	Operationelle Risiken

• Aktien
• Obligationen
• Derivate
• Rohstoffe
• Zinsen
• Währungen
	• Staat,
	• Zentralbanken
	• Banken langfristig
	• Banken kurzfristig
	• Unternehmen
	• Wohnliegenschaften
	• Geschäftsliegensch.
	• KMUs
		• Interne
		  • Menschen
		  • Prozesse
		  • Technologien
		• Externe
		  • Compliance
		  • Sourcing
		  • Physische

Übersicht 8: Eigenmittelanforderungen Basel I + II

Durch die Finanzkrise von 2007-2009 wurde nun viel Kritik an den Eigenmittelvorschriften der Basler Abkommen geübt, weil es trotz dieser Vorgaben vielen Banken gelungen ist, die Eigenmittel wesentlich geringer zu dotieren. Die neuesten Bestrebungen der Regulatoren gehen u. a. nun wieder in Richtung einer stärkeren Eigenkapitaldecke für die großen, international tätigen Banken.

Unter dem Stichwort Basel III wurden zwischenzeitlich verschiedene Vorschläge für die Eigenmittelverstärkung umgesetzt. Systemrelevante Banken, die während der Finanzkrise faktisch zu einer Staathaftung («too big to fail») führten, muss nun bedeutend mehr Eigenmittel unterlegen und weitere Maßnahmen treffen, um eine Insolvenz ohne die Intervention des Staates und der Steuerzahler abzuwickeln, immer unter der Anforderung, dass Kunden nicht zu Schaden kommen dürfen. Im Hintergrund spielt sich bei den neuen Eigenmittelvorschriften auch ein Machtkampf zwischen den staatlichen Aufsichtsbehörden und dem privatwirtschaftlich organisierten Finanzsektor ab.

2.5.4.4 Solvency I und II

Die Versicherungswirtschaft hat viel früher als die Banken damit angefangen, die Ausstattung mit Eigenmitteln zu reglementieren. Grundlage bildete das Solvabilitätskonzept, das erstmals bereits 1973 in einem Dokument festgehalten wurde: «Erste Richtlinie des Rates vom 24. Juli 1973 zur Koordinierung der Rechts- und Verwaltungsvorschriften betreffend die Aufnahme und Ausübung der Tätigkeit der Direktversicherung (mit Ausnahme der Lebensversicherung) (73/239/EWG)». Das Solvabilitätskonzept für die Lebensversicherung folgte 1979. Die Eigenmittelausstattung der Versicherungsunternehmen wurde in Abhängigkeit vom Geschäftsvolumen festgelegt. Maßgebend für die Bestellung der Eigenmittel waren das Prämienvolumen und die Schadensbelastung.

Vor dem Hintergrund eines erhöhten Wettbewerbes in der Versicherungsbranche hat die EU-Kommission bereits Anfang 2000 das Projekt SOLVENCY II auf die Schiene gesetzt, um das Solvabilitätssystem in Europa weiter zu verfeinern und mit den Regelungen des Bankwesens zu harmonisieren. Das Ziel war die grundlegende Reform der Versicherungsaufsicht. Die tief greifende Krise der Versicherungswirtschaft in den Jahren 2001–2003 mit der überraschenden Entwicklung auf den Kapitalmärkten führte die Notwendigkeit von SOLVENCY II dramatisch vor Augen. Auch hier müssen nun die Eigenmittel nach den vorhandenen Markt- und Anlagerisiken, nach den versicherungstechnischen Risiken und nach den operationellen Risiken richten.

Marktrisiken Anlagerisiken	Versicherungs-Risiken	Operationelle Risiken

• Aktien
• Obligationen
• Derivate
• Rohstoffe
• Zinsen
• Währungen
	• Biometrik
	• Verhalten
	• Ökonomische Faktoren
	• Katastrophen
	• Bonität Rückversicherung
		• Interne
		  • Menschen
		  • Prozesse
		  • Technologien
		• Externe
		  • Compliance
		  • Sourcing
		  • Physische

Übersicht 9: Eigenmittelanforderungen Solvency I + II

Das Konzept SOLVENCY II besteht ebenfalls aus einer fundamentalen und weitreichenden Anpassung der älteren Anforderungen an die Eigenmittelausstattung von Versicherungen. Eines der Ziele von SOLVENCY II ist es, ein Solvabilitätssystem festzulegen, das die tatsächlichen Risiken einer Versicherung aufzeigt und die Risiken zu steuern und zu kontrollieren gestattet. Finale Absicht ist dabei, dass bei einer Insolvenz einer Versicherung die Kunden nicht zu Schaden kommen.

2.5.5 Risikomanagement-Konzepte in der Gesamtübersicht

In diesem Kapitel „Grundlagen des Risikomanagements" wurden der Kontext für das Risikomanagement aufgezeigt, das Risiko definiert, Risikomanagement als Führungsaufgabe dargestellt, die Anforderungen an das Risikomanagement durch die Grundsätze des Corporate Governance vorgestellt sowie die normativen Empfehlungen bzw.

Anforderungen an das Risikomanagement erörtert. Gesamthaft ergibt sich daraus ein Bild, welches das Risikomanagement umfassend darstellt, aber durchaus die unterschiedlichen Sichtweisen der Zielsetzung und Aufgaben des Risikomanagements als Aufgabe der Unternehmensführung aufzeigt.

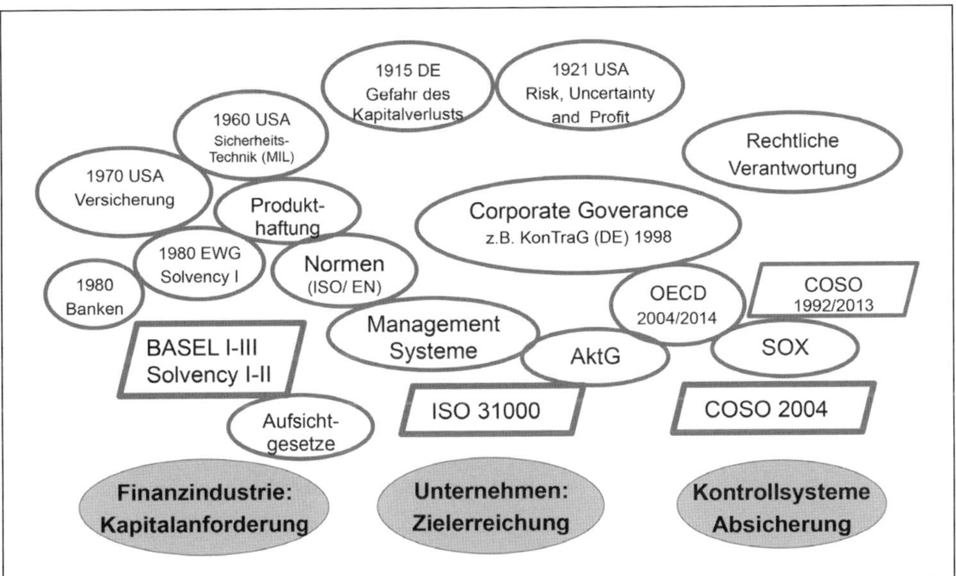

Übersicht 10: Unterschiedliche Risikomanagement-Konzepte

Kapitalanforderungen, Zielerreichung und Absicherung können auf einen gemeinsamen Nenner zurückgeführt werden: Das Überleben einer Organisation oder eines Unternehmens. Wenn man die einzelnen Konzepte nebeneinander stellt und diese vergleicht, werden einige Nuancen deutlich in Erscheinung treten:

- Das Risikomanagement der Finanzindustrie ist darauf ausgerichtet, die Kapital-Anforderungen zu erfüllen, die den Risiken des Geschäftsportfolio entsprechenden. Die Eigenmittel müssen ausreichen, um bei einer Insolvenz die Ansprüche der Kunden zu sichern. Nicht die Verhinderung der Insolvenz, sondern der Schutz der Kunden ist das Hauptziel des regulierten Risikomanagements der Finanzindustrie.
- Demgegenüber ist das Risikomanagement-Konzept von ISO 31000 und ihrer Spezifikation durch die ONR 49000-Serie auf die Unternehmensstrategie, auf die Erreichung von Zielen, die Erfüllung von Tätigkeiten und die Einhaltung von gesetzlichen Vorschriften ausgerichtet. Risikomanagement ist Führungsaufgabe. Sie gewährleistet den langfristigen Erfolg des Unternehmens.
- Schließlich ist das Risikomanagement, welches durch die Initiative der Wirtschaftsprüfer entwickelt worden ist, auf die Finanzberichterstattung und auf das Einhalten von gesetzlichen Vorschriften fokussiert. Der prozessbasierte Ansatz des Interne Kontrollsystems steht im Vordergrund. Risikomanagement ist in diesem Ansatz geprägt von der Absicherung des Managements vor Fehlern und Angriffen.

Keiner der drei aufgezeigten Ansätze ist der richtige oder falsche. Unternehmen und Organisationen, die ihr Risikomanagement gestalten, können sich aber durch diese Gewichtungen ein Bild darüber machen, welches Konzept am besten zu ihren Vorstellungen der Führung und des Managements passt.

3 Anwendungen des Risikomanagements

3.1 Vielfältige Anwendungen und Sichtweisen

3.1.1 Top-down und Bottom-up-Ansatz

Risikomanagement findet in vielen Funktionen in Unternehmen und Organisation Anwendung. Um einen Überblick zu bekommen, kann man sich bei den Anwendungen des Risikomanagements an der Hierarchie der Management-Aufgaben orientieren. Demnach gibt es ein strategisches Management, dem das strategische Risikomanagement zuzuordnen ist. Es richtet sich auf die grundlegende, langfristige Unternehmensentwicklung mit den ihr innewohnenden Unsicherheiten. Das operative Management konkretisiert die strategischen Ziele und zerlegt sie in betriebliche Funktionen. Schließlich werden diese Funktionen mit Leistungsprozessen umgesetzt. Auf allen Stufen findet Risikomanagement statt.

Das Risikomanagement, das auf der Ebene der strategischen Führung stattfindet, wird auch als Top-down-Ansatz bezeichnet. Er beschreibt das Vorgehen und die Sichtweise des Risikomanagements im Hinblick auf die ganze Organisation. Man kann von der „Vogelperspektive" sprechen oder von der «Flughöhe». Demgegenüber ergibt sich der Bottom-up-Ansatz aus der Anwendung des Risikomanagements auf der dispositiven Prozessebene. Man spricht im übertragenen Sinne von der „Fußgängerperspektive".

Der Top-down-Ansatz zeichnet sich dadurch aus, dass er langfristig, grundsätzlich, priorisierend und teilweise auch selektiv ist. Demgegenüber kennzeichnet ein sehr hoher Detaillierungsgrad den Bottom-up-Ansatz. Ihm ist das Merkmal der «Kleinteiligkeit» eigen. Beide Ansätze sind unverzichtbar. Ein umfassendes Risikomanagement ergibt sich erst daraus, dass sich der Top-down und der Bottom-up-Ansatz ergänzen.

Das Management sollte sicherstellen, dass der Auftrag für das Risikomanagement konkretisiert und bis zu den relevanten Leistungsprozessen umgesetzt wird. Umgekehrt muss der Fluss der Risikoinformationen von der Basis zur Spitze der Risikomanagement-Pyramide gewährleistet werden.

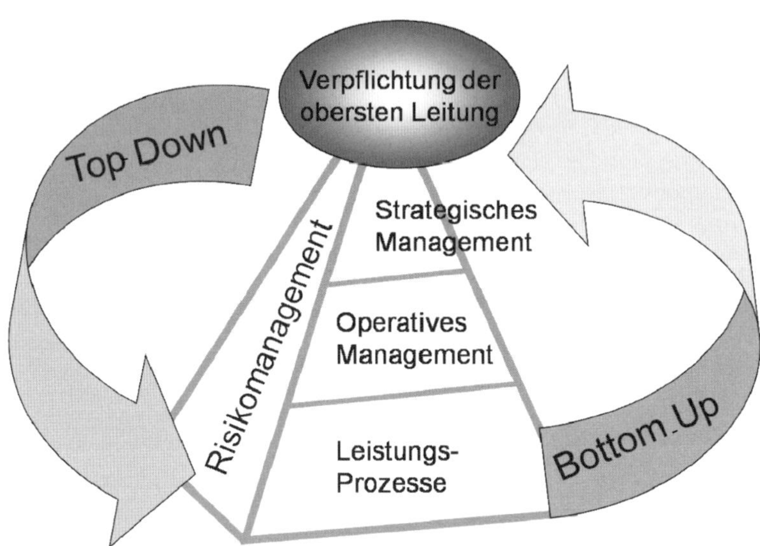

Übersicht 11: Top-down- und Bottom-up-Ansatz

Zum strategischen Management gehört das strategische Risikomanagement. Es befasst sich mit den Unsicherheiten, die sich aus der Veränderung des Umfeldes, aus Produkten und Dienstleistungen, aus Kundensegmenten und Märkten, aus Wettbewerbspositionen, aus der Technologieentwicklung oder aus Ressourcenanforderungen ergeben.

Das operative Management befasst sich vor allem mit den Risiken der Produktinnovation, der Großprojekte, der Infrastrukturen und der technischen Systeme. Auch das Notfall-, Krisen- und Kontinuitätsmanagement gehören in diesen Bereich der operativen Führung.

Schließlich findet Risikomanagement auf der dispositiven Ebene von Organisationen in den Leistungsprozessen statt. Dazu zählen etwa der Arbeitnehmer- und der Umweltschutz, die Design- und Prozess-FMEA in der produzierenden Industrie, die Prozessgestaltung im Krankenhaus zur Gewährleistung der Patientensicherheit oder auch die risikobezogenen Tätigkeiten der internen Finanzkontrolle.

Wenn die verschiedenen Anwendungen von Risikomanagement in einer Hierarchie dargestellt werden, bedeutet dies nicht, dass die Risiken aus der Prozessebene von geringerer Bedeutung oder gar Tragweite sind als die strategischen Risiken. Deshalb ist es erforderlich, dass sich die Führung auch mit ihnen in angemessener Weise befasst.

3.1.2 Integrativer Ansatz

In den viele Bereichen von strategischer und operative Führung gibt es Teilbereiche, bei denen das Risikomanagement eine hohe Eigenständigkeit aufweist, z. B. das Unternehmens-Risikomanagement, oft auch als Enterprise Risk Management bezeichnet und mit «ERM» abgekürzt.

In Bereichen der operativen Führung von Organisationen kann das Risikomanagement eine integrierende Gemeinsamkeit darstellen. Es gibt Bereiche, in denen das Risikomanagement einen festen Platz einnimmt wie z. B. die Produkt- und Dienstleistungssicherheit, die IT-Sicherheit und das interne Kontrollsystem sowie die Belange von Health, Safety und Environment, gängig auch mit HSE abgekürzt. Bekannt geworden ist der risikobasierte Ansatz, der das Risikomanagement für die Festlegung von Prioritäten und für die Allokation von Ressourcen nutzt, beispielsweise das Qualitätsmanagement oder etwa das Compliance Management.

Aus der Sicht der Führung von Unternehmen und Organisationen ergibt sich bei dieser Vielfältigkeit von Anwendungen des Risikomanagements ein nicht zu unterschätzendes Komplexitätsproblem. Es sind viele Teilbereiche, die irgendwie miteinander zu tun haben und doch nicht einfach zusammengefasst werden können. Es entstehen einzelne «Silos», die nebeneinander stehen, aber eine Gemeinsamkeit aufweisen: den risikobasierten Ansatz. Zwischen vielen Anwendungsbereichen gibt es Überschneidungen und Schnittflächen, deren Gemeinsamkeit im Risikomanagement liegen. So könnte man in einer bildlichen Darstellung das Risikomanagement in die Mitte stellen und damit das Unternehmens-Risikomanagement (ERM) abbilden. Angelehnt an dieses zentrale Element fügen sich die vielen Bereiche wie Notfall-, Krisen- und Kontinuitätsmanagement, Internes Kontrollsystem, Compliance Management, Qualitätsmanagement, Sicherheitsmanagement und weitere Bereiche hinzu.

Die Zielsetzung des Risikomanagements besteht nicht darin, eine umfassende Disziplin zu werden, die am Ende alle sicherheitsrelevanten Teilbereiche in sich aufnimmt und sich zu einer zentralen Führungsfunktion entwickelt. Die Führung all dieser Bereiche verbleibt in der Aufgabe und Verantwortung des Managements. Aus der Sicht der fachlichen Anforderungen des Risikomanagements müssen in jedem Bereich spezifische Kompetenzen und Fähigkeiten vorhanden sein.

Die gemeinsame und methodische Funktion des Risikomanagements beruht auf den Merkmalen der Unsicherheit bzw. Ungewissheit, deren Auswirkungen auf die Erreichung der Ziele, die Umsetzung der Tätigkeiten und Einhaltung von rechtlichen Anforderungen erheblich und von großer Tragweite für die Verantwortung der Führung sind. Teilaufgaben sind die Früherkennung, die Analyse, das Verständnis, die Prävention und Intervention bei möglichen Schäden. Auch Risiken aus einem bestimmten Teilbereich können «bestandesgefährdend» und damit prioritär sein. Sie sind Bestandteil des Unternehmens-Risikomanagements. Durch die integrierenden Sichtweisen werden Silos durchlässig, was die Anforderung an Transparenz und Durchblick für das Management erleichtert.

Bei dieser Sichtweise entstehen «Kombinationen» von Fachbereichen, so etwa die Belange Governance, Risiko- und Compliance Management (auch mit GRC abgekürzt), Qualitäts- und Risikomanagement im Bereich des Gesundheitswesens (auch mit QRM abgekürzt), Produkt-Risikomanagement mit Compliance (auch als regulatory affairs bezeichnet) usw.

Übersicht 12: Anwendungsbereiche des Risikomanagements

3.2 Unternehmens-Risikomanagement

3.2.1 Strategisches Risikomanagement und Entscheidungsfindung

Das strategische Risikomanagement beginnt bei der Planung der Entwicklungsstrategien von Organisationen. Risikomanagement begleitet die Entscheidungsfindung. Die Unsicherheit bzw. Ungewissheit weist auf einen fehlenden, unvollständigen oder verfälschten Informationszustand hin. Es ist die Aufgabe des Risikomanagements, diesen zu verbessern bzw. Szenarien zu entwickeln, um vorauszusehen, wie sich die Unsicherheiten später bei bestimmten unsicheren Entscheidungen auf die Entwicklung des Unternehmens bzw. der Organisation auswirken könnten.

Das strategische Risikomanagement bezieht sich auf die Strategieentwicklung. Chancen und Bedrohungen von strategischer Alternativen werden analysiert und bewertet. Das Ergebnis des Risikomanagements führt zum Entscheid für die zu verfolgende Richtung.

Es gibt strategische Risiken, die bei einer schon seit längerer Zeit bestehenden Unternehmensstrategie ohne neue Entscheidung als Restrisiken existieren. Sie können sich durch die Veränderung von Umfeldbedingungen verändern. Dem Risikomanagement kommt dann die Aufgabe zu, neue Entscheidungen für die Anpassung der Strategie an die veränderten Bedingungen zu initialisieren. Risikomanagement ist also nicht nur eine begleitende Tätigkeit bei der Entscheidungsfindung, sondern kann auch die Chancen und Bedrohungen einer bestehenden Unternehmensstrategie durchleuchten und entsprechende Anpassungen auslösen.

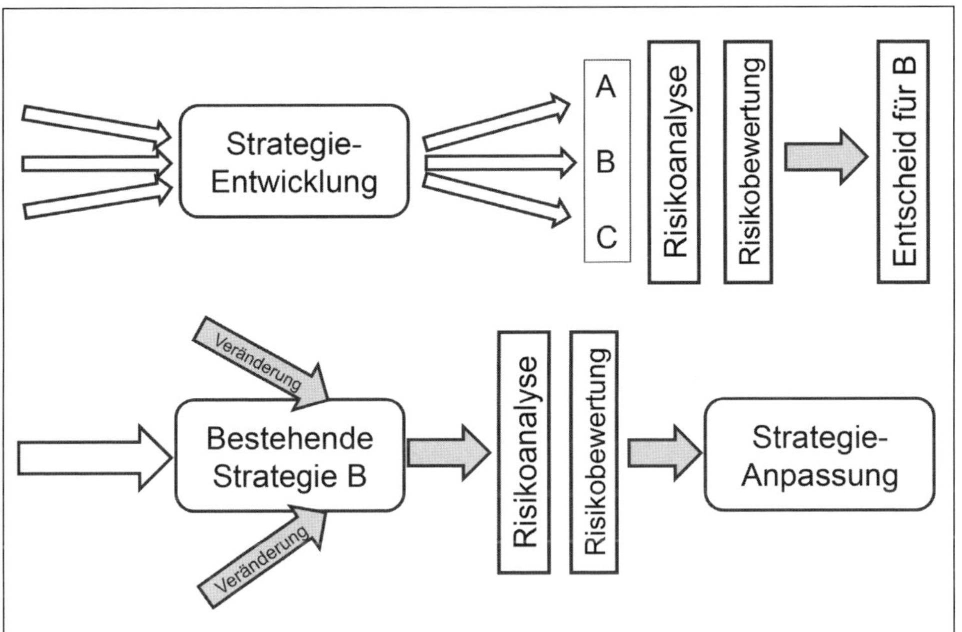

Übersicht 13: Risikomanagement in Strategie

Folgendes Beispiel zeigt, wie das strategische Risikomanagement in einem international tätigen Maschinenbaukonzern bei vorgegebener Unternehmensstrategie umgesetzt worden ist:

Praxisbeispiel:

Der mittelständische, diversifizierte und international tätige Konzern mit ca. 1 Mrd. € Jahresumsatz umfasst drei Geschäftsbereiche, die in ihren jeweiligen Tätigkeitsfeldern eigenverantwortlich agieren. Eine kleine Management-Einheit führt den Konzern. Die wichtigsten Führungsinstrumente sind die langfristige Finanzplanung, das jährliche Budget und die konsolidierte Jahresrechnung. In der Zentrale gibt es weitere Funktionen wie Konzernentwicklung (die sich vor allem mit Firmenübernahmen beschäftigt), externe Unternehmenskommunikation und eine Stabsabteilung für Recht und Versicherung, der auch die Funktion Risikomanagement angehört. Für das Risikomanagement werden folgende Leitideen formuliert:

Wir wollen...

- die wesentlichen Risiken unserer Konzernentwicklung frühzeitig erkennen und angemessen auf Veränderungen antworten,
- Vorstellbares vorausgedacht und Alternativen entwickelt haben,
- im Unerwarteten sachlich richtig handeln,
- bewusst und rechtzeitig reagieren.

Auf der Stufe Konzern sollen nur die wesentlichen Risiken in Betracht gezogen werden. Wesentlich bedeutet:

- Ein Risiko kann den Konzerngewinn in einem Jahr einmalig als Schadensereignis um mehr als 5 Mio. € oder kumuliert über drei Jahre als Ergebnis einer Fehlentwicklung um mehr als 10 Mio. € schmälern;
- die Fähigkeit zur Erreichung vorgegebener strategischer Ziele wird beeinträchtigt;
- die Einhaltung gesellschaftlicher Ziele und Anforderungen wird gefährdet.

Auf Stufe der Geschäftsbereiche sind angepasste Schwellenwerte für die Bestimmung der Wesentlichkeit zu definieren. Für die Durchführung des Risikomanagements werden folgende Grundsätze formuliert:

- Ausgangspunkt ist die Eigenverantwortung und die Handlungsfreiheit jedes einzelnen Geschäftsbereichs, jeder soll sein eigenes Risikoprofil erstellen;
- Verantwortlich für das jeweilige Risikoprofil ist das jeweilige Geschäftsleitungsteam;
- Die Spitzenrisiken jedes Geschäftsbereichs werden zu einem Konzern-Risikoprofil konsolidiert;
- Die Konzernzentrale (Stelle Recht und Risikomanagement) unterstützt die Geschäftsbereiche fachlich;

Jeder Geschäftsbereich erstellt nach den Vorgaben des Konzerns das Risikoprofil. Ausgangslage bildet einerseits die bereits auf Konzernstufe erstellte «Gefahrenliste», deren Inhalt und Umfang für die Risikoermittlung maßgeblich sein soll. Auch die Methodik und die Risikokriterien werden zentral vorgegeben:

Die Eintrittswahrscheinlichkeiten werden für den ganzen Konzern einheitlich festgelegt. Die Auswirkungen der Risiken sollen nur in finanziellen Größen auf der Grundlage des durch die Risiken bedrohten EBITs ermittelt werden. Die Skalierung der Auswirkungen wird für jeden Geschäftsbereich individuell festgelegt und muss kleiner sein als der auf Konzernebene bestimmte Maßstab. In den drei Geschäftsbereichen wurden die Top-Risiken identifiziert, analysiert und priorisiert. Das Konzern-Risikoprofil enthält nur noch die 13 Risiken, davon sind 6 als «große» Risiken, welche die vom Konzern für die Wesentlichkeit definierten Limiten von 5 bzw. 10 Mio. € übersteigen. Dies sind:

- Technologieentwicklung und Innovationsmanagement,
- Reaktion auf neue Wettbewerber aus Emerging Markets,
- Zu späte Reaktion auf Konjunkturzyklen,
- Patentverletzungen (Sicherung des eigenen Know-hows, Verletzung von fremden Patenten) und
- Produktsicherheit, Produkthaftung.
- Fehlendes internes Kontrollsystem (finanzbezogen).

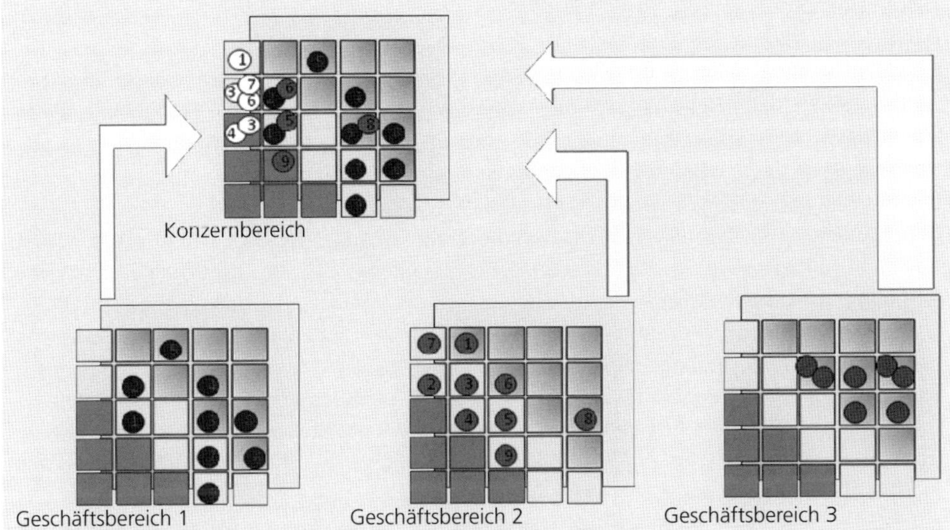

Übersicht 14: Strategisches Risikomanagement

Gemäß der dezentralen Führungsphilosophie des Konzerns liegt die Verantwortung für das Management aller Risiken in den Geschäftsbereichen bei den dort bezeichneten Risikoeignern. Von diesem Grundsatz soll auch im Risikomanagement nicht abgewichen werden. Der Konzern lässt sich jedoch regelmäßig über die 6 Top Risiken informieren und stellt sicher, dass das dezentral zu verantwortende Risikomanagement nach der Konzernvorgabe umgesetzt wird.
Die Maßnahmen der Risikobewältigung konzentrieren sich vor allem auf die Anpassung der Unternehmensstrategie und wichtiger operative Betriebsbedingungen.

3.2.2 Operatives Risikomanagement: Fehler und Schadenereignisse

Das Management von operativen Risiken unterscheidet sich vom strategischen Risikomanagement durch mehrere Merkmale: Die Durchführung von betrieblichen Tätigkeiten geht von bestimmten Annahmen aus, z. B. dass sich ein im Prozess beteiligter Mensch situationsgerecht (was immer das heißen mag) verhält. Tut er das aus bestimmten Gründen nicht, könnte eine Auswirkung auf die Tätigkeit eintreten. Menschen und Teams sind eine bedeutende Risikoquelle.

Folgendes Beispiel zeigt, wie das operative Risikomanagement bei einem OEM in der Automobilindustrie umgesetzt worden ist:

Praxisbeispiel:

Das Unternehmen (OEM) entwickelt, produziert und verkauft komplexe Produktsysteme. Die Entwicklung erfolgt in enger Zusammenarbeit mit dem Endhersteller, der sich an Innovationsprojekten auch finanziell beteiligt. Das Entwicklungsprojekt definiert nicht nur Produktanforderungen, sondern auch Lieferzeitpunkt und Lieferumfang. Die Erste Serie von 10000 Stück soll in 38 Monaten geliefert werden, die zweite Serie von 60000 Stück in 42 Monaten. Danach erfolgen Bestellungen im Rahmen der Markt- und Umsatzentwicklung.
Zwischen dem Hersteller und dem OEM wird der Vertrag abgeschlossen. Die Produktspezifikationen (Lastenheft) liegen vor, auch eine Machbarkeitsstudie. Der Vertrag enthält verschiedene Garantien, die der Hersteller verlangt, zudem Vertragsstrafen für verspätete Lieferung. Nach langen Verhandlungen wird der Vertrag unterzeichnet, sehr zur Freude des Top Managements, des Verkaufs und der Mitarbeiter und des Unternehmens. Die Freude wird allerdings von den Entwicklungsteams nur mit gemischten Gefühlen geteilt, denn es sind seit der Vertragskonzeption einige kostbare Monate vergangen. Das Unternehmen hat vor einiger Zeit auch in der unternehmensweiten Risikobeurteilung folgendes Risiko beschrieben:

Qualitätsprobleme:

Nahezu jeder Anlauf mit neuen Produkten funktioniert nicht wie geplant, er erzeugt Mehrkosten und Qualitätsprobleme. Auslöser sind einerseits die Lieferanten. Durch sie verursachte mangelhafte Lieferungen führen zu Qualitätsmängeln und Schadenersatzforderungen. Die vertraglichen Bestimmungen gegenüber den Lieferanten widerspiegeln nicht immer die eigenen Haftungen gegenüber dem Kunden, oft sind sie nicht umsetzbar. Die Ursachen können in der Entwicklung, in der Fabrikation sowie bei Prozessänderungen liegen. Das technische Supply Chain Management mit Analyse, Auswertung und Verbesserung von Fehlern ist nicht durchgängig.
Andererseits sind die eigenen Qualitäts-Fähigkeiten in Entwicklung und Fertigung nicht ausreichend. Die Produktreife ist zum erforderlichen Zeitpunkt z. T. nicht vorhanden, Qualitätsmängel kommen nicht ausreichend zur Sprache, die Systementwicklung ist überlastet. Es wird am falschen Ort gespart, daraus entwickeln sich später hohe Folgekosten. Auch in der Fertigung entstehen nicht geplante Kosten für Serienanläufe. Reifegrad und Spezifikationen werden zum SOP (Start of Production) nicht erreicht».
Auf diesem Hintergrund wurde mit dem Entwicklungsteam eine Risikobeurteilung durchgeführt, nicht etwa im Sinn einer technischen FMEA, die im Rahmen der Entwicklung ohnehin erstellt wird. Vielmehr ging es darum, die vorhandenen technologischen Fähigkeiten (es werden neue Technologien erstmals eingesetzt), die Projektressourcen (erforderlicher Zeitaufwand gegenüber verfügbarer Zeit) und die Supply Chain zu thematisieren. Es konnten viele Maßnahmen gefunden und realisiert werden, um das Projekt schließlich zum Erfolg zu führen. Dieser war allerdings viel bescheidener als geplant.

Operative Risiken werden durch Fehler von Individuen, von Teams oder von (internen wie externen) Organisationen verursacht. Eine große Herausforderung ist die Komplexitätsbewältigung. Externe Einflüsse bzw. Ereignisse können sich direkt störend auf die Betriebstätigkeiten auswirken. In der Regel handelt es sich um Schadenereignisse aus der Natur oder aus dem gesellschaftlichen Umfeld.

3.3 Sicherheit von Produkten und Dienstleistungen

3.3.1 Produktsicherheit und Produkthaftung

3.3.1.1 Allgemeines

Die Produktsicherheit ist i. d. R. ein operatives Thema, das gesetzlich gefordert ist und durch entsprechende Vorgaben (teilweise Normen) geprägt ist. In der herstellenden Industrie und im internationalen Handel ist dieses Thema von herausragender Bedeutung, in Dienstleistungsunternehmen tritt es oft in den Hintergrund.

Die Umsetzung der Produktsicherheit und die Vermeidung von Produkthaftung ist auch ein rechtliches Thema, das unter den Begriff der Compliance und des Compliance Managements fallen kann. Unabhängig von der Bezeichnung oder von der Zuordnung ist es ein klassisches Thema des Risikomanagements, das gute Kenntnis der Rechtsverhältnisse voraussetzt.

3.3.1.2 Die EU Produktsicherheit

Die Europäische Wirtschaftsgemeinschaft bzw. ihre Fortentwicklung zur Europäischen Union basiert auf dem offenen Binnenmarkt. Für das Funktionieren einer homogenen europäischen Wirtschaft sind die vier Grundfreiheiten erforderlich:

- der freie Kapital- und Zahlungsverkehr,
- der freie Personenverkehr,
- die Niederlassungs- und Dienstleistungsfreiheit sowie
- der freie Warenverkehr.

Der freie Warenverkehr war in den früheren Nationalstaaten oft durch unterschiedliche technische Spezifikationen, Ein- und Ausfuhrbeschränkungen sowie Sicherheitsanforderungen und -prüfungen für Waren aus anderen Ländern eingeschränkt. Für die Sicherstellung des freien Warenverkehrs spielt der Abbau dieser «nicht tarifarischen» Handelshemmnisse, insbesondere die Sicherheitsbestimmungen eine bedeutende Rolle.

Das «New Legislative Framework»[75], früher «New Approach» («das neue Konzept») genannt, ist das politische Programm der EU, um den freien Warenverkehr im Binnenmarkt sicherzustellen. Bereits zur Einrichtung des Binnenmarktes bis zum 31. Dezember 1992 wurden Mechanismen eingerichtet, deren Ziel die Beseitigung der alten Handelshemmnisse war. Dabei geht es um die gegenseitige Anerkennung von Zulassungsverfahren und um die technische Harmonisierung der betroffenen Erzeugnisse. Die Vereinheitlichung der Rechtsvorschriften innerhalb der Europäischen Union bezieht und beschränkt sich weitgehend auf die Festlegung der wesentlichen Anforderungen, die ein Produkt bezüglich Gesundheit, Sicherheit, Verbraucherschutz

75 Europäische Kommission (2000)

und Umweltschutz erfüllen muss. Das Produkt-Risikomanagement wurde damit zu einem Eckpunkt des europäischen Binnenmarkts[76].

Die Hauptelemente des EU-Produkt-Risikomanagements wurden in einer Reihe von EU-Richtlinien beschrieben und bestehen aus folgenden Prinzipien[77]:

- Die Harmonisierung beschränkt sich auf die wesentlichen Anforderungen. Diese beziehen sich auf die Sicherheit, Gesundheitsschutz und Umweltschutz der Benutzer bzw. der Verbraucher dieser Produkte.
- Nur Produkte, die den wesentlichen Anforderungen entsprechen, können in den Verkehr gebracht oder in Betrieb genommen werden. Es handelt sich dabei um Ausrüstungen, Apparate, Geräte, Einrichtungen, Instrumente, Stoffe, Vorrichtungen, Ausrüstungsteile oder Ausrüstungsteile mit Sicherheitsfunktion, Einheiten, Elemente, Zubehörteile oder Systeme.
- Um die Hersteller oder Importeure solcher Produkte bei der Gewährleistung der Produktsicherheit zu unterstützen, wurden harmonisierte Normen geschaffen, deren Fundstellen sind im Amtsblatt veröffentlicht und werden in nationale Normen umgesetzt. Beachtet ein Hersteller diese harmonisierten Normen, wird eine Übereinstimmung mit den entsprechenden wesentlichen Anforderungen vermutet.
- Die Anwendung harmonisierter Normen oder anderer technischer Spezifikationen bleibt freiwillig, und den Herstellern steht die Wahl jeder technischen Lösung frei, solange die Konformität mit den wesentlichen Anforderungen an Sicherheit, Gesundheitsschutz und Umweltschutz gewährleistet ist.
- Hersteller haben die Wahl zwischen verschiedenen Konformitätsbewertungsverfahren, die in den anwendbaren Richtlinien vorgesehen sind.

Der freie Warenverkehr in der Gemeinschaft beruht darauf, «dass nur Produkte in den Verkehr gebracht und in Betrieb genommen werden, die bei einwandfreier Installierung und Wartung sowie bestimmungsgemäßer Benutzung keine Gefahr für die Sicherheit und Gesundheit von Personen oder für andere unter die Richtlinie fallende öffentliche Interessen darstellen»[78]. Erfüllen nun Produkte die wesentlichen Anforderungen der Richtlinien sowie der harmonisierten technischen Normen, welche diese Anforderungen konkret beschreiben, so wird «Konformität» vermutet.

76 a. a. O.: Leitfaden
77 a. a. O.: Leitfaden S. 9ff.
78 a. a. O.: S. 7 ff. bzw. a. a. O., S. 9 ff.

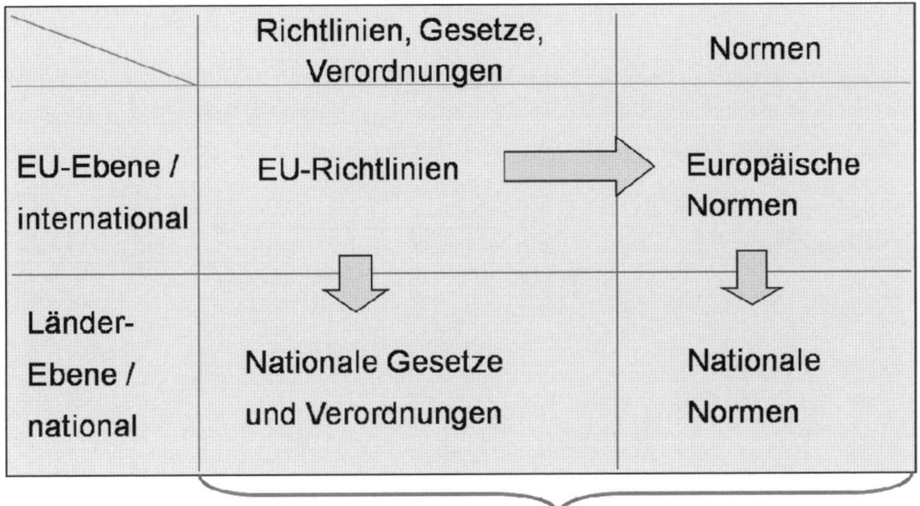

Übersicht 15: New Legislative Framework

Der Hersteller eines Produktes kann eine «Konformitätsbewertung», wie sie in den Richtlinien vorgesehen ist, in den meisten Fällen selbst vornehmen oder in speziellen Fällen durch die benannten Stellen überprüfen oder vornehmen lassen und dann i. d. R. am Produkt selbst das CE-Kennzeichen anbringen.

Die grundlegenden Anforderungen an die Sicherheit und den Gesundheitsschutz sind bei fast allen Richtlinien/Produktgruppen in einer umfassenden Liste von Sicherheitsanforderungen hinterlegt und jeweils in Anhang I dokumentiert. Diese Anforderungen werden durch detaillierte technische Normen spezifiziert, die mögliche technische Lösungen zur Erfüllung der Sicherheitsanforderungen aufzeigen.

Gemäß den Verfahrensvorschriften der Richtlinien wird das CE-Kennzeichen i.d.R. am Produkt selbst angebracht.
Es bedeutet, dass das Produkt den grundlegenden Sicherheits- und Gesundheitsanforderungen entspricht, wie sie in den Richtlinien und Normen verlangt werden.

Übersicht 16: CE-Kennzeichen

Bei den meisten Produktgruppen, die diesem neuen Konzept unterliegen, wird mit dem CE-Kennzeichen, das am Produkt selbst angebracht wird, bescheinigt, dass es die wesentlichen Anforderungen an die Sicherheit und den Gesundheitsschutz erfüllt.

3.3.1.3 Richtlinien für die Umsetzung des Gesamtkonzepts

In der Regel werden im Rahmen des New Legislative Framework etwa 22 Richtlinien gezählt, vier weitere Richtlinien ohne CE-Kennzeichnung und einige mit den Prinzipien des Gesamtkonzepts verwandten Richtlinien.

1	Niederspannung Elektrogeräte 06/95/EG	Elektrische Betriebsmittel zur Verwendung bei einer Nennspannung zwischen 50 und 1 000 V für Wechselstrom und zwischen 75 und 1 500 V für Gleichstrom.
2	Einfache Druckbehälter 09/105/EG	Geschweißte Behälter, die einem relativen Innendruck von mehr als 0,5 bar ausgesetzt, zur Aufnahme von Luft oder Stickstoff bestimmt sind, jedoch keiner Flammeneinwirkung ausgesetzt werden.
3	Spielzeug 88/378/EWG 93/68/EWG	Erzeugnisse, die dazu gestaltet oder bestimmt sind, von Kindern im Alter bis 14 Jahren zum Spielen verwendet zu werden.
4	Bauprodukte 89/106/EWG 93/68/EWG	Produkte, die hergestellt werden, um dauerhaft in Bauwerke des Hoch- oder Tiefbaus eingebaut zu werden.
5	Elektromagnetische Verträglichkeit 04/108/EG	Elektrische und elektronische Apparate, Anlagen und Systeme, die elektrische und/oder elektronische Bauteile enthalten, welche elektromagnetische Störungen verursachen oder deren Funktion durch solche Störungen beeinträchtigt werden könnte.
6	Maschinen 06/42/EG	Maschinen von miteinander verbundenen Teilen oder Vorrichtungen, von denen mindestens eines beweglich ist. Gesamtheit von Maschinen, die, damit sie zusammenwirken, so angeordnet sind und betätigt werden, dass sie als Gesamtheit funktionieren. Auswechselbare Ausrüstungen zur Änderung der Funktion einer Maschine, die nach dem Inverkehrbringen vom Bedienungspersonal selbst an einer Maschine oder einer Reihe verschiedener Maschinen bzw. an einer Zugmaschine anzubringen sind. Sicherheitsbauteile , soweit es sich nicht um auswechselbare Ausrüstungen handelt, die mit dem Verwendungszweck der Gewährleistung einer Sicherheitsfunktion in den Verkehr gebracht werden und deren Ausfall oder Fehlfunktion die Sicherheit oder die Gesundheit der Personen im Wirkbereich der Maschine gefährdet.
7	Persönliche Schutzausrüstungen 89/686/EWG 93/68/EWG 93/95/EWG 96/58/EG	Vorrichtungen oder Mittel, die dazu bestimmt sind, von einer Person getragen oder gehalten zu werden, und die diese gegen ein oder mehrere Risiken schützen sollen, die ihre Gesundheit sowie ihre Sicherheit gefährden können.

7	(Fortsetzung)	Einheiten aus mehreren Vorrichtungen oder Mitteln, die vom Hersteller zusammengefügt wurden und die eine Person gegen ein oder mehrere gleichzeitig auftretende Risiken schützen sollen. Schutzvorrichtungen oder Schutzmittel, die mit einer nichtschützenden persönlichen Ausrüstung, die von einer Person zur Ausübung einer Tätigkeit getragen oder gehalten wird, trennbar oder untrennbar verbunden sind. Austauschbare Bestandteile, die für das einwandfreie Funktionieren einer persönlichen Schutzausrüstung (PSA) unerlässlich sind und ausschließlich für diese PSA verwendet werden.
8	Nichtselbsttätige Waagen 90/384/EWG 93/68/EWG 09/23/EG	Messgeräte zur Bestimmung der Masse eines Körpers auf der Grundlage der auf diesen Körper wirkenden Schwerkraft, oder zur Bestimmung anderer mit der Masse verbundener Größen, Mengen, Parameter oder Merkmale, wobei beim Wägen das Eingreifen einer Bedienungsperson erforderlich ist.
9	Aktive implantierbare medizinische Geräte 90/385/EWG	Medizinische Geräte, die vom Hersteller zur Anwendung beim Menschen für bestimmte fest umrissene Zwecke bestimmt sind (z. B. Erkennung, Verhütung, Überwachung oder Behandlung von Krankheiten), die für ihren Betrieb auf eine externe Energiequelle angewiesen sind und die dafür ausgelegt sind, ganz oder teilweise durch einen chirurgischen oder medizinischen Eingriff in den menschlichen Körper oder durch einen medizinischen Eingriff in eine natürliche Körperöffnung eingeführt zu werden und dazu bestimmt sind, nach dem Eingriff dort zu verbleiben.
10	Gasverbrauchseinrichtungen 90/396/EWG 93/68/EWG	Geräte, die zum Kochen, zum Heizen, zur Warmwasserbereitung, zu Kühl-, Beleuchtungs- oder Waschzwecken verwendet und mit gasförmigen Brennstoffen bei einer normalen Wassertemperatur von gegebenenfalls nicht mehr als 105 °C betrieben werden, sowie Gas-Gebläsebrenner und die zugehörigen Wärmetauscher. Sicherheits-, Kontroll- und Regelvorrichtungen sowie Baugruppen, die in eine Gasverbrauchseinrichtung eingebaut oder zu einer solchen zusammengebaut werden sollen.
11	Warmwasserheizkessel 92/42/EWG 93/68/EWG	Heizkessel, deren Nennleistung mindestens 4 kW und höchstens 400 kW beträgt, die mit flüssigen oder gasförmigen Brennstoffen beschickt werden. Geräte: der mit einem Brenner auszurüstende Kessel oder der zur Ausrüstung eines Kessels bestimmte Brenner.
12	Zivile Explosivstoffe 93/15/EWG	Stoffe und Gegenstände, die gemäß den «Empfehlungen der Vereinten Nationen über die Beförderung gefährlicher Güter» als Explosivstoffe betrachtet werden.

13	Medizinprodukte 93/42/EWG	Alle verwendete Instrumente, Apparate, Vorrichtungen, Stoffe oder anderen Gegenstände, einschließlich der für ein einwandfreies Funktionieren des Medizinprodukts eingesetzten Software, die vom Hersteller zur Anwendung beim Menschen für bestimmte fest umrissene Zwecke bestimmt sind (z. B. Erkennung, Verhütung, Überwachung oder Behandlung von Krankheiten) und deren bestimmungsgemäße Hauptwirkung im oder am menschlichen Körper weder durch pharmakologische oder immunologische Mittel noch metabolisch erreicht wird.
14	Explosionsgefährdete Bereiche 94/9/EG	Maschinen, Betriebsmittel, stationäre oder ortsbewegliche Vorrichtungen, Steuerungsteile und Ausrüstungsteile sowie Warn- und Vorbeugungssysteme zur bestimmungsgemäßen Verwendung in explosionsgefährdeten Bereichen, die eigene potentielle Zündquellen aufweisen und dadurch eine Explosion verursachen können. Schutzsysteme wie Vorrichtungen zur bestimmungsgemäßen Verwendung in explosionsgefährdeten Bereichen. Sicherheits-, Kontroll- und Regelvorrichtungen für den Einsatz außerhalb von explosionsgefährdeten Bereichen.
15	Sportboote 94/25/EG	Boote mit einer nach der einschlägigen harmonisierten Norm gemessenen Rumpflänge von 2,5 m bis 24 m, die für Sport- und Freizeitzwecke bestimmt sind.
16	Aufzüge 95/16/EG	Hebezeuge, die zwischen festgelegten Ebenen von Gebäuden und Bauten dauerhaft mittels eines Fahrkorbs verkehren, der an starren Führungen entlang fortbewegt wird, die zur Personenbeförderung und/oder zur Güterbeförderung bestimmt sind, wobei der Fahrkorb zugänglich sein muss. Sicherheitsbauteile, die in Aufzügen verwendet werden.
17	Kühl- und Gefriergeräte 96/57/EG	Netzbetriebene Haushaltskühl-, -tiefkühl- und -gefriergeräte sowie deren Kombinationen.
18	Druckgeräte 97/23/EG	Geschlossene Behälter*, die zur Aufnahme von unter Druck stehenden Fluiden ausgelegt und gebaut sind. Rohrleitungen* zur Durchleitung von Fluiden, die für den Einbau in ein Drucksystem miteinander verbunden sind. Ausrüstungsteile mit Sicherheitsfunktion*, die zum Schutz des Druckgeräts bei einem Überschreiten der zulässigen Grenzen bestimmt sind Druckhaltende Ausrüstungsteile* mit einer Betriebsfunktion, die ein druckbeaufschlagtes Gehäuse aufweisen. Baugruppen* mit mehreren Druckgeräten, die von einem Hersteller zu einer zusammenhängenden funktionalen Einheit verbunden werden *Mit einem maximal zulässigen Druck (PS) von über 0,5 bar.

19	Telekommunikations-endeinrichtungen 98/13/EG	Einrichtungen, die an das öffentliche Telekommunikationsnetz angeschlossen werden sollen, um Informationen auszusenden, zu verarbeiten oder zu empfangen und die entweder nur für Senden oder für Senden und Empfangen oder für ausschließlichen Empfang von Funksignalen über Satelliten oder sonstige raumgestützte Systeme verwendet werden können.
20	In-vitro-Diagnostika 98/79/EG	Alle einzeln oder miteinander verbunden verwendete Instrumente, Apparate, Vorrichtungen, Stoffe oder anderen Gegenstände, einschließlich der für ein einwandfreies Funktionieren des Medizinprodukts eingesetzten Software, die vom Hersteller zur Anwendung beim Menschen für bestimmte fest umrissene Zwecke bestimmt sind, die als Reagenz, Reagenzprodukt, Kalibriermaterial, Kontrollmaterial, Kit, Instrument, Apparat, Gerät oder System – einzeln oder in Verbindung miteinander – nach der vom Hersteller festgelegten Zweckbestimmung zur In-vitro-Untersuchung von aus dem menschlichen Körper stammenden Proben verwendet werden und dazu dienen, Informationen zu liefern. Zubehör als Gegenstand, der nach seiner vom Hersteller speziell festgelegten Zweckbestimmung zusammen mit einem Produkt für die In-vitro-Untersuchung zu verwenden ist.
21	Funkanlagen und Telekommunikations-endeinrichtungen 99/5/EG	Telekommunikationsendeinrichtungen, die Kommunikation ermöglichende Erzeugnisse oder wesentliche Bauteile davon, die für den mit jedwedem Mittel herzustellenden direkten oder indirekten Anschluss an Schnittstellen von öffentlichen Telekommunikationsnetzen bestimmt sind. Funkanlagen bzw. Erzeugnisse oder wesentliche Bauteile davon, die in dem für terrestrische/ satellitengestützte Funkkommunikation zugewiesenen Spektrum durch Ausstrahlung und/oder Empfang von Funkwellen kommunizieren können.
22	Verpackungen und Verpackungsabfälle 94/62/EG	Produkte, die aus beliebigen Stoffen hergestellt sind, zur Aufnahme, zum Schutz, zur Handhabung, zur Lieferung und zur Darbietung von Waren, die vom Rohstoff bis zum Verarbeitungserzeugnis reichen können, vom Hersteller an den Benutzer oder Verbraucher weitergegeben werden, sowie Abfälle dieser Produkte.
23	Hochgeschwindig-keitsbahnsystem 96/48/EG 01/16/EG	Transeuropäisches Hochgeschwindigkeitsbahnsystems: Strukturelle Teilsysteme: Infrastruktur, Energieversorgung, Zugsteuerung, Zugsicherung, Signalgebung, Fahrzeuge, Funktionale Teilsysteme: Instandhaltung, Umwelt, Betrieb, Fahrgäste. Interoperabilitätskomponenten wie Bauteile, Bauteilgruppen, Unterbaugruppen oder komplette Materialbaugruppen, die in ein Teilsystem eingebaut sind oder eingebaut werden sollen und von denen die Interoperabilität des transeuropäischen Hochgeschwindigkeitsbahnsystems direkt oder indirekt abhängt.

24	Schiffsausrüstung 96/98/EG	Ausrüstung, die in den Anhängen der Richtlinie aufgeführten Ausrüstungsgegenstände, mit denen ein Schiff gemäß den internationalen Instrumenten auszustatten ist oder mit denen ein Schiff auf freiwilliger Basis ausgestattet werden kann.
25	Seilbahnen 00/9/EG	Standseilbahnen, Seilschwebebahnen (Kabinen- und Sesselbahnen), Schlepplifte.
26	Verpackungen 02/40/EG	Energieetikettierung für Elektrobacköfen.
27	Geräuschemissionen 98/46/EG 00/14/EG	umweltbelastende Geräuschemissionen von zur Verwendung im Freien vorgesehenen Geräten und Maschinen.
28	Messgeräte 04/22/EG	Messgeräte für Gas, Wasser, Elektrizität, Wärme, Durchfluss, Waagen, Taxameter, Längen, Abgasanalysen.

Übersicht 17: Richtlinien des New Legislative Frameworks[79]

3.3.1.4 Konformitätsbewertungs-Verfahren

Das Gesamtkonzept wurde durch den Beschluss 93/465/EWG des Rates[80] aktualisiert und vervollständigt. Er legt die allgemeinen Leitlinien und die detaillierten Verfahrensweisen für die Konformitätsbewertung fest. Die Konformitätsbewertung stützt sich auf folgende Module:

A	Interne Fertigungskontrolle	Sieht eine interne Entwurfs- und Produktionskontrolle vor. Dieses Modul erfordert nicht die Einschaltung einer benannten Stelle.
B	EG-Baumusterprüfung	Kommt in der Produktentwurfsstufe zur Anwendung und muss durch ein Modul ergänzt werden, das eine Bewertung in der Fertigungsstufe vorsieht. Die EG-Baumusterprüfbescheinigung wird durch eine benannte Stelle ausgestellt.
C	Konformität mit der Bauart	Kommt in der Fertigungsstufe zur Anwendung und folgt auf Modul B. Stellt sicher, dass das Produkt der Bauart entspricht, wie sie in der gemäß Modul B ausgestellten EG-Baumusterprüfbescheinigung beschrieben wird. Die Einschaltung einer benannten Stelle ist bei diesem Modul nicht erforderlich.
D	Qualitätssicherung Produktion	Kommt in der Fertigungsstufe zur Anwendung und folgt auf Modul B. Beruht auf der Qualitätssicherungsnorm EN ISO 9001, wobei eine benannte Stelle eingeschaltet wird, die für die Zulassung und Kontrolle des vom Hersteller festgelegten Qualitätssicherungssystems für Herstellung, Endabnahme und Prüfung verantwortlich ist.

79 Europäische Kommission 2000, S. 13 und 88ff.
80 Beschluss 93/465/EWG 1993, Ziff. 1.2.1.

E	Qualitätssicherung Produkt	Kommt in der Fertigungsstufe zur Anwendung und folgt auf Modul B. Beruht auf der Qualitätssicherungsnorm EN ISO 9001, wobei eine benannte Stelle eingeschaltet wird, die für die Zulassung und Kontrolle des vom Hersteller festgelegten Qualitätssicherungssystems für Endabnahme und Prüfung verantwortlich ist.
F	Prüfung der Produkte	Kommt in der Fertigungsstufe zur Anwendung und folgt auf Modul B. Eine benannte Stelle prüft die Konformität mit der Bauart, wie sie in der gemäß Modul B ausgestellten EG-Baumusterprüfbescheinigung beschrieben wird, und stellt eine Konformitätsbescheinigung aus.
G	Einzelprüfung	Kommt in der Entwurfs- und der Fertigungsstufe zur Anwendung. Jedes Produkt wird von einer benannten Stelle untersucht, die eine Konformitätsbescheinigung ausgestellt.
H	Umfassende Qualitätssicherung	Kommt in der Entwurfs- und der Fertigungsstufe zur Anwendung. Beruht auf der Qualitätssicherungsnorm EN ISO 9001, wobei eine benannte Stelle eingeschaltet wird, die für die Zulassung und Kontrolle des vom Hersteller festgelegten Qualitätssicherungssystems für Entwurf, Herstellung, Endabnahme und Prüfung verantwortlich ist.

Übersicht 18: Module der Konformitätsbewertung

Diese Module werden in der Entwurfs- und Fertigungsstufe nach bestimmten Regeln kombiniert, um die Konformität eines Produktes zu erreichen.

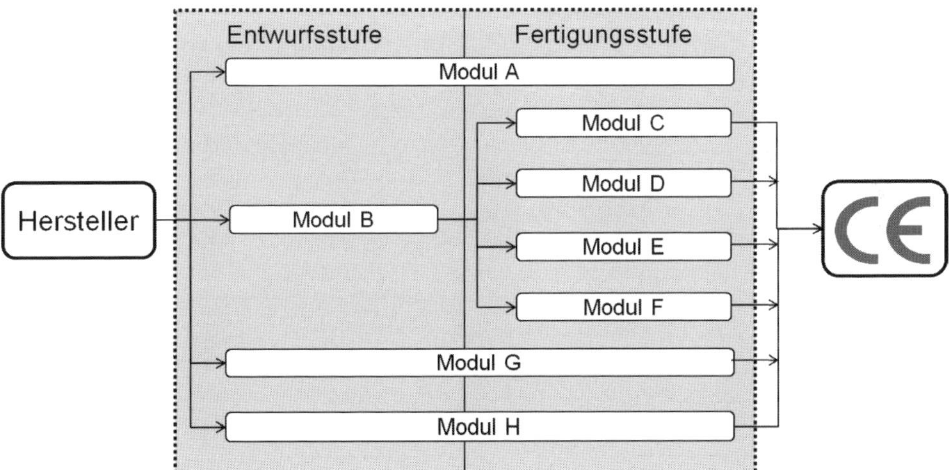

Übersicht 19: Konformitätsbewertungs-Verfahren

Übersichtlich sind die Verhältnisse auf dem Gebiet der Qualitätssicherung, wo sich EN ISO 9001 schon seit langem durchsetzt, teilweise mit branchenspezifischen Ergänzungen, etwa für das medizintechnische Gebiet (EN ISO 13485 «Medizinprodukte – Qualitätsmanagementsysteme – Anforderungen für regulatorische Zwecke») oder etwa ISO/TS 16949 «Qualitätsmanagement-Systeme – besondere Anforderungen bei Anwendung von ISO 9001 für die Serien- und Ersatzteilproduktion in der Automobilindustrie»).[81]

Auch die Verfahrensweisen für die Akkreditierung und Zertifizierung von Qualitätssicherungs-Systemen und Personen sind umfassend durch Normen geregelt. Die Akkreditierung für Systemzertifizierungen sind in EN ISO 17021 «Konformitätsbewertung – Anforderungen an Stellen, die Managementsysteme auditieren und zertifizieren» geregelt. Für die Personalzertifizierung gilt analog die EN ISO 17024 «Konformitätsbewertung – Allgemeine Anforderungen an Stellen, die Personen zertifizieren». In der EN ISO 19011 «Leitfaden für Audits von Qualitätsmanagement- und / oder Umweltmanagementsystemen» wird des Weiteren dargelegt, wie Systembewertungen vorgenommen werden sollen.

3.3.1.5 Das Beispiel der Maschinenrichtlinie

Rechtsgrundlage für die technische Normalisierung in der EU ist die «Richtlinie 2006/42/EG des Europäischen Parlaments und des Rates vom 17. Mai 2006 zur Angleichung der Rechts- und Verwaltungsvorschriften der Mitgliedstaaten für Maschinen».

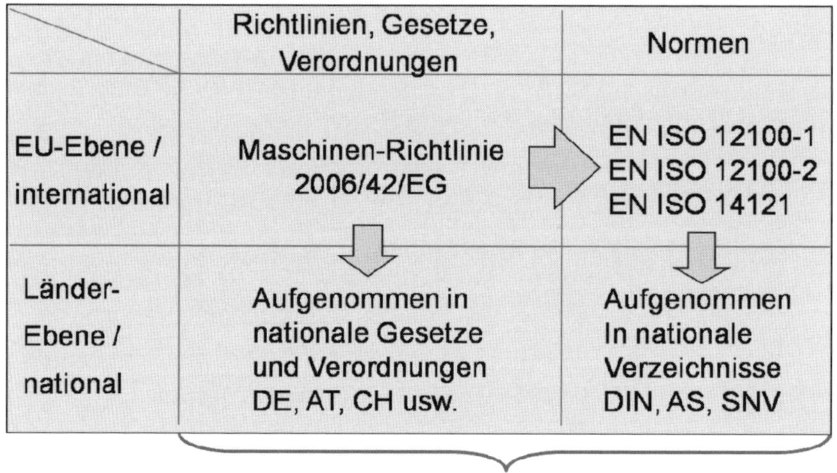

Übersicht 20: Die Umsetzung der Maschinenrichtlinie

Die Maschinen-Richtlinie 2006/42/EG wurde einerseits in nationale Gesetze und Verordnungen aufgenommen. Auch die Schweiz hat sich mit den bilateralen Verträgen dieser Umsetzung angeschlossen. Frühere Gesetze wurden am 1. Juli 2010 durch das neue Bundesgesetz über die Produktsicherheit ersetzt.

Die EU-Richtlinien werden auch über die privatrechtlichen Institutionen CEN und CENELEC zu europaweit geltenden europäischen Normen weiterentwickelt. Diese

81 Die Automobilindustrie ist nicht Gegenstand des New Legislative Frameworks

wiederum sind Vorlage für die Schaffung von nationalen technischen Normen. Mit den Anforderungen der Maschinenrichtlinie korrespondieren insbesondere die EN ISO 12100-1 «Sicherheit von Maschinen – Teil 1: Grundsätzliche Terminologie, Methodologie» und EN ISO 12100-2 «Sicherheit von Maschinen – Teil 2: Technische Leitsätze».

Die grundlegenden Sicherheits- und Gesundheitsanforderungen bei der Konzipierung und dem Bau von Maschinen, wie sie in der Maschinen-Richtlinie in Anhang I vorgesehen sind, lassen sich in folgende Gebiete gliedern:

1. Allgemeines wie Begriffsbestimmungen (Gefährdung, Gefahrenbereich, gefährdete Personen, Bedienungspersonal, Risiko, trennende und nicht trennende Schutzeinrichtung, bestimmungsgemäße Verwendung, vernünftigerweise vorhersehbare Fehlanwendung), Grundsätze für die Integration der Sicherheit, Materialien und Produkte, Beleuchtung, Konstruktion der Maschinen in Bezug auf die Handhabung, Ergonomie, Bedienungsplätze und Sitze.
2. Steuerungen und Befehlseinrichtungen wie Sicherheit und Zuverlässigkeit von Steuerungen, Stellteile, Ingangsetzung, betriebsbedingtes und notfallmäßiges Stillsetzen, Gesamtheit der Maschinen, Wahl der Steuerungs- oder Betriebsarten, Störung der Energieversorgung,
3. Schutzmaßnahmen gegen mechanische Gefährdungen wie Stabilität, Bruchgefahr beim Betrieb, Gefahren durch herabfallende und herausgeschleuderte Gegenstände, Gefahren durch Oberflächen, Kanten und Ecken, Gefahren durch mehrfach kombinierte Maschinen, Änderung der Verwendungsbedingungen, Risiken durch bewegliche Teile und Wahl der Schutzeinrichtungen, Risiko unkontrollierter Bewegungen,
4. Anforderungen an trennende und nicht trennende Schutzeinrichtungen (Stabilität, Ungefährlichkeit und Umgehungssicherheit, Wartung)
5. Risiken durch sonstige Gefährdungen wie elektrische Energie, statische Elektrizität, nichtelektrische Energieversorgung, Montagefehler, extreme Temperaturen, Brandgefahr, Explosionsgefahr, Lärm, Vibration, Strahlung von außen bzw. innen, Gefahren durch Laser, Emissionen, Einschluss, Ausrutsch-, Stolper- und Sturzgefahr sowie Blitzschlag,
6. Instandhaltung wie Wartung, Zugänge zum Arbeitsplatz und zu Eingriffspunkten, Trennung von Energiequellen, Eingriffe des Bedienungspersonals sowie Reinigung innen liegender Teile.
7. Informationen und Hinweise wie Anzeigevorrichtungen, Warneinrichtungen, Warnung vor Restgefahren, Kennzeichnungen, Grundsätze und Inhalte von Betriebsanleitungen.[82]

Die Maschinenrichtlinie verlangt in Anhang I, Allgemeine Grundsätze, Punkt 1, wörtlich: «Der Hersteller einer Maschine oder sein Bevollmächtigter hat dafür zu sorgen, dass eine Risikobeurteilung vorgenommen wird, um die für die Maschine geltenden

82 Diese Aufzählung von Anforderungen an die Sicherheit entstammt dem Anhang A der EU-Richtlinien 2006/42/EG des Europäischen Parlaments und des Rates vom 17. Mai 2006 zur Angleichung der Rechts- und Verwaltungsvorschriften der Mitgliedstaaten für Maschinen.

Sicherheits- und Gesundheitsschutzanforderungen zu ermitteln. Die Maschine muss dann unter Berücksichtigung der Ergebnisse der Risikobeurteilung konstruiert und gebaut werden.»

Die Umsetzung der Anforderungen aus der Maschinenrichtlinie wird durch die Norm EN ISO 14121 «Sicherheit von Maschinen – Leitsätze zur Risikobeurteilung» unterstützt.

Darin wird einleitend die Aufgabe der Norm so beschrieben, dass sie Leitsätze für ein in sich geschlossenes, systematisches Verfahren für die Risikobeurteilung darstellt. Dabei wird ausdrücklich auf die Entscheidungsfindung während der Entwicklungsphase einer Maschine Bezug genommen, wobei die gesamte Lebensphase eines Produktes betrachtet werden muss.

Bei der Bestimmung der Grenzen müssen die Lebensphasen der Maschine ebenso berücksichtigt werden wie die bestimmungsgemäßen Verwendungsmöglichkeiten. Hier wiederum ist sowohl von einem korrekten Einsatz und Betrieb der Maschine als auch von einem vernünftigerweise vorhersehbaren Missbrauch und von einer Fehlfunktion auszugehen. Zum gesamten vorhersehbaren Einsatzbereich gehören auch die Berücksichtigung von Personen mit verschiedenen Fähigkeiten und das vorausgesetzte Niveau der Ausbildung und Erfahrung.

Die Identifizierung von Gefährdungen nimmt Bezug auf den Anhang I der Norm, in dem eine umfangreiche Aufzählung von Gefahren, wie z. B. mechanische, elektrische, thermische Gefahren etc., zu finden ist.

Bei der Risikoeinschätzung werden die Häufigkeit und die Dauer in Betracht gezogen, mit der Personen der Gefährdung ausgesetzt sind. Zudem spielen die technischen und menschlichen Möglichkeiten zur Vermeidung oder Begrenzung des Schadens eine Rolle. Das Risiko schließlich wird dargestellt und gemessen als Funktion von Ausmaß und Wahrscheinlichkeit des Eintritts eines Schadens.

Die Risikobewertung stellt die Frage, ob ein identifiziertes Risiko tragbar ist (ist die Maschine sicher?) oder ob Maßnahmen zur Risikominderung ergriffen werden müssen. Ziel ist, entweder das Risiko zu beseitigen oder das Risiko zu vermindern. Dazu eignen sich Maßnahmen der Konstruktion, technische Schutzmaßnahmen, die bestimmungsgemäße Verwendung der Maschine, die empfohlenen Arbeitsverfahren mit entsprechender Ausbildung, die Information über die Restrisiken sowie die Vorschriften und Instruktionen über das Tragen der persönlichen Schutzausrüstung.

Grundsätzlich beruht die Konformitätserklärung des Herstellers auf dem Prinzip der Selbstdeklaration. Der Hersteller muss jedoch in der Lage sein, in kurzer Frist nachzuweisen, dass seine Produkte den grundlegenden Sicherheits- und Gesundheitsanforderungen entsprechen, wie sie in den Richtlinien und Normen verlangt werden. Die Technische Dokumentation muss alle dafür relevanten Informationen enthalten. Dies sind:

- ein Gesamtplan der Maschine sowie die Steuerkreispläne;
- detaillierte und vollständige Pläne, eventuell mit Berechnungen, Versuchsergebnisse etc. für die Überprüfung der Übereinstimmung der Maschine mit den grundlegenden Sicherheits- und Gesundheitsanforderungen;
- eine Liste der grundlegenden Anforderungen, der Normen und der anderen tech-

nischen Spezifikationen, die bei der Konstruktion der Maschine berücksichtigt wurden;
- eine Beschreibung der Lösungen, die zur Verhütung der von der Maschine ausgehenden Gefahren gewählt wurden;
- technische Berichte über die Ergebnisse der Prüfungen, die der Hersteller nach seiner Wahl selbst durchgeführt hat oder durch eine fachlich kompetente Stelle ausführen ließ;
- ein Exemplar der Betriebsanleitung der Maschine;
- bei Serienfertigung eine Zusammenstellung der im Herstellerbetrieb getroffenen Maßnahmen zur Gewährleistung der Übereinstimmung der Maschinen mit den Bestimmungen dieser Verordnung;
- wenn die Kenntnisse über die Baugruppen unerlässlich oder notwendig sind, um die Übereinstimmung mit den grundlegenden Sicherheitsanforderungen prüfen zu können, detaillierte Pläne und sonstige genaue Angaben über die für die Herstellung der Maschinen verwendeten Baugruppen.

Der Hersteller kann eine Baumusterprüfung durchführen lassen, ist aber dazu nur teilweise verpflichtet. Bei «normalen Maschinen» muss der Hersteller die Dokumentation bereithalten, sie bildet die Grundlage für die Konformitäts-Selbstdeklaration.

Bei namentlich erwähnten Maschinen (z. B. Kreissägen, Kettensägen etc.) und Sicherheitsbauteilen (z. B. Lichtschranken, Überrollschutzaufbauten etc.) muss der Hersteller die technische Dokumentation an die akkreditierte Konformitätsbewertungsstelle einreichen. Jene kann eine Kontrolle betreffend die Richtigkeit der Konformitätsbewertung oder eine Baumusterprüfung vornehmen. Bei Maschinen, die von den harmonisierten Normen abweichen, ist eine Baumusterprüfung zwingend.

Je nach Produktgruppe gelten spezifische Anforderungen an das Konformitätsbewertungs-Verfahren bzw. Baumusterprüfung und Registrierung.

Das neue Konzept ist nun schon seit vielen Jahren in Kraft und hat sich für Behörden und Verbraucher bewährt. Gleichwohl wurden Mängel in der Umsetzung festgestellt, die durch den Vorschlag für eine Verordnung des Europäischen Parlaments und des Rates ÜBER DIE VORSCHRIFTEN FÜR DIE AKKREDITIERUNG UND MARKTÜBERWACHUNG IM ZUSAMMENHANG MIT DER VERMARKTUNG VON PRODUKTEN vom 14. Februar 2007 beseitigt werden sollen.

Neu wird die Akkreditierung zur staatlichen Aufgabe gemacht, die keinem gewerblichen Wettbewerb mehr ausgesetzt ist. Die Verfahren der Akkreditierung sollen durch genauere Anforderungen präzisiert und verbessert werden. Dabei wird angestrebt, die CE-Kennzeichnung rechtlich besser zu schützen, ihre Bedeutung zu präzisieren und damit aufzuwerten.

Des Weiteren sollen die bereits in der Richtlinie zur allgemeinen Produktsicherheit vorgesehenen Marktüberwachungsmaßnahmen konsequenter umgesetzt werden.

3.3.1.6 Flankierende Maßnahmen der Produktsicherheit

Die EU-Richtlinie über die Allgemeine Produktsicherheit (2001/95/EU) ist eine ergänzende, verwaltungsrechtliche Konzeption zur Sicherstellung der Zielsetzungen des

New Approach. Sie ist eine Neufassung der vorangehenden Richtlinie 92/59/EWG und schließt einige Verbesserungen sowie das Vorsorgeprinzip ein. Bei der allgemeinen Produktsicherheit geht es um Gemeinschaftsvorschriften, die das Funktionieren des freien Warenverkehrs im Binnenmarkt unterstützen sollen:

- Den Wirtschaftsteilnehmern im Binnenmarkt wird durch horizontale Rechtsvorschriften die Verpflichtung auferlegt, nur sichere Produkte in Verkehr zu bringen. Auch hier ist der Schutz der Verbraucher, insbesondere von Kindern und älteren Personen, das Anliegen.
- Die Mitgliedstaaten benennen eine Behörde, die für die Überwachung der Produktsicherheit zuständig ist und die über die erforderlichen Befugnisse verfügt, um Maßnahmen zu treffen (insbesondere gefährliche Produkte zurückzurufen und/oder deren Verkauf zu verbieten) und solche Anordnungen zwischen den einzelnen Staaten zu koordinieren.
- Durch einen raschen Informationsaustausch zwischen den Behörden (mit Informationssystem RAPEX) sollen die Informationen und die Überwachungsmaßnahmen verbessert werden. Dies betrifft die Risikobewertung, die Produktprüfung, den Austausch von Know-how, die Rückverfolgung der Produktherkunft und die Rücknahme sowie den Rückruf von gefährlichen Produkten. Als letztes Mittel wird sogar ein Ausfuhrverbot von unsicheren Produkten in Betracht gezogen.
- Die den Behörden vorliegenden Informationen über die Produktsicherheit sind nach der Richtlinie über die allgemeine Produktsicherheit öffentlich zugänglich.

Dieses mächtige rechtliche und technische Dispositiv für die Gewährleistung der Produktsicherheit im Binnenmarkt führt natürlich bei den Herstellern von Produkten zu weitreichenden Anforderungen an das Risikomanagement.

3.3.1.7 Flankierende Maßnahmen der Produkthaftung

Schon früh versuchte die EU zwecks Harmonisierung der Rechts- und Verwaltungsvorschriften im Binnenmarkt, die bisher in den Mitgliedstaaten meist als Teil des allgemeinen Privatrechts geregelte Produkthaftung zu vereinheitlichen. Die dritte Fassung 85/374/EWG[83] wurde am 25. Juli 1985 vom Rat verabschiedet und danach in den Mitgliedstaaten in einzelstaatliches Recht übernommen.

Die Richtlinie baut auf folgendem Prinzip auf:

«Der Schutz des Verbrauchers erfordert es, dass alle am Produktionsprozess Beteiligten haften, wenn das Endprodukt oder der von ihnen gelieferte Bestandteil oder Grundstoff fehlerhaft war. Aus demselben Grunde hat die Person, die Produkte in die Gemeinschaft einführt, sowie jede Person zu haften, die sich als Hersteller ausgibt, indem sie ihren Namen, ihr Warenzeichen oder ein anderes Erkennungszeichen anbringt, oder die ein Produkt liefert, dessen Hersteller nicht festgestellt werden kann.»

Die Produkthaftung zeigt sich nun in verschiedenen Formen. Es wird unterschieden zwischen einem Entwicklungsrisiko, einem Konstruktionsrisiko, dem Fabrikationsrisiko und dem Instruktionsrisiko.

---

83 EG-Produkthaftungsrichtlinie 85/374/EWG 1985.

Entwicklungsrisiko
Das Entwicklungsrisiko umfasst die Haftung des Herstellers für Produktschäden, auch wenn er zum Zeitpunkt der Inverkehrsetzung des Produktes den aktuellen Stand von Wissenschaft und Technik beachtet hat. Das Risiko war zu diesem Zeitpunkt objektiv nicht erkennbar. Dabei stellt sich die Frage, was der Stand von Wissenschaft und Technik ist:

Gemäß dem Deutschen Bundesverfassungs-Gericht (1978) gibt es drei Stufen:[84]

- Das Mindestmaß bilden die **allgemein anerkannten Regeln der Technik**, d. h. die Regeln haben sich in der Wissenschaft als theoretisch richtig durchgesetzt und Einzug in die Praxis gefunden und sich dort überwiegend bewährt.
- Als fortschrittlicher Zustand gilt der **Stand der Technik**. Er stellt eine höhere (technische) Entwicklung als die «allgemein anerkannten Regeln der Technik» dar, umfasst fortschrittlichere Verfahren, Einrichtungen und Betriebsweisen. Dies muss sich in der Praxis noch nicht langfristig bewährt haben, jedoch muss die praktische Eignung insgesamt als gesichert erscheinen.
- Der **Stand von Wissenschaft und Technik** ist die höchste Innovationsstufe, die neuesten technischen und wissenschaftlichen Erkenntnisse werden berücksichtigt, auch wenn sie sich in der Praxis noch nicht durchgesetzt haben und daher noch nicht anerkannt sind[85].

Somit kann man unter Stand von Wissenschaft und Technik die Gesamtheit jener Erkenntnisse im betreffenden Fachbereich verstehen, die in einem bestimmten Zeitpunkt für einen Hersteller des entsprechenden Produktes ohne unverhältnismäßigen Aufwand zugänglich sind. Dabei sind sowohl die «anerkannten Regeln der Technik» zu beachten als auch die für den Fachmann feststellbaren und zugänglichen Fortschritte und neuen Erkenntnisse zu berücksichtigen.

Konstruktionsrisiko
Ein Produkt ist mangelhaft, wenn die Vorteile der Konstruktion ihre Risiken nicht überwiegen. Bevor der Hersteller ein Produkt im Markt anpreist, muss er demnach die potentiellen Gefahren und die nützlichen Eigenschaften der Konstruktion gegeneinander abwägen und gegebenenfalls mit einer sichereren Alternativkonstruktion aufwarten. Dabei sind folgende Faktoren wichtig:

- Schwere der potentiellen Verletzung,
- Wahrscheinlichkeit eines Unfalls/einer Krankheit,
- Vorhandensein einer sichereren Konstruktion,

Machbarkeit einer Alternativkonstruktion und deren gleichwertige Verwendungsmöglichkeit.

84 BVerfG vom 08.08.1978
85 Vgl. Scherer,J.; Fruth, K.: Governance-Management Band I, GRundsätze ordnungsgemässer Unternehmensführung und Überwachung, Deggendorf 2015, S. 88

Fabrikationsrisiko
Ein Fabrikationsfehler liegt vor, wenn das Produkt seinen Spezifikationen nicht entspricht, eine Unreinheit aufweist oder sonstwie von andern Produkten derselben Produktlinie abweicht.

- Materialverwechslung,
- Materialverunreinigung und Eigenschaftsfehler,
- Messfehler und Toleranzüberschreitung,
- Versagen einer Maschine,
- Beschädigung während des Transportes/der Lagerung.

Instruktionsrisiko
Wenn ein Produkt nicht so hergestellt werden kann, dass die beabsichtigte Verwendung für den Benützer und Dritte sicher ist, so ist der Hersteller verpflichtet, klare Gebrauchsanleitungen zu geben und auf dem Produkt in geeigneter Weise Warnhinweise anzubringen.

Die Warnung muss den Benützer über Art und Umfang der möglichen Gefahren sowie deren Vermeidung aufklären. Gebrauchsanweisungen und Warnungen müssen für den potentiellen Benützer des Produktes verständlich sein. Es müssen auch allgemein verständliche Warnsymbole angebracht werden.

Inzwischen ist die Europäische Produkthaftung als verschuldensunabhängige Verantwortung des Herstellers für fehlerhafte Produkte, soweit sie Personen-, Sach- und daraus folgende Vermögensschäden umfasst, zu einer Selbstverständlichkeit geworden.

Ähnliches kann man von der US-amerikanischen Produkthaftung nicht sagen. Zwar besteht in allen amerikanischen Einzelstaaten die verschuldensunabhängige Haftung an sich in gleicher Weise wie auch in Europa, doch die Anwendung und Durchsetzung von Rechtsansprüchen folgt völlig anderen Gesetzmäßigkeiten:

- Weil die Sozialversicherung in den USA weniger ausgebaut ist als in Europa, sind mehr Menschen auf eine Entschädigung angewiesen, wenn sie einen Schaden/Unfall durch ein Produkt erleiden.
- Das US-amerikanische Rechtssystem kennt die erfolgsabhängige Honorierung für Anwälte. Die Erfolgsanteile betragen zwischen 30 % und 50 % der Entschädigung. Um die Rechte bzw. die Ansprüche auf Schadenersatz der wirklichen Geschädigten zu wahren, berücksichtigen die Gerichte die hohen Anwaltshonorare bei der Festsetzung der Entschädigungen entsprechend.
- Das Instrument der Sammelklage (Class Actions) ermöglicht, dass eine gerichtliche Auseinandersetzung um Schadenersatz nicht nur von einer Einzelperson, sondern auch von einer Personengruppe mit gleichen oder ähnlichen Ansprüchen vor Gericht zugelassen wird. Bei Sammelklagen vervielfältigen sich die Entschädigungsansprüche.
- Nicht nur im Strafprozess, sondern auch im US-amerikanischen Zivilprozess gibt es Laiengerichte (Juries), die sich von einem (leicht beeinflussbaren) Rechtsempfinden der Geschworenen leiten lassen und den Schadenersatz tendenziell zugunsten des Geschädigten und seiner individuellen Umstände festlegen.

- Das US-amerikanische Rechtssystem kennt die sogenannten «Punitive Damages». Dabei handelt es sich um eine Geldstrafe, die ein Hersteller dann dem Geschädigten bezahlen muss, wenn er den Schaden leichtfertig in Kauf genommen oder fahrlässig herbeigeführt hat. Der Sinn der «Punitive Damages» liegt darin, dass sich ein Hersteller aus solchem Verhalten nicht bereichern soll. Wenn er also aus Kostenersparnisgründen eine unsichere Konstruktion wählt, soll er mindestens den Vorteil aus den eingesparten Kosten wieder verlieren.
- Das US-amerikanische Rechtssystem sieht auch eine eigenartige Beweiserhebung vor. Die «Pre-trial-discoveries» des Klägeranwalts ermöglichen ihm den freien Zugang zu allen Informationen des Beklagten. Ein Hersteller muss den Anwälten der Gegenpartei auf Verlangen alle Unterlagen aus der Produktentstehung zur Verfügung stellen.

All diese Eigenheiten des US-amerikanischen Rechtssystems haben in den vergangenen Jahrzehnten dazu geführt, dass die US-Produkthaftung eines der am meisten gefürchteten rechtlichen Risiken ist. Sie können Organisationen lähmen und die Aufmerksamkeit des Managements auf die Abwehrstrategie der Produkthaftung fixieren. Da der Weg über das Gerichtsurteil immer Jahre dauert, wird oft ein Vergleich angestrebt. Er kommt i. d. R. zwar schneller zustande als ein rechtskräftiger Gerichtsentscheid, dauert aber ebenfalls Jahre bis zu seinem Abschluss.

Die europäischen und insbesondere die amerikanischen Anforderungen an die Sicherheit von Produkten zeigen, dass das Produkt-Risikomanagement der zwingende Weg ist, aufwendige Schadenersatzklagen, behördliche Eingriffe und gerichtliche Auseinandersetzungen zu vermeiden oder zumindest in Grenzen zu halten.

3.3.1.8 Produkt-Risikomanagement heute gut umgesetzt

Heute kann festgestellt werden, dass das System der Produktsicherheit und Produkthaftung in Europa und in Amerika gut umgesetzt worden sind. Die Systeme haben sich bewährt, die Marktüberwachung funktioniert erstaunlich gut. Als Beispiel dafür kann das RAPEX oder etwa auch die Publikationen der Food and Drug Administration (FDA)erwähnt werden, in welchen wöchentlich Informationen über fehlerhafte Produkte veröffentlicht und Maßnahmen zum Schutz der Konsumenten kommuniziert werden. Oft ziehen Hersteller oder Importeure die Produkte zurück, in vielen Fällen verordnen die Behörden jedoch auch Rückrufe und Verkaufsverbote.

Im Risikomanagement sind Unternehmen und Organisationen mit einer Verlagerung der Aktionsschwerpunkte konfrontiert. Es geht zwar immer noch um die Sicherheit von Menschen. Dazu kommen neu Umweltprobleme, Vermögensdelikte wie Geldwäscherei, Steuerhinterziehung oder ähnliches. Die Finanzindustrie ist damit konfrontiert. Die gesetzlichen Grundlagen liegen ganz allgemein in der Compliance, d. h. in der Übereinstimmung des Verhaltens der Mitarbeiter und der ganzen Organisation mit den geltenden rechtlichen Bestimmungen.

Ein aktuelles Beispiel dieser Verlagerung der Risikomanagement-Probleme konnte beim Abgas-Skandal von Volkswagen betrachtet werden. Manipulationen beim Abgastest von neuen Modellen wurden in den USA entdeckt und danach auch in anderen

Ländern festgestellt. Das Problem der Abgaswerte mag ein gewisses Umweltproblem sein. Vielmehr handelt es sich um einen Aspekt der Wettbewerbsverzerrung (Umweltfreundlichkeit als Werbeargument), aber auch um ein Thema der Steuerhinterziehung, weil die Motorfahrzeugsteuer nach den Werten der Abgasemission festgelegt worden sind.

3.3.2 Klinisches Risiko- und Qualitätsmanagement

3.3.2.1 Hochrisikobereich mit Nachholbedarf

Das Gesundheitswesen ist in den entwickelten Ländern der größte Wirtschaftszweig, der wegen der Überalterung der Bevölkerung noch weiter wachsen wird. Das Gesundheitswesen ist zu einem enormen volkswirtschaftlichen Kostenfaktor geworden. Mit seinen sozialen Aufgaben und Zielsetzungen für eine flächendeckende Versorgung auf hohem Qualitätsstand entzieht sich das Gesundheitswesen weitgehend marktwirtschaftlichen Gesetzmäßigkeiten. Preisbildung, Betten- und Behandlungskapazität sowie die Infrastruktur werden öffentlich beeinflusst und nur marginal durch natürliches Angebot und Nachfrage gesteuert.

Die Risiken des Gesundheitswesens betreffen nicht nur die Strategie und das strategische Risikomanagement. Vielmehr geht es auch um die Patientensicherheit: Medizinische Behandlung führt bei vielen Menschen zu einer Verbesserung der Lebensqualität und zu einer deutlichen Verlängerung der Lebenserwartung. Andererseits ist das Gesundheitswesen ein Hoch-Risikobereich, in dem es viele Fehler gibt, die dem Patienten Schaden zufügen. Ein Fehler ist z. B. ein falscher Behandlungsplan oder ein fasche Umsetzung eines zweckmäßigen Behandlungsplans. Dem Fehler gegenüber bedeutet die Komplikation eine schicksalshafte, in der Natur der Krankheit liegende Verschlechterung des Gesundheitszustandes als Folge einer diagnostischen oder therapeutischen Maßnahme.

Schon seit längerer Zeit mehren sich die Informationen, wonach im Bereich der Patientensicherheit, ein erheblicher Handlungsbedarf besteht. Wissenschaftliche Untersuchungen aus den USA, zeigten vor bald 20 Jahren einen alarmierenden Zustand auf. So sollen im Jahr 1997 medizinische Behandlungsfehler auf Rang 8 der wichtigsten Todesursachen in den USA gestanden haben, noch vor Autounfällen, Brustkrebs oder Aids. Auf 33,6 Millionen Behandlungen würden 44 000 bis 98 000 Amerikaner an den Folgen medizinischer Fehler sterben.[86] Ähnliche Ergebnisse zeigt eine der größten epidemiologischen Studien, die Harvard Medical Practice Study.[87] Ähnliche Statistiken zirkulieren in Europäischen Ländern.

Demnach sollen bei 8 bis 12 % der Krankenhauspatienten während der Behandlung Zwischenfälle und Schäden eingetreten sein. Viele von ihnen wären vermeidbar.

«Zu den häufigsten Zwischenfällen in der Gesundheitsversorgung gehören therapieassoziierte Infektionen, falsche oder verzögerte Diagnosen, chirurgische Fehler und

86 Kahla-Witzsch (2005), S. 11 f.
87 Taskforce (2001)

Fehler bei der Verabreichung von Arzneimitteln. Im Mittelpunkt der Bemühungen der Mitgliedstaaten und der EU zur Verbesserung der Patientensicherheit standen bislang vorwiegend bestimmte Ursachen; so ging es z. B. um die Minimierung der Risiken durch Arzneimittel und medizinische Geräte sowie um die Frage der Antibiotikaresistenz. Die meisten Zwischenfälle sind jedoch durch ein Zusammenspiel von Faktoren bedingt, die Schäden beim Patienten nach sich ziehen können»[88].

Auch in der Schweiz vermutete die Taskforce «Patientensicherheit» schwerwiegende Schäden bei schätzungsweise 1 % der ins Spital eingewiesenen Patienten. Solche unerwünschten medizinischen Ereignisse werden wie folgt definiert: «Ein unerwünschtes Ereignis (Zwischenfall) ist eine unbeabsichtigte Schädigung, die überwiegend durch die medizinische Betreuung und höchstens sekundär durch den Krankheitsverlauf verursacht wird, wobei der Schaden so schwerwiegend ist, dass er eine Verlängerung des Spitalaufenthalts oder eine vorübergehende oder dauerhafte Beeinträchtigung oder Behinderung des Patienten beim Austritt zur Folge hat.»[89]

3.3.2.2 Hauptrisiken in einem Krankenhaus der Grundversorgung

Es stellt sich im Hochrisikobereich Gesundheitswesen die Frage, welches denn die wichtigsten Risiken sind, bei denen Patienten zu Schaden kommen können. Es handelt sich um folgende:

- Stürze vor allem von älteren Patienten,
- Verlust von Risikoinformationen bei Team- oder Abteilungswechsel,
- Verwechslung von Befunden, Patienten, Blutgruppe oder Seite,
- Verwechslung von Medikamenten oder fehlerhafte Mischung / Dosierung,
- Fehlerhafte, lückenhafte Diagnose und inadäquate Behandlung,
- Lückenhafte Hygiene und nosokomiale Infektionen,
- Fehlbedienung von Medizinprodukten,
- Lücken im Entlassungsmanagement und falsche Nachbetreuung.
- Unvollständige oder fehlende Aufklärung und Information,
- Informations- und Betriebssicherheit der IT.

88 http://ec.europa.eu/health/patient_safety/policy/index_de.htm, letzter Zugriff Januar 2016 / http://ec.europa.eu/health/patient_safety/healthcare_associated_infections/index_de.htm

89 Taskforce (2001)

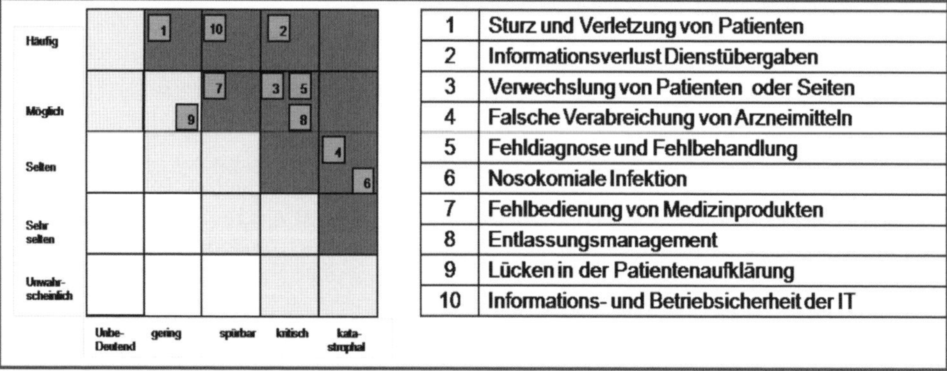

1	Sturz und Verletzung von Patienten
2	Informationsverlust Dienstübergaben
3	Verwechslung von Patienten oder Seiten
4	Falsche Verabreichung von Arzneimitteln
5	Fehldiagnose und Fehlbehandlung
6	Nosokomiale Infektion
7	Fehlbedienung von Medizinprodukten
8	Entlassungsmanagement
9	Lücken in der Patientenaufklärung
10	Informations- und Betriebsicherheit der IT

Übersicht 21: Risikoprofil eines Krankenhauses der Grundversorgung

Das übergreifende Hauptrisiko besteht aber darin, dass die verantwortlichen Führungskräfte in einem Krankenhaus entweder die bestehenden Risiken gar nicht kennen, diese ignorieren, damit die Risikokommunikation verunmöglichen und eine offene Fehler- und Risikokultur unterdrücken.

3.3.2.3 Rechtliche Verantwortung und Patientenaufklärung

Die Tätigkeiten im Hochrisikobereich Gesundheitswesen sind auf dem Hintergrund der rechtlichen Verantwortung zu betrachten. Ein medizinischer Eingriff stellt rechtlich einen Eingriff in den menschlichen Körper dar, in den der Patient einwilligen muss. Die Haftung ergibt sich aus dem Verstoß gegen anerkannte Regeln der medizinischen Wissenschaft und Erfahrung[90]. Mögliche weitere Haftungsgründe sind zudem die Pflichtverletzungen bei der Aufklärung, Behandlung und Dokumentation.

Aus haftpflichtrechtlicher Sicht ist die Aufklärung der Patienten wichtig. Sie hat zeitgerecht, in einer dem Patienten verständlichen Sprache zu erfolgen, muss schriftlich dokumentiert sein und informieren über:

- die Krankheit und deren Prognose mit oder ohne Behandlung,
- mögliche Therapien: wird mit der Therapie die eigentliche Krankheit behandelt, oder können mit der Therapie nur Symptome behandelt werden?
- die voraussichtliche Dauer der Behandlung,
- mögliche Nebenwirkungen einer medikamentösen Therapie,
- die Fachpersonen, welche die Therapie durchführen,
- die Art eines chirurgischen Eingriffs,
- die Kosten und gegebenenfalls über die Nichtübernahme, bzw. die nur teilweise Übernahme der Behandlungskosten durch die Krankenkasse über die Wirkung von Medikamenten.

90 Kahla-Witzsch, 2005, S. 31

Zudem ist eine Aufklärung des Patienten über die Behandlung erforderlich in Bezug auf:

- Art, Umfang, Durchführung und zu erwartende Folgen und Risiken,
- Notwendigkeit und Dringlichkeit,
- Eignung und Erfolgsaussichten im Hinblick auf Diagnose und Therapie sowie
- Alternative Maßnahmen der Behandlung.

Klinisches Risikomanagement stellt eine besondere Herausforderung dar, weil die Kultur und die Verhaltensweise von Führungskräften und Mitarbeitern durch viel Verantwortung und Wohltätigkeit geprägt sind. Allerdings gibt es im Krankenhausumfeld manchmal die eigenartige Vorstellung, dass Medizin ist eine Kunst sei. Fehler werden verharmlost als «Kunstfehler» bezeichnet).

3.3.2.4 Europäische Initiativen

Es ist auffallend, dass die Patientensicherheit im Rahmen des Gesundheitswesens – gegenüber dem Verbraucherschutz mit dem gesetzlichen Rahmen der Produktsicherheit – ein Gebiet ist, das praktisch nicht speziell reguliert ist. Vielleicht ist die Patientensicherheit auch gar nicht so regulierbar, weil der menschliche Faktor sowohl auf der Seite des Gesundheitspersonals wie auch auf der Seite des Patienten von ausschlaggebender Bedeutung ist. Dies macht es umso wichtiger, dass ein funktionierendes Risiko- und Qualitätsmanagement im Gesundheitssektor realisiert wird.

Schon seit 2005 verfolgt die Europäische Kommission, über den Austausch von Informationen und Sachkenntnis, das Ziel einer sichereren medizinischen Versorgung in allen EU-Mitgliedstaaten. Die Erklärung von Luxemburg[91] gibt Empfehlungen an die EU-Institutionen, an die nationalen Gesundheitsbehörden und an die Leistungsträger des Gesundheitswesens ab. Im Mittelpunkt steht das Bestreben einer offenen Risikokultur, die es erlaubt, mit diesen Phänomenen sachlich umzugehen.

Der Ministerrat der Europäischen Gemeinschaft gibt mit Datum vom 24. Mai 2006 eine weitere Empfehlung[92] ab «on management of patient safety and prevention of adverse events in health care». Die Empfehlung des Ministerrates umfasst eine Vielzahl von breit abgestützten Maßnahmen für die Umsetzung der Patientensicherheit im Gesundheitswesen. Im Vordergrund steht ein freiwilliges und nicht auf Bestrafung ausgerichtetes «Critical Incidents Reporting System», das gegenwärtig im Gesundheitswesen hohe Beachtung findet.

Im Wortlaut ist von den Empfehlungen die folgende Passage, die im Originaltext wiedergegeben und nachfolgend in deutscher Sprache kurz zusammengefasst ist, von Interesse:

---

91 European Commission (2005)

92 Council of Europe (2006)

Promote the development of a reporting system for patient-safety incidents in order to enhance patient safety by learning from such incidents; this system should:
a. be non-punitive and fair in purpose;
b. be independent of other regulatory processes;
c. be designed in such a way as to encourage health-care providers and health-care personnel to report safety incidents (for instance, wherever possible, reporting should be voluntary, anonymous and confidential);
d. set out a system for collecting and analysing reports of adverse events locally and, when the need arises, aggregated at a regional or national level, with the aim of improving patient safety; for this purpose, resources must be specifically allocated;
e. involve both private and public sectors;
f. facilitate the involvement of patients, their relatives and all other informal caregivers in all aspects of activities relating to patient safety, including reporting of patient-safety incidents.

[Es sollen Berichtssysteme zur Erfassung von Patientensicherheits-Vorfällen entwickelt und gefördert werden, um die Patientensicherheit zu verbessern und um aus solchen Vorfällen zu lernen. Das Berichtssystem sollte:
a. straffrei und fair sein,
b. unabhängig von regulatorischen Prozessen sein,
c. so gestaltet sein, dass Leistungserbringer und Gesundheitspersonal ermutigt werden, Sicherheitsvorkommnisse zu melden (z. B. wenn immer möglich, sollte das Reporting freiwillig, anonym und vertraulich sein);
d. lokal ausgelegt sein, um Fehlermeldungen zu sammeln und zu analysieren, bei steigendem Bedarf auf regionaler oder nationaler zusammengefasst mit dem Ziel, die Patientensicherheit zu verbessern; zu diesem Zweck müssen spezielle Ressourcen zugeteilt werden;
e. sowohl den privaten als auch den öffentlichen Sektor einbeziehen;
f. den Einbezug von Patienten, ihrer Angehörigen und von weiteren informellen Betreuern in allen Aspekten der Patientensicherheit erleichtern, einschließlich der Meldung von Patientensicherheits-Vorkommnissen.]

3.3.2.5 Das Schweizer-Käse-Modell

Weil im Gesundheitswesen so viele Fehler auftreten, liegt die Zielsetzung nahe, auf Fehler rechtzeitig aufmerksam zu machen und aus ihnen zu lernen, bevor ein Patientenschaden eintritt. In diesem Zusammenhang wurde das «Schweizer-Käse-Modell» entwickelt, nicht von einem Schweizer erfunden, sondern auf den Engländer J. Reason zurückzuführen [93]. Das Schweizer-Käse-Modell geht von verschiedenen, hintereinander aufgestellten, sich bewegenden (z.B. Emmentaler-) Käsescheiben aus, und die Löcher stellen die Lücken in den Sicherheitsbarrieren dar. Diese Sicherheitsbarrieren sollen mögliche Fehler «adverse events» abwehren, sodass aus ihnen nicht Schadenfälle bzw. Unfälle entstehen.

93 Vgl Reason (1990) S. 208

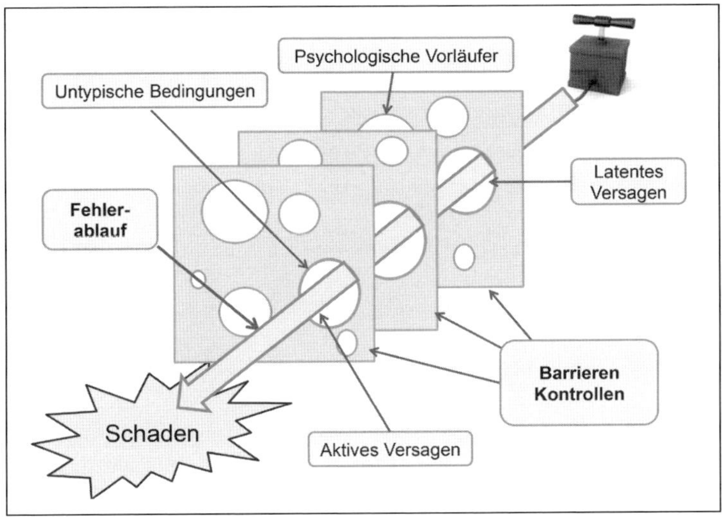

Übersicht 22: Das Schweizer-Käse-Modell

James Reason hat den Verdienst, das Risikomanagement im Gesundheitswesen maßgeblich von der menschlichen Seite her verständlicher zu machen. Seine Denkweisen sind von der Tatsache geprägt, dass jeder Mensch Fehler macht, keineswegs aber absichtlich. Fehler sind Ergebnis von menschlichem Unvermögen. Um Fehlern zu begegnen und sie abzuwehren, geht es nicht darum, den Menschen zu ändern, sondern vor allem die Bedingungen der Organisation zu ändern, in denen die Menschen arbeiten.

3.3.2.6 Neue gesetzliche Anforderungen in Deutschland

Ausgangspunkt ist eine Änderung des § 1d) des SGB V § 137 (2013): «Der Gemeinsame Bundesausschuss bestimmt in seinen Richtlinien über die grundsätzlichen Anforderungen an ein einrichtungsinternes Qualitätsmanagement ( ) wesentliche Maßnahmen zur Verbesserung der Patientensicherheit und legt insbesondere Mindeststandards für Risikomanagement- und Fehlermeldesysteme fest».

«§ 5 Klinisches Risikomanagement und Fehlermeldesysteme

1. Das Krankenhaus hat wesentliche Maßnahmen zur Weiterentwicklung der Patientensicherheit ein- und durchzuführen. Dazu werden unter Einbeziehung auch der Patientenperspektive Risiken identifiziert und analysiert, wobei es Führungsaufgabe ist, die entsprechende Risikostrategie festzulegen. Risiken werden bewertet und durch die Ableitung und Umsetzung von Präventionsmaßnahmen reduziert.
2. Die Krankenhausleitung bietet aktiv Unterstützung und gewährleistet den strukturierten Austausch aller Beteiligten. Für die Etablierung, Koordination und Steuerung des klinischen Risikomanagements im Krankenhaus sind Verantwortliche zu benennen. Die Mitarbeiter sind regelmäßig und zeitnah über den Sachstand zu informieren und in die geplanten Maßnahmen einzubinden. Hierzu gehören insbesondere Schu-

lungen der Mitarbeiter sowie Fallanalysen und -besprechungen. Voraussetzungen für ein funktionsfähiges klinisches Risikomanagement sind entsprechende aufbau- und ablauforganisatorische Rahmenbedingungen, wobei Doppelstrukturen von Qualitäts- und Risikomanagement möglichst zu vermeiden sind.

3. Ein Fehlermeldesystem muss für alle Mitarbeiter abteilungs- und berufsgruppenübergreifend niederschwellig zugänglich und einfach zu bewerkstelligen sein. Die Meldungen müssen freiwillig, anonym und sanktionsfrei durch die Mitarbeiter erfolgen können. Die Etablierung eines Fehlermeldesystems in der Einrichtung erfolgt auf Grundlage einer Zielplanung und eines strukturierten Projektmanagements, wobei die Führungskräfte aller Hierarchieebenen aktiv unterstützen und entsprechende Verantwortlichkeiten festlegen. Es sind sowohl Einführungen in den Umgang mit Fehlermeldesystemen als auch bei Bedarf regelmäßige Schulungen für die Mitarbeiter durchzuführen.
4. Auf der Grundlage eingegangener Meldungen erfolgt die Analyse der Prozesse, und nach zeitnaher Bearbeitung werden entsprechende Präventionsmaßnahmen abgeleitet und umgesetzt. Die Ergebnisse und Erkenntnisse aus dem Fehlermeldesystem, insbesondere die konkreten Maßnahmen, sollen zeitnah an alle Betroffenen zurückgespiegelt werden. ( ) Die Einzelheiten der Umsetzung und Organisation des Fehlermeldesystems fallen in die Verantwortung des Krankenhauses und sind an dessen speziellen Verhältnissen auszurichten.
5. Sowohl für das klinische Risikomanagement im Allgemeinen als auch für das Fehlermeldesystem im Besonderen ist eine entsprechende Dokumentation und Nachvollziehbarkeit des Systems erforderlich. Nach Implementierung von Maßnahmen sollen eine Evaluation und gemäß dem PDCA-Zyklus ggf. erforderliche Anpassungen erfolgen.
6. Um Risiken und Fehlerquellen in der Versorgung zu erkennen und alle Einrichtungen von den Erfahrungen anderer hinsichtlich deren Analyse und Präventionsmaßnahmen profitieren zu lassen, werden einrichtungsübergreifende Fehlermeldesysteme eingerichtet. ( )
7. Das Krankenhaus betreibt ein patientenorientiertes Beschwerdemanagement mit zügiger und transparenter Bearbeitung der Beschwerden. Dazu gehören z. B. die Information der Patientinnen und Patienten über die Beschwerdemöglichkeit vor Ort, die zeitnahe Unterrichtung über das Ergebnis und ggf. gezogene Konsequenzen. Die Ergebnisse aus dem Beschwerdemanagement sollen auch in die Gestaltung des klinischen Risikomanagements einfließen. Die Einzelheiten der Umsetzung und Organisation des Beschwerdemanagements fallen in die Verantwortung des Krankenhauses und sind an dessen speziellen Verhältnissen auszurichten»[94].

94 Beschluss des Gemeinsamen Bundesausschusses über eine Änderung der Vereinbarung des Gemeinsamen Bundesausschusses gemäß § 137 Abs. 1 Satz 3 Nr. 1 SGB V über die grundsätzlichen Anforderungen an ein einrichtungsinternes Qualitätsmanagement für nach § 108 SGB V zugelassene Krankenhäuser: Umsetzung des § 137 Absatz 1d Satz 1 SGB V

3.3.2.7 Never-Events im Gesundheitswesen von England

Der National Health Service von England ist die öffentliche Institution, die das staatliche Gesundheitswesen lenkt. Das Ziel des NHS besteht darin, allen Einwohnern ein qualitativ hochwertiges Gesundheitssystem zur Verfügung zu stellen. Der NHS erstellt im Rahmen seines Leitbildes einen strategischen Plan für den Betrieb und die Entwicklung des Gesundheitswesens. Bestandteil sind die Bedürfnisse der Patienten und der Öffentlichkeit. Dazu gehören auch alle Aspekte der Patientensicherheit.

Das NHS publiziert jährlich die sog. «Never Events». Dabei handelt es sich um eingetretene Schadenfälle, die dem NHS gemeldet werden müssen. «Never Events are serious incidents that are wholly preventable as guidance or safety recommendations that provide strong systemic protective barriers are available at a national level and should have been implemented by all healthcare providers. Each Never Event type has the potential to cause serious patient harm or death. However, serious harm or death is not required to have happened as a result of a specific incident occurrence for that incident to be categorised as a Never Event»[95].

[Never Events sind ernsthafte Vorkommnisse, die vollständig vermeidbar wären, weil durch nationale Richtlinien und Sicherheitsempfehlungen strenge rechtliche und systemische Barrieren vorhanden sind und durch alle Leistungsanbieter im Gesundheitswesen hätten umgesetzt werden müssen. Jeder Typus von Never Events verfügt über die Möglichkeit, ernsthaften Schaden oder gar den Tod des Patienten herbeizuführen. Ein ernsthafter Schaden oder ein Todesfall infolge eines spezifischen Vorkommnisses ist allerdings nicht erforderlich, um es als Never Event zu kategorisieren.]

Für die jährlichen Meldungen wird eine Never EventList veröffentlicht, in der sämtliche meldepflichtigen Vorkommnisse definiert bzw. genau mit Einschlüssen und Ausschlüssen spezifiziert werden. In der Zeitperiode April 2013 bis März 2014 gibt es total 312 Never Events, es sind folgende:

Art des Never Events	Anzahl
Vergessener Fremdkörper nach OP	123
Eingriff an falscher Seite	89
Falsches Implantat / Prothese	49
Verabreichungsfehler bei täglicher oraler Gabe von Methotrexat	16
Fehlerhafte Magenintubation oral oder nasal	14
Transfusionsfehler	4
Luftembolie	4
Falsche Handhabung von Gas	3
Falsche Verabreichung von Insulin	3
Falsche Verabreichung von Kaliumchlorid	2
Übrige	5

Übersicht 23: Never Events des NHS 2013-2014[96]

95 http://www.england.nhs.uk/ourwork/patientsafety/never-events/ letzter Zugriff August 2015
96 A.a.O.: NHS (2012-2013)

Diese Never Events werden pro Krankenhaus namentlich aufgelistet, sodass jeder Patient sehen kann, welche Events wo vorgekommen sind.

Was passiert nun mit den Krankenhäusern und deren Verantwortlichen, wenn ein solches Never Event eingetreten und gemeldet worden ist?

«Organisational leaders (board or equivalent) are accountable and responsible for ensuring that all relevant learning is captured and implemented effectively – this is the most crucial aspect of this policy and framework. Learning outcomes should be monitored through robust monitoring structures and processes»[97]. Bei dieser Formulierung überrascht die Klarheit und Eindeutigkeit, mit der die Handlungsverantwortung der obersten Leitung direkt zugewiesen wird.

Eine treibende Kraft im Risikomanagement, insbesondere im Bereich der Sicherheit von Menschen und beim Schutz des Klimas und der Umwelt, ist in der Vergangenheit festzustellen, dass es externe, meist gesetzliche Initiativen und Sanktionen braucht, bis sich die Organisationen und Unternehmen ernsthaft darauf einstellen. Dies ist aus der Sicht des Risikomanagements eigentlich eine ernüchternde Erkenntnis. Sie bedeutet, dass die verantwortliche Führung dazu neigt, kurzfristige Lösungen zu bevorzugen und langfristige Wertschöpfung, wo sie nicht direkt sichtbar und auch schwieriger erklärbar ist, zurückzustellen.

3.4 HSE – Health, Safety, Environment

3.4.1 Gesundheitsschutz

3.4.1.1 Sicherheit am Arbeitsplatz

Die Arbeitssicherheit gilt als einer der ältesten Anwendungsbereiche von Risikomanagement. Der Schutz des Arbeitnehmers vor Unfällen und Krankheiten geht Hand in Hand mit der Sozialversicherung. Letztere kommt für die finanziellen Entschädigungen auf, welche die Arbeitnehmer durch einen Unfall oder eine Krankheit erleiden. Die Träger der Sozialversicherung führen deshalb genauso wie die Arbeitgeber Risikomanagement im Sinne der Förderung der Arbeitssicherheit durch. Im Zentrum stehen Gefahrenanalysen bzw. Risikoanalysen, die den Handlungsbedarf aufzeigen. Treiber für die Arbeitssicherheit waren nicht zuletzt auch die finanziellen Aspekte, denn ein Unfall kostet einer Organisation viel Geld, das sich in die Prävention zu investieren lohnt. Dies gilt in noch stärkerem Maß für das «disability management», welches die Sicherheit am Arbeitsplatz immer mehr in den Bereich der psychischen Einflüsse der Arbeitsumgebung ausweitet. Im Vordergrund stehen nicht mehr nur die Unfälle, sondern zunehmend die psychische Belastung der Menschen am Arbeitsplatz. Stichworte sind Burn-out, Depression, Konflikte, Wiedereingliederung, soziale Ausgewogenheit.

Die Bereiche der Arbeitssicherheit und des betrieblichen Gesundheitsschutzes wurden in den vergangenen Jahren stetig verbessert, insbesondere auch durch das Zusammenspiel von Versicherung, rechtlicher Verantwortung und Prävention. Dass

97 A.a.O.: p. 9

im Bereich der Arbeitssicherheit eine derartige Perfektionierung möglich ist, wurde schon früh mit dem DuPont Modell bewiesen und propagiert. Wegen der weltweiten Bekanntheit und Anerkennung der DuPont Philosophie sei diese nachfolgend im englischen Volltext wiedergegeben und anschließend mit den Kernaussagen auf Deutsch wiedergegeben:

The DuPont Safety Philosophy[98]

The success of the DuPont Company in managing safety is a reflection of an 11-point safety philosophy. While each DuPont site and location is responsible for their own safety efforts, they are all joined in basing those programs and systems on a common safety philosophy. These principles have given direction to hundreds of safety activities and initiatives at DuPont locations worldwide. We want to share them with you in hopes that they will help shape your safety initiative into an even more successful one.

1. The first and most basic safety principle at DuPont is that all injuries are preventable. This may seem a startling idea in the context of a lot of plant operations, but we have lived and worked with this core belief for more than 150 years. In fact, our performance demonstrates that this principle is workable. We have plants with more than 2,000 employees who have worked for more than 10 years without a lost time injury. That's injury prevention! We are able to prevent injuries because of the fundamental belief that injuries are, by their nature, preventable.
2. Second, we believe that management, from the top of the corporation to first-line supervisors, is responsible and accountable for preventing injuries. One of management's fundamental responsibilities is to lead the safety effort in a sustained and consistent way, establishing safety goals, demanding accountability for safety performance, and providing the resources to make the safety program work.
3. The third DuPont principle is that the combined energy of the entire organization is necessary to continuously improve and excel in safety performance. While leadership's role is critical, everyone must be connected to and have personal value for the drive for safety excellence.
4. The fourth DuPont safety principle is that all operating exposures that could result in injuries or occupational illnesses can be controlled. This principle is closely related to our fundamental belief that all injuries can be prevented; it's really a question of controlling the hazards. No matter what the exposure, an effective safeguard can be provided. It is preferable, of course, to eliminate sources of danger, but when this is not reasonable or practical, supervision and the work groups involved must specify measures such as special training, safety devices, and protective equipment.
5. Our fifth safety principle states that safety is a condition of employment. Safety starts on the first day someone begins working for DuPont, and each employee is expected to be conscientious in assuming personal safety responsibility from that first day on the job. Each employee must be convinced that he or she has a responsibility for working safely.
6. The sixth safety principle is the acknowledgment that employees must be trained to work safely. Awareness of safety does not come naturally; we all need to be

98 http://dupont.com/safety/philosophy.html, letzer Zugriff Oktober 2006.

trained to work safely. Training must include both skills and motivation. Effective training programs to teach, motivate, and sustain safety knowledge are a key element in preventing all injuries and illnesses.

7. Regular audits of the workplace are the subject of our seventh principle, which is that management must audit performance in the workplace to assess safety program success. Comprehensive inspections of both facilities and programs not only confirm their effectiveness in achieving the desired performance, but also detect specific problems and help to identify weaknesses in the safety effort.
8. After an audit is completed, all deficiencies must be corrected promptly. This eighth principle recognizes that whenever a safety deficiency is found – either by an audit or investigation or in the normal course of work – prompt action is required both to overcome the hazard and to reinforce the message that safety is a priority.
9. DuPont believes that safety is part of every job, but safety is also part of every person's life. That's why the ninth principle is a statement that off-the-job safety is an important part of the overall safety effort. Employees should not «turn safety on» as they come to work and «turn it off» when they go home. Both the employee and the company become safer when the employee internalizes safety.
10. The tenth safety principle recognizes that safety is good business. Injury prevention is one part of creating competitive advantage. Injuries cost money, and their cost undermines competitiveness. Safety excellence is part of overall competitiveness and is therefore an integral part of all business activities.
11. The last principle is the most important of the DuPont safety philosophy. Safety must be integrated as a core business and personal value, recognizing not only that good safety is good business but that it's important for each member of the business to have a personal value for their own safety and the safety of the people they work with. It is our people who provide the solutions to our safety problems. They are the one essential ingredient in the recipe for a safe workplace. Intelligent, trained, and motivated employees are any company's greatest resource.

Our success in safety depends upon the men and women in our company. They contribute to the overall success of DuPont by following procedures, participating actively in training, and identifying and alerting each other and management to potential hazards. By demonstrating a real concern for each employee, leadership helps establish a mutual respect, and the foundation is laid for a solid safety effort.

Zusammenfassende Übersetzung:

Das erste und grundlegende Sicherheitsprinzip von DuPont ist die Feststellung, dass alle Unfälle verhütet werden können.

- Wir glauben zweitens, dass das Management, von der Spitze des Unternehmens bis zu den Vorarbeitern, verantwortlich ist für die Unfallverhütung.
- Das dritte Prinzip besteht darin, dass gemeinsame Anstrengungen der ganzen Organisation erforderlich sind, um die Ergebnisse der Sicherheitsanstrengungen laufend zu verbessern.
- Das vierte Sicherheitsprinzip besteht darin, dass sich alle operativen Gefährdungen, die zu Unfällen oder Krankheiten führen können, kontrollieren lassen.

- Das fünfte Sicherheitsprinzip legt fest, dass Sicherheit eine Bedingung für die Beschäftigung ist.
- Das sechste Sicherheitsprinzip ist die Erkenntnis, dass Mitarbeitende in Arbeitssicherheit trainiert werden müssen.
- Regelmäßige Inspektionen der Arbeitsplätze sind Gegenstand des siebten Prinzips. Das Management muss sich über die Wirksamkeit des Sicherheitsprogramms vergewissern.
- Nach jeder Inspektion müssen die festgestellten Mängel umgehend korrigiert werden.
- Wir glauben, dass Sicherheit Teil jedes Jobs ist und dass Sicherheit auch ein Teil des Lebens jedes Menschen ist.
- Das zehnte Sicherheitsprinzip erkennt, dass Sicherheit rentabel ist.
- Das letzte Prinzip der DuPont-Sicherheitsphilosophie ist das wichtigste: Sicherheit muss als Kerngeschäft und als persönlicher Wert integriert werden, indem nicht nur erkannt wird, dass Sicherheit ein gutes Geschäft ist, sondern dass es für jeden am Geschäft Beteiligten einen persönlichen Wert für sich selbst und für alle Menschen, mit denen sie zusammenarbeiten, darstellt.

Die Vorbildfunktion von DuPont in der Arbeitssicherheit ist einzigartig und weltbekannt, besonders in der chemischen Industrie. Die Arbeitssicherheit ist heute praktisch überall gesetzlich vorgeschrieben. In vielen Ländern werden aber diese Gesetze noch nicht oder unzureichend umgesetzt. Die Länder in Asien, Afrika oder Südamerika, die in den vergangenen Jahren eine z. T. stürmische Entwicklung der Wirtschaft erlebten, haben in diesen Risikomanagement-Anwendungsgebieten noch Nachholbedarf.

3.4.1.2 High Reliability Organization (HRO)

In ähnlicher Weise wie bei DuPont entstanden weitere Modelle für den Umgang mit Risiken für Menschen und Systeme. In Organisationen mit großer Komplexität wie in der Luftfahrt, im öffentlichen Verkehr (Bahnverkehr, Schifffahrt) und in Krankenhäusern bestehen hohen Leistungsanforderungen mit ausgeprägtem Gefährdungspotential. Für solche Organisationen hat sich an der Schnittstelle zwischen Ingenieurwissenschaften, Managementlehre und der Organisationspsychologie das Konzept der High Reliability Organization (HRO) entwickelt. Man könnte auch von Hochrisiko-Organisation sprechen. Die Eigenschaften einer HRO bestehen darin, dass sie eine überdurchschnittliche Fehlerfreiheit aufweisen, beeinflusst durch verschiedene Faktoren wie:

- Vertrauen und Zuverlässigkeit unter den Mitarbeitern,
- gemeinsame Werte, Normen und Verständnis für Zuverlässigkeit,
- Delegation von Handlungsentscheidungen bis zum Ort der Ausführung,
- offene Information und Kommunikation über erkannte Systemschwächen ,
- Teamzusammensetzung nach Maßgabe der Gefährdungslage und
- permanentes Lernen und Training im System[99].

Um die Anforderungen an die Sicherheit einer risikoexponierten Organisation zu formulieren, kann auf die Prinzipien von hochzuverlässigen Organisationen zurückge-

99 Mistele (2005), S. 12.

griffen werden. Wenn z. B. ein Krankenhaus nach den gleichen Grundsätzen arbeitet, müsste es eine hohe Fehlerfreiheit erreichen und sicher für die Patienten und für die Mitarbeitenden sein. Diese Prinzipien sind folgende[100]:

- «*Sensitivity to operations*. Preserving constant awareness by leaders and staff of the state of the systems and processes that affect patient care. This awareness is key to noting risks and preventing them».
  [Sensitivität für betriebliche Abläufe. Die Leitung und die Führungskräfte sollten ein andauerndes Bewusstsein über den Zustand von Systemen und Prozessen, welche die Patientensicherheit beeinträchtigen können, aufrechterhalten]
- «*Reluctance to simplify*. Simple processes are good, but simplistic explanations for why things work or fail are risky. Avoiding overly simple explanations of failure (unqualified staff, inadequate training, communication failure, etc.) is essential in order to understand the true reasons patients are placed at risk».
  [Verzicht auf Vereinfachungen: Einfache Prozesse sind gut, aber vereinfachte Erklärungen zum Gelingen oder Misslingen von Arbeiten sind gefährlich. Es ist wichtig, einfache Erklärungen für Fehler (unqualifizierte Fachkräfte, ungeeignete Ausbildung, Kommunikationsfehler usw.) zu vermeiden, um die wirklichen Gründe zu verstehen, dass Patienten einem Risiko exponiert wurden.]
- «*Preoccupation with failure*. When near-misses occur, these are viewed as evidence of systems that should be improved to reduce potential harm to patients. Rather than viewing near-misses as proof that the system has effective safeguards, they are viewed as symptomatic of areas in need of more attention».
  [Auseinandersetzung mit Fehlern: Wenn Beinahe-Unfälle eintreten, werden diese als Beweis dafür angesehen, dass das System verbessert werden sollte, um möglichen Patientenschaden zu vermeiden. Man sollte Beinahe-Unfälle als symptomatische Bereiche ansehen, die mehr Aufmerksamkeit erfordern und nicht als Beweis dafür, dass das System über wirksame Sicherheitsmechanismen verfügt]
- «*Deference to expertise*. If leaders and supervisors are not willing to listen and respond to the insights of staff who know how processes really work and the risks patients really face, you will not have a culture in which high reliability is possible».
  [Respekt vor Fachwissen: Wenn die Leitung und die Aufsicht nicht gewillt sind, den Meinungen von Führungskräften zuzuhören und ihren Einsichten entgegenzukommen (sie wissen, wie Prozesse funktionieren und sind mit der Patentensicherheit wirklich konfrontiert),ist eine Kultur mit hoher Zuverlässigkeit nicht möglich]
- «*Resilience*. Leaders and staff need to be trained and prepared to know how to respond when system failures do occur».
  [Leitung und Führungskräfte müssen trainiert und vorbereitet werden, um zu wissen, wie man sich verhält, wenn Systemfehler eintreten]

System- und prozessimmanente Fehler werden im Normalfall oft nur nach Unfällen entdeckt, wahrgenommen und korrigiert. Wenn man sich jedoch schon auf Fehler konzentriert, die zu Unfällen hätten führen können, ist es möglich, auf die Systemeigenschaften einzuwirken, bevor der Patientenschaden eingetreten ist.[101]

100 AHRQ (2008).
101 Mistele (2005), S. 14

3.4.2 Umweltschutz

3.4.2.1 Umweltschutzgesetzgebung

Ähnlich wie mit der Arbeitssicherheit verhält es sich mit der Umweltsicherheit. In den Industrieländern sind Umweltschutzgesetzgebung und Umweltschutznormung weitgehend etabliert. Der Umweltschutz hat ein hohes Niveau erreicht. In den Schwellenländern gibt es noch große Defizite. Regionen, die sich wirtschaftlich spät entwickeln und deren vorrangiges Ziel darin besteht, die Armut der Bevölkerung zu überwinden, vernachlässigen oft den Schutz der Umwelt. Risikomanagement hat hier noch nicht Fuß gefasst.

Der Schutz der Umwelt beruht in der westlichen Welt einerseits auf einem System von gesetzlich festgelegten Grenzwerten für Emissionen in Wasser, Luft und Boden. Die Behörden überwachen die Einhaltung der Grenzwerte und führen umweltschädigende Substanzen einem Recycling zu. Umweltrisiken kommen zustande, wenn solche Grenzwerte nicht eingehalten werden (absichtlich oder irrtümlich). Andere Umweltschäden können aus Altlasten entstehen, die entsorgt werden müssen. Schließlich gibt es Risiken von schweren Störfällen, besonders mit Gefahrgut und speziellen Chemikalien.

3.4.2.2 Störfallprävention

Bei der Störfallprävention geht es darum, dass Unfälle verhindert werden, die zu schweren Beeinträchtigungen der Umweltgüter führen. Wenn in einem Betrieb besondere Mengen an umweltgefährdenden Substanzen vorhanden sind, muss eine Risikobeurteilung vorgenommen und besondere Schutzmaßnahmen getroffen werden. Davon betroffen sind Läger (Treibstoffe, Chemikalien), Gefahrgut-Transporte und natürlich die Herstellung und Verarbeitung von umweltbelastenden Substanzen. Sogar Medikamente werden oft als Gefahrgut eingestuft und bedürfen für Herstellung, Lagerung und Transport besonderer Vorkehrungen.

3.4.2.3 Chemikaliengesetzgebung/REACH

Ende Oktober 2003 erschien der Vorschlag für eine Verordnung des Europäischen Parlaments und des Rates zur Registrierung, Bewertung, Zulassung und Beschränkung chemischer Stoffe (REACH), zur Schaffung einer Europäischen Agentur für chemische Stoffe sowie zur Änderung der Richtlinie 1999/45/EG und der Verordnung (EG) über persistente organische Schadstoffe. Die Abkürzung REACH bedeutet «Registration, Evaluation, Authorization of Chemicals».

Durch REACH soll das Chemikalienrecht in der EU grundlegend reformiert werden und einen großen Teil des bestehenden Chemikalienrechts ablösen. Diese EU-Verordnung stellt – im Gegensatz zu den Richtlinien – direkt wirkendes EU-Recht dar, das in den nächsten Jahren verwirklicht werden soll.

Bis 1981 sind ungefähr 100 000 verschiedene Industriechemikalien auf den Markt gekommen. Seither müssen neue Chemikalien auf etwaige Risiken für die menschliche Gesundheit und für die Umwelt geprüft und beurteilt werden, bevor sie in Mengen von 10 kg oder mehr in Verkehr gebracht werden dürfen.

REACH verändert das geltende Prinzip, indem der jeweilige Inverkehrbringer (Hersteller, Importeur) neu selbst für die Sicherheit seiner Chemikalie verantwortlich ist. Er muss die zur Bewertung notwendigen Daten beschaffen. Es handelt sich um eine Beweislastumkehr. Sofern die neue Chemikalie in einer Menge von mehr als 1 Tonne pro Jahr produziert wird, wird sie registrierungspflichtig. Beträgt die Produktionsmenge mehr als 10 t pro Jahr, muss der Hersteller einen Sicherheitsbericht (Chemical Safety Report) mit Maßnahmen der Risikominderung erstellen.

Neu in REACH ist die Anforderung, bei der Beurteilung eines chemischen Stoffes auch die Wertschöpfungskette bzw. die Lieferkette zu berücksichtigen. Neben der bisherigen Pflicht, über Sicherheitsdatenblätter Informationen in der Lieferkette an die nachgelagerten Anwender der Chemikalien anzugeben, tritt nun zudem die Verpflichtung der Anwender, dem Hersteller bisher nicht registrierte Verwendungen mitzuteilen.

«Schätzungen besagen, dass von den ca. 30 000 Stoffen, die jährlich mit mehr als einer Tonne produziert werden, bisher nur 140 ausreichend auf ihre Wirkung hin untersucht wurden. Zudem ist wegen der Geheimhaltung von Rezepturen in der Regel nicht bekannt, welche Stoffe in Konsumgütern Verwendung finden und so zu einer Belastung von Gesundheit und Umwelt führen können.»[102] Die Verbesserungen durch REACH für die Gesundheit und die Umwelt sind allerdings vereinzelt mit hohen Kosten und vor allem mit einer gewissen Offenlegung von Anwendungen in der Lieferkette verbunden. Deshalb ist REACH umstritten.

Die Auswirkungen von REACH für die chemische Industrie werden unterschiedlich beurteilt. Das Ministerium für Umwelt und Verkehr von Baden-Württemberg hat im Oktober 2004 eine Studie zur REACH veröffentlicht.[103] Die Ergebnisse der Studie werden wie folgt zusammengefasst:

«Insgesamt werden eine Schwächung des Industriestandortes Europa und Wettbewerbsnachteile gegenüber nichteuropäischen Anbietern befürchtet. Die für Baden-Württemberg typischen mittelständischen Unternehmen haben sich auf innovative, qualitativ hochwertige Produkte, die oft in kleinen Mengen und großer Vielfalt hergestellt werden, spezialisiert. Sie müssen schnell und flexibel auf Marktanforderungen reagieren und sind daher von den Belastungen durch REACH besonders stark betroffen. 67 % der befragten Unternehmen erwarten Kostenerhöhungen, Ertragseinbußen und sehen sich wirtschaftlich überfordert. Durch den Wegfall von Stoffen wird es nach Einschätzung von 39 % der Unternehmen zudem zu einer Einschränkung der Produktvielfalt kommen. Aufgrund der aktuellen REACH-Diskussion sind viele Unternehmen stark verunsichert und halten sich mit Investitionen weitgehend zurück. Das vorgesehene Verfahren wird derzeit als großes Investitionshemmnis gesehen. Eine Überarbeitung des REACH-Vorschlags mit den Zielen der Vereinfachung und Kosteneinsparung ist zwingend notwendig.»[104]

---

102 https://de.wikipedia.org/wiki/Verordnung_(EG)_Nr._1907/2006_(REACH) , letzter Zugriff Februar 2016
103 REACH (2004)
104 a. a. O., S. 8.

Am 13. Dezember 2005 einigte sich der Rat für Wettbewerbsfähigkeit der EU auf einen gemeinsamen Standpunkt zu REACH, um den politischen Entscheidungsprozess weiterzuführen.

REACH bedeutet, dass die chemische Industrie die volle Verantwortung und damit erhebliche neue Aufgaben für den sicheren Umgang mit chemischen Substanzen übernimmt. Es entstehen daraus Pflichten zur Risikobeurteilung, die sich auch auf die Supply Chain erstreckt und die Wettbewerbsfähigkeit mit einem neuen Bewertungskriterium ergänzt.

3.4.2.4 Klimaveränderung

Eine der besonderen Herausforderungen unserer Zeit ist das Risiko der Klimaveränderung. Wissenschaftlich erwiesen sind die Belastung der Erdatmosphäre mit Treibhausgasen und der langsame Anstieg der durchschnittlichen Luft- und Meerestemperaturen. Die Auswirkungen dieser beiden Phänomene auf das Klima der Erde werden unterschiedlich interpretiert. Es zeichnet sich jedoch in den vergangenen Jahren eine zunehmende Übereinstimmung in der Meinung ab, dass sich eine Klimaveränderung eingestellt hat, deren Folgen für den Planeten Erde unumkehrbar und im Endergebnis negativ für die Lebensbedingungen von Menschen, Fauna und Flora sind.

Die wissenschaftlichen Studien des Intergovernmental Panel on Climate Change IPCC[105] beschreiben verschiedene Szenarien und Auswirkungen des Risikos der Klimaveränderung wie folgt:

- Es fand bereits eine eindeutige Erhöhung der weltweiten Luft- und Meertemperatur statt mit weit verbreitetem Schmelzen von Schnee und Eis und einem Anstieg des Meerwasserspiegels. Diese weltweit zu beobachtenden Naturphänomene haben direkte regionale Folgen.
- Die Hauptursache dieser Entwicklung liegt in der Emission von Treibhausgasen, vornehmlich von CO_2. Die Freisetzung von Treibhausgasen wird in den kommenden Jahrzehnten zunehmen, wenn keine drastischen Gegenmaßnahmen ergriffen werden.
- Es ist damit zu rechnen, dass die Luft- und Meertemperaturen deshalb noch weiter ansteigen werden.

Die Klimaveränderungen konkretisieren sich wie folgt:

- Im Tropengürtel der Erde und in den höheren Breitengraden wird es mehr Wasser geben, während dem die bereits heute eher trockenen Zwischenzonen von vermehrter Wasserknappheit bedroht werden. Hunderte von Millionen Menschen werden einem Wasser-Stress ausgesetzt sein.
- Die Artenvielfalt wird bis zu 30 % verschwinden, im Meer z. B. die Korallen, auf dem Land wird bis zu 40 % des Ökosystems betroffen.

105 http://www.ipcc.ch/pdf/assessment-report/ar5/syr/AR5_SYR_FINAL_SPM.pdf, Climate change synthesis report, Summary for Policy Makers, letzter Zugriff Februar 2016

- Die Produktivität des Getreideanbaus wird in einigen Gegenden sogar steigen, in Zonen mit Wasserknappheit hingegen nimmt die Produktivität der Landwirtschaft massiv ab.
- An den Küsten werden vermehrt Stürme und Fluten auftreten, der Wasserspiegel wird Land überschwemmen und immer mehr Menschen sind diesen Naturgewalten ausgesetzt.
- Es muss in bestimmten Regionen auch mit einer Zunahme der Unterernährung, der Krankheiten und Überbelastung des Gesundheitswesens gerechnet werden.

Das sind nicht gerade erfreuliche Zukunftsaussichten für viele Menschen, es wird erneut eine Verlagerung von Wohlstand bzw. Armut stattfinden. Die Folgen davon sind Migrationswellen und möglicherweise auch vermehrte Kriege zwischen Nutznießern und Betroffenen der Klimaveränderung. Risikomanagement bekommt hier eine globale Bedeutung und sollte zum Gegenstand internationaler Politik werden.

3.5 Interne Kontrollsysteme

3.5.1 Vorgaben aus Gesetz und Normen

In Ländern, in denen Corporate Governance Kodexe bestehen, gibt es gesetzliche Vorschriften oder gleichwertige Vorgaben für die Einrichtung interner Kontrollsysteme in Organisationen und Unternehmen. Die Anforderungen an die Ausgestaltung dieser Finanzkontrollen erstrecken sich im engeren Sinn auf die korrekte Rechnungslegung und Finanzberichterstattung. Im weiteren Sinn werden interne Kontrollsysteme dazu verwendet, weitere geschäftsrelevante Risiken zu ermitteln und zu begrenzen.

Ein typisches Beispiel für den Geltungsbereich eines Internen Kontrollsystems liefert die Schweiz: Die Wirtschaftsprüfungsgesellschaft PWC definiert das IKS wie folgt: «Bei der internen Kontrolle handelt es sich um die Gesamtheit aller vom Verwaltungsrat und der Geschäftsleitung angeordneten Vorgänge, Methoden und Maßnahmen (Kontrollmaßnahmen), die dazu dienen, einen ordnungsgemäßen Ablauf des betrieblichen Geschehens sicherzustellen. Die organisatorischen Maßnahmen der internen Kontrolle sind in die Betriebsabläufe integriert, das heißt, sie erfolgen arbeitsbegleitend oder sind dem Arbeitsvollzug unmittelbar vor- oder nachgelagert.

Die interne Kontrolle wirkt unterstützend bei der Erreichung der geschäftspolitischen Ziele durch eine wirksame und effiziente Geschäftsführung, der Einhaltung von Gesetzen und Vorschriften (Compliance), dem Schutz des Geschäftsvermögens, der Verhinderung, Verminderung und Aufdeckung von Fehlern und Unregelmäßigkeiten, der Sicherstellung der Zuverlässigkeit und Vollständigkeit der Buchführung und der zeitgerechten und verlässlichen finanziellen Berichterstattung»[106].

Auch wenn von der Erreichung der geschäftspolitischen Ziele und von der effizienten Geschäftsführung die Rede ist, bleibt der Charakter des Internen Kontrollsystems

---

106 https://www.pwc.ch/user_content/editor/files/publ_ass/pwc_iks_fuehrungsinstrument_wandel_06_d.pdf, letzter Zugriff Januar 2016

ein defensiver. Interne Kontrollsysteme sind nicht geeignet, Unternehmens-Risikomanagement im weiteren Sinne zu unterstützen, sie bilden einen Teilbereich des Risikomanagements.

3.5.2 Prozessorientierte Umsetzung

Mit der Fokussierung der Umsetzung des internen Kontrollsystems auf die Finanz- und Warenflussprozesse ist die Positionierung in der Management-Hierarchie gegeben: Es handelt sich um einen Bottom-up-Ansatz, der sich durch einen hohen Detaillierungsgrad auszeichnet, nicht aber zwingend durch bestandesgefährdende Eigenschaften dieser Risiken. Gleichwohl ist der Aufsichtsrat bzw. der Verwaltungsrat zuständig für die Sicherstellung der Wirksamkeit der internen Kontrollen.

Um ein internes Kontrollsystem prozessorientiert umzusetzen, ist eine geeignete und systematisch erhobene Prozesslandschaft erforderlich. Ein gutes Beispiel dafür liefert die IKS-Kontrollmatrix.

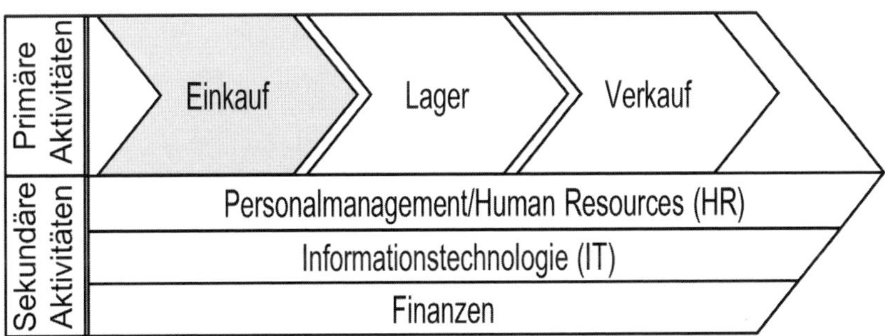

Übersicht 24: IKS-Kontroll-Matrix

Die Prozesse Einkauf, Lager und Verkauf umfassen viele verschiedene Prozess-Schritte, ihnen zugeordnet entsprechende Fehlermöglichkeiten, die dann als Gefährdungen, Bedrohungen oder Risiken bezeichnet werden.

Prozess	Teilprozess	Gefährdung, Bedrohung, Risiken
Einkauf	Bestellungen	Bestellung nicht begründet Bestellanforderung nicht bekannt, fehlende Ware Bestellung geht verloren Stammdaten fehlerhaft
	Wareneingang	Lieferung falscher Waren / Mengen In falscher Periode (zu spät) verbucht Falsche, schlechte Lieferung verbucht Rechnungsdaten anders als Bestellungsdaten Rechnungen werden erfasst, obwohl Waren nicht bestellt
	Verbuchung	Rechnungen doppelt erfasst Rechnungen mit falschen Daten erfasst
	Zahlung	Rechnung wird ohne Leistung bezahlt Fehlerhafter Zahlungsbetrag Rechnung nicht bezahlt → Mahnung Rechnung zu spät bezahlt → Verlust Skonti Zahlung an falschen Kreditor
	Rückforderung	Garantien und Falschlieferungen nicht eingefordert Volumenrabatte falsch oder nicht eingegrenzt
Lager	Eingänge	Produzierte Halb- und Fertigfabrikate nicht oder nicht vollständig / falsch erfasst Von Dritten bezogene Waren werden nicht oder nicht vollständig / falsch erfasst Ungenehmigte Änderungen im System (Stammdaten)
	Inventur	Physischer Bestand stimmt nicht mit System überein Inventur fehlt, unvollständig oder falsch
	Lagerbewertung	Waren werden falsch oder inkonsistent bewertet Herstellkosten für selbst produzierte Ware falsch ermittelt Rechnungslegungsstandard falsch interpretiert
	Warenausgänge	Lagerbestände, die bereits dem Kunden fakturiert sind Zur Vernichtung freigegebener Waren immer noch in den Beständen des Rechnungswesens

Prozess	Teilprozess	Gefährdung, Bedrohung, Risiken
Verkauf	Kundenaufträge	Keine oder nicht rechtzeitige Verarbeitung oder Verlust
	Kreditgewährung	Neuer Kunde nicht zahlungsfähig Bestehender Kunde nicht zahlungsfähig Verkäufer verändert Kreditlimite für den Kunden Kreditlimite wird überschritten
	Warenlieferung	Falsche Waren, falsche Mengen werden geliefert Ware wird nicht geliefert Ware wird geliefert, obwohl Kreditlimite überschritten Ware an falschen Ort geliefert Fakturierung fehlerhaft Lieferung zu spät oder falsch fakturiert Menge und / oder Bezeichnung fakturierter und gelieferter Ware unterschiedlich Falsche Preise werden verwendet
	Kundenrechnung	Rechnung doppelt verbucht Rechnung nicht verbucht Rechnung in falschen Konten verbucht
	Forderungen	Ausstehende Rechnung nicht eingefordert Uneinbringliche Forderung nicht gekennzeichnet Ware an falschen Ort geliefert und nicht rückführbar Kunde beanstandet Lieferung und bezahlt nicht
	Zahlungen	Verbuchung Zahlungseingänge fehlt Verbuchung Zahlungseingänge falsch

Jede einzelne Risikoposition kann nun die Häufigkeit des Eintretens und die finanziellen Auswirkung zugeordnet werden, wodurch dann Risiken entstehen, deren Bewertung klein, mittel oder Groß ausfällt. Aus der Perspektive des Risikomanagements handelt es sich dabei um Risiken mit hohen Frequenzen und begrenzten Auswirkungen (high frequency, low severity).

Etwas anders sind die Compliance-Risiken zu bewerten, die manchmal Gegenstand des internen Kontrollsystems sind. Im Gegensatz zum Internen Kontrollsystem ist Compliance Management nicht an betriebliche Prozesse gebunden. Vielmehr ist es erforderlich, genau zu wissen, welche gesetzlichen Anforderungen im Unternehmen zu berücksichtigen sind. Die Folgen einer fehlerhaften oder fehlenden Erfüllung von gesetzlichen Anforderungen führen nicht unbedingt in Geldwerten zu hohen Summen. Bedeutender kann bei den Compliance-Risiken die Beeinträchtigung der Reputation und des Vertrauens in das Management und in das Unternehmen oder die Organisation sein.

Ziel des Internen Kontrollsystems ist die Einführung und Durchführung von Kontrollen. Diese können wie folgt gestaltet sein:

- manuelle Kontrollen, einmalig, wiederholend, Stichproben,
- Schlüsselkontrollen (wo die Risiken am größten sind),

- automatisierte, laufende Kontrollen (IT-unterstützt),
- Vier-Augen-Prinzip im Prozess eingebaut,
- Kompetenz-Abstufungen (limitierte Beträge bei Zahlungen)
- Eskalation bei Unregelmäßigkeiten oder außergewöhnlichen Geschäftsvorfällen[107].

Von besonderer Bedeutung im internen Kontrollsystem ist die Arbeit mit der Informationstechnologie: Viele finanz- und warenrelevanten Vorgänge erfolgen heute über Informatik-Anwendungen. Der Zugriff zu ihnen, die Kompetenz, die einzelne Mitarbeitende innehaben und die eingebauten Kontrollen unterstützen das IKS und machen dieses sehr effizient.

Allerdings erschöpfen sich die IT-Risiken einer Organisation nicht im Bereich der Internen Kontrollen, sondern haben darüber hinaus eine weit höhere Bedeutung, wie der nachfolgende Teil aufzeigt

3.6 Sicherheit der Informationstechnologie

3.6.1 Risiken von vernetzten IT-Systemen

Eine der größeren und stetig zunehmenden Herausforderungen im Risikomanagement stellen heute die Komplexität und der integrierte Betrieb von IT-Systemen dar. Ausgangspunkt für das Risikomanagement bildet das visionäre Projekt Industrie 4.0: Die deutsche Industrieproduktion «steht vor einer vierten industriellen Revolution, die durch das Internet der *Dinge* und *Dienste* in Gang gesetzt wurde, also autonome eingebettete Systeme, die drahtlos untereinander und mit dem Internet vernetzt sind. In der Produktion entstehen sogenannte Cyber-Physical Production Systems (CPPS) mit intelligenten Maschinen, Lagersystemen und Betriebsmitteln, die eigenständig Informationen austauschen, Aktionen auslösen und sich gegenseitig selbstständig steuern. Sie können industrielle Prozesse in der Produktion, dem Engineering, der Materialverwendung sowie des Lieferketten- und Lebenszyklusmanagements enorm verbessern»[108].

«Damit die Transformation der industriellen Produktion hin zur Industrie 4.0 gelingt, (…) sind folgende Charakteristika der Industrie 4.0 zu verwirklichen:

- horizontale Integration über Wertschöpfungsnetzwerke
- Vertikale Integration und vernetzte Produktionssysteme
- Durchgängigkeit des Engineerings über den gesamten Lebenszyklus»[109].

Der faszinierenden Vision gegenüber steht die begründete Befürchtung großer Abhängigkeit und Störanfälligkeit von solchen vernetzten Systemen. Sie werden zwar richtigerweise als wenig störanfällig bezeichnet. Sollte bei sehr kleiner Eintrittswahr-

---

107 Vgl. Pfaff (2013)
108 Promotorengruppe (2012) S. 2
109 a. a. O., S. 3.

scheinlichkeit eine Störung eintreten, könnten ihre Auswirkungen gänzlich unüberschaubar und folgenreich sein.

Genauso ist es im Global Risk Report 2015 des World Economic Forums (WEF) nachzulesen:

«The risk of large-scale cyber attacks continues to be considered above average on both dimensions of impact and likelihood. (...) This reflects both the growing sophistication of cyber attacks and the rise of hyperconnectivity, with a growing number of physical objects connected to the Internet and more and more sensitive personal data – including about health and finances – being stored by companies in the cloud. (...).

While the «Internet of Things» will deliver innovations, it will also entail new risks. Analytics on large and disparate data sources can drive breakthrough insights but also raise questions about expectations of privacy and the fair and appropriate use of data about individuals. Security risks are also intensified. There are more devices to secure against hackers, and bigger downsides from failure: hacking the location data on a car is merely an invasion of privacy, whereas hacking the control system of a car would be a threat to life. The current Internet infrastructure was not developed with such security concerns in mind»[110].

[Das Risiko von großflächigen Cyber-Angriffen wird weiterhin als überdurchschnittlich in Eintrittswahrscheinlichkeit als auch in der Auswirkung betrachtet. Dies zieht sowohl die Raffiniertheit von Cyber Angriffen in Betracht als auch die übermäßige Vernetzung mit einer wachsenden Zahl von ins Internet eingebundenen Objekten. Die persönlichen Daten, die in der Cloud gespeichert sind, enthalten auch Informationen über Gesundheit und Finanzen.

Das «Internet der Dinge» wird zwar Innovationen ermöglichen, aber mit neuen Risiken verbunden sein. Die Auswertung von großen Datenmengen kann zu bahnbrechenden Erkenntnissen und gleichzeitig zu Fragen über die Privatsphäre und dem angemessenen Gebrauch von Daten über Individuen führen. Sicherheitsrisiken nehmen zu. Es wird mehr Abwehrmechanismen geben, um gegen Hacker vorzugehen, aber auch größere Schäden durch Fehler. Die Standortdaten eines Fahrzeugs zu hacken ist ein Eindringen in die Privatsphäre, aber das Hacken eines Sicherheitssystems eines Fahrzeugs kann lebensbedrohlich sein. Die gegenwärtige Internet-Infrastruktur wurde nicht auf dem Hintergrund solcher Sicherheitsbedenken entwickelt]

3.6.2 IT-Sicherheits-Standards

Es gibt mehrere IT-Sicherheits-Standards, die auch die Elemente des Risikomanagements Einschließen: Der international führende Standards ist ISO 27001 «Information technology – Security techniques – Information security management systems – Requirements». Die darin aufgeführten Anforderungen umfassen die folgenden Punkte:

- Information security policy

110 WEF (2015), S. 22

- Organization of information security
- Human resource security
- Asset management
- Access control
- Cryptography
- Physical and environmental security
- Operations security
- Communications security
- System acquisition, development and maintenance
- Supplier relations
- Information security incident management
- Information security aspects of business continuity management
- Compliance

Ergänzend zeigt der Standard ISO 27005 «Information technology – Security techniques – Information security risk management» den Risikomanagement-Prozess auf, mit dem die IT-Risiken ermittelt, analysiert, bewertet und behandelt werden. Die Darstellungen des Prozesses und der Methoden sind denjenigen von ISO 31000 und ONR 49000-Serie ähnlich, in einigen Punkten spezifisch an die Bedürfnisse der Informations-Technologie angepasst.

Vergleichbare Regelwerke für die Sicherheit der Informationstechnologie sind das aus Deutschland stammende Grundschutzbuch sowie der von der IBM entwickelte ITIL Standard.

3.7 Notfall-, Krisen-, Kontinuitätsmanagement

3.7.1 Betriebliches Notfall-, Krisen- und Kontinuitätsmanagement

Ein weiterer Teilbereich des Risikomanagements bildet das Notfall-, Krisen- und Kontinuitätsmanagement. Dieses setzt sich mit denjenigen Risiken auseinander, die eine Organisation trotz präventiver Maßnahmen plötzlich, unerwartet und schwer treffen können. Die Aufgabe des Notfall- und Krisenmanagement besteht darin, bei Schadenereignissen schnell und richtig reagieren zu können. In der englischen Sprache spricht man auch von «Response». Auf Notfälle und Krisen muss aber nicht nur schnell und richtig reagiert werden; noch wichtiger ist dabei die unverzügliche Wiederherstellung von verlorenen Betriebsfunktionen, damit so rasch wie möglich die Wertschöpfung der Organisation wieder hergestellt werden kann. Man spricht dabei vom Kontinuitätsmanagement (im Englischen von Business Continuity Management, BCM) bzw. auch von «Recovery».

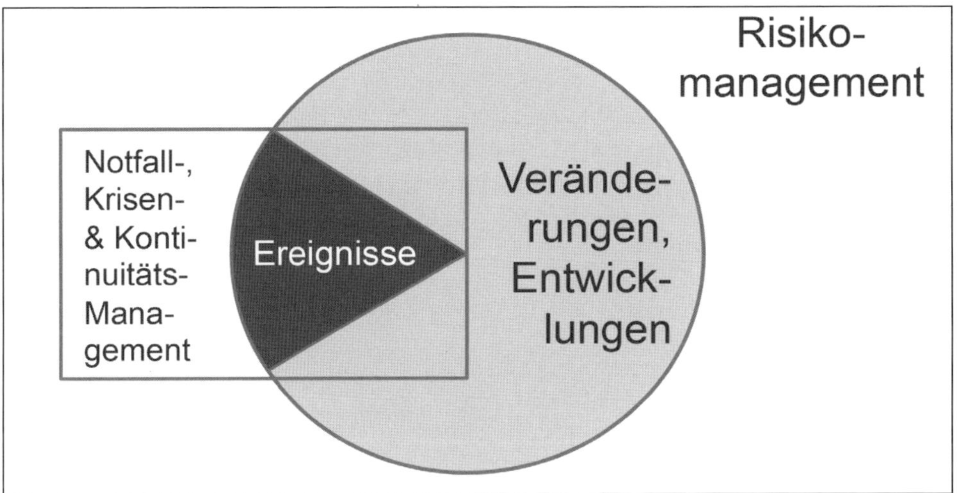

Übersicht 25: Notfall-, Krisen- und Kontinuitätsmanagement

Das Notfall-, Krisen- und Kontinuitätsmanagement bezieht sich nur auf die sogenannten operativen Ereignis-Risiken, die überraschend und schlagartig eintreten und deshalb eine unverzügliche Reaktion unter Zeitdruck erforderlich ist. Risiken strategischer Art sind nicht Gegenstand des Notfall-, Krisen- und Kontinuitätsmanagements.

Das Notfall- und Krisenmanagement sowie in der Folge auch das Business Continuity Management werden leider oft vom Risikomanagement isoliert und als selbständige Disziplinen dargestellt.

Die ISO 31000 behandelt die Aspekte der Risikointervention nicht. Die entsprechenden normativen Anforderungen sind in der Normengruppe von ISO 22301 «Societal security – Business continuity management systems – Requirements» zu finden. Demgegenüber hat die ONR 49002-3 «Leitfaden für das Notfall-, Krisen- und Kontinuitätsmanagement» integriert.

In Kapitel 623.5 Notfall- und Krisenmanagement sowie 623.6 Kontinuitätsmanagement werden die erforderlichen Risikomanagement-Konzepte eingehend beschrieben.

3.7.2 Öffentliches Notfall-, Krisen- und Kontinuitätsmanagement

3.7.2.1 Was sind kritische Infrastrukturen?

Das Notfall-, Krisen- und Kontinuitätsmanagement beschränkt sich aber nicht nur auf einzelne Organisation oder Unternehmens. Vielmehr können diese Probleme auch eine öffentliche Angelegenheit sein. Dann spricht man von kritischer Infrastruktur, die es zu schützen gilt.

Eine «Kritische Infrastruktur» ist «die in einem Mitgliedstaat gelegene Anlage, ein System oder ein Teil davon, die von wesentlicher Bedeutung für die Aufrechterhaltung wichtiger gesellschaftlicher Funktionen, der Gesundheit, der Sicherheit und des wirtschaftlichen oder sozialen Wohlergehens der Bevölkerung sind und deren Störung oder Zerstörung erhebliche Auswirkungen auf einen Mitgliedstaat hätte, da diese Funktionen nicht aufrechterhalten werden könnten».[111]

Das Bundesministerium des Inneren (BMI) hat 2008 einen Leitfaden für den «Schutz Kritischer Infrastrukturen – Risiko- und Krisenmanagement, Leitfaden für Unternehmen und Behörden veröffentlicht. Kritische Infrastrukturen befinden sich nach dem BMI-Leitfaden insbesondere in den Wirtschaftssektoren:

- Energie (Strom, Mineralöl, Gas),
- Versorgung (Wasser, Lebensmittel, Notfallversorgung),
- Gesundheitswesen (Krankenhäuser, Altenheime),
- Informations- und Kommunikationstechnologie,
- Transport und Verkehr,
- Gefahrstoffe (Chemieindustrie und Biostoffe),
- Banken und Finanzen,
- Behörden, Verwaltung, Justiz,
- Medien, Großforschungseinrichtungen und Kulturgüter.

Schäden an kritischen Infrastrukturen sind dadurch gekennzeichnet, dass ein einzelnes Ereignis zu einer weiträumigen Einwirkung führen kann, wie das folgende Praxisbeispiel zeigt.

Praxisbeispiel: Großflächiger Stromausfall

«Am Abend des 4. November 2006 fiel ab 22:10 Uhr in einigen Teilen Europas der Strom aus. Seinen Ausgangspunkt hatte der Stromausfall im Emsland, wo eine Höchstspannungsleitung … ausgeschaltet worden war, um die gefahrlose Überführung eines Kreuzfahrtschiffes … zu ermöglichen. Es kam zur Überlastung der Verbindungsleitung …, die sich automatisch abschaltete. Kaskadenartig fielen daraufhin von Nord nach Süd quer durch Europa weitere Leitungen aus. und das europäische Verbundnetz zerfiel in drei Teilnetze unterschiedlichen Frequenzen. Etwa 15 Millionen Menschen waren europaweit von dem Stromausfall betroffen. Die Stromversorgung war nach rund 1.5 Stunden wieder komplett hergestellt, die Zusammenschalung der drei Teilnetze um 23:47 Uhr beendet»[112].

Phantasiebeispiel: Blackout von Marc Elsberg:

An einem kalten Winterabend geht in Mailand das Licht aus. Es ist der Beginn eines großflächigen Stromausfalls (Blackout), der ganz Europa lahmlegt. Die Stromnetze brechen weitgehend zusammen. Kraftwerke schalten sich ab und können nicht mehr hochgefahren werden, Fahrstühle und U-Bahnen stecken fest. Es gibt in Europa keine Kommunikation, keinen Transport mehr, keinen Treibstoff- und Bargeldbezug mehr, die Versorgungslage und die Infrastruktur brechen gänzlich zusammen. Der großflächige Stromausfall dauert 13 Tage und fordert hunderttausende

111 Definition aus EU-Richtlinie 2008/114/EG
112 Bundesnetzagentur (2007), S. 3

von Opfern, Ein französisches Kernkraftwerk erleidet eine Havarie, weil weiterer Diesel für die Kühlung der Notstromversorgung nicht zeitgerecht beschafft werden kann.
Ursache dieser Katastrophe war ein terroristischer Hackerangriff auf SCADA-Systeme (Supervisory Control and Data Acquisition). Es handelt sich dabei um ein Computersystem für das Sammeln und Analysieren von Echtzeitdaten. Scada-Systeme sind Netzleitsysteme für die Überwachung, Steuerung und Optimierung von Industrie-Anlagen. Sie werden in der Wasseraufbereitung oder in energieerzeugenden und verteilenden Anlagen, den Smart Grids, eingesetzt, in Telekommunikationseinrichtung oder in Chemieanlagen, in Anlagen für die Stahlerzeugung oder die Pkw-Produktion. Scada übernimmt dabei weniger die Steuerung als die Überwachung[113].
Das Buch «Blackout» von Marc Elsberg zeigt in faszinierender Art, was unserer verletzlichen Gesellschaft im Extremfall passieren könnte[114].

3.7.3 Risikomanagement bei kritischen Infrastrukturen

Risikomanagement bei kritischen Infrastrukturen erfolgt auf zwei Ebenen: auf der einen Seite ist es die betroffene Organisation bzw. das Unternehmen selbst, das vom Schadenereignis betroffen ist und dadurch gefordert ist, mit dem eigenen Notfall- und Krisenmanagement rasch auf die neue Situation zu reagieren. Mit dem anschließenden Kontinuitätsmanagement müssen dann verloren gegangene Betriebsfunktionen möglichst rasch zurückgewonnen und in Betrieb genommen werden.

Auf der anderen Ebene wird aber das öffentliche Krisen- und Katastrophenmanagement tätig, indem Einsatzkräfte (Feuerwehr, Polizei, Rettung, Armee) zum Einsatz kommen. Je nach Situation werden auf der Ebene des Bundes oder der Länder / Kantone Krisenstäbe eingerichtet und betrieben, um die Notfallsituation so schnell wie möglich zu normalisieren.

3.8 Risikobasierter Ansatz

3.8.1 Risikobasiertes Denken

Mit der Veröffentlichung der ISO 9001: 2015 bekommt der Begriff des «risikobasierten Denkens» Bekanntheit. In der Norm wird einleitend Folgendes dargelegt:

«Das in dieser Internationalen Norm angewendete risikobasierte Denken hat eine teilweise Reduzierung der vorschreibenden Anforderungen und deren Ersatz durch leistungsorientierte Anforderungen ermöglicht.»[115]

«Risikobasiertes Denken ermöglicht einer Organisation, diejenigen Faktoren zu bestimmen, die bewirken könnten, dass ihre Prozesse und ihr Qualitätsmanagement-

113 http://www.itwissen.info/definition/lexikon/supervisory-control-and-data-aquisition-SCADA.html, letzter Zugriff Januar 2016
114 Elsberg, (2013)
115 ISO 9001:2015 (Ziff. A.4)

system von den geplanten Ergebnissen abweichen, vorbeugende Maßnahmen zur Steuerung umzusetzen, um negative Auswirkungen zu minimieren und den maximalen Nutzen aus sich bietenden Möglichkeiten zu ziehen .»[116]

«Risikobasiertes Denken ist zum Erreichen eines wirksamen Qualitätsmanagementsystems unerlässlich. Das Konzept des risikobasierten Denkens war bereits in früheren Ausgaben dieser Internationalen Norm enthalten, z. B. mit der Umsetzung von Vorbeugungsmaßnahmen zur Abschaffung von möglichen Nichtkonformitäten, der Analyse jeglicher auftretender Nichtkonformitäten und dem Ergreifen von Maßnahmen zum Verhindern des Wiederauftretens, die den Auswirkungen der Nichtkonformität angemessen sind.»[117]

«Die Erfüllung der Anforderungen dieser Internationalen Norm verlangt von der Organisation, dass sie Maßnahmen plant und umsetzt, mit denen Risiken und Chancen behandelt werden. Die Behandlung von sowohl Risiken als auch Chancen bildet eine Grundlage für die Steigerung der Wirksamkeit des Qualitätsmanagementsystems, für das Erreichen verbesserter Ergebnisse und für das Vermeiden von negativen Auswirkungen.

Chancen können sich infolge einer Situation ergeben, die sich günstig auf das Erreichen eines beabsichtigten Ergebnisses auswirkt, z. B. eine Reihe von Umständen, die es der Organisation ermöglicht Kunden zu gewinnen, neue Produkte und Dienstleistungen zu entwickeln, Abfälle zu verringern oder die Produktivität zu verbessern. Maßnahmen zur Behandlung von Chancen können außerdem die Betrachtung zugehöriger Risiken einschließen. Risiko ist die Auswirkung von Ungewissheiten, und jede dieser Ungewissheiten kann positive oder negative Auswirkungen besitzen. Eine positive Abweichung, die aus einem Risiko hervorgeht, kann eine Chance liefern, wobei jedoch nicht alle positiven Auswirkungen eines Risikos in Chancen resultieren. Das in dieser Internationalen Norm angewendete risikobasierte Denken hat eine teilweise Reduzierung der vorschreibenden Anforderungen und deren Ersatz durch leistungsorientierte Anforderungen ermöglicht.»[118]

Interessant an diesen Formulierungen ist die Anforderung, sich mit den Chancen und Risiken auseinander zu setzen und Maßnahmen zu formulieren, ohne dass dafür auf den Prozess Risikomanagement, wie er in ISO 31000 vorliegt, zurückgegriffen werden müsste. Es geht bei der neuen ISO 9001 insbesondere darum, die Wirksamkeit des Qualitätsmanagement-System zu erhöhen, nicht aber darum, dass eine Organisation ihre Ziele erreicht. Dies könnte zwar implizit gemeint sein, ist aber nicht so gesagt bzw. beschrieben. Das risikobasierte Denken ist somit kein griffiger Ansatz.

3.8.2 Risikobasierter Ansatz

In den Formulierungen der neuesten Version der ISO 9001 kommt das Entscheidende des risikobasierten Ansatzes nicht ausreichend zum Ausdruck. Dieser ist wesent-

116 ISO 9001:2015 (Ziff. 0.1)
117 ISO 9001:2015, (Ziff. 0.3.3)
118 ISO 9001:2015, (Ziff. A.4)

lich umfassender und geht auf die Food and Drug Administration (FDA) zurück. im September 2004 veröffentlicht die FDA erstmals ein Dokument zum risikobasierten Ansatz:

«PHARMACEUTICAL CGMPS FOR THE 21ST CENTURY – A RISK-BASED APPROACH, FINAL REPORT»[119]

Die Regulierungsprogramme sollen folgende Ziele verfolgen:

- Ermutigung der Pharmaindustrie, früh neue technologische Fortschritte zu übernehmen
- Erleichterung der industriellen Anwendung von neuen Qualitätsmanagement-Techniken
- Ermutigung, risikobasierte Ansätze zu übernehmen, welche die Aufmerksamkeit sowohl der Industrie als auch der FDA auf kritische Bereiche lenkt,
- Sicherstellung, dass die regulatorische Politik für die Überwachung, Compliance und Inspektion auf dem «state of the art» der pharmazeutischen Wissenschaft abgestützt ist.

und weiter unten im Text:

- Die FDA hat ein wirksames Risikomanagement als den prioritären Weg identifiziert, um den bestmöglichen Gebrauch ihrer Ressourcen zu machen. Dieser Ansatz schließt eine gründliche Analyse ein, um die wichtigsten Risiken durchgängig zu identifizieren und um einen Qualitätsmanagement-Ansatz zu nutzen für die Gestaltung, Lenkung und Bewertung der Kernprozesse[120].

Der risikobasierte Ansatz stellt eine fundamentale Änderung von Grundsätzen des Qualitätsmanagements und der Inspektion durch die Behörden dar. Im weiteren Sinn ist davon auch die gesamte Zertifizierungspraxis betroffen. Es geht nicht mehr darum, alle Prozesse zu begutachten (bzw. auch zu dokumentieren) und zu validieren, sondern nur noch diejenigen, die besonders risikobehaftet sind. Die Auswahl dieser Prozesse verlangt eine gründliche Identifikation und Analyse der Risiken. Der Grundsatz könnte mit dem Sprichwort umschrieben werden: «Weniger ist mehr».

Der risikobasierte Ansatz kann, allgemein verstanden, in Zusammenhang gebracht werden mit großen qualitativen Datenmengen von Abweichungen und Korrekturmaßnahmen, die sich nicht direkt statistisch auswerten lassen. Von diesen Abweichungen und Korrekturmaßnahmen sind der überwiegende Teil (z. B. 90 %) zwar wichtig für die ordentliche Abwicklung eines Tagesgeschäfts, aber nur etwa 10 % entscheidend für die Erreichung der Ziele und Vermeidung von ernsthaften Bedrohungen und Gefährdungen. Diese 10 % verdienen eine erhöhte Aufmerksamkeit des Managements, während dem die übrigen 90 % weitgehend der Eigenverantwortung der Mitarbeiter überlassen werden können, allerdings flankiert von stetigen Weiterbildungs- und Befähigungsmaßnahmen. Die Gründlichkeit, mit der sich das Management mit den 10 % Priorität befassen kann, wirkt sich wie ein Vorbild auf die ganze Organisation aus, insbesondere stufengerecht auf die übrigen

119 Department of Health (2004)
120 aus dem Englischen übersetzt: a. a. O., S. 1 und S. 4

90 % des identifizierten Handlungsbedarfes. Für den risikobasierten Ansatz gibt es eindrückliche Beispiele:

Praxisbeispiel: Industrieunternehmen

In einem mittelständischen Unternehmen, das mikrotechnische Produkten für die Autoindustrie entwickelt und herstellt und in einem engen Marktsegment zu den Weltmarktführern gehört, findet eine Ablösung in der Unternehmensleitung statt. Der bisherige Inhaber und Geschäftsführer übergibt seine Funktion einem Nachfolger. Bisherige und neu zusammengesetzte Management-Teams führen die Aktivitäten unverändert fort.

Das Hauptanliegen des bisherigen Geschäftsführers für die erfolgreiche Fortsetzung des Unternehmens unter neuer Leitung ist vom Gedanken getragen, dass die neuen Führungskräfte Chancen wahrnehmen und dabei auch Risiken eingehen müssen, die sie zu verstehen und mit ihren Teams zu bewältigen haben. Er führt deshalb ein Risikomanagement-Programm durch, welches zum Schwerpunktthema für sechs Monate erklärt wird. Die Aufgabe an alle Führungskräfte lautet wie folgt: Jeder kennt seine drei größten Risiken und die dazu gehörenden drei Maßnahmen, die umgesetzt sein müssen, damit der geplante weitere Geschäftserfolg eintreten kann. Das Programm wird mit intensiver Teilnahme aller Führungskräfte in Angriff genommen und von der obersten Leitung selbst geführt, unter professioneller Begleitung eines externen Risikomanagement-Experten.

Als Ergebnis formuliert jedes Führungsteam seine drei größten Risiken mit den dazugehörigen Maßnahmen. Die Risiken sind eigentliche «Problembeschreibungen» mit der dazugehörigen Lösung, jedes Risiko mit Ursachen, Auswirkungen, Eintrittserwartung, Maßnahmen, Termin, Verantwortlichkeit und Ressourcen.

Praxisbeispiel: Krankenhaus

In Krankenhäusern werden viele Risikoaudits durchgeführt, bei denen Fachexperten alle Abteilungen nach möglichen Abweichungen und Non-Konformitäten durchsuchen, ganz im Sinne der angestammten Tradition im Qualitätsmanagement. Als Ergebnis liegen Sammlungen von Hunderten von Non-Konformitäten, sprich Risiken, vor. Diese werden i. d. R. mit einem Softwaresystem erfasst und von einer Person («Risikomanager») bewirtschaftet. Es wird vom Qualitätsmanagement-Beauftragten festgestellt, dass die Chefärzte mit diesen Informationen nichts anzufangen wissen und sich auch nicht im Qualitäts- und Risikomanagement-Prozess einbringen wollen bzw. können. Dabei fehlt es ihnen nicht an der Einsicht, dass klinisches Risikomanagement eine sehr wichtige Aufgabe darstellt und diese in ihrer Verantwortung liegt.

Die Lösung liegt darin, dass jeder Chefarzt – abgestützt auf den verfügbaren Informationen, sich die Frage stellt, was die drei Risiken der Patientensicherheit sind, die ihm nicht passieren dürfen. Diese Frage kann durch einen Chefarzt fast spontan beantwortet werden, die drei Schlüsselrisiken drängen sich ihm beinahe auf (wenn er sich Zeit nimmt, daran zu denken). Die drei Schlüsselrisiken werden nun zum Schwerpunkt-Programm auf der Stufe Abteilung für die kommenden drei Jahre erhoben. Risiko 1 im Jahr x+1, Risiko 2 im Jahr x+2 und Risiko 3 im Jahr x+3. Alle Mitarbeitenden werden zeitgestaffelt auf diese drei Risiken verpflichtet.

Das Risiko 1 lautet: Keine Verwechslungen und Fehler mehr im OP. Die wichtigste Maßnahme ist die Einführung der OP-Checkliste[121], wie es die WHO als best practice vorschlägt. Es wird eine Lösung ausgearbeitet und umgesetzt. Der Chefarzt Chirurgie überprüft nun persönlich die

121 Vgl. WHO (2012)

Einhaltung der Vorgaben in dem Sinn, dass er prüfen lässt, wie viele OP-Checklisten vollständig ausgefüllt sind. Es sind nach der Einführung nur 50 % und es dauert – begleitet von Kontrollen und Interventionen durch den Chefarzt – volle 6 Monate, bis die vorschriftsgemäß ausgefüllten Checklisten > 95 % ausmachen. Es stellt sich dabei heraus, dass viele Ärzte die Checkliste nicht akzeptierten, weil das «schon wieder ein Papier ist, das mich an der Arbeit hindert». Bevor diese Haltung nicht überwunden war, hatte die Aktion keine nachhaltige Wirkung.
Das Risiko 2 als Schwerpunktthema für das darauf folgende Jahr war die Einhaltung der Hygienevorschriften, die insbesondere mit der Händedesinfektion einen großen Handlungsbedarf aufwies.

Die im Jahr 2015 veröffentlichte ISO 9001 geht leider (noch) nicht in diese Richtung. Es wird folgende Aussage und Bedeutung vermittelt:

- risikobasiertes Denken war implizit schon immer vorhanden, ist nichts Neues,
- es müssen Maßnahmen getroffen werden, um diesen Risiken und Chancen zu begegnen, aber eine durchgängige Identifikation und gründliche Analyse ist nicht erforderlich, man muss einfach daran «denken»… («risk based thinking»).
- von einer Fokussierung auf die risikobehafteten Aktivitäten oder Prozesse ist nicht die Rede, eine damit verbundene Konzentration der Ressourcen auf das Wesentliche nicht gefordert.

3.8.3 Das wirkliche Potential des Risikomanagements

Risikomanagement erschöpft sich nicht in einem Risikoprofil oder in einem Rating. Es ist vielmehr eine Methode und ein Konzept, mit denen die Führung Schwerpunkte und Prioritäten setzen kann. Dies ist in komplexen Organisationen und Unternehmen eine unabdingbare Erfolgskomponente, weil die Flut von Anforderungen (Normen und Gesetze), Absicherungstätigkeiten und Papierbergen einer wirksamen Führung immer mehr entgegen wirken.

Allerdings kann man Risikomanagement nicht aus dem Ärmel zaubern. Es verlangt ausgeprägte Fähigkeiten für die Identifikation, Analyse und Bewertung von Risiken. Damit ist Risikomanagement nicht eine weitere Management-Disziplin, die dem Qualitätsmanagement, Balanced Scorecards, EFQM-Modell und anderen hintangestellt bzw. als weiteres Konzept (als Silo) hinzugefügt wird.

Risikomanagement überlagert alle Führungsmodelle, weil sie dem Management die Möglichkeit zurückgibt, gründlich darüber nachzudenken und systematisch zu analysieren, was wirklich wichtig ist: die Chancen und Bedrohungen für die Organisation bzw. das Unternehmen herauszuarbeiten und sich darauf zu konzentrieren.

Der risikobasierte Ansatz fördert dadurch die Möglichkeit, die überbordende Bürokratie von manchen Management-Systemen einzugrenzen und sich auf die wirklich wesentlichen Führungsaufgaben besser zu konzentrieren.

Der risikobasierte Ansatz setzt ein Vertrauen in die an den Prozessen beteiligten Mitarbeiter und Führungskräfte voraus, dass sie – auf der Grundlage ihres Wissens und der Erfahrung – richtig und verantwortungsvoll handeln, ohne dass hinter jedem Schritt eine Dienstanweisung und eine Kontrolle steht.

4 Der Risikomanagement-Prozess

4.1 Allgemeines

Die Grundlage des Risikomanagements ist der Risikomanagement-Prozess. Er bildet beim Unternehmens-Risikomanagement, bei spezifischen sicherheitsorientierten Anwendungen sowie beim risikobasierten Ansatz die Ausgangslage und umfasst die Rahmenbedingungen sowie eine Abfolge von Tätigkeiten zur Identifikation, Analyse, Bewertung und zur Behandlung von Risiken. Der Risikomanagement-Prozess wird begleitet von der Kommunikation und Konsultation, von der Risikoüberwachung und Risikoüberprüfung. Der Risikomanagement-Prozess beschreibt bestimmte Grundsätze (z. B. der Risikobewertung), die zu beachten und zu klären sind, er wird für jede Anwendung individuell parametrisiert, und er kann mit den verschiedenen Methoden (die im Kapitel 5 beschrieben werden), situativ umgesetzt werden.

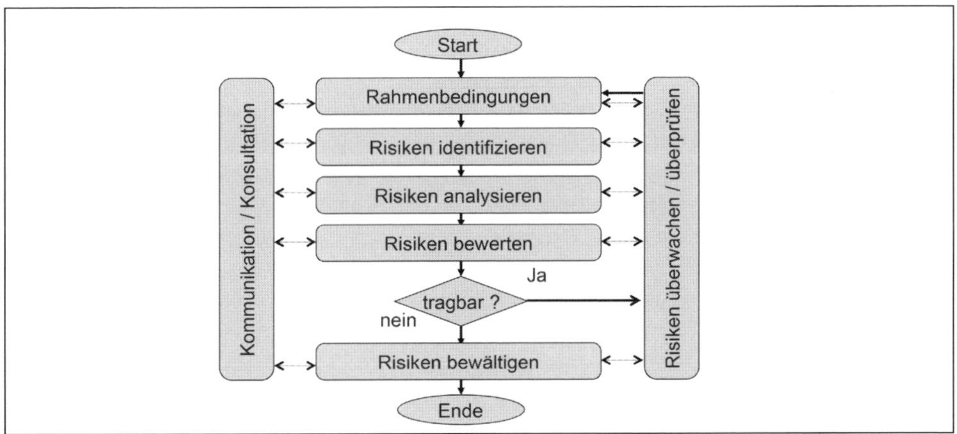

Übersicht 26: Der Risikomanagement-Prozess

Nachfolgend werden die einzelnen Schritte des Risikomanagement-Prozesses eingehend dargestellt und erklärt.

4.2 Kommunikation und Konsultation

4.2.1 Risikowahrnehmung und Risikoeinstellung

Risikokommunikation ist wichtig, weil Risiken von vielen Menschen sehr unterschiedlich empfunden werden. Dabei spielen die Risikowahrnehmung und die Risikoeinstellung eine Rolle:

Die Risikowahrnehmung beschreibt die Sichtweise und das Empfinden zu einem Risiko durch eine interessierte Partei (Stakeholder). Es kann sich um individuelle oder auch kollektive Betrachtungsweisen, um subjektive Einschätzungen, Gefühle oder Urteile handeln.

Demgegenüber drückt die Risikoeinstellung die Haltung eines Entscheidungsträgers aus, ein Risiko einzugehen (Risikobereitschaft) oder abzulehnen (Risikoaversion). Oft stehen der Risikobereitschaft des Managements die Risikoaversion von Personen oder Gruppen mit anderer Risikoeinstellung gegenüber, was zu Interessenskonflikten führt.

Es ist wichtig, die Risikokommunikation und die Konsultation zwischen den Entscheidungsträgern (Risikoeigner) und den Stakeholdern während allen Phasen des Risikomanagement-Prozesses zu berücksichtigen. Dadurch sollen Unterschiede zwischen der subjektiv geprägten Risikowahrnehmung und der durch eine Entscheidung zustande gekommenen Risikoeinstellung festgestellt und wenn möglich überwunden werden. Dabei geht es um die Abstimmung verschiedener Bewertungen eines Risikos. Die Angst vor dem Betrieb von Kernkraftwerken liefert nach Fukushima das klassische Beispiel für die Bedeutung von Risikokommunikation und Konsultation. Auch andere Vorkommnisse zeigen eindrücklich den Unterschied zwischen Risikowahrnehmung und Risikoeinstellung.

Beispiel für eine unerwartete Risikowahrnehmung:

«Am 3. Juni 2006 ereignete sich ein tragischer Unfall in Japan, als ein 16 jähriger Jugendlicher in einem Aufzug der Schweizer Firma Schindler ums Leben kam, nachdem sich der Lift offenbar trotz geöffneter Tür weiter nach oben fortbewegt hatte. Die Wartung des Aufzugs besorgte allerdings nicht Schindler, sondern eine japanische Drittfirma.

Wahrscheinlich in der Hoffnung, dass Abwarten bei der ungeklärten Verantwortung und drohenden Schadensklagen wohl die bessere Wahl sei, beließ es Schindler am Anfang bei Qualitätsbeteuerungen und unverbindlichen, von der Schweiz aus geäußerten Erklärungen des Bedauerns. Hinzu kam die Anweisung der japanischen Polizei, dass das Unternehmen bis zum Abschluss der Untersuchung zu schweigen habe. Die nach außen hin zögerlich wirkende Reaktion sollte sich für Schindler als kontraproduktiv erweisen und führte schließlich zu einem Fanal in den japanischen Medien. «Hersteller schiebt Verantwortung auf Drittfirmen und Benutzer» lautete der anklägerische Ton, den nicht nur die Boulevardblätter aufgriffen. Auch die auflagenstarke Tagespresse und die elektronischen Medien platzierten den Unfall tagelang als «Aufmacher». Eine öffentliche Empörung fand statt; auch die später nachgeholte Entschuldigung des nach Japan gereisten Firmenchefs und seines australischen Japan-Vertreters erwiesen sich nur noch als untaugliches Mittel, obschon sich die Verantwortlichen nun nach traditionellem Ritus mit 90-Grad-Verbeugungen vor laufender Kamera um Schadenbegrenzung bemühten.

Die zentrale Frage lautet nun, ob eine derartige Empörungswelle auch einer einheimischen Firma entgegen geschwappt wäre. Alles deutet darauf hin, dass dem nicht so wäre, dass also die nicht-japanische Herkunft Schindlers eine maßgebliche Rolle spielt.

Weder wurde die Verantwortlichkeit der für die Wartung zuständigen einheimischen Firma näher hinterfragt, noch fand vor einigen Jahren ein ähnlich gelagerter Vorfall um ein japanisches Modell vergleichbaren öffentlichen Widerhall. Die zufällige Übereinstimmung zum – auch in

Japan bekannten – Filmtitel «Schindler's List» rückte den Firmennamen zudem rasch ins kollektive Gedächtnis.»[122]
Tatsache ist, dass die Firma seinerzeit einen bedeutenden Imageverlust erlitten hat. Der Wiederaufbau der Glaubwürdigkeit dauerte Jahre.

Es wurden auch allgemeine Regeln ermittelt, nach denen ein Individuum oder eine Gruppe von Menschen Risiken überschätzen oder unterschätzen. Bei überschätzten Risiken steigt die Risikoaversion, bei unterschätzten nimmt die Risikobereitschaft zu.

Risiko überschätzt (bedrohlich)	**Risiko unterschätzt (kontrollierbar)**
Seltene Ereignisse mit Katastrophenpotential	Häufige Ereignisse ohne Katastrophenpotential
Risiken mit unbekannter Wirkung	Wissenschaftliche Erkenntnisse vorhanden
Kürzlich, in der Nähe eingetretene Risiken	Risiken, die weit entfernt sind, fehlende Erinnerung
Risiken mit Medienrelevanz	Unspektakuläre, langweilige, tägliche Risiken
Unfreiwillige Exposition	Freiwillig eingegangene Risiken
Irreversible Schäden	Reversible Schäden
Risiko ohne erkennbaren Nutzen	Risiko mit erkennbarem Nutzen
Gefühl der Nicht-Beeinflussbarkeit	Gefühl der Beherrschbarkeit (Kontrollillusion)

Übersicht 27: Überschätzte und unterschätzte Risiken[123]

Zur Kommunikation und Konsultation gehören aber auch die Informationsbeschaffung und die Informationsverbreitung im Risikomanagement. Sie berücksichtigen die Risikowahrnehmung und die Risikoeinstellung.

4.2.2 Informationsbeschaffung und -Verbreitung

Wenn der Risikomanagement-Prozess initialisiert wird, stellt sich die Frage nach verfügbaren Informationen und nach dem Bedürfnis für zusätzliche Informationen. Die Informationsquellen können interne sein (Risikoeigner, Risikomanager, Qualitätsmanagement-Beauftragte, betriebliche Informationen zu Reklamationen, Fehlermeldesysteme, Audits und andere Informationen).

Es kann erforderlich sein, beim Start des Risikomanagement-Prozesses nach weiteren, extern verfügbaren Informationen Ausschau zu halten. Dies können wissenschaftliche Informationen sein aus den verschiedensten Bereichen, die für den zu beginnenden Risikomanagement-Prozess relevant sind. Es erweist sich als nützlich, einen Informations-Plan zu erstellen, um dem Grundsatz des Risikomanagements

122 NZZ, 20. Juli 2006
123 http://www.srf.ch/risiko/ueberschaetzte-risiken#_ftnref3, letzter Zugriff Januar 2016, vgl. Jungermann, (1993).

zu genügen: «Risikomanagement stützt auf die besten verfügbaren Informationen ab»[124].

Ebenso ist die Verbreitung von Informationen zu planen. Die Ergebnisse des Kommunikationsprozesses sind: Interne Adressanten, z. B. Risikoeigner auf verschiedenen Hierarchiestufen oder auch Führungskräfte und Mitarbeiter in der Tiefe und Breite der Organisation. Es ist zudem erforderlich zu überlegen, welche Informationen nach außen hin verbreitet werden können und sollen. Mögliche Adressaten sind: Die Öffentlichkeit, die Kunden, die Investoren, die Behörden und allenfalls weitere Interessensgruppen, die sich für das Risiko interessieren könnten.

Bei den Informationen nach außen ist danach zu unterscheiden, welche Informationen zu einem extern geforderten Berichtswesen gehören und welche die Organisation freiwillig nach außen hin bekannt gibt. Weil Risikoinformationen sensible Daten beinhalten können, ist es erforderlich, die Art und den Umfang der Informationen, sofern Handlungsfreiheit besteht, im Voraus festzulegen.

4.3 Rahmenbedingungen

4.3.1 Auslöser des Risikomanagement-Prozesses

Der Risikomanagement-Prozess hat zum Ziel, einzelne Risiken oder eine begrenzte Anzahl von Risiken einer Organisation, eines Systems oder eines Prozesses zu ermitteln, zu behandeln, zu steuern und zu kontrollieren. Maßgebend für die Ausrichtung des Risikomanagement-Prozesses sind die Auslöser bzw. die Auftraggeber.

Da ein Risiko «Auswirkung von Unsicherheit auf Ziele, Tätigkeiten und Anforderungen» beschreibt, muss zu Beginn festgestellt werden, welche Ziele, Strategien, Erwartungen, Leistungsaufträge, Tätigkeiten, Funktionen, Prozesse und Projekte die Organisationen oder ihre Teilbereiche beinhalten. Dabei sind externe Umstände genauso relevant wie interne Auslöser. Schließlich werden in den Rahmenbedingungen Methoden und Messgrößen («Risikokriterien») für die Risiken festgelegt.

4.3.2 Externe Rahmenbedingungen

4.3.2.1 Rechtliche Anforderungen

Risikomanagement orientiert sich an gesetzlichen Anforderungen. Diese zu kennen und einzuhalten ist Aufgabe des (risikobasierten) Compliance Managements. Fehlende Compliance ist Risiko. Es gibt viele Rechtsgebiete, in denen Risiken entstehen können, allen voran das Haftpflichtrecht mit den definierten Sorgfaltspflichten, flankiert vom Strafrecht für Individuen und für Organisationen. Das Wirtschaftsrecht enthält viele Anforderungen im Gesellschaftsrecht, im Markenschutz und Patentrecht, im Wettbewerbsrecht (Kartelle) und im Steuer- und Abgaberecht. Dazu kommen

124 vgl. ISO 31000:2009 bzw. ONR 49000:2014, Ziff. 4.2.6

viele Anforderungen aus dem Arbeitsrecht, dem Umweltrecht sowie aus unzähligen weiteren Rechtsgebieten.

Für das Risikomanagement ist von Bedeutung, wie das abstrakte Recht konkret umgesetzt wird. Dazu gibt es gute Praktiken, «best practices», die in Normen, Kodizes und Richtlinien festgelegt sind. Besonders erwähnt werden müssen in diesem Zusammenhang indirekte Anforderungen, die aus Corporate-Governance-Kodizes und ethischen Verhaltensweisen hervorgehen. Ein beachtenswertes Beispiel enthalten die Empfehlungen und Anforderungen etwa im Bereich der «Sozialen Verantwortung» einer Organisation. Darunter fallen etwa die Verhaltensweisen[125] in Bezug auf Kinderarbeit, Zwangsarbeit, Vereinigungsfreiheit, Arbeitssicherheit in anderen Ländern, Umweltschutz, Diskriminierung, Arbeitszeiten und Entlohnung, Schwarzarbeit und Korruption.

Unternehmen und Organisationen stehen bei der Aufgabe, die rechtlichen Anforderungen einzuhalten, oft vor recht schwierigen Situationen. Schon heute gibt es fast unüberblickbar viele Anforderungen rechtlicher oder normative Art auf nationaler und auf internationaler Ebene. All diese Anforderungen nur schon zu kennen, geschweige denn zu erfüllen, ist eine große Herausforderung.

4.3.2.2 Veränderung von marktspezifischen Rahmenbedingungen

Risikomanagement darf sich nicht nur auf «statische» Verhältnisse beziehen. Wo sich Rahmenbedingungen ändern, fällt es oft schwer, die Trends richtig einzuschätzen und sich rechtzeitig auf die neuen Gegebenheiten einzustellen.

Zu den wichtigen Veränderungen der Rahmenbedingungen gehören etwa die Regulierung oder Deregulierung von Märkten und Branchen. Dabei nimmt der Staat entweder mehr oder weniger Einfluss auf das Leistungsangebot und die Handlungsfreiheit der Organisation. Unzählige staatliche Leistungen, die früher zum «Service public» gehörten, wurden in den vergangenen Jahren privatisiert. Dazu gehören Infrastruktur-Dienstleistungen des öffentlichen Verkehrs, Teile des Gesundheitswesen, des Versicherungswesens oder der Energieversorgung. In jüngster Zeit hat sich der Trend jedoch wieder umgekehrt. Regulierung bekommt in der Folge der Finanzkrise wieder stärkeres Gewicht als die Deregulierung.

4.3.2.3 Veränderung wirtschaftlich-politischer Rahmenbedingungen

Das wirtschaftliche Umfeld, ganz besonders die Standortfaktoren einer Wirtschaftsregion, spielt eine große Rolle als Risikoquelle. Gewerbe- und Handelsfreiheit, Erhöhung oder auch Senkung von Zöllen und Steuern, Sozialversicherungsbeiträge oder andere Begünstigungen bzw. Belastungen haben erheblichen Einfluss auf die Risiken und auf die Wettbewerbsfähigkeit einer Organisation.

Weitere Faktoren, die sich auf die Risiken einer Organisation auswirken, sind die Rechtssicherheit und Rechtsdurchsetzbarkeit. Sie können sich auf die Vertragserfüllung, Durchsetzung von Rechten auf geistiges Eigentum, auf die Zusammenarbeit mit

125 Vgl. ISO 26000:2010

den Behörden, besonders bei Bewilligungspflichten (Baugenehmigungen, Gewerbegenehmigungen), auf Anwendung und Durchsetzung von Gesetzen und Normen (Korruption) und auf die Zuverlässigkeit der Infrastruktur oder auf die öffentliche Sicherheit beziehen.

4.3.2.4 Technologiewandel

Die Wettbewerbsvorteile vieler Unternehmen beruhen auf dem Einsatz und der Kombination von verschiedenen Technologien. Wenn sich Technologien durch neue Erfindungen wandeln, gibt es Chancen und Risiken, Nutznießer und Verlierer.

Unternehmen, die auf bestimmte Technologien setzen und dafür die Ressourcen aufgebaut und bereitgestellt haben, können ihren Erfolg nur behaupten, wenn es ihnen gelingt, die Innovationstrends zu antizipieren und ihre Fähigkeiten und Ressourcen darauf auszurichten. Verpasst ein Unternehmen diesen Wandel, so gehen die Wettbewerbsfähigkeit, damit die Marktanteile, die Margen und die Handlungsfreiheit verloren. Der Technologiewandel gehört somit zu den bedeutenden Risiken von Unternehmen, deren Leistungsangebot auf veränderlichen Technologien beruhen.

4.3.2.5 Natürliche Ressourcen und Klimaveränderung

Der Erfolg vieler Unternehmen beruht auf den nutzbaren natürlichen Ressourcen wie etwa Bodenschätze (Erdöl, Erdgas, Kohle, Mineralien), die mit entsprechenden Bewilligungen exploriert und gefördert werden können. Andere natürliche Ressourcen wie Berge, Küsten, Naturreservate sind für den Tourismus und die damit verbundenen Dienstleistungen von Bedeutung. Veränderungen können die Existenzgrundlage solcher Industrien in Frage stellen.

Schon vor vielen Jahren ist die Verknappung der natürlichen Ressourcen auf dem Planeten Erde thematisiert worden. Heute zeigen sich immer mehr konkrete Beispiele für bisher nicht gekannte Preisschwankungen bei natürlichen Ressourcen. Massiven Preissteigerungen für Erdöl und Erdgas sowie für Rohprodukte wie Stahl oder Kupfer wurden als Anzeichen und Vorboten der Verknappung verstanden. In jüngster Zeit hat sich der Trend wieder umgekehrt, die Preise haben sich gesenkt und manch ein Unternehmen, das seine Einnahmen bei höheren Preisen kalkuliert hat, geriet dadurch in finanzielle Schwierigkeiten. Ein typisches Phänomen der Unsicherheit, wo Risiken positive und negative Auswirkungen haben können.

Auch die Klimaveränderung wird immer sichtbarer. Die Konsequenzen des Treibhauseffektes auf die Temperaturveränderung und auf den ansteigenden Meeresspiegel werden für viele Unternehmen große Risiken darstellen: Skigebiete in den Bergen ohne ausreichende Schneemengen, Küstenregionen mit mehr Überschwemmungen sind einige Horrorszenarien, mit denen sich viele Unternehmen und Regionen in naher und ferner Zukunft wohl eingehender auseinandersetzen müssen.

4.3.2.6 Veränderung von Verhaltensweisen und Kundenbedürfnissen

Risiken entstehen aber nicht nur durch die Veränderungen von Rahmenbedingungen, sondern auch von Bedürfnissen, Verhaltensweisen und von Werten der Menschen.

Der Lebensnerv jeder Organisation sind die «Kunden». Im wirtschaftlichen Umfeld handelt es sich um die Käufer von Produkten und Dienstleistungen, welche die Organisation entwickelt, herstellt und verkauft. Organisationen mit speziellen «Kunden» sind z. B. Krankenhäuser mit den «Patienten» oder Vereine mit den «Mitgliedern».

Risiken ergeben sich bei den Kunden, Patienten oder Mitgliedern aus verschiedenen Quellen. Die Kundenbedürfnisse können sich ändern und das Angebot einer Organisation verliert an Attraktivität. Eine Organisation kann die Kundenbedürfnisse auch schlecht erfüllen, dann sind die Kunden unzufrieden und wandern ab.

Erhebliche Risiken können aus der Abhängigkeit von Einzelkunden oder von Kundengruppen entstehen. Sie führen zu Fremdbestimmung, und sie schränken die Handlungsfreiheit der Organisation ein. Abhängigkeiten stellen für eine Organisation immer ein Risiko dar. Das hat nicht nur negative, sondern auch positive Aspekte: Einen bedeutenden Kunden zu haben und ihn gut zu bedienen ist in erster Linie eine Chance.

Kunden und Kundengruppen verfügen über eine Kaufkraft, die für ihr Verhalten und für ihre Bedürfnisbefriedigung bestimmend ist. Es kommt vor, dass Kundengruppen z. B. Kaufkraft verlieren und dann ihre Budgets neu ausrichten müssen. Veränderungen der Kaufkraft sind in der modernen Gesellschaft nicht selten. Es gibt viele Beispiele: Der Mittelstand in Zentraleuropa schrumpft nicht nur zahlenmäßig. Auch seine Kaufkraft hat abgenommen. Die Verarmung von breiten Bevölkerungsschichten treibt die «Aldisierung» voran. Eine Organisation, die Produkte und Dienstleistungen für solche Kundengruppen erbringt, kann durch die Veränderung der Kaufkraft bei ihren Kunden selbst in Schwierigkeiten geraten. Solche Veränderungen rechtzeitig vorauszusehen und darauf zu reagieren ist die Aufgabe des Risikomanagements.

Risiken entstehen aber nicht nur durch quantitative Veränderungen aus dem Markt- bzw. Kundenumfeld. Die Veränderung von Werten und Gewohnheiten führt dazu, dass Organisationen ihre Leistungsangebote und die logistischen Strukturen stets anpassen müssen. Dezentrale Lebensstrukturen weichen immer mehr urbanen Zentren. Die weitläufige Güterverteilung durch den Einzelhandel wird durch die Bildung von großen Einkaufszentren abgelöst, die Mobilität der Bevölkerung und sich ändernde Gewohnheiten beeinflussen Risiken.

Die Wandlung von Konsumgewohnheiten, ausgelöst z. B. durch neue gesetzliche Vorschriften, wie Rauchverbote oder Veränderungen von Promillegrenzen für Fahrzeuglenker, kann zu erheblichen Verschiebungen der Nachfrage führen und damit die Ziele und Strategien einer Organisation bedeutenden Unsicherheiten und Risiken aussetzen.

4.3.3 Interne Rahmenbedingungen

4.3.3.1 Leistungserstellung: Produkte und Dienste

Angebot und Nachfrage bestehender Produkte und Dienstleistungen folgen der Dynamik des Marktes. Marktattraktivität im Preis-Leistungs-Verhältnis bei den Produkten, Dienstleistungen, bei Produktions- und Verteilsystemen führen zu Chancen und Bedrohungen.

Ein Produkt- und Dienstleistungsangebot kann zu schmal oder zu breit ausgelegt sein, kann qualitativ zu gut oder unzureichend empfunden werden, kann teuer oder preiswert sein, kann zeitlich gerade richtig, zu früh oder zu spät vermarket werden und vieles mehr.

Die Produktions- und Verteilungssysteme beeinflussen das Produkt- und Dienstleistungsangebot in allen oben aufgezählten Eigenschaften. Sie können wesentlich zur Marktattraktivität des Angebots einer Organisation beitragen.

4.3.3.2 Innovationen und Organisationsentwicklung

Die technologische Innovation schafft und erhält die Marktdynamik und Marktattraktivität. Die Entwicklung neuer technischer Systeme zum Zweck einer besseren Befriedigung von Kundenbedürfnissen birgt viele Risiken. Neuerungen können die Kundenbedürfnisse nicht treffen, zu spät erscheinen, die Ablösung von bisher erfolgreichen Produktgenerationen ungünstig beeinflussen, qualitative Mängel aufweisen oder zu teuer sein.

Eine weitere Risikoquelle liegt in der Substitution von verwendeten Technologien. Neue Anwendungen und Verfahren können wirtschaftlicher, genauer, einfacher, sicherer oder sympathischer als frühere sein. Organisationen wollen durch Innovation von Produkten, Dienstleistungen oder Verfahren in der Leistungserstellung die Chancen besserer Bedürfnisbefriedigung oder Wertschöpfung wahrnehmen. Alte Technologien können durch neue und bessere ersetzt werden.

Auch die Organisationsentwicklung schafft Chancen und Risiken. Gut ausgebildete Mitarbeiter, verbessertes Informationsmanagement, effiziente und aufeinander abgestimmte Leistungsprozesse verändern die Organisationen. Neue Wettbewerbsvorteile werden geschaffen und die Marktdynamik angetrieben. Dieser Veränderungsprozess birgt viele Risiken, von deren Bewältigung Gelingen oder Misslingen abhängen.

4.3.3.3 Operative Prozesse und Supply Chain

Operative Prozesse der industriellen Leistungserstellung wurden in den vergangenen Jahren stark spezialisiert. Neue Konzepte mit «Outsourcing» und «Just in Time»-Beschaffung führten zu tief gestaffelten und unübersichtlichen Lieferantenstrukturen («Supply Chains»). Ziele sind dabei der Abbau von Beständen und damit die Freisetzung von Kapital, die Einbindung von spezialisierten Herstellern, die Verkürzung der Durchlaufzeiten und die damit stärkere Ausrichtung auf die Kundenbedürfnisse und auf die Nachfrage. Supply Chain Management soll letztlich zu höherer Produktivität führen. Es erhöht auch die Komplexität der Produktionsketten und der Netzwerke. Gut aufeinander eingespielte Supply Chains sind die Voraussetzung, dass die erwarteten Vorteile der Arbeitsteilung sich auch realisieren lassen.[126]

Komplexe Lieferketten sind spezialisiert. Die Beschaffung erfolgt konzentriert bei einem einzigen Hersteller. «Single Sourcing» ist dafür der Fachausdruck. Die Abstimmung von Qualität und Lieferbereitschaft ist Voraussetzung für ihr gutes Funktionieren. Solche Beschaffungsketten haben sich in der Vergangenheit durchgesetzt und bewährt. Sie werden heute aber als immer größere Risiken wahrgenommen. Das Business Continuity Management, das Teil des Risikomanagements ist, gewinnt an Bedeutung. Es geht um die Erhöhung der Zuverlässigkeit von Produktionsketten und die Verbesserung der rechtzeitigen Verfügbarkeit der gelieferten Güter.

Auch die klassischen Versicherungsrisiken gehören zu den operationellen Bedrohungen von Unternehmen und Organisationen. Es sind dies Sachversicherungs-Risiken wie Feuer, Explosion, Naturgefahren, technische Risiken, Haftungsrisiken wie Produkt-, Anlagen- und Betriebshaftung oder auch Personenrisiken wie Unfall und Krankheit oder etwa auch Verhaltensrisiken wie die Veruntreuung oder fehlerhafte Handlungen.

4.3.3.4 Informationstechnologie

Für die Aufrechterhaltung von Verfügbarkeit und Zuverlässigkeit der Leistungserbringung, für die Steuerung und die (Finanz-)Berichterstattung ist das Vorhandensein einer sicheren Informationstechnologie von großer Bedeutung. Die Computeranlagen, die IT-Architekturen und der Betrieb dieser Systeme enthalten viele Sicherheitselemente. Die Anforderungen an einen sicheren IT-Betrieb werden auch in Normung festgelegt. Es handelt sich bei der Sicherheit des IT-Betriebs um ein wichtiges Anwendungsgebiet des Risikomanagements.

Nicht mindere Risiken stellen IT-Projekte dar. Viele Organisationen können sich für die Unterstützung ihrer Betriebstätigkeit nicht auf Standardsoftware beschränken. Sie benötigen zumindest erhebliche Anpassungen oder gar neue Entwicklungen von Teilen oder des gesamten Systems. Erfahrungsgemäß misslingen viele Softwareprojekte, weil sie in Zeit, Kosten oder Funktionalität nicht wie geplant realisiert werden. Das Risikomanagement stellt deshalb in IT-Projekten eine wichtige Aufgabe dar.

4.3.3.5 Finanzierung und Liquidität

Gegenstand des Risikomanagements sind auch die Kapital- und Liquiditätsbeschaffung. Eigenkapital ist die Grundlage der Risikofähigkeit von privaten Unternehmen. Die Beschaffung von Eigenmitteln auf dem Kapitalmarkt bzw. die Erwirtschaftung und Thesaurierung von Gewinnen aus der Betriebstätigkeit begründen und erhöhen die Risikofähigkeit.

---

126 Corsten/Gabriel (2002).

Die Beschaffung von mittel- und langfristigem Fremdkapital dient in der Regel der Finanzierung von Betriebsmitteln. Es kann eine Abhängigkeit der Organisation von der Finanzindustrie entstehen. Gerade die Gewährung von Krediten wurde im Zusammenhang mit Basel II erheblich eingeschränkt. Die Banken gestalten ihre Kreditpraxis zunehmend risikoorientiert und können durch die Veränderung von Konditionen, die Anpassung von Kreditlimiten oder die Verweigerung von Krediten für viele Unternehmen große Unsicherheiten herbeiführen.

Aus dem Bestand kurzfristiger Forderungen entstehen Risiken der Insolvenz und des Zahlungsausfalls von Kunden oder anderen Geschäftspartnern.

Risiken anderer Art ergeben sich aus der Veränderung von Marktpreisen, wenn sich Zinsen, Währungen, Beschaffungsgüter (Strom, Erdöl, Erdgas, Rohmaterialien etc.), Finanzanlagen oder Liegenschaften verändern. Dabei ergeben sich immer Chancen und Bedrohungen.

Garantierisiken stellen eine weitere Gruppe von Finanzrisiken dar. Es gibt verschiedene Formen von Garantien: Garantien können direkt mit der Leistungserstellung zusammenhängen wie etwa Anzahlungsgarantien, Leistungsgarantien oder Unterhaltsgarantien. Garantien können aber auch abstrakter Natur sein wie eine Bürgschaft oder Finanzgarantien.

Finanzielle Altlasten stellen ebenfalls Risiken für eine Organisation dar. Ein Beispiel dafür sind physische Altlasten auf einer Liegenschaft (Bodenbelastung mit Schadstoffen), welche den Wert der Liegenschaft vermindern oder zu ungeplanten Kosten führen. Finanzielle Altlasten treten oft auch bei Leistungsversprechen auf. Die Unterdeckung bei unzureichenden Pensionsrückstellungen in der Bilanz oder bei Personalvorsorgeeinrichtungen führt zu hohen Nachfinanzierungen. Wenn die Organisation diese übernimmt, so entstehen daraus Risiken, die entsprechende finanzielle Dispositionen verlangen.

Politische Finanzrisiken ergeben sich vor allem im Export von Produkten, Anlagen und Dienstleistungen. Organisationen, die ihre Leistungen von einem «sicheren» Land aus an Kunden in Gebiete mit weniger ausgeprägter Stabilität verkaufen, gehen verschiedene Risiken ein. Sie betreffen die Rechtssicherheit, die Auslegung des Rechts und die Durchsetzbarkeit von Forderungen. An erster Stelle steht die Verweigerung von geschuldeten Zahlungen. Dahinterstecken können sowohl Devisenmangel bzw. die staatliche Verweigerung des Devisentransfers als auch die Behauptung, die vereinbarten Leistungen seien noch nicht erbracht worden. Vertragsbruch und Moratorien stehen damit in engem Zusammenhang. Die Förderung des internationalen Handels und die Globalisierung haben die Gefahr von Konfiskation und Verstaatlichung in den Hintergrund treten lassen, doch solche Gefahren sind nach wie vor als Risiken in Betracht zu ziehen. Schließlich können Krieg, soziale Unrast, Streik und außerordentliche Maßnahmen von Behörden zu Risiken im Export führen.

Steuerveranlagung, Steuerhinterziehung und Nachsteuern zählen heute zu den besonderen Risiken in allen Ländern. Die Vielfalt, Unübersichtlichkeit, Komplexität und kurzfristige Veränderung von steuerlichen Regimen machen es vielen Organisationen schwer, ihre Verpflichtungen gegenüber den eigenen oder fremden Staaten richtig einzuschätzen und zu erfüllen. Die ursprünglichen Steuersubstrate wie Kapital und Gewinn wurden durch eine Vielzahl von weiteren, fast nicht mehr überblickbaren Steuertatbeständen wie Aufrechnung, Außensteuern, Quellensteuern, Doppelbesteuerung, Transferpricing, Mehrwertsteuern etc. außerordentlich kompliziert. Nicht nur die Arten von Steuern, sondern auch die unterschiedlichen Länder und Behörden, die steuerrechtliche Tatbestände veranlagen und einfordern, sind kaum mehr zu überblicken. Organisationen aller Art sind hier und heute mit dieser Situation überfordert, oder sie müssen große Anstrengungen und Kosten eingehen, um sich vor den Risiken von ungeplanten Steuerveranlagungen und Nachsteuern zu schützen.

4.3.3.6 Fähigkeiten und Kultur

Die Tätigkeit und die Entwicklung von Organisationen beruhen auf den fachlichen Kompetenzen der Mitarbeitenden, die ihre Arbeitskraft der Organisation zur Verfügung stellen. Die Mitarbeitenden tragen die Innovation, stellen Produkte her, vermarkten sie, beraten und stellen die Kunden nach erfolgtem Verkauf zufrieden. Diese Tätigkeiten verlangen Ausbildung und Erfahrung, welche eine Grundlage des Erfolgs einer Organisation ist.

Die Ermittlung der Potentiale, die Förderung und der Ausbau der fachlichen Kompetenzen sind Chancen, während die Vernachlässigung dieser Aufgaben Risiken kreieren, welche die Fähigkeit der Organisation einschränken und dazu führen können, dass geplante Ziele nicht erreicht werden, Tätigkeiten falsch ausgeführt und Anforderungen nicht erkannt und nicht eingehalten werden.

Nicht nur die fachlichen Kompetenzen stellen Erfolgspotentiale dar, sondern in zunehmendem Maß auch die sozialen Kompetenzen. Der Umgang mit Individuen und Teams, der Führungsstil und die natürliche Autorität der Vorgesetzten motivieren oder demotivieren die Mitarbeiter. Motivation steigert die Leistung, Demotivation führt zu mehr Fehlern und erhöht die Fluktuationsraten besonders bei Mitarbeitenden, die auf dem Arbeitsmarkt begehrt sind. Wenn das Management nicht rechtzeitig erkennt, dass die personellen und fachlichen Ressourcen den Anforderungen nicht gewachsen sind, entstehen Überforderung, Stress, Handlungsunfähigkeit und vor allem Fehler, die lähmend auf die Zusammenarbeit wirken. Defizite in den fachlichen und/oder sozialen Kompetenzen erhöhen die Kosten schnell und nachhaltig. Die soziale Kompetenz prägt das Vertrauen der Mitarbeitenden in die Organisation und stellt eine wichtige Komponente für Kontinuität und Qualität dar.

4.3.4 Rahmenbedingungen des Risikomanagements

4.3.4.1 Vorhandene Elemente des Risikomanagements

Risikomanagement ist in keiner Organisation neu, es sind meist schon mehrere Elemente vorhanden, aber nicht im Bewusstsein und mit fehlender oder wenig Systematik. Der Risikomanagement-Prozess muss zu Beginn die bestehenden Elemente identifizieren, inventarisieren und nutzen. So können erforderliche Fähigkeiten und Erfahrungen von Mitarbeitern früh in den Prozess eingebunden und offene oder verborgene Widerstände abgebaut werden.

4.3.4.2 Bestimmung von Ziel und Zweck

Bevor das Risikomanagement-Projekt bzw. der Risikomanagement-Prozess erstmals startet, sind Auftrag, Anlass, Ziel und Zweck zu klären. Anlass für das Risikomanagement kann eine sich abzeichnende strategische Ausrichtung sein, oder ein neues Gesetz, oder die Aufnahme des Risikomanagements als neues Führungsinstrument. Der Auftrag für ein Risikomanagement-Projekt kommt meist von der obersten oder mittleren Führung. Aus Anlass und Auftrag können Ziel und Zweck bzw. das erwartete Ergebnis des Risikomanagement-Prozesses festgelegt werden.

Dabei sind die Klärung des sachlichen Umfangs (welche Art von Risiken sollen betrachtet werden?) und des organisatorischen Geltungsbereich (welche organisatorische Einheiten sollen untersucht werden?) zu klären. Es muss am Anfang auch festgelegt werden, ob das Risikomanagement Top-down oder Bottom-up stattfinden soll. Danach richten sich auch die Wahl der Methoden, die einzubindenden Personen, die verantwortlichen Risikoeigner und der Zeitrahmen, in welchem das Risikomanagement zu einem Ergebnis geführt werden soll.

4.3.4.3 Bestimmung der Komplexität und der Ressourcen

Es gibt Risiken, die komplex und von vielen Faktoren bestimmt sind. Die Ursachen-Wirkungs-Ketten sind vielfältig und oft undurchsichtig. Risiken, die sich aus der Strategie und aus dem externen Umfeld von Organisationen ergeben, sind in der Regel komplex, ebenso Risiken von vielschichtigen technischen Systemen. Ihre Zuverlässigkeit und Sicherheit basiert auf oft schwer erkennbaren und vielfältigen Ursache-Wirkungs-Beziehungen.

Die Durchführung des Risikomanagements hängt zudem von den verfügbaren Ressourcen ab, welche die Organisation dafür einsetzt. Diese betreffen vor allem Zeit und Kosten. Ist wenig Zeit für die Risikobeurteilung vorhanden oder fehlt es an finanziellen Mitteln, muss die Risikobeurteilung diesen Faktoren entsprechend Rechnung tragen.

In dieser Phase ist erneut auf die Kommunikation und Konsultation zurückzukommen. Es zeigt sich hier, welche Informationen erforderlich sind und welches Fachwissen in den Prozess einfließt.

4.3.5 Festlegen der Risikokriterien

4.3.5.1 Allgemeines

Wenn man im Risikomanagement mit einer Risikomatrix und mit einem Risikoprofil arbeiten will, was sich als sehr praktisch erweist, aber nicht die einzige Möglichkeit darstellt, Risiken zu beschreiben, muss man die sogenannten «Risikokriterien» festlegen. Diese sind Bezugsgrößen für die Bewertung eines oder mehrerer Risiken.

Risikokriterien müssen individuell an Ziel und Zweck der Anwendung des Risikomanagements angepasst sein. Erst durch geeignete Risikokriterien Inhalte, Verständnis und Bewertung von Risiken konkret. Die die Risikokriterien bestimmen die Intensität der Auswirkungen und die Höhe der Eintrittswahrscheinlichkeit. Die Risikokriterien ermöglichen es, die Bedeutung der Risiken für die Organisation zu bestimmen. Es lassen sich Bearbeitungsprioritäten festlegen. Es kann im Sinne des risikobasierten Ansatzes gehandelt werden.

4.3.5.2 Risikokriterien für die Auswirkungen eines Risikos

Risiko wurde definiert als die Auswirkung von Unsicherheit auf Ziele, Tätigkeiten und Auswirkungen, wobei die Ziele einer Organisation oder eines Unternehmens strategisch, die Tätigkeiten operativ, finanziell, sicherheitsrelevant usw. sind. Bei der Bestimmung der Risikokriterien wird von den Zielen und Tätigkeiten des Unternehmens oder der Organisation ausgegangen. Folgende Risikokriterien können die Auswirkungen eines Risikos auf die Ziele beschreiben: Leistungsindikatoren, finanzielle Messgrößen, Sicherheit und Gesundheit von Menschen, Werte und Ansehen (Reputation) sowie Zeit (z. B. bei Projekten). Wenn die Auswirkungen eines Risikos z. B. in 5 Stufen eingeteilt werden, ergeben sich folgende Inhalte für die Risikokriterien:

Stufen	Leistung	Finanzen	Menschen	Reputation	Zeit
Unbedeutend	Risiko führt zu kleineren Sachschäden, Mehrkosten, Unwirtschaftlichkeiten	Kleine Budgetabweichungen	Personenschaden mit leichten Verletzungen ohne Arbeitszeitausfall	Reklamationen und Beanstandungen	Verzögerung 1 Woche
Gering	Zusätzlich können Lieferversprechen nicht eingehalten werden (Verzug)	Budgetabweichungen werden intern diskutiert	Personenschaden mit heilbaren Verletzungen mit Arbeitszeitausfall	Kurz andauernde Medienkampagnen,	Verzögerung 1 Monat
Spürbar	Lieferungen stark verzögert, Qualitätsmängel, Kunden reklamieren und sind unzufrieden	Das Risiko hat zur Folge, dass der geplante Gewinn / EBIT und die Liquidität geschmälert werden	Leichter, bleibender Gesundheitsschaden; die Lebensqualität wird nur gering beeinflusst	Andauernde Medienkampagnen mit Verunsicherungen von Kunden und Mitarbeitern	Verzögerung 3 Monate

Stufen	Leistung	Finanzen	Menschen	Reputation	Zeit
Kritisch	Lieferungen stark verzögert, schwere Qualitätsmängel, Kunden wandern zur Konkurrenz ab	Gewinn / EBIT deutlich geschmälert oder entfällt. Liquiditätsengpässe	Schwerer, bleibender Gesundheitsschaden; Lebensqualität stark beeinträchtigt	Androhung Strafuntersuchungen, Schadenersatzforderungen, Angriffe gegen Management	Verzögerung 1 Jahr
Katastrophal	Marktanteilsverluste, Weiterführung der Organisation oder von Teilen davon in Frage gestellt	Risiko erreicht oder übersteigt Höhe des erwarteten Jahresgewinns. Liquiditäts- / Finanzierungsschwierigkeiten	Personenschaden mit Todesfolge oder schwerster Invalidität (dauernde Pflegebedürftigkeit)	Verstöße gegen öffentliches Empfinden, Vertrauensverlust in Management, in Leistungsfähigkeit	Verzögerung mehr als 1 Jahr

Übersicht 28: Allgemeine Risikokriterien

Diese allgemeine Übersicht über die Risikokriterien müssen je nach Anwendungsgebiet ausgewählt und weiter spezifiziert werden. Daraus können sich folgende Beispiele ergeben:

Stufen	Interpretation
unbedeutend	Minimale Beeinträchtigung der Leistungsfähigkeit. Unzufriedenheit eines Patienten, Reputation wird individuell und kurzfristig betroffen.
gering	Schadensfolgen sind begrenzt. Der Patient muss länger hospitalisiert werden, jedoch ohne Dauerfolgen. Die Reputation wird kurzfristig beeinträchtigt.
spürbar	Die Schadensfolgen sind mit gesundheitlichen Dauerschäden eines Patienten verbunden, die Reputation wird länger beeinträchtigt.
kritisch	Die Leistungsfähigkeit des Krankenhauses wird vorübergehend angezweifelt. Schwere Morbidität oder Todesfall eines Patienten, die Reputation wird lokal nachhaltig beeinträchtigt.
katastrophal	Die Existenz des Krankenhauses ist bedroht, die Leistungsfähigkeit wird längerfristig angezweifelt und das Leistungsspektrum eingeschränkt. Schuldhaft verursachte Morbidität oder Todesfall. Überregionaler, nachhaltiger Vertrauensverlust, die Reputation wird schwer geschädigt.

Übersicht 29: Risikokriterien für die Patientensicherheit

Bei jeder Risikobeurteilung müssen die Risikokriterien bei der «Systemdefinition» bzw. bei der Festlegung der Rahmenbedingungen identifiziert und beschrieben werden. Nur so wird eine Risikobeurteilung griffig und aussagekräftig.

4.3.5.3 Risikokriterien für die Eintrittswahrscheinlichkeit

Das gleiche wie für die Auswirkungen eines Risikos gilt für die Eintrittswahrscheinlichkeit oder für die Häufigkeit, die im Rahmen des Risikomanagement-Prozesses für ein einzelnes oder für eine Mehrzahl von Risiken zu bestimmen ist.

Zuerst ist die Frage zu klären, was der Bezugspunkt der Eintrittswahrscheinlichkeit ist. Sie kann als Fallwahrscheinlichkeit oder als Häufigkeit definiert werden. Bei der Fallwahrscheinlichkeit geht man vom mathematischen Verständnis aus «Anzahl zutreffender zur Anzahl möglicher Fälle» aus. Man kennt die Fallwahrscheinlichkeit aus der Qualitätskontrolle: 1 Fehler auf 1000 produzierte Stücke, 1 Fehler auf 1 Mio. produzierte Stücke. Auch im Projektrisikomanagement muss man auf die Fallwahrscheinlichkeit zurückgreifen, z. B.: 1 Projekt von 10 Projekten kann scheitern (das wären dann 10 %).

Bei der Häufigkeit versucht man, den Eintritt eines Risikos in einer Zeitspanne zu ermitteln: Einmal pro Jahr, einmal in 10 Jahren oder einmal in 100 Jahren. Dies lässt sich auch leicht umrechnen, indem man z. B. sagt, einmal pro Jahr bei 100 gleichartigen Unternehmen.

Stufe	Interpretation als Wahrscheinlichkeit	Interpretation als Häufigkeit
Häufig	51 % – 100 %	Alle 1 bis 2 Jahre
Möglich	33 % – 51 %	Alle 2 bis 3 Jahre
Selten	11 % – 33 %	Alle 3 bis 10 Jahre
Sehr selten	4 % – 10 %	Alle 10 bis 25 Jahre
Unwahrscheinlich	1 % – 4 %	Alle 25 bis 100 Jahre

Übersicht 30: Definition Wahrscheinlichkeit in Organisationen

Dieses Beispiel ist typisch für die Risikobeurteilung in einer Organisation, wo es darum geht, langfristige strategische und finanzielle Risiken zu analysieren. Bei naturwissenschaftlicher oder ingenieursgeprägter Denkweise, wo technische Systeme im Vordergrund stehen, findet man oft folgendes Beispiel[127].

Stufe	Individuelle Gegebenheit	Flotten oder Inventar
häufig	Geschieht oft im Lebenslauf eines Systems mit der Wahrscheinlichkeit $> 10^{-1}$	Kommt laufend vor
wahrscheinlich	Geschieht manchmal im Lebenslauf eines Systems mit Wahrscheinlichkeit $< 10^{-1}$ und $> 10^{-2}$	Kommt oft vor
gelegentlich	Geschieht mehrmals im Lebenslauf eines Systems mit Wahrscheinlichkeit $< 10^{-2}$ und $> 10^{-3}$	Tritt gelegentlich ein

127 In Anlehnung an den amerikanischen MIL-STD-882E (2012) und ONR-49002-2:2014, S. 20.

Stufe	Individuelle Gegebenheit	Flotten oder Inventar
selten	Ist unwahrscheinlich, aber gut möglich im Lebenslauf eines Systems mit Wahrscheinlichkeit $< 10^{-3}$ und $> 10^{-6}$	Tritt selten ein, aber man muss mit Eintritt rechnen
unwahrscheinlich	Tritt sehr unwahrscheinlich im Lebenslauf eines Systems ein mit Wahrscheinlichkeit $< 10^{-6}$	Möglich, aber eher unwahrscheinlich

Übersicht 31: Definition Wahrscheinlichkeit in Systemen

Die Bestimmung der Eintrittswahrscheinlichkeit eines Risikos macht in der Praxis oft Schwierigkeiten, weil das mathematisch-naturwissenschaftliche Verständnis des Begriffs Wahrscheinlichkeit nur dort angewendet werden kann, wo auch große Datenreihen oder Zahlenmengen vorliegen. Es gibt viele Anwendungen von Risikomanagement, wo dies nicht der Fall ist und Risikoeigner und Risikomanager – mangels Daten – auf eine subjektive Einschätzung der Wahrscheinlichkeiten oder Häufigkeiten zurückgreifen.

4.3.5.4 Bestimmen der Risikotoleranz bzw. der Risikoakzeptanz

Die Risikokriterien müssen die Frage nach der Risikoakzeptanz bzw. die Risikotoleranz bzw. die Risikofähigkeit der Organisation beantworten, indem sie Kombinationen von Eintrittserwartung und Auswirkungen (Risikohöhe) nach ihrer Tragbarkeit festlegen. Dabei spielen verschiedene Begriffe eine Rolle, die geklärt werden müssen.

Risikotoleranz

Wenn gesetzliche und regulatorische Vorgaben sowie relevante Normen zu berücksichtigen sind, spricht man von der Risikotoleranz[128], konkret z. B. in der Arbeits-, Produkt- und Umweltsicherheit.

Risikoakzeptanz

Risikoakzeptanz wurde definiert als «Entscheid, ein Risiko zu tragen»[129]. Damit ist angedeutet, dass der Risikoeigner eine Entscheidungsfreiheit hat, sich für oder gegen eine Risikohöhe zu entscheiden. Das hängt von der Risikofähigkeit der Organisation und von seiner persönlichen Risikobereitschaft ab.

Risikofähigkeit, Widerstandsfähigkeit

Die Risikofähigkeit bezieht sich auf die Fähigkeit einer Organisation, Risiken zu absorbieren. Diese Fähigkeit wird i. d. R. in Geldwerten ausgedrückt. Aber auch qualitative Fähigkeiten spielen eine Rolle, oft spricht man von der Widerstandfähigkeit einer Organisation. Sie beschreibt die Eigenschaft einer Organisation, die Leistungsfähigkeit trotz negativen Einwirkungen aufrechtzuerhalten[130].

128 Siehe ONR 49000:2014, Ziff. 2.2.29
129 Siehe ONR 49000:2014, Ziff. 2.2.8
130 Siehe a. a. O.: Ziff. 2.3.18

4.3.5.5 Risikoeinstellung und Risikoappetit

Die Risikoeinstellung ist der Überbegriff von Risikobereitschaft und Risikoaversion. Sie umfasst die Haltung eines Entscheidungsträgers, ein Risiko einzugehen oder es abzulehnen[131]. Im Zusammenhang mit der Risikoeinstellung wird im Englischen auch vom «Risikoappetit» gesprochen.

Risikoappetit
Der Begriff des Risikoappetits hat seinen Ursprung im amerikanischen COSO-Regelwerk. ISO 31000 hat ihn deshalb aufgenommen und definiert ihn als «Absicht, bewusst bestimmte Risiken einzugehen» mit dem Nachsatz: «Der Risikoappetit spiegelt den Ausgleich von Leistung, Wachstum, Ertrag und Risiko einer Organisation wider».[132] Es ist die Lust der Organisation auf Risiko, um damit Chancen wahrzunehmen.

Der Begriff Risikoappetit wird außerhalb des angelsächsischen Kulturkreises sehr skeptisch betrachtet und abgelehnt, weil Risiken in Zusammenhang mit der Sicherheit von Menschen nicht mit Chancen aufgewogen werden dürfen bzw. sollen.

Risikoeinstellung, Risikobereitschaft und Risikoaversion
Im deutschen Sprachgebrauch, wo der Begriff des «Risikoappetits» oft gemieden wird, kann man von der Risikoeinstellung sprechen, die positiv betrachtet zur Risikobereitschaft, negativ abgegrenzt zur Risikoaversion führt. Letztere beinhaltet die Einstellung bzw. Haltung eines Entscheidungsträgers, Risiken möglichst zu vermeiden[133].

4.3.5.6 Kombination von Wahrscheinlichkeit und Auswirkungen

Risiken sind definitionsgemäß eine Kombination von Wahrscheinlichkeit und Auswirkung. Alle obigen Begriffe beziehen sich letztlich auf diese Kombination. Mit andern Worten: Risikotoleranz, Risikoakzeptanz, Risikofähigkeit, Risikoappetit, Risikobereitschaft und Risikoaversion sind abhängig von der Kombination von Eintrittswahrscheinlichkeit und Auswirkung, welche man einem einzelnen oder einer Gruppe von Risiken zuordnen kann.

Aus den möglichen Kombinationen von Wahrscheinlichkeit und Auswirkung lassen sich große, mittlere oder kleine Risiken unterscheiden. Gewisse Kombinationen aus Wahrscheinlichkeit und Auswirkung stellen große Risiken dar und sind tolerierbar, akzeptierbar. Überschreiten die festgestellten Risiken die vordefinierten Akzeptanz- bzw. Toleranzgrenzen, wird die Risikofähigkeit der Organisation überschritten. Solche Risiken dürfen nicht ohne Zwang oder ohne gute Gründe eingegangen werden.

Andere Kombinationen von Wahrscheinlichkeit und Auswirkung ergeben mittelgroße Risiken. Sie sollten, wenn immer möglich und praktikabel, behandelt werden.

---

131 Siehe a. a. O.: Ziff. 2.2.17
132 Siehe a. a. O.: Ziff. 2.2.10
133 Siehe a. a. O.:Ziff. 2.2.11

Dieser Risikobereich wird oft mit der Abkürzung ALARP bezeichnet, was «as low as reasonably practicable» bedeutet.

Schließlich gibt es Kombinationen von Wahrscheinlichkeit und Auswirkung, die nicht beunruhigend sind. Es handelt sich dabei um kleine Risiken, die unwesentlichen Einfluss auf die Ziele der Organisation haben oder sehr selten eintreten und deshalb vernachläßigbar sind. Solche Risiken stellen für die Organisation keine prioritäre Bedrohung dar. Bei kleinen Auswirkungen handelt es sich um Störungen. Sie gehören ins Tagesgeschäft.

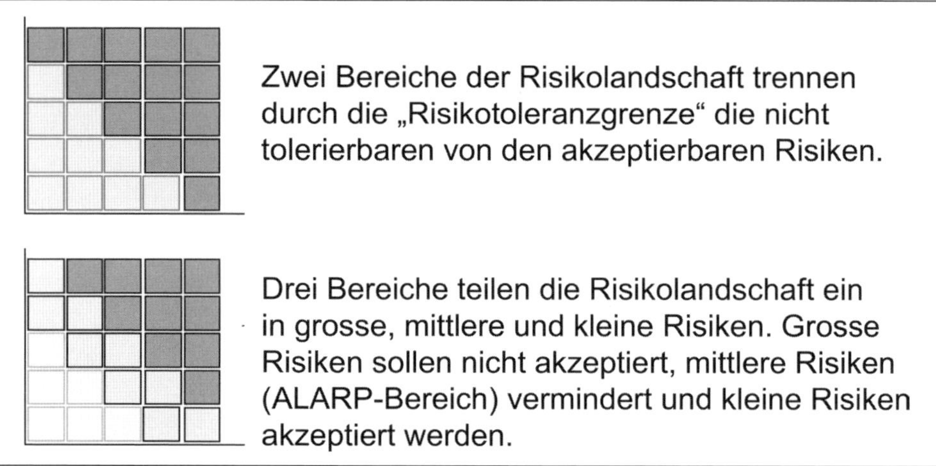

Übersicht 32: Risikotoleranz und Risikoakzeptanz

Neben diesen einfachen, «manuellen» oder «visuellen» Verfahren ist der Einsatz von statistischen Methoden für die Messung des Risikos gebräuchlich, vor allem in der Finanzindustrie. Im Vordergrund stehen die Standardabweichung und der «Value at Risk». Auch sie stellen Kombinationen von Eintrittswahrscheinlichkeiten und Auswirkungen dar. Sie werden später behandelt.

4.4 Risikoidentifikation

4.4.1 Erkennbarkeit von Risiken

Der Risikoidentifikation kommt die Aufgabe zu, mögliche Gefahren, Ereignisse, Entwicklungen, Trends und Szenarien zu erkennen, die Ziele und Tätigkeiten der Organisation beeinträchtigen oder zu einer Verletzung von gesetzlichen Anforderungen führen könnten. Eine der immer wieder gestellten Fragen im Risikomanagement betrifft die Erkennbarkeit von Risiken. Ist es überhaupt möglich, die Risiken einer Organisation zuverlässig und vollständig zu erkennen?

Die Risikoidentifikation ist ein kritischer Schritt im Risikomanagement-Prozess. Nicht erkannte oder nicht erkennbare Risiken fallen aus dem Risikomanagement-Prozess heraus. Dies ist eines der interessantesten Themen im Risikomanagement überhaupt: Viele Risiken wären an sich leicht erkennbar, wollen aber nicht wahrgenommen und nicht in den Risikomanagement-Prozess aufgenommen werden: Dies gilt für alle großen Risiken, die sich in den vergangenen Jahren realisiert haben. Sie wären leicht erkennbar gewesen. Warum wurden sie nicht als Risiken wahrgenommen? Hier die überraschenden Beispiele:

Beispiel: Abgasskandal von Volkswagen

Volkswagen hat Abgastests bei Dieselfahrzeugen in den USA manipuliert. Im Fokus stehen vier-Zylinder-Modelle der Jahre 2009 bis 2015. Die amerikanische Umweltbehörde EPA beschuldigt den Konzern, mithilfe einer Software die Resultate von Abgasuntersuchungen bei Dieselautos geschönt zu haben. Experten vermuten, dass es vor allem um die Leistungsfähigkeit der Dieselmotoren geht. Hätte man die Abgaswerte dauerhaft niedrig gehalten, wäre das vermutlich zulasten der Spritzigkeit der Autos gegangen. In den USA sind Dieselfahrzeuge ohnehin eher verpönt. VW versuchte, die Technologie als besonders umweltfreundlich und sauber unter dem Slogan «Clean Diesel» zu promoten.

Das Ausmaß des Abgasskandals ist noch unklar. Auch, wie es überhaupt zu diesen Manipulationen kommen konnte und ob Vergleichbares in Deutschland möglich wäre. Klar ist schon jetzt: Dem Konzern drohen Strafzahlungen in Milliardenhöhe. Die möglichen Anklagen lauten zudem auf Hinterziehung von Motorfahrzeugsteuern. Dazu kommt ein nicht absehbarer Imageschaden[134].

Als Grund für die Manipulationen nennt ein Mitarbeiter den hohen Druck vom Management. So habe der frühere VW-Chef Winterkorn im März 2012 die Devise ausgegeben, den Kohlendioxidausstoß bis 2015 um 30 % zu verringern. Man habe die ambitionierten Ziele mit legalen Mitteln nicht erreichen können, wird ein Mitarbeiter zitiert. Gleichzeitig hatte offenbar niemand das Rückgrat, die Chefs über die unangenehme Wahrheit zu informieren[135].

Es wird berichtet, dass ein Mitarbeiter der internen Revision den Vorstand von Volkswagen über diese Manipulationen in Kenntnis gesetzt habe. Aber es ist niemand dieser Sache nachgegangen, die Risikoidentifikation hat vollständig versagt.

Beispiel: Havarie der Costa Concordia

Am 13. Januar 2012 um 21:45:07 kollidiert das Kreuzfahrtschiff Costa Concordia mit einer Geschwindigkeit von 16 Knoten (30 Km/h) mit dem Felsen «Le Scole» vor der Insel Giglio in Italien. An Bord des Schiffes, das zur Carnival Cruises Corporation gehört, befanden sich zu diesem Zeitpunkt 4229 Menschen (3206 Passagiere und 1023 Besatzungsangehörige). Das Schiff hatte kurz zuvor den Hafen Civitavecchia verlassen und Kurs auf Savona genommen. Die Havarie kostete 32 Menschen das Leben, 60 wurden z. T. schwer verletzt und die Gesamtkosten beliefen sich auf 1.5 Mrd. €.

Die Ursachen für die Havarie waren vielfältig: Die Kursabweichung hin zur Insel Giglio erfolgte auf Bitte des Restaurantmanagers, der auf der Insel Giglio geboren war. Der Kapitän wollte dadurch

134 http://www.spiegel.de/wirtschaft/unternehmen/volkswagen-skandal-die-wichtigsten-daten-und-fakten-zur-abgasaffaere-a-1058920.html, letzter Zugriff Februar 2015

135 NZZ (2015)

seinen Mentor und früheren Kapitän der Costa Concordia, der zum Zeitpunkt des Unglücks auf der Insel lebte, grüßen. Die Kursabweichung wurde mit dem 2. Offizier besprochen, der daraufhin eine neue Route in die nautischen Karten einzeichnete. Dabei verwendete er nicht die auf dem Schiff vorhandene Karte 1:5 000 mit den Detailangaben der Küstenlinie, sondern navigierte mit der Navigationskarte 1:100 000 weiter. Vorhandene Sicherheitseinrichtungen wurden ausgeschaltet, das verfügbare GPS nicht eingesetzt. Nachts und mit hoher Geschwindigkeit fuhr die Mannschaft auf die Insel zu, ohne Bedenken über die Risiken festzustellen und darüber den Kapitän zu informieren und sich gegenseitig Zweifel am Gelingen der Fahrt auszudrücken.
Es wären alle Möglichkeiten vorhanden gewesen, das mit der Vorbeifahrt verbundene Risiko zu identifizieren. Weder der Kapitän noch ein anderes Mitglied des Brückenteams kam dieser Risikomanagement-Aufgabe nach.

Beispiel: Nuklearkatastrophe von Fukushima

Das Kernkraftwerk Fukushima I nahm nach dem Projektbeginn in 1966 am 26. März 1971 den Betrieb auf. Erst nach einem Erdbeben der Stärke 6.6 M vom 16. Juli 2007 wurde bei den Kraftwerkblöcken von Fukushima I eine Mauer von 5.7 m Höhe zum Schutz vor Tsunamis errichtet.
Am 11. März 2011 erschütterte ein Erdbeben der Stärke 9.0 M Fukushima, das stärkste Beben in der historisch dokumentierten Geschichte Japans. Es ist historisch dokumentiert, dass in der gleichen Gegend im Jahr 869 n.Chr. bereits ein ähnlich heftiges Erdbeben mit nachfolgendem Tsunami stattgefunden hat. Die Menschen im Norden Japans haben in der Vergangenheit zur Warnung vor Tsunamis Erinnerungssteine aufgestellt.
Am 1. September 1923 fand in Tokyo ein Erdbeben der Stärke 7.9 M mit einem nachfolgenden Tsunami von 12 Metern statt. Dieses Ereignis forderte rund 140 000 Todesopfer. Seit 1960 ist der 1. September der Katastrophenvorsorgetag, in Erinnerung an die Tragödie von 1923.
Die IAEA hat im Jahr 2003 einen «safety guide»[136] zur Risikoeinschätzung von Naturereignissen erlassen, der sich eingehend mit Tsunamis befasst. Sowohl die Nuclear and Industrial Safety Agency als auch die TEPCO (Tokyo Electric Power Company) müssen sich schwere Vorwürfe gefallen lassen, weil sie sich um diese Empfehlungen der IAEA nicht kümmerten.
Die Tatsache, dass die 5.7 m hohe Schutzmauer erst nach den relativ geringen Erdbeben in 2007 gebaut wurde, zeigt, dass die Gefahr von Erdbeben mit nachfolgenden Tsunamis immer noch nicht als ernstes Risiko erkannt worden ist. Man hätte bei der Dimensionierung der Schutzmauer die historischen Erfahrungen berücksichtigen müssen. Das Risiko des Tsunami war erkennbar, man hat es bei der Wahl des Standortes und bei der Ausgestaltung der Anlagen nicht in den Risikomanagement-Prozess einbezogen[137].

Diese Risiken waren erkennbar und wurden z. T. auch erkannt, aber nicht berücksichtigt. Das ist ein ernsthaftes Thema der Risikoidentifikation. Erkennbare Risiken werden durch die Entscheidungsträger ausgeblendet, wohl weil die Gewohnheit und die Kurzzeiterfahrung es nicht zulassen, Entscheidungen zu treffen, um das Risiko abzuwenden.

---

136 http://www-pub.iaea.org/books/IAEABooks/6731/Flood-Hazard-for-Nuclear-Power-Plants-on-Coastal-and-River-Sites letzter Zugriff Februar 2016

137 Brühwiler, B.: https://www.risknet.de/themen/risknews/die-nuklearkatastrophe-von-fukushima/9039e2750 1722c61e1527360464f1b01/

4.4.2 Nicht bzw. schwer erkennbare Risiken

Es reicht nicht aus, für die Risikoidentifikation die Erfahrungen der Vergangenheit zu nutzen, denn es können in der Zukunft Risiken eintreten, die man bisher nicht kannte. Es gibt zudem Risiken, die gemäß dem Stand von Wissenschaft und Technik objektiv nicht erkennbar sind. Dazu gehören z. B. die «Entwicklungsrisiken» im Zusammenhang mit der Produkthaftung.[138]

Praxisbeispiel für schwer oder nicht erkennbare Entwicklungsrisiken:

«TG1412 ist ein agonistischer monoklonaler Antikörper, der gegen das CD28-Antigen auf T-Lymphozyten gerichtet ist und zur Behandlung von Multipler Sklerose, Blutkrebs und Rheuma entwickelt und hergestellt wurde.
Nach entsprechenden Tests an Zellkulturen und in Tierversuchen fand am 13. März 2006 in einer Phase-I-Studie der erste Test an Menschen statt, an dem in einem Londoner Krankenhaus insgesamt acht Probanden teilnahmen. Dabei kam es bei allen sechs Männern, die den Wirkstoff erhielten, bereits kurz nach der Verabreichung zu schweren Reaktionen. Die anderen beiden Probanden bekamen ein Placebo. Die betroffenen Probanden klagten nach kurzer Zeit über Kopfschmerzen, extreme Hitzewallungen und Fieber, wenige Stunden später stellten Ärzte mehrfaches Organversagen fest. Alle sechs Patienten wurden innerhalb von 12–16 Stunden nach Gabe des Antikörpers auf die Intensivstation des Krankenhauses verlegt und dort behandelt. Inzwischen konnten fünf der Patienten aus dem Krankenhaus entlassen werden. Auch der sechste konnte die Intensivstation verlassen und wurde auf eine Normalstation verlegt.
Als mögliche Ursachen werden derzeit Verunreinigung, Dosierungsfehler oder eine unvorhersehbare Wirkung des Medikaments auf das menschliche Immunsystem in Betracht gezogen. Fehler bei der Herstellung wurden durch eine Inspektion der Zulassungsbehörden beim Hersteller vom 22. bis 24. März 2006 ausgeschlossen. Bei Tierversuchen hat es keine Probleme gegeben, jedoch scheint es in diesem Fall noch widersprüchliche Aussagen zu geben. Ein Untersuchungsausschuss der Staatsanwaltschaft soll die Schuldfrage klären, laut der britischen Arzneimittelaufsicht Medicines and Healthcare products Regulatory Agency (MHRA) habe sich der Hersteller bei diesem ‹unvorhersehbaren› Unglück ‹keine Unregelmäßigkeiten› zuschulden kommen lassen.»[139]

4.4.3 Neue Risiken durch Veränderung der Risikowahrnehmung

Es gibt Risiken, die anfänglich nicht als solche wahrgenommen werden. Erst durch die Veränderungen von Wahrnehmungen, Gewohnheiten und politische Einflüssen können neue Risiken für Unternehmen entstehen. Solche Veränderungen schreiten langsam voran, aber die betroffenen Organisationen haben nicht immer ausreichend Zeit, um sich den neuen Risiken anzupassen.

---

138 Sie sind von den Konstruktionsrisiken zu unterscheiden, denen ein fehlerhaftes, gefährliches Design zugrunde liegt.

139 http://de.wikipedia.org/wiki/TGN1412, letzter Zugriff Februar 2016

Praxisbeispiel für falsche Risikowahrnehmung: Das Schweizer Bankkundengeheimnis

Noch vor wenigen Jahren war es unvorstellbar, dass das Schweizer Bankkundengeheimnis im Internationalen Vermögensverwaltungsgeschäft untergehen würde. Das war ein besonders kostspieliger Fall von falscher Risikowahrnehmung.

Das Bankgeheimnis umfasst die gesetzliche Pflicht einer Bank, die finanzielle Privatsphäre ihrer Kunden zu wahren. Dieses Geheimnis betrifft die Bank als juristische Person, aber auch die Mitarbeiter der Bank. Der Schutz der Privatsphäre wurde in der Schweiz bereits 1935 im Bankgesetz eingeführt. Ursprünglich umfasste der Schutz der Bankkunden alle Informationen wie die Existenz eines Bankkontos oder Daten über Transaktionen zwischen dem Kunden und der Bank[140].

Neben dem allgemeinen Bankkundengeheimnis spricht man auch vom steuerlichen Bankgeheimnis, das gewissen Behörden die Möglichkeit einräumt, von der Bank direkt Unterlagen über den Steuerpflichtigen zu erhalten. Der Bund erhält demnach gewisse Informationen zu den indirekten Steuern (z. B. Mehrwertsteuer), die Kantone jedoch keine Informationen zu den Einkommenssteuern. Damit die Vermögenserträge trotzdem versteuert werden, wurde die Verrechnungssteuer eingeführt, bei der die Banken verpflichtet sind, Vermögenserträge mit einem Satz von 35 % direkt der eidgenössische Steuerverwaltung abzuführen.

Der Schweizer Finanzplatz ist ein bedeutender Wirtschaftszweig. Er bietet eine halbe Million Arbeitsplätze. Noch bedeutender ist jedoch seine internationale Verflechtung. Die Schweizer Bank wurde in den vergangenen Jahrzehnten zu einem weltweit führenden Vermögensverwalter. Dazu hat die politische Stabilität des Landes wesentlich beigetragen. Eine nicht zu unterschätzende Rolle spielte dabei auch das Bankkundengeheimnis. Bei der Steuerhinterziehung handelt es sich in der Schweiz um den Tatbestand, dass Einkommen und Vermögen steuerlich nicht deklariert werden. Beim Steuerbetrug hingegen werden gefälschte Dokumente eingereicht. Beim Tatbestand der Steuerhinterziehung bleibt das Bankgeheimnis bestehen, beim Tatbestand des Steuerbetrugs wird es aufgehoben. Auf diesem Geschäftsmodell beruhte ein Teil des einzigartigen Erfolgs der Schweizer Banken, einschließlich der Vereinigten Staaten von Amerika. Dieses Geschäftsmodell geriet in den Verdacht der Förderung der Geldwäscherei

Die USA drohten im Jahr 2012 der Schweiz, 14 Banken wegen Steuerhinterziehung in den USA anzuklagen. Der Steuerstreit mit den USA führte schließlich zu einem Steuerabkommen, in dem die Banken der Schweiz bis Ende 2013 in vier Gruppen eingeteilt wurden:

- Zur Gruppe eins gehören Banken, die bereits wegen Steuerhinterziehung mit den US-Behörden in Verhandlung stehen.
- Die zweite Gruppe umfasst Banken, die nach eigener Einschätzung US-Steuerrecht verletzt haben. Wenn sie ihre Schuld eingestehen, droht ihnen eine Busse von 30 % – 50 % der verwalteten US-Kundenvermögen. Dafür werden sie in den USA nicht mehr strafrechtlich verfolgt.
- Die Gruppe drei sind Banken, welche nachweisen können, dass Sie kein US-Steuerrecht verletzt haben.
- Die vierte Gruppe sind Banken, die ausschließlich inländische Kunden haben und damit nicht im Verdacht stehen, amerikanisches Steuerrecht verletzt zu haben.

140 Vgl. VIMENTIS (2013)

Bis Ende Januar haben nun alle Schweizer Banken der Gruppe 2 mit dem Department of Justice ein Non Prosecution Agreement (NPA) abgeschlossen, um den Steuerstreit beizulegen[141]. Es waren insgesamt 78 Banken[142], die zusammen Bussen in der Höhe geschätzt mehr als 1 Mrd. CHF bezahlen mussten. Darin nicht eingerechnet sind die 14 Banken der Kategorie 1. Allein die UBS und die Credit Suisse[143] haben mehr als 3 Mrd. CHF an Bussen im Zusammenhang mit dem Steuerstreit mit den USA bezahlt.
Mittlerweile hat die OECD die Grundlage für den Automatischen Informationsausgleich (AIA) geschaffen, nach welcher die Banken ihre Kundendaten der Steuerbehörde offenlegen sollen. Die Bankdaten ausländischer Kunden würden mit dem AIA ihren ausländischen Steuerverwaltungen offengelegt. Wieweit diese Praktiken in der Schweiz zum Alltag werden, wird Gegenstand des politischen Prozesses sein und wohl am Ende vom Volk in einer Abstimmung entschieden.

Die einleitend gestellte Frage, wieweit es möglich sei, alle oder zumindest die wichtigsten Risiken zu erkennen, ist nicht einfach zu beantworten. Auf der rationalen Ebene gibt es geeignete Methoden und Verfahren, um zu verlässlichen Ergebnissen zu gelangen. Die emotionale Ebene der Risikoidentifikation ist die Herausforderung: Risikoeigener wollen ein Risiko oft aus eigenen Interessen nicht wahrhaben. Die Risikowahrnehmung versagt. Die im nächsten Abschnitt dargestellten rationale Methodik und Systematik der Risikoidentifikation können jedoch die emotionale Ebene beeinflussen.

4.4.4 Systematik der Risikoidentifikation

Risikoidentifikation ist selbstverständlich eine Frage von Spontaneität und gesundem Menschenverstand, aber das ist zu wenig. Es braucht eine Systematik, um Risiken verlässlich zu identifizieren. Diesen wichtigen Schritt im Risikomanagement darf man nicht dem Zufall zu überlassen. Abgesehen von der Tatsache, dass Risikoidentifikation immer einen Gedankenaustausch innerhalb von spezialisierten Risikomanagement-Teams benötigt und Brainstorming allumfassend ist, gibt es zwei bewährte Vorgehensweisen, um Risiken zu identifizieren:

4.4.4.1 Ziele, Tätigkeiten und Anforderungen

Ausgehend von der Risikodefinition müssen die Ziele, die Tätigkeiten der Organisation und die an sie gestellten Anforderungen bekannt sein. Ihre detaillierte Auflistung kann helfen, Unsicherheiten zu ermitteln und diese schließlich als Risiken zu definieren.

- bei den strategischen Zielen sind die Produkte, Dienstleistungen, Innovationen,

141 https://www.sif.admin.ch/sif/de/home/themen/internationale-steuerpolitik/us-steuerstreit.html, letzter Zugriff Februar 2016
142 http://www.justice.gov/tax/swiss-bank-program, letzter Zugriff Februar 2016
143 http://www.nzz.ch/wirtschaft/amerikas-abrechnung-mit-der-credit-suisse-1.18305966, letzter Zugriff Februar 2016

Projekte, Kundensegmente, Märkte, Marktanteile, Marktattraktivität Angelpunkte für die Risikoidentifikation.

- bei den operativen Tätigkeiten geht es um die einzelnen Schritte in der Wertschöpfungskette. Ausgehend vom Marketing, folgt die Entwicklung von Produkten und Dienstleistungen, die Beschaffung und Herstellung, der Vertrieb, die Kundenberatung sowie die nachfolgende Kundenbetreuung.
- Andere operative Tätigkeiten unterstützen die Wertschöpfungskette, indem sie die Ressourcen bereitstellen, die Steuerung und Lenkung der Organisation und den Umgang mit den Informationen sicherstellen.
- Bei den Anforderungen sind es rechtliche, technische, normative, kommerzielle und weitere, die für eine erfolgreiche Geschäftstätigkeit zu beachten sind.

Das Ergebnis der systematischen Ermittlung von Zielen, Tätigkeiten und Anforderungen wird oft in einer «Liste» dokumentiert. Es handelt sich nicht um eine Checkliste, sondern um eine Wissensbasis, um ein Wissensmanagement, das die Grundlage für die Risikoidentifikation darstellt. Die Auflistung von Zielen, Tätigkeiten und Anforderungen wird i. d. R. im Top-down-Ansatz eingesetzt.

4.4.4.2 System- oder Prozessanalysen

Der zweite Ansatzpunkt für die verlässliche Risikoidentifikation ist die System- oder Prozessanalyse. Das System bzw. der zu analysierende Prozess werden zuerst in seine Teile und diese in die Funktionen zerlegt, um Fehlfunktionen zu erkennen. Fehlfunktionen sind gleichbedeutend mit Risiken. Die klassische Methode für die Systemanalyse ist die Fehlermöglichkeit und Einflussanalyse (FMEA), die später eingehend beschrieben wird.

Eine System- bzw. eine Prozessanalyse bildet einen endogenen Ansatz und wird bevorzugt im Bottom-up-Ansatz der Risikobeurteilung eingesetzt.

4.4.5 Früherkennung von Risiken

Risiken müssen früh erkannt werden, damit der Organisation ausreichend Zeit zur Verfügung steht, die entsprechenden Gegenmaßnahmen einzuleiten.

4.4.5.1 Erweiterung des Zeithorizontes

Die Risikoidentifikation beschränkt sich in einer Organisation oder in einem Unternehmen normalerweise auf den Planungshorizont von i. d. R. etwa fünf Jahren. Um eine wirkliche Früherkennung von Risiken sicherzustellen, reicht dieser Zeitraum nicht aus. Vielmehr geht es bei der Früherkennung darum, Risiken auch in einem noch längeren Zeitraum von mehr als fünf Jahren, also bis etwa 15 oder 20 Jahren vorauszudenken. Damit berührt das Risikomanagement das Gebiet der Zukunftsforschung oder der Trendforschung. Man spricht von «Strategic Foresight», was von Müller wie folgt definiert wird:

«Strategic Foresight bezeichnet einen systematisch-partizipatorischen strategischen Unternehmensprozess und verfolgt das Ziel, die strategische Entscheidungsfindung im Unternehmen durch die ganzheitliche Antizipation, Analyse und Interpretation langfristiger gesellschaftlicher, ökonomischer und technologischer Umfeldentwicklungen sowie durch die aktive Gestaltung alternativer Zukunftsvorstellungen und -visionen zu unterstützen.»[144]

Früherkennung ist nicht zu verwechseln mit Frühwarnung. Das Unterscheidungsmerkmal ist der Zeithorizont: Die Früherkennung blickt Jahre, ja oft Jahrzehnte voraus. «Demgegenüber ist die Frühwarnung an der Grenze zur Gegenwart angesiedelt und besitzt einen nur kurzen Zeithorizont. Die zeitlich langfristig ausgerichteten Analysen der Früherkennung beruhen in der Regel auf qualitativen Experteneinschätzungen und sind höchst spekulativer Natur».[145]

Umso klarer wird der Unterschied zwischen Risikoidentifikation im Rahmen des Risikomanagements und der Früherkennung von Risiken im Rahmen der langfristigen Zukunftsforschung. Letztere ist außerordentlich unsicher, es fehlen nicht nur Erfahrungsdaten und verlässliche Ursache-Wirkungs-Ketten für die Voraussage der Zukunft. Es lassen sich auch kaum Verantwortlichkeiten zuteilen, keine Risikoeigner bestimmen, da heute noch niemand wissen kann, wie dannzumal die Verantwortlichkeiten in der Organisation oder im Unternehmen geregelt sind. Somit kann man sagen, dass die strategische Früherkennung dem konkreteren Risikomanagement vorgelagert ist.

4.4.5.2 Indikatoren

Demgegenüber ist die Arbeit mit Indikatoren konkret und auf die nahe Zukunft bezogen. Indikatoren stammen aus den Fehlermelde- und Beschwerdemanagement-Systemen. Ein kleiner Fehler ist eine Störung und noch kaum ein Risiko. Aber die Häufung von vielen kleinen Fehlern kann zuletzt in einem Risiko mit großer Auswirkung enden.

Der Vorteil der Indikatoren besteht darin, dass mit ihnen große Datenmengen verbunden sind, die Hinweise auf Schwächen und systemische Mängel hinweisen. Die Kenntnis von solchen Indikatoren ist deshalb ein wertvolles Mittel für die Risikoidentifikation.

144 Müller (2008) S. 25
145 Cipolat (2010) S. 49.

Praxisbeispiel: Fehlermeldesystem

In einem kleinen Krankenhaus sind über die drei vergangenen Jahre insgesamt 150 Fehler im Zusammenhang mit der Patientenbehandlung aufgetreten. Eine Auflistung der drei häufigsten Fehlerarten ergibt (1) Verwechslung, falsche Verabreichung von Medikamenten, (2) Verlegung, Übergabe und Übernahme von Patienten und (3) Fehler im Zusammenhang mit dem Herzalarm, Reanimation und anderen Notfällen. Die einzelnen Fehler sind jeweils glimpflich abgelaufen. Es besteht demnach in der Summe ein Risiko für die Patienten, infolge einer falschen Medikamentengabe, durch einen Informationsverlust bei der Verlegung, Übergabe, Übernahme oder bei einer Reanimation, einen schweren gesundheitlichen Schaden, im Extremfall sogar den Tod, zu erleiden. Das klinische Qualitäts- und Risikomanagement sollte also diesen Themen besondere Aufmerksamkeit zukommen lassen.

4.5 Risikoanalyse

4.5.1 Risiken verstehen

Der nächste Schritt im Risikomanagement-Prozess ist die Risikoanalyse. Bei ihr geht es darum, dass man ein identifiziertes Risiko korrekt bezeichnet, verständlich beschreibt, deren Ursachen und die Eintrittswahrscheinlichkeit ermittelt sowie die Auswirkungen anhand der Risikokriterien darstellt. Kurz gesagt, die Risikoeigner und Risikomanager müssen das Risiko verstehen und dokumentieren. Das Risiko muss zudem gegenüber den interessierten oder betroffenen Stakeholdern in eine kommunikationsfähige Form gebracht werden.

Im Risikomanagement von Organisationen und komplexen technischen Systemen wird oft der Begriff des «Szenario» verwendet, dessen Hintergrund in der Zukunftsforschung zu finden ist. Bereits im Jahr 1946 entwickelte das Standard Research Institute (SRI) Prognosen, um Aussagen über Ereignisse, Zustände und Entwicklungen in der Zukunft zu formulieren. In der Folge befasste sich auch die RAND Corporation, eine Denkfabrik der amerikanischen Streitkräfte, mit Zukunftsfragen. Als konkretes Ergebnis wurde seinerzeit die Delphi-Methode entwickelt und eingesetzt, um technologische und politische Perspektivstudien durchzuführen. Als eigentlicher Erfinder der «Szenarioanalyse» gilt der amerikanische Stratege, Kybernetiker und Futurologe, Herrmann Kahn. Zusammen mit Anthony J. Wiener definierten beide im Rahmen der Wirtschaftswissenschaften das Szenario als «a hypothetical sequence of events contstructed for the purpose of focusing attention on causal processes and decision points»[146].

146 Vgl. Kahn (1967), bzw. Romeike (2013) S. 33 f.

Im normativen Zusammenhang wird das Risikoszenario definiert[147] als

> Konkrete und bildhafte Darstellung eines Risikos mit Annahmen über … Ursachen und Abfolgen von Ereignissen oder Entwicklungen, die aufzeigt, wie sich Chancen bzw. Bedrohungen/Gefahren in einer Organisation oder in einem System verwirklichen.
> Ein Szenario hat eine oder mehrere Gefahren/Bedrohungen/Chancen als Quellen/Ursachen und beinhaltet verschiedene Auswirkungen auf die Ziele einer Organisation, ihre Tätigkeiten und Anforderungen oder auf das Funktionieren eines Systems.
> Im Risikomanagement wird das Szenario oft als schlimmstmöglicher, aber dennoch glaubwürdiger Fall (credible worst case) dargestellt, weil eine solche Extremsituation die Führungskräfte und die Organisation besonders schwer treffen kann.
> Ein Szenario ist glaubwürdig, wenn es in der menschlichen Erfahrung, im Erfahrungsbereich von Führungskräften oder von Risikoexperten schon vorgekommen ist und ein erneutes Eintreten nicht ausgeschlossen werden kann.
> Zudem gibt es Szenarien, die gemäß Expertenwissen für möglich gehalten werden und begründet sind, auch wenn sie noch nie eingetroffen sind.

Das Risikoszenario kann als eine Ursache-Wirkungs-Beziehung betrachtet und dargestellt werden. Die Ursachen weisen auf die Eintrittswahrscheinlichkeit, die Auswirkungen auf die Folgen eines Risikos auf eine Organisation oder ein Unternehmen.

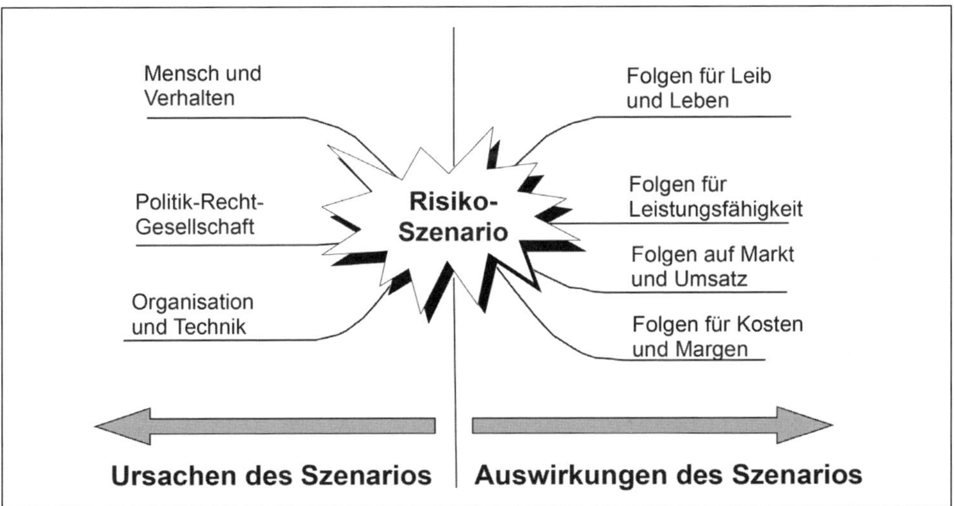

Übersicht 33: Das Risikoszenario

Ein Risikoszenario ist eine «Problembeschreibung». Sie stellt dar, wie das Risiko zustande kommt, worin es besteht, mit Ursachen und Auswirkungen.

147 ONR 49000:2014, Ziff. 2.1.16

Risiko Nr. x Veränderung des Kundenverhaltens
Risikoeigner: Leiter Verkauf der Brauerei-AG

Ausgangslage:
Die Marktstellung und der Verkauf der Brauerei-AG ist dadurch gekennzeichnet, dass das Bier direkt über den Vertriebskanal «Gaststätten» verkauft und geliefert wird, wo sich vor allem in ländlichen Gegenden die Menschen treffen, sei es zum Essen oder einfach zum abendlichen Zusammensein. Es wurde in den vergangenen Jahren festgestellt, dass sich das Kundenverhalten bezüglich Konsum von alkoholischen Getränken stark verändert hat: Einerseits werden in den Gaststätten zunehmend alkoholfreie Getränke nachgefragt, andererseits verlagert sich der Konsum von alkoholischen Getränken mehr auf den privaten Bereich. Dadurch verlagert sich auch die Distribution: Der Umsatz im Einzelhandel steigt kontinuierlich, während der Umsatz des Vertriebskanals «Gaststätten» immer mehr abnimmt. Im Einzelhandel sind jedoch andere Gebinde, tiefere Margen und eine viel höhere internationale Konkurrenz anzutreffen:

Risiko:
Es besteht darin, dass Umsätze und Margen im angestammten Bereich der Gaststättendistribution zurückgehen und das Geschäftssegment nicht mehr rentabel betrieben werden kann.

Auswirkungen (+/-):
Umsatzeinbußen, Margenverlust, Marktanteilsverluste und Zwang zur Aufgabe des Geschäftssegments. Chancen ergeben sich jedoch in der Herstellung und in der Erschließung neuer Vertriebskanäle, besonders für alkoholfreie Getränke.

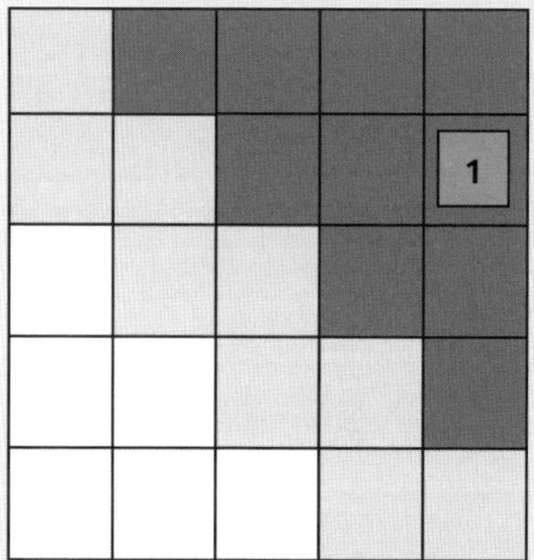

Ursachen
- Zunehmende Mobilität
- Senkung der Promillegrenzen
- Rauchverbot in der Öffentlichkeit
- Verschärfte Kontrollen
- Höhere Verkehrsbussen
- Förderung des Gesundheitstrends
- Massives Wachstum des Alkoholverkaufs über den Einzelhandel

Übersicht 34: Beispiel für ein Risikoszenario

4.5.2 Risikoszenario als Credible-Worst-Case

Im Risikomanagement stellt sich die grundsätzliche Frage, ob man ein Risiko als das schlimmst-mögliche Szenario darstellen und beschreiben oder ob man sich mit einem mittleren oder gar einem minimalen Fall beschäftigen soll. Die Beschreibung eines Risikos als Credible-Worst-Case hat Vor- und Nachteile:

Es entsteht bei der Anwendung des Credible-Worst-Case-Prinzips der Eindruck einer pessimistischen Sichtweise, denn der Worst-Case stellt eine extreme (Ausnahme-)Situation dar. Diesem Nachteil gegenüber steht der Vorteil, dass die Worst-Case-Betrachtung denjenigen Fall in den Vordergrund stellt, der dem Unternehmen bzw. der Organisation die größten Schwierigkeiten bereiten kann. Demgegenüber kann die Begrenzung der Sichtweise auf einen mittleren Fall in einer verharmlosenden Darstellung eines Risikos bestehen. Das Worst-Case-Szenario wird oft mit dem Eisbergprinzip verglichen. Dieser Vergleich umfasst zwei Aussagen:

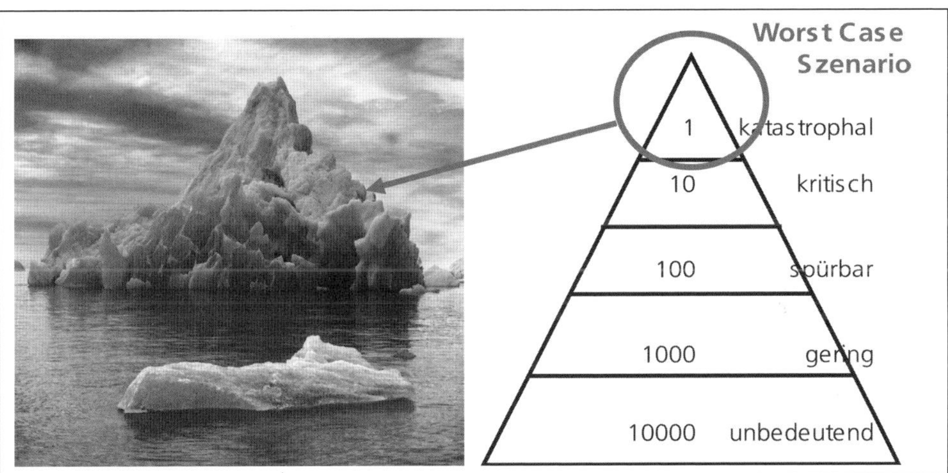

Übersicht 35: Das Eisbergprinzip[148]

- Ein Risiko setzt sich aus sehr vielen (gleichartigen, ähnlichen) Ereignissen oder Phänomenen zusammen. Je grösser die Auswirkungen, desto geringer ist die Eintrittswahrscheinlichkeit. Das bedeutet, dass auf einen katastrophalen Credible-Worst-Case eines Risikoszenarios immer eine Anzahl kritischer, eine Vielzahl spürbarer und eine große Menge geringer und unbedeutender Ereignisse oder Phänomene entfallen.
- Wenn man bestrebt ist, den Credible-Worst-Case als Risiko zu suchen und zu managen, können aus vielen ihm unterliegenden kleineren Risikofälle (bis hin zu kritischen Vorfällen, Critical Incidents) Informationen abgewonnen werden, die für die Risikoidentifikation und Risikoanalyse von besonderer Relevanz sind.

148 Das Eisbergprinzip wird auch als Heinrich›s Gesetz bezeichnet: Der amerikanische Pionier der Arbeitssicherheit beobachtete, dass auf 300 Unfälle ohne Verletzungen 29 Unfälle mit leichteren Verletzungen und 1 Unfall mit Todesfall entfallen, siehe https://de.wikipedia.org/wiki/Herbert_William_Heinrich , letzter Zugriff Januar 2016

Um den Nachteil des Worst-Case-Prinzips zu relativieren, wird der Begriff «credible» zu Hilfe genommen. Er deutet an, dass im Erfahrungsbereich des betrachteten Risikos vergleichbare Fälle bekannt sind.

Praxisbeispiel Credible-Worst-Case Risikoszenario:

Eines der größten Risiken im Krankenhaus sind Verwechslungen von Patienten, Medikamenten, Befunden, Seiten und Blutgruppen. Jede Verwechslung kann tödlich ausgehen. Somit handelt es sich um eines der klinischen Risiken mit katastrophalen Auswirkungen auf den Patienten. Das Worst-Case Szenario «Medikamentenverwechslung» wird in der Risikoanalyse wie folgt beschreiben:

«Medikamentenverwechslungen stellen einen folgenreichen Fehler dar. Oft werden die Verwechslungen zwar durch gezielte Kontrollen oder durch Zufall rechtzeitig entdeckt und Schaden verhindert. Viele Verwechslungen führen nur zu kleinen Beeinträchtigungen, ohne dass spürbare Gesundheitsschäden entstehen.

Das Worst-Case Risikoszenario besteht darin, dass ein Patient infolge einer Medikamentenverwechslung verstirbt oder dauernd pflegebedürftig wird. Die weiteren Konsequenzen sind zusätzlich zur menschlichen Tragik für Opfer und Verursacher Misstrauen, Haftungsansprüche, hohe Zusatzkosten und Reputationsschäden.
Die Ursachen von Medikamentenverwechslungen können vielfältiger Natur sein, z. B.

- Falsche manuelle Dosierung (Verwechslung ml und mg)
- Falsche Dosierung durch falsche Einstellung der Infusionsgeräte
- Wahl eines falschen Ersatzmedikamentes bei Nicht-Verfügbarkeit des verschriebenen
- Verwechslung durch menschlichen Fehler (mangelnde Erfahrung, Aufmerksamkeit)
- Verwechslung wegen Ähnlichkeiten (Soundalikes und Lookalikes)
- Medikament wird falschem Patienten verabreicht».

Medikamentenverwechslungen kommen häufig, also wöchentlich, monatlich, quartalsweise usw. vor. Wie soll nun dieses Risiko in der Risikomatrix behandelt werden?
Die Risikobeurteilung sieht vor, dass die größten Risiken des Musterkrankenhauses in einer Risikomatrix dargestellt werden sollen. Eines dieser Risiken ist die Medikamentenverwechslung. Die Risikomatrix ist wie folgt parametrisiert:

Häufigkeit:	
Unwahrscheinlich	einmal in 10 Jahren
sehr selten	einmal in 3 Jahren
selten	einmal pro Jahr
möglich	einmal pro Quartal
häufig	einmal pro Monat
Auswirkungen:	
unbedeutend	Vorkommnis ohne Folgen
gering	Patient unzufrieden, suboptimaler Ablauf
spürbar	vorübergehende Gesundheitsbeeinträchtigung
kritisch	bleibender Gesundheitsschaden
katastrophal	Gesundheitsschaden mit Pflegebedürftigkeit, Todesfall

Wie ist das Risiko der Medikamentenverwechslung in der Risikomatrix zu behandeln? Dazu gibt es drei Lösungsansätze:

- Weil das Schadenpotential dieses Risikos, als Credible-Worst-Case betrachtet, in seiner Auswirkung katastrophal ist, müsste das Risiko mit der extremsten Auswirkung versehen werden.
- Weil die Häufigkeit dieses Risikos durchaus als monatlich eingestuft werden kann, müsste auch die Eintrittswahrscheinlichkeit des Risikos in der Kategorie «häufig» liegen.
- Wenn das Risiko eine Kombination von Wahrscheinlichkeit und Auswirkung ist, müsste das Risiko «Medikamentenverwechslung» in der Risikomatrix die extremste Position einnehmen.

Ist das richtig und zweckmäßig? Wohl kaum, denn die Einschätzung aller Risiken aufgrund dieser Logik würde zu einem unrealistischen Bild der Gesamtrisikosituation eines Krankenhauses führen. Es gibt dafür eine weitere Darstellung:

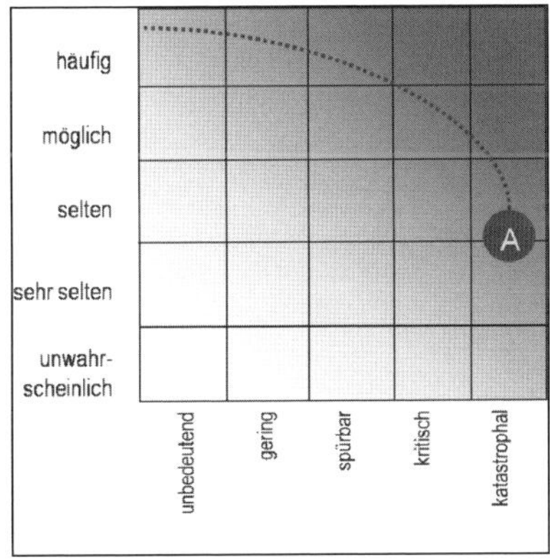

Übersicht 36: Darstellung des Risikos als Linie

Ein Risiko wird nicht nur als Worst-Case-Szenario mit einem Extrempunkt dargestellt, sondern ist eine Linie in der Risikomatrix. Das Risiko stellt sich in der Wirklichkeit so dar, dass es häufig ohne Folgen, oft mit begrenztem Schaden und eher selten mit der katastrophalen Auswirkung eintritt, das entspricht wiederum dem Eisbergprinzip, dem eine statistische Schadenverteilung zugrunde liegt.

Das Verständnis des Risikos als eine Linie in der Risikomatrix ist hilfreich und wirklichkeitsnah. In der graphischen Darstellung wird meist darauf verzichtet, weil sonst die Risikolandschaft unübersichtlich würde.

4.5.3 Zeitfaktor im Risikoszenario

Eine weitere Besonderheit in der Risikoanalyse stellt die Unterscheidung des Risikos als «Ereignis» und als «Entwicklung» dar. Ereignisse treten plötzlich, überraschend, einmalig auf. Die Auswirkungen eines Ereignisses beziehen sich auf den Zeitpunkt des Ereignisses und die darauf folgenden direkten und indirekten Auswirkungen. Beispiel: Ein Feuer beschädigt die Produktionsstätten. Die Schadensfolgen sind nach einigen Monaten beseitigt. Das Ereignis ist einmalig.

Demgegenüber sind «Entwicklungen» zeitlich nicht begrenzbar. Strategische Fehlentwicklungen sind wie eine «chronische» Krankheit, deren Anfang und Ende nicht einzugrenzen sind. Ihre Auswirkung schlägt sich von Jahr zu Jahr in der Erfolgsrechnung nieder. Im Gegensatz zum einmalig eintretenden Ereignis wirkt die Entwicklung anhaltend. Beispiel: Eine Margenerosion beeinträchtigt über Jahre den EBIT eins Unternehmens. Die Auswirkungen sind nicht auf ein Jahr beschränkt. Das Risiko summiert sich Jahr für Jahr über den Planungshorizont. Das ist in der Risikobeurteilung zu berücksichtigen.

4.5.4 Korrelation von Risiken

Risikomanagement betrachtet einzelne Risiken in einem definierten Kontext. Das Risikomanagement interessiert sich für die Gesamtsicht von Risiken einer Organisation oder eines Systems. Mehrere Risiken können untereinander in Beziehung stehen und voneinander abhängig sein. Man spricht von der Korrelation der Risiken.

Risiken können positiv oder negativ miteinander korrelieren. Die Korrelation beschreibt die gegenseitige Abhängigkeit, die sich sowohl auf die Wahrscheinlichkeit als auch auf die Auswirkung bezieht. Sind die zwei Risiken A und B völlig unabhängig voneinander, so ist ihre Korrelation = null. Bedeutet das Eintreffen von Risiko A, dass dann zwingend auch Risiko B eintrifft, so ist ihre Korrelation +1. Bedeutet das Eintreffen von Risiko A, dass dann Risiko B unmöglich eintrifft, so ist ihre Korrelation -1.

Die Risikoanalyse muss die positive Korrelation einzelner Risiken einer Organisation untersuchen. Informationen und die Bedingungen sind zu kennen, unter denen einzelne Risiken sich gegenseitig beeinflussen.

Risiken, die negativ korrelieren, stellen eine (strategische) Diversifikation dar. Oft wird folgendes Beispiel zitiert: Ein Unternehmen mit zwei unabhängigen Profit-Centern ist in der Bauwirtschaft und in der Elektrizitätswirtschaft tätig. Bei extrem kalten Temperaturen geht die Bautätigkeit zurück, die Lieferung von Energie für die Heizungen nimmt jedoch zu. Daraus resultiert ein schlechtes Ergebnis für das Bauunternehmen, aber ein gutes für den Energieversorger. Das Risiko des Bauunternehmens «Umsatzrückgang infolge extremer Kälte» wird in der Auswirkung auf das Gesamtunternehmen durch das Risiko des Energielieferanten «Umsatzzunahme infolge extremer Kälte» abgeschwächt.

Die Analyse der gegenseitigen Abhängigkeit von Risiken kann mit einer Korrelationstabelle erfolgen. Jedes Risiko wird auf seine Abhängigkeit von einem andern Risiko untersucht.

In der Realität ist der Umgang mit Korrelationen von Risiken schwierig, da es oft keine eindeutigen Verbindungen gibt, die auf einfache Korrelationen schließen lassen. Viel eher geht es darum, dass man erkennt, wie Risiken zusammenwirken können.

4.5.5 Kombination von Risiken

In komplexen Systemen zeigt sich in der Analyse der Ursache-Wirkungs-Ketten oft, dass einzelne Risiken Ursache von anderen Risiken sind.

Risiken verstehen bedeutet, die Abhängigkeiten bzw. die Kombinationsmöglichkeiten von verschiedenen Einzelrisiken zu verstehen. Vielfach sind jedoch die Zusammenhänge, die zwischen einzelnen Risiken entstehen können, nicht bekannt und nur mit großem Aufwand zu ermitteln.

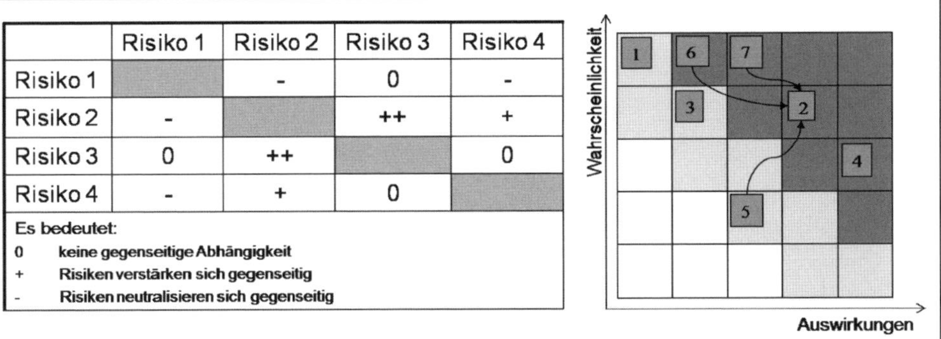

	Risiko 1	Risiko 2	Risiko 3	Risiko 4
Risiko 1		-	0	-
Risiko 2	-		++	+
Risiko 3	0	++		0
Risiko 4	-	+	0	

Es bedeutet:
0 keine gegenseitige Abhängigkeit
+ Risiken verstärken sich gegenseitig
- Risiken neutralisieren sich gegenseitig

Übersicht 37: Gegenseitige Abhängigkeit von Risiken

Die unbekannte Kombination von Risikoursachen stellt eine besondere Herausforderung dar, weil ein großer Teil des Risikos sehr wohl bekannt ist, ein verbleibender kleiner Risikoteil jedoch unerkannt weiterbesteht.

Praxisbeispiel für die Kombination / gegenseitige Abhängigkeit von Risiken

In einem technologisch orientierten mittelständischen Unternehmen sind zwei Schlüsselrisiken herausgearbeitet worden: Das Risiko 6 beschreibt die technologischen Veränderungen und die möglichen Substitutionen, die zurzeit im Markt feststellbar sind. Das Risiko 9 identifiziert fehlende interne Verantwortungen (Eignerschaft) für das Qualitätsmanagement.

Im Hintergrund des Risikos 6 (technologische Veränderungen) stehen das Risiko 1 (unklare technologische Trends), das Risiko 2 (schwache strategische Marktforschung und fehlende Prioritäten für das Innovationsmanagement), dazu kommt das Risiko 8 (fehlender bzw. lückenhafter Patentschutz).

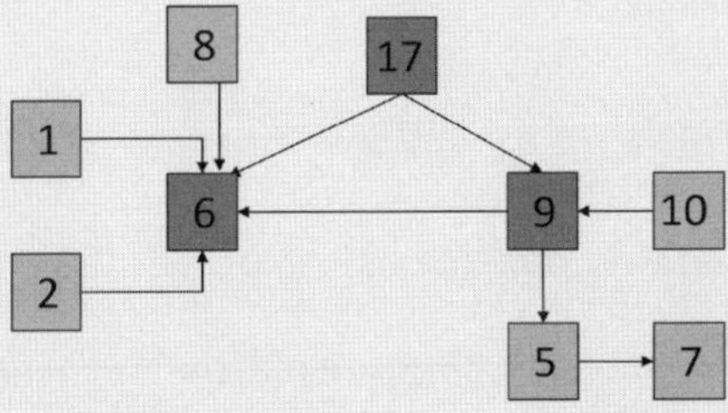

Übersicht 38: Gegenseitige Abhängigkeit von Risiken

Im Hintergrund des Risikos 9 (unklare Eignerschaft im Qualitätsmanagement mit hoher Ressourcenbindung) stehen das Risiko 10 (Verlässlichkeit der Lieferanten), das Risiko 5 (Haftung und Gewährleistung) sowie das Risiko 7 (Produkthaftung).

Beide Schlüsselrisiken sind durch das Risiko 17 (fehlende Kompetenzen und Fähigkeiten) beeinflusst.

4.5.6 Einschätzung der Wahrscheinlichkeit

Die Wahrscheinlichkeit dient dazu, Unsicherheit bzw. Ungewissheit messbar bzw. einschätzbar zu machen. Die Festlegung der Eintrittswahrscheinlichkeit eines Risikoszenarios setzt i. d. R. eine quantitative Datengrundlage voraus. Die Ausnahmen sind jedoch zahlreich. Es gibt viele Risiken in Organisationen, zu denen keine direkt anwendbare Datenbasis vorliegt. Oft würde es zwar Daten geben, sie sind aber unbekannt oder nur mit großem Aufwand in die benötigte Form zu bringen. Eine Ausnahme bilden die klassisch versicherbaren Risiken, weil grundsätzlich nur statistisch messbare Risiken versicherbar sind.

Risikomanagement kann vor Risiken mit fehlender oder unzureichender quantitativer Datengrundlage nicht haltmachen, bloß weil die mathematisch/ naturwissenschaftlichen Anforderungen nicht erfüllt sind. Deshalb greift das Risikomanagement auf die subjektive Einschätzung der Wahrscheinlichkeit zurück. Man spricht dann in der englischen Sprache nicht von «probability» sondern von «likelihood», in der deutschen Sprache von «Risikoeinschätzung», um den subjektiven Aspekt der Wahrscheinlichkeits-Bestimmung zu betonen.

Im Risikomanagement ist stets zu bestimmen, ob sich Wahrscheinlichkeit auf einen Zeitraum bezieht (Jahreswahrscheinlichkeit) oder ob es sich um eine Fallwahrscheinlichkeit handelt. Bezieht man die Wahrscheinlichkeit auf einen Zeitraum, z. B. auf Jahre, so entsteht die Häufigkeit (im Englischen mit «frequency» bezeichnet), mit der Risiken gemessen bzw. geschätzt werden können. Bei Organisationen nutzt man oft die Häufigkeit, bei Projekten die Fallwahrscheinlichkeit.

Man kann nun Häufigkeit und Fallwahrscheinlichkeit kombinieren, wie nachfolgendes Beispiel zeigt: Die Wahrscheinlichkeit, dass ein Zulieferer die versprochene Leistung nicht erbringt, wird auf 10 % pro Jahr eingeschätzt. Dies könnte nun heißen, dass dieses Risiko alle zehn Jahre einmal eintritt bzw. bei zehn ähnlich gelagerten Zulieferern einmal im Jahr vorkommt.

4.5.7 Einschätzung der Auswirkungen

Die Einschätzung der Auswirkungen eines Risikos auf die Ziele der Organisation erfolgt aufgrund der Risikokriterien. Eine Organisation hat nicht nur finanzielle Ziele, auf die sich ein Risiko bezieht. Viele Ziele sind qualitativer Art, so etwa die Reputation, das Vertrauen und die Treue der Kunden, die Sorge zu den Mitarbeitenden (Gesundheitsschutz) oder die Einhaltung von gesetzlichen Vorschriften.

Einfache Aussagen zu den Auswirkungen von Risiken sind, ähnlich wie bei der Einschätzung der Wahrscheinlichkeit, auch hier oft zu einfach und nicht sinnvoll. Deshalb schafft man in der Risikoanalyse für die Auswirkungen von Risiken auf das Unternehmen bzw. auf die Organisation mehrere Stufen und teilt sie ein in «unbedeutend», «gering», «spürbar», «kritisch» oder «katastrophal».

Risikomanagement ist keine exakte Wissenschaft in dem Sinn, dass die Risikoanalyse zu genauen, quantitativen Ergebnissen führt. Vielmehr spielen der gesunde Menschenverstand und das auch subjektive Urteil von Experten, Risikoeignern und

Risikomanagern eine wichtige Rolle. Selbst bei der Anwendung von Methoden der Risikoanalyse, die naturwissenschaftlich exakt anmuten, gibt es für die Risikoeinschätzung immer einen beachtlichen Spielraum und viel Unsicherheit. Im Risikomanagement ist Scheingenauigkeit gefährlich und kann die Entscheidungsfindung falsch beeinflussen.

4.6 Risikobewertung

4.6.1 Akzeptierbare, tolerierbare Risiken

Bei der Risikobewertung geht es um die Beantwortung der Frage, ob ein Risiko akzeptierbar oder tolerierbar ist. In der Wirklichkeit wird dieser Begriff jedoch oft falsch verwendet und mit der Zuordnung von Wahrscheinlichkeit und Auswirkung zu einem Szenario oder zu einer Gefährdung bzw. mit dem Begriff «Einschätzung» verwechselt.

Bei Geschäftsrisiken hat der Risikoeigner die Möglichkeit, ein Risiko zu akzeptieren. Das beinhaltet einen Entscheid, das Risiko zu tragen. Dieser Entscheid kommt zustande, weil entweder keine praktikable Möglichkeit besteht, es zu vermindern. Oder das Risiko wird in Kauf genommen, weil es mit einer ebenso großen Chance verbunden ist, welche der Risikoeigner wahrzunehmen beabsichtigt.

Demgegenüber gibt es tolerierbare bzw. nicht tolerierbare Risiken. Im Hintergrund stehen gesetzliche Vorschriften, z. B. der Gesundheitsschutz. Da hat der Risikoeigner keine Wahlfreiheit, ein Risiko trotzdem zu akzeptieren. Er würde sich dabei strafbar machen.

In der betrieblichen Wirklichkeit ist die Risikobewertung nicht so einfach wie in der Theorie. Es gibt dogmatische und pragmatische Lösungsansätze. Der dogmatische besagt, dass ein nicht tragbares Risiko behandelt und vermindert werden müsse. Dies ist aber gar nicht immer praktikabel, sei es, dass weder Ressourcen noch Geld für die Risikoverminderung vorhanden sind oder dass dem an sich nicht tragbaren Risiko eine Chance gegenübersteht, die das (negative) Risiko zum Teil rechtfertigen können und deshalb in die Entscheidung einbezogen werden sollte.

4.6.2 Chancenabwägung im Geschäftsbereich

Das Risiko stellt im geschäftlichen Kontext eine Dualität von Chancen und Bedrohungen dar. Dies ist vor allem bei unsicheren Entwicklungen (Technologie-, Währungs-, Marktentwicklung usw.) der Fall. Wo die Unsicherheit sich in negativer Bedrohung zeigt, gibt es in der Regel auch Chancen. Deshalb könnten ein Risikoprofil und die Risikobewertung nicht nur die negative Seite, sondern durchaus auch die positiven Aspekte des Risikos, also die Chancen aufzeigen. Dies führt dann zu folgenden Stufen für Bedrohung und Chancen:

Stufe	Bedrohung	Chance
unbedeutend	Angesichts der Größe der Organisation zu vernachlässigen, Budget wird kaum beeinträchtigt.	Angesichts der Größe der Organisation zu vernachlässigen, Budget weicht kaum ab.
niedrig	Schadensfolgen sind begrenzt, sie können aus dem Cash Flow finanziert werden, Budget leicht beeinträchtigt.	Budget fällt in gewissen Positionen leicht günstiger aus als geplant.
moderat	Ergebnis wird beeinträchtigt, der EBIT fällt geringer aus als geplant.	Ergebnis bzw. der EBIT fallen besser aus als geplant.
wesentlich	Ergebnis verschlechtert sich nachhaltig, der EBIT wird durch das Risiko verzehrt.	Ergebnis bzw. der EBIT fallen deutlich besser aus als geplant.
gravierend erheblich	Existenz der Organisation ist bedroht, das Eigenkapital wird ganz oder teilweise verzehrt.	Ergebnis bzw. der EBIT fallen überraschend positiv und viel besser aus als geplant.

Übersicht 39: Stufen für Bedrohungen und Chancen

Entsprechend kann man ein Risikoprofil als Bedrohungs- und Chancenprofil erstellen, in dem sich zu jedem Risiko nicht nur ein Worst-Case-Wert, sondern auch ein mittlerer und ein Chancen-Wert bestimmen lassen.

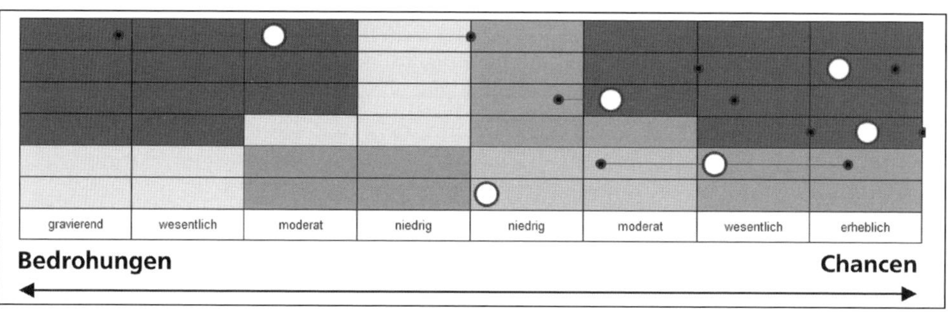

Übersicht 40: Chancen- und Bedrohungsprofil

Für die Risikobewertung ist nicht allein das «down-side» Potential des Risikos maßgeblich, sondern auch die Chancen. Dies lässt sich durchaus konkretisieren, wie folgendes Beispiel zeigt.

Risiko (neutral)	Chance (positive)	Bedrohung (negativ)
Veränderung von Umfeldfaktoren	Veränderungen für die Innovation und das Marketing erkennen und sich darauf einstellen	Veränderungen verschlafen und verpassen
Strategie-Entwicklung und Strategie-Umsetzung	Systematisch analysieren, bewerten und verwirklichen	Chaotisch auf nicht relevante Entwicklungen reagieren
Kunden, Märkte und Bedürfnisse	Bedürfnisse erkennen und für das Leistungsangebot und den Kundenservice nutzen	Bedürfnisse missachten, die Veränderung verdrängen und die Vergangenheit fortsetzen
Innovationsmanagement	Innovationen strukturiert angehen und kontrolliert umsetzen	Improvisieren, anerkannte Regeln missachten
Vermarktung und Kundendienst	Qualität beachten, zuverlässige Antwort auf Kundenbedürfnisse	Missverhältnis zwischen Versprechen und Leistung
Beschaffung und Supply Chain	Nahtstellen pflegen und Partnerschaft aufbauen	Missachten des Preis-Leistungs-Verhältnisses, Qualitätsdefizite
Finanzierung und Controlling	Potentiale langfristig betrachten	Kurzfristige Gewinnoptimierung
Menschen und Fähigkeiten usw.	Ressourcenbedarf ermitteln	Menschen überfordern

Übersicht 41: Risiken mit Chancen und Bedrohungen

4.6.3 Rendite-Risiko-Abwägung im Finanzbereich

Die Chancen-Risikoabwägung findet nicht nur im geschäftlichen Kontext statt. Im finanziellen Risikomanagement werden höhere Risiken dann eingegangen werden, wenn ihnen ein entsprechend großer Nutzen bzw. ein hoher finanzieller Ertrag gegenübersteht. Dabei handelt es sich um die klassischen Rendite-Risiko-Abwägungen im Finanzbereich.

Grundlage der modernen Finanztheorie ist die Gegenüberstellung von Risiko und Rendite (risk/return). Das bekannte Capital Asset Pricing Model (CAPM) ist ein Risiko-Rendite-Modell, das sich heute großer Bekanntheit und Beliebtheit erfreut.[149]

Das Capital Asset Pricing Model ist in der Finanztheorie das Kernstück für die Bewertung von Investments, angewendet bei Kapitalanlagen. Es kann für die Bewertung von Portfolios und Investitionen gebraucht werden.

149 Vgl. Oertmann (2000) S. 79 ff.

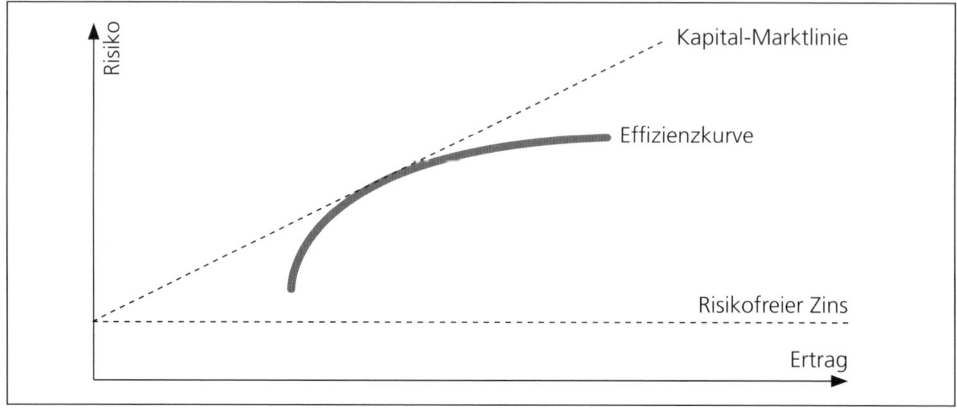

Übersicht 42: Capital Asset Pricing Model

Interpretation: Ein günstiges Investment liegt unterhalb der Effizienzkurve, weil dort das Risiko im Vergleich zum Ertrag des Investments geringer ist. Demgegenüber ist ein Investment nicht attraktiv, wenn es über der Kapitalmarktlinie liegt, weil dort das Risiko grösser ist als der Ertrag.

Allerdings gilt nach wie vor der Grundsatz, dass die eingegangenen Risiken einer Organisation nicht höher sein sollen als die bestehende und zuvor bestimmte Risikofähigkeit. Spekulation und Hoffnung auf großen Profit ohne die Berücksichtigung der existierenden Risiken und die existierende Risikofähigkeit sind schlechte Ratgeber. Sie haben ihren Ursprung außerhalb des Risikomanagements und stellen eine Risikoquelle ganz gefährlicher Art dar.

4.6.4 Güterabwägung im Sicherheitsbereich

Im Geschäftsbereich kann sich eine Unsicherheit zur Chance entwickeln. Dort ist die Risikobewertung unter Berücksichtigung aller Aspekte gefordert. Wird ein «Sicherheits»-Risiko (es bedroht die körperliche Integrität und Gesundheit von Menschen) als nicht tolerierbar bewertet, und gibt es keine praktikablen und wirtschaftlich vertretbaren Wege, dieses mit alternativen Lösungen und Maßnahmen zu vermindern, kann eine Güterabwägung stattfinden. Dabei werden einerseits die negativen Auswirkungen des Risikos auf den Menschen und seine Gesundheit betrachtet, andererseits der Nutzen, den die Inkaufnahme des Risikos stiftet.

Diese Güterabwägung ist allgegenwärtig und im Bereich der politischen Entscheidungsprozesse immer wieder anzutreffen. Zum Beispiel im Straßenverkehr, wo in der Schweiz zwar «nur noch» knapp 400 Personen ums Leben kamen, gegenüber rund 1500 Menschen vor zwanzig Jahren. Politische Zielsetzung ist die Halbierung der Zahl der Todesopfer bis zum Jahr 2020. Diese Zahlen zeigen, dass trotz Vervielfachung der Verkehrsfrequenzen eine massive Verbesserung der Sicherheit stattgefunden hat. Aber auch 200 Menschenleben sind immer noch zu viel. Nur «Tempo null» könnte diese

Zahl noch stark herabsetzen. Damit würden die Mobilität, ihr wirtschaftlicher Nutzen und die individuelle Bewegungsfreiheit in unserer Gesellschaft drastisch reduziert. Die verbleibenden Todesopfer sind der Preis für den wirtschaftlichen Nutzen und die persönliche Präferenz der Mobilität. Dies ist ein Beispiel für die Güterabwägung bei Risiken.

Im Umgang mit Risiken wird bei vielen weiteren Risiken eine Güterabwägung vorgenommen, so im Bereich der Energiewirtschaft. Noch vor einigen Jahren war die zivile Nutzung von Atomenergie bzw. der Betrieb von Kernkraftwerken umstritten, vor allem weil die sichere Entsorgung der radioaktiven Abfälle nicht befriedigend gewährleistet zu sein schien. Dann wurde die Atomenergie im Zusammenhang mit den wissenschaftlich gesicherten Daten und Fakten über die Klimaveränderung und deren Ursachen beurteilt und mit dem CO_2-Ausstoß anderer Energiequellen abgewogen. Die Toleranz der Atomenergie stieg wiederum leicht an. Nach Fukushima haben mehrere Staaten den Ausstieg aus der Nuklearenergie beschlossen, zulasten der erneuten CO_2-Belastung der Umwelt.

Ein aktuelles Beispiel für die Güterabwägung im Sicherheitsbereich liefert die Risikobeurteilung im Medizintechnik-Bereich mit der EN ISO Norm 14971 «Medizinprodukte – Anwendung des Risikomanagements auf Medizinprodukte». Ziffer 7, «Bewertung der Vertretbarkeit des Gesamt-Restrisikos», schlägt folgendes Vorgehen zur Güterabwägung vor:

> «Nachdem alle Maßnahmen der Risikokontrolle umgesetzt und verifiziert wurden, muss der Hersteller entscheiden, ob das durch das Medizinprodukt verursachte Gesamt-Restrisiko unter Anwendung der im Risikomanagementplan festgelegten Kriterien vertretbar ist
> Falls das Gesamt-Restrisiko unter Anwendung der im Risikomanagementplan festgelegten Kriterien als unvertretbar beurteilt wird, muss der Hersteller Daten und Literatur sammeln und bewerten, um zu bestimmen, ob der medizinische Nutzen des bestimmungsgemäßen Gebrauchs das Restrisiko überwiegt. Wenn dieser Nachweis den Schluss unterstützt, dass der medizinische Nutzen das Gesamt-Restrisiko überwiegt, kann das Gesamt-Restrisiko als vertretbar beurteilt werden. Andernfalls bleibt das Gesamt-Restrisiko unvertretbar.
> Falls das Gesamt-Restrisiko als vertretbar beurteilt wird, muss der Hersteller entscheiden, welche Informationen in die Begleitpapiere aufgenommen werden müssen, um das Gesamt-Restrisiko bekannt zu geben.»[150]

Die Risikobewertung ist in Organisationen und in der Gesellschaft schwierig. Bei der Güterabwägung werden unterschiedliche Werte einander gegenübergestellt. Den Kriterien der Sicherheit und des menschlichen Lebens werden die wirtschaftlichen Dimensionen gegenübergestellt. Im Gesundheitswesen und in der Medizin führt dies zur Frage, wie viel Geld für die Erhaltung eines Menschenlebens aufgebracht werden soll, kann oder muss.

Unsere Gesellschaft versucht, die Güterabwägung in diesen Belangen oft dadurch zu lösen, dass sie sie im Einzelfall an eine Ethikkommission zur Beurteilung delegiert. Um ethische Fragen, die auf politischer Ebene geregelt werden müssen, geht es beim Vorsorgeprinzip im Umweltbereich.

---

150 EN ISO 14971:2013, S. 17 f.

4.6.5 Vorsorgeprinzip

Im Zusammenhang mit der Risikobewertung gibt es für das Vorsorgeprinzip politische Leitlinien. Es ist ein Grundsatz der aktuellen Umweltpolitik, wonach Umweltbelastungen bzw. -schäden im Voraus vermieden oder verringert werden sollen. Eine einheitliche Definition existiert nicht. Die Erklärung der UN-Konferenz für Umwelt und Entwicklung (UNCED) 1992 in Rio konkretisiert das Vorsorgeprinzip in Kapitel 35 Absatz 3 der Agenda 21:

«Angesichts der Gefahr irreversibler Umweltschäden soll ein Mangel an vollständiger wissenschaftlicher Gewissheit nicht als Entschuldigung dafür dienen, Maßnahmen hinauszuzögern, die in sich selbst gerechtfertigt sind. Bei Maßnahmen, die sich auf komplexe Systeme beziehen, die noch nicht voll verstanden worden sind und bei denen die Folgewirkungen von Störungen noch nicht vorausgesagt werden können, könnte der Vorsorgeansatz als Ausgangsbasis dienen.»
Das Vorsorgeprinzip zielt darauf ab, trotz fehlender Gewissheit bezüglich Art und Ausmaß von möglichen Schäden vorbeugend zu handeln, um diese Schäden von vornherein zu vermeiden. «Vorsicht ist besser als Nachsicht» oder: «Better safe than sorry».[151]
«Das Vorsorgeprinzip kommt dann zum Tragen, wenn angesichts möglicher Gefahren für die Gesundheit von Menschen, Tieren oder Pflanzen oder aus Gründen des Umweltschutzes dringender Handlungsbedarf besteht und die verfügbaren wissenschaftlichen Daten eine umfassende Risikobewertung nicht zulassen. Es darf allerdings nicht als Vorwand für protektionistische Maßnahmen herangezogen werden. Das Prinzip findet vor allem bei Gefahren für die öffentliche Gesundheit Anwendung. In diesen Fällen können beispielsweise ein Vermarktungsverbot ausgesprochen oder etwaige gesundheitsgefährdende Produkte zurückgerufen werden.»[152].
«Nach Auffassung der Kommission ist eine Berufung auf das Vorsorgeprinzip dann möglich, wenn potenzielle Gefahren eines Phänomens, Produkts oder Verfahrens durch eine objektive wissenschaftliche Bewertung ermittelt wurden, wenn sich das Risiko aber nicht mit hinreichender Sicherheit bestimmen lässt. Der Rückgriff auf das Vorsorgeprinzip erfolgt somit im Rahmen der allgemeinen Risikoanalyse (die außer der Risikobewertung auch das Risikomanagement und die Information über die Risiken umfasst), und zwar konkret im Rahmen des Risikomanagements, d. h. der Entscheidungsfindung.»[153]

Die Anwendung des Vorsorgeprinzips erfolgt nach folgenden Grundsätzen:

- «Die Anwendung des Prinzips sollte auf einer möglichst umfassenden wissenschaftlichen Bewertung beruhen. Soweit möglich, sollte in jedem Stadium dieser Bewertung das Ausmaß der wissenschaftlichen Unsicherheit ermittelt werden.
- Vor jeder Entscheidung für oder gegen ein Tätigwerden sollten die Risiken und die möglichen Folgen einer Untätigkeit bewertet werden.
- Sobald die Ergebnisse der wissenschaftlichen Bewertung und/oder der Risikobewertung vorliegen, sollten alle Betroffenen in die Untersuchung der verschiedenen Risikomanagement-Optionen einbezogen werden, wobei das Verfahren so transparent wie möglich zu gestalten ist.»

151 https://de.wikipedia.org/wiki/Vorsorgeprinzip , letzter Zugriff Januar 2016.
152 Mitteilung der Kommission der Europäischen Gemeinschaft vom 2. Februar 2000.
153 a. a. O.

Neben diesen spezifischen Grundsätzen sind im Fall einer Berufung auf das Vorsorgeprinzip die allgemeinen Grundsätze des Risikomanagements anwendbar. Es handelt sich dabei um die folgenden fünf Grundsätze:

- «den Grundsatz der Verhältnismäßigkeit, d. h. dass die getroffenen Maßnahmen im Verhältnis zum angestrebten Schutzniveau stehen müssen;
- das Verbot von Diskriminierungen bei der Anwendung der Maßnahmen;
- das Kohärenzgebot, d. h., dass die Maßnahmen auf in ähnlichen Fällen getroffene Maßnahmen abgestimmt sein oder auf ähnlichen Ansätzen beruhen sollten;
- den Grundsatz der Abwägung der mit einem Tätigwerden oder Nichttätigwerden verbundenen Vor- und Nachteile;
- den Grundsatz der Überprüfung der Maßnahmen im Lichte der wissenschaftlichen Entwicklung.»[154].

Güterabwägung bei bekannten Risiken und das Vorsorgeprinzip bei noch nicht ausreichend bekannten Gefährdungen sind Grundsätze, die eine Leitlinie für die Bewertung und Akzeptanz von qualitativen Risiken darstellen. Diese Grundsätze sind bei der Entscheidungsfindung durch Risikoeigner anzuwenden. Der Entscheid, ein Risiko zu tragen, stellt nur die eine Seite der Medaille dar. Die subjektive Risikowahrnehmung durch betroffene Menschen, als Individuen oder als Gruppen organisiert, führt zu einer weiteren Dimension der Risikobewertung.

4.7 Risikobewältigung

4.7.1 Konzepte der Risikobewältigung

Die Risikobewältigung umfasst Strategien und Maßnahmen, welche die Organisation ergreift, um Risiken tragbar und verantwortbar zu machen. Bekannte Begriffe dafür sind Risiko vermeiden, vermindern, transferieren, versichern etc.

Es gibt mehrere Konzepte, die sich mit der Bewältigung von Risiken befassen. Sie gliedern sich in folgende Ansätze:

Der erste befasst sich mit dem *präventiven Risikomanagement*. Es geht darum, den Eintritt von Risiken zu vermeiden oder zu vermindern. Dabei spielen Humanfaktoren, technische und um organisatorische Faktoren eine Rolle. Das dafür oft gebrauchte Stichwort «TOP» steht für **T**echnik, **O**rganisation, **P**erson).

Der zweite Ansatz ist das *Schadenmanagement*. Wenn ein Restrisiko trotz allen präventiven Maßnahmen eintritt und schwerwiegende Auswirkungen auf die Zielerreichung, auf die Durchführung von Tätigkeiten und auf die Einhaltung von gesetzlichen und relevanten Normen hat, ist es immer noch «bestandesgefährdend bzw. existenzbedrohend. Man spricht vom Notfall- und Krisenmanagement. Die Organisation muss vorbereitet sein, um die Auswirkung von Schadensereignissen durch das Notfall- und Krisenmanagement rasch erkennen und gezielt bekämpfen zu können.

154 a. a. O.

Schließlich bezweckt das Kontinuitätsmanagement (Business Continuity Management, BCM), die Folgen eines Schadensereignisses rasch zu überwinden. Auch dieses Konzept der Risikobewältigung beruht auf umfangreichen Vorbereitungen in Infrastruktur und Logistik, damit die negativen Auswirkungen eines Risikos möglichst rasch überwunden werden können.

Der dritte Ansatz ist die *Risikofinanzierung*, eng verbunden mit dem *Versicherungsmanagement*. Es rechtfertigt sich, diese Instrumente gesondert dazustellen, auch weil sich das Risikomanagement ursprünglich aus der Versicherung heraus entwickelt hat. Aus dem gesamten Spektrum der Unternehmensrisiken gelten aus heutiger Sicht allerdings nur wenige Risiken als versicherbar. Sie sind vor allem im Bereich der operationellen Gefährdungen zu finden. Demgegenüber haben die strategischen, finanziellen und fähigkeitsbezogenen Risiken von Organisationen stark an Aufmerksamkeit zugenommen, dass die versicherbaren Risiken etwas in den Hintergrund geraten sind.

4.7.2 Präventives Risikomanagement

Das präventive Risikomanagement umfasst alle Strategien und Maßnahmen, die darauf abzielen, dem Risiko möglichst zuvorzukommen (es zu vermeiden) oder es durch die Herabsetzung von Eintrittswahrscheinlichkeit und/oder Begrenzung der Auswirkung zu vermindern. Dabei gibt es Maßnahmen, die auf den Menschen und auf und sein Verhalten (Humanfaktoren), auf die Technik und auf die Organisation ausgerichtet sind.

4.7.2.1 Personelle Maßnahmen – Humanfaktoren

Im Risikomanagement spielen die Humanfaktoren bei der Leistungserbringung und bei der Zusammenarbeit von Menschen und Teams eine große Rolle. Als gutes Beispiel dienen die Hoch-Risiko-Organisationen, wo viele verschiedene Menschen in Kernprozessen mit der Technik und der Organisation in einem komplexen Arbeitssystem zusammenwirken.

Die Wissenschaft hat schon früh erkannt, dass der Mensch – neben allen seinen guten Eigenschaften – viele Fehler macht. Fehler sind Verhaltensweisen, die von objektiver Erwartung abweichen. Auch wenn sich der Mensch noch so bemüht und für die auszuführenden Funktionen speziell ausgewählt, eingeführt und überwacht wird, ist seine Zuverlässigkeit – im Vergleich etwa zu erprobten Maschinen – ziemlich gering. Immer wieder sind menschliche Unzulänglichkeiten Quelle von Gefahren und Risiken.

Menschliche Fehler können in Unvermögen und in Regelverstößen unterteilt werden. Das Unvermögen entsteht durch falsches Verhalten oder durch falsche Annahmen entstehen. Menschen neigen dazu, gegen gegebene Regeln und Vorschriften zu verstoßen. Dies kann unbewusst oder bewusst erfolgen. Unbewusste Verstöße sind im Bereich von fahrlässiger Handlung, bewusste als Absicht und Inkaufnahme qualifiziert. Sie konfrontieren den Täter mit dem Strafrecht.

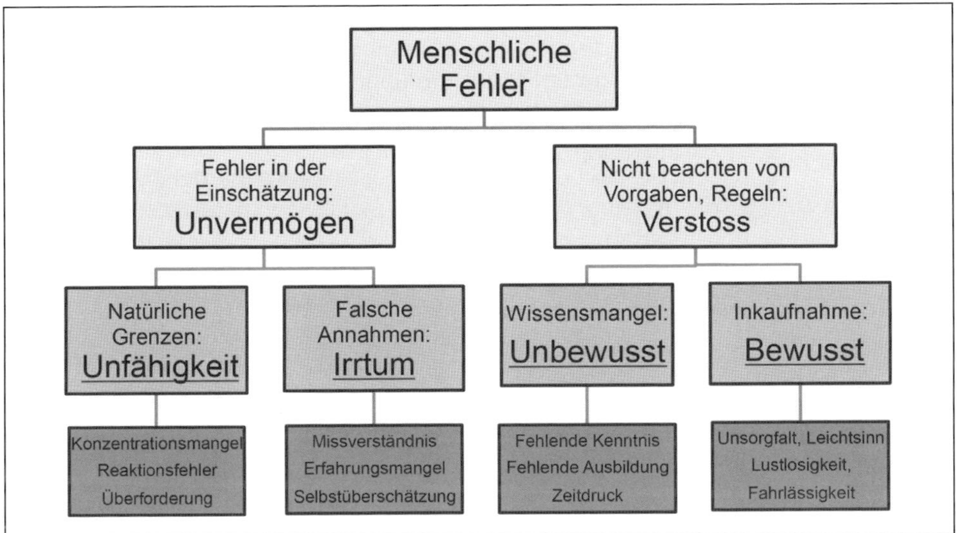

Übersicht 43: Menschliche Fehlerarten[155]

Risikomanagement muss den Menschen und seine Tätigkeit in einem Team als Risikoquelle in Betracht zu ziehen und in die Risikobewältigung einzubinden. Es geht darum, auf die menschlichen Fehler als Risikoquellen positiv einzuwirken. Dazu gibt es mehrere Möglichkeiten:

- Die Arbeitsumgebung, in der ein Mensch seine Funktionen ausführt, beeinflusst seine Zuverlässigkeit. Wenn die physischen Bedingungen des Arbeitsplatzes nicht passen (Ergonomie), oder wenn die sozialen und psychischen Einflüsse ungünstig sind (Stress, Mobbing, Überforderung), kann der Mensch seine Funktionen nur unter ungünstigen Umständen ausüben. Die Fehlerrate steigt, die Risiken nehmen zu.
- Die Kommunikation zwischen einzelnen Menschen in Arbeitsteams wirkt sich auf die Risiken aus: Ausbildung, Erfahrung und Verhaltensweisen von Menschen, die miteinander eine gemeinsame Funktion erfüllen, müssen der Situation angepasst und aufeinander abgestimmt sein.
- Die Kommunikation zwischen Teams ist wichtig, weil Teams einander ablösen und über die Informationen verfügen müssen, welche die zweckmäßige Weiterführung der Aufgaben gewährleisten. Kommunikation ist erforderlich z. B. für die weitere Behandlung eines Patienten im Krankenhaus durch ein anderes Team oder durch eine andere Abteilung. Arbeitsübergabe und Arbeitsübernahme verlangen eingehenden Informationsaustausch zwischen den beteiligten Teams (Briefings).
- Qualitative Arbeitsbelastung: Sie umfasst die Einwirkung der Arbeit auf den Menschen, seine Psyche und seinen Organismus: Dabei entsprechen die Anforderungen an die Arbeit nicht den bestehenden Fähigkeiten, Kenntnissen und Fertigkeiten des Individuums (Überforderung, Unterforderung)

155 Siehe ONR 49001, Ziff. 5.5.3.1

- Quantitative Arbeitsbelastung: Sie umfasst die Einwirkung der Arbeit auf den Menschen, seine Psyche und seinen Organismus: Dabei entsprechen die Anforderungen an die Arbeit nicht den zeitlichen Verhältnissen, die für deren Erledigung erforderlich wären. en qualitativ/quantitativ.
- Psychische Arbeitsbedingungen: Sie umfassen die objektiv feststellbaren psychischen Umstände und Verhältnisse (Arbeitsklima, Zusammenarbeit, Stress, Wohlbefinden, u. dgl.) die mittelbar und unmittelbar Einfluss auf das Arbeitsgeschehen und damit die Arbeitsleistung haben.

Übersicht 44: Die Risikoquellen im Team[156]

Beispiel für Kommunikationsrisiken:

Am 8. Dezember 2005 gab an der Tokyo Stock Exchange ein Wertschriftenhändler von Mizuho Securities irrtümlicherweise einen Verkaufsauftrag über 610 000 J-Com-Aktien für je 1 Yen in das Computersystem ein. Er hatte jedoch nur den Verkaufsauftrag von 1 Aktie zu 610 000 Yen eingeben wollen. Dieser Fehler verursachte der Firma Mizuho Securities, die dafür einstehen musste, einen Verlust von umgerechnet 344 Mio. $.

Später gab die Tokyo Stock Exchange zu, dass es sich dabei (auch) um einen Systemfehler gehandelt habe, weil der fehlerhafte Auftrag durch das System hätte bemerkt und die Ausführung verhindert werden sollen. Der Präsident der Tokioter Börse gab wenige Tage später deswegen seinen Rücktritt bekannt. Der Systemfehler an der zweitgrößten Börse der Welt stellte einen schweren Vertrauensverlust dar.

156 Siehe ONR 49001:2014, Kap. 5.5.3.2

Verwechslungen von Zahlen und Geldwerten sind das eine. Leider gibt es im medizinischen Bereich Verwechslungen von äußerst tragischer Art. Wenn man sich unkritisch auf die Vorarbeit von andern verlässt und davon ausgeht, dass man (blind) vertrauen dürfe, ohne die Fakten selbst zu prüfen, auch wenn man dafür verantwortlich ist, wird man strafrechtlich schuldig. Routinefehler werden, je nach deren Ausgang, zum persönlichen Verhängnis. Das sind besonders gravierenden Auswirkungen von Risiken und äußerst lohnende Anwendungen für ein wirksames Risikomanagement.

Beispiel für Routinefehler

Mitte Juni 2010 in einem Spital im Tirol: Eine 90-jährige Patientin litt an einer Gefäßerkrankung, die eines ihrer Beine stark in Mitleidenschaft gezogen hatte. So war medizinisch eine Amputation des kranken Beines indiziert. Die Mediziner haben unmittelbar nach dem Eingriff aber festgestellt, dass aus Versehen das nicht indizierte («gesunde») Bein der Frau unterhalb der Hüfte abgenommen wurde. Wenige Tage später mussten die Ärzte ein weiteres Mal operieren und diesmal das tatsächlich indizierte («kranke») Bein abnehmen. Nach dem Vorfall herrscht bei der Spitals-Belegschaft und Bevölkerung Bestürzung und Unverständnis.

In einer Erklärung sprachen ärztliche Direktion, Pflegedirektion und Verwaltungsdirektion davon, dass aus jetziger Sicht trotz bestehender Qualitätsstandards menschliches Versagen ebenso für den Vorfall verantwortlich zu sein scheine wie der Ausfall nacheinander geschalteter Sicherheitsmechanismen. Die Leitung des Spitals habe alles unternommen, um eine lückenlose Aufklärung des Vorfalles zu garantieren. In der Folge des menschlichen Versagens wurde der betroffene Mitarbeiter suspendiert und ein zweiter beteiligter Mitarbeiter unter Chefaufsicht gestellt. Bei dem Mitarbeiter handle es sich um einen Chirurgen, der erst seit kurzem am Spital tätig sei. Er verfüge aber über 25 Jahre Berufserfahrung.

Die Risikobewältigung bei den Humanfaktoren beginnt damit, die geeigneten Menschen für eine Tätigkeit sorgfältig auszuwählen, sie fortdauernd weiterzubilden und zu motivieren. Die Sensibilisierung auf die Risiken mit der Einführung und Förderung einer offenen Fehlerkultur ist ebenso wichtig wie die Gestaltung der entsprechenden Arbeitsprozesse und der physischen und sozialen Arbeitsbedingungen. Sie müssen die Zusammenarbeit und die Kommunikation unterstützen.

Zur Vermeidung von Fehlern und Verwechslungen kann die Steigerung der Funktionssicherheit von IT-Systemen mit vermehrter Automatisierung und eingebauten Kontrollfunktionen viel beitragen. Mit der Technisierung bzw. Automatisierung wird allgemein eine günstige Wirkung auf die Risiken, die durch den Menschen bedingt sind, erreicht. Dabei sind aber weitere Gesichtspunkte zu beachten, wie das Drei-Stufen-Modell zeigt: Es beschreibt die Grundsätze für die Gestaltung der Sicherheit von technischen Systemen.

4.7.2.2 Technische Systemgestaltung: Das Drei-Stufen-Modell

Das Modell stammt aus der Maschinenrichtlinie.[157] Es dient als Leitlinie, wie mit einem (technischen) Risiko umzugehen ist. Es formuliert die Grundsätze für die Integration der Sicherheit in eine Maschine wie folgt:

a) «Durch die Bauart der Maschinen muss gewährleistet sein, dass Betrieb, Rüsten und Wartung bei bestimmungsgemäßer Verwendung ohne Gefährdung von Personen erfolgen. Die Maßnahmen müssen darauf abzielen, Unfallrisiken während der voraussichtlichen Lebensdauer der Maschine, einschließlich der Zeit, in der die Maschine montiert und demontiert wird, selbst in den Fällen auszuschließen, in denen sich die Unfallrisiken aus vorhersehbaren Situationen ergeben.

b) Bei der Wahl der angemessensten Lösungen muss der Hersteller folgende Grundsätze anwenden, und zwar in der angegebenen Reihenfolge:
- Beseitigung oder Minimierung der Gefahren (Integration des Sicherheitskonzepts in die Entwicklung und den Bau der Maschine);
- Ergreifen von notwendigen Schutzmaßnahmen gegen nicht zu beseitigende Gefahren;
- Unterrichtung der Benutzer über die Restgefahren aufgrund der nicht vollständigen Wirksamkeit der getroffenen Schutzmaßnahmen; Hinweis auf eine eventuell erforderliche Spezialausbildung und persönliche Schutzausrüstung.

c) Bei der Entwicklung und dem Bau der Maschine sowie bei der Ausarbeitung der Betriebsanleitung muss der Hersteller nicht nur den normalen Gebrauch der Maschine in Betracht ziehen, sondern auch die nach vernünftigem Ermessen zu erwartende Benutzung der Maschine. Die Maschine ist so zu konzipieren, dass eine nicht ordnungsgemäße Verwendung verhindert wird, falls diese ein Risiko mit sich bringt.»

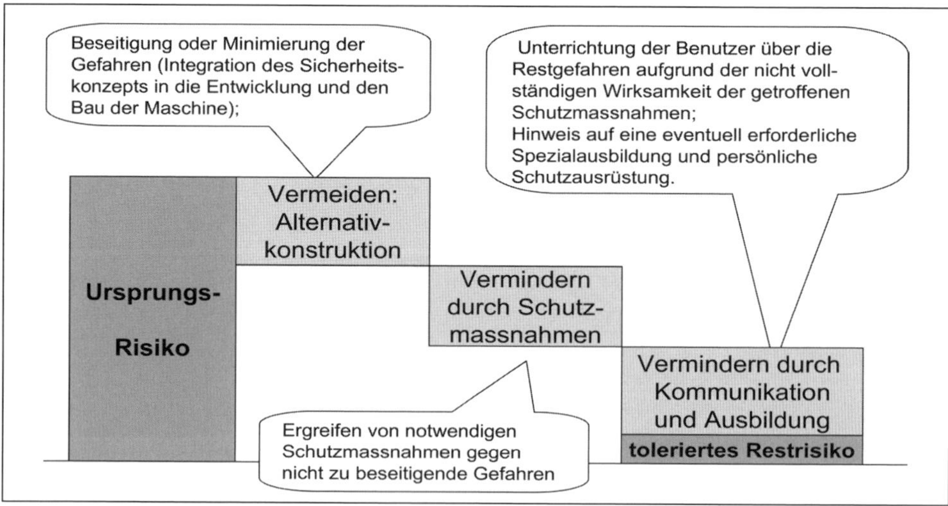

Übersicht 45: Das Drei-Stufen-Modell[158]

157 EG-Maschinenrichtlinie 2006/42/EG, 2006; siehe Anhang I.
158 ONR 49001:2014, Ziff. 5.5.2

Die Maschinenrichtlinie bezieht sich nur auf technische Systeme und deren Gestaltung nach sicherheitsspezifischen Anforderungen. Es stellt sich die Frage, ob dieses Modell nicht in analoger Weise auch auf Organisationen übertragen werden kann.

Praxisbeispiel für das Drei-Stufen-Modell:

Am 22. September 2006 ereignete sich auf der Versuchsstrecke des Transrapid im deutschen Emsland ein schweres Unglück, das 23 Todesopfer forderte. Gemäß einer früheren Darstellung des Herstellers sind die Passagiere trotz der hohen Geschwindigkeit im Transrapid sicherer als in jedem anderen Verkehrssystem. Weil das Fahrzeug den Fahrweg umgreift, kann es nicht aus der Spur geraten. Da der Antrieb im Fahrweg liegt, ist ein Zusammenstoß mit anderen Transrapid-Fahrzeugen ausgeschlossen – und durch die Streckenführung kann nichts seinen Weg kreuzen.

Zum Transrapid-System gehören Werkstattwagen, die sich mit einem konventionellen Antrieb auf der Trasse bewegen. Mit diesen Wagen wird die Strecke täglich vor Betriebsbeginn abgefahren und gereinigt.

Außerdem kann ein bei Ausfall des Antriebs liegen gebliebener Transrapid abgeschleppt werden. Da diese Wagen nicht magnetisch betrieben werden, ist eine Positionsbestimmung nach dem gleichen Prinzip wie beim Transrapid nicht möglich. Auf der Teststrecke im Emsland können die Werkstattwagen nur über Funkmeldungen des Bedienpersonals auf der Strecke lokalisiert werden. Die Kollision des Transrapid mit dem Werkstattwagen kam vermutlich deshalb zustande, weil Letzterer nicht ausreichend in das Sicherheitskonzept eingebunden war. Menschliches Versagen der Fahrdienstleitung soll bei den Abklärungen der Unfallursachen im Vordergrund stehen.[159]

Das Drei-Stufen-Modell könnte im Vorfeld dieses Unfalls insofern missachtet worden sein, als dass es sich nicht auf die Anlage als Ganzes, sondern nur auf einzelne Maschinenteile erstreckte. Damit wird an sich der Maschinenrichtlinie entsprochen, nicht aber einer Anwendung dieses bedeutenden Grundsatzes auf umfassende technische Systeme und Organisationen.

4.7.2.3 Organisatorische Maßnahmen

Das Drei-Stufen-Modell lässt sich auf Organisationen anwenden. Sie müssen Risiken vermeiden, vermindern und sich des Restrisikos bewusst ein. Was bedeutet dies im Einzelnen?

Risiken vermeiden heißt im technischen Bereich, die Konstruktion eines Systems so zu entwerfen, dass sie möglichst sicher ist. Analog bedeutet dies in Organisationen, dass die Prozesse und Abläufe so gestaltet werden müssen, dass bei deren Ablauf wenige Risiken entstehen. Hier spielen das Business Engineering, Prozessmanagement und schließlich das Qualitätsmanagement eine wichtige Rolle.

Zweitens müssen Schutzmaßnahmen, d. h. Kontrollen vorhanden sein, um die Restrisiken abzufangen. Diese Kontrollen können ein «Vier-Augen-Prinzip», ein zu dokumentierender Kontrollprozess oder eine Checkliste sein, deren Anwendung und Ergebnis zwingend zu dokumentieren ist.

159 vgl. http://www.de.wikipedia.org/wiki/Transrapid, letzter Zugriff Oktober 2006.

Drittens müssen die Menschen, die den Prozess betreuen, über eine offene Fehler- und Risikokultur verfügen, um die Risiken des Prozesses zu kennen und in ihren Handlungen zu berücksichtigen.

4.7.3 Schadenmanagement

4.7.3.1 Notfall- und Krisenmanagement

Auch wenn alle möglichen Maßnahmen der Vermeidung und Verminderung der Risiken durch technische und menschliche Maßnahmen getroffen werden, verbleiben in jeder Organisation Restrisiken. Damit die Organisation auf solche plötzlich eintretenden Ereignisse vorbereitet ist, richtet sie ein Notfall- und Krisenmanagement ein und hält dieses in einem entsprechenden Plan fest.

Notfall- und Krisenmanagement sind die Elemente im Risikomanagement, welche die kurzfristige Reaktion der Organisation bzw. ihrer Führung gegenüber einem eingetretenen Restrisiko betreffen.

Die Begriffe von Notfall und Krise sind in der ONR 49000 wie folgt definiert worden:

Notfall: Plötzliches und für gewöhnlich unvorhergesehenes Ereignis mit schwerwiegenden Folgen, das in der Regel nur auf eine Organisationseinheit begrenzt ist, und das außerordentliche Maßnahmen erfordert[160].

Krise: Situation, die organisationsweit außerordentliche Maßnahmen erfordert, weil die bestehende Organisationsstruktur und die Prozesse zu ihrer Bewältigung nicht ausreichen. Dabei gibt es Krisen im engeren und Krisen im weiteren Sinn:

- Die Krise (im engeren Sinn) kann durch einen Notfall ausgelöst werden.
- Die Krise (im weiteren Sinn) kann eine problematische Entwicklung oder Entscheidungssituation bedeuten[161].

Ein Notfall- und Krisenmanagement ist bei Unfällen, umweltrelevanten Störfällen, Brand, Explosion und Betriebsunterbruch, bei IT-Zusammenbrüchen, Naturkatastrophen, technischen Störungen und dergleichen erforderlich. Bei der Bewältigung von strategischen Risiken spricht man nicht unbedingt von Krisenmanagement, sondern von Turnaround-Management.

Das Notfall- und Krisenmanagement ergänzen organisationsseitig den Einsatz von Feuerwehr, Polizei und Sanität und nehmen eine wichtige Unterstützungs- und Kommunikationsfunktion gegenüber den betroffenen Stakeholdern wahr. Im Vordergrund stehen Mitarbeiter, Angehörige, Behörden und die Öffentlichkeit.

Aufgabe des Krisenmanagements ist neben der Krisenkommunikation die Eindämmung der Schadensfolgen und die Bewältigung von operativen Fehlleistungen,

160 ONR 49000:2014, Ziff. 2.1.10
161 ONR 49000:2014, Ziff. 2.1.9

oft verbunden mit einem Rechtsstreit und mit der Gefahr eines Reputationsverlustes.

4.7.3.2 Kontinuitätsmanagement

Demgegenüber hat das Kontinuitätsmanagement die Aufgabe, den eingetretenen Schaden möglichst schnell zu überwinden bzw. die verlorenen Betriebsfunktionen mit der raschen Wiederherstellung der Produktions- und Lieferfähigkeit wieder zurückzugewinnen.

Damit eine Organisation nach einem Schadensfall die Tätigkeit rasch wieder aufnehmen kann, müssen die logistischen Voraussetzungen geschaffen werden. Lieferungen ab Lager, die Sicherstellung der Produktion durch Ersatzbeschaffung (von Gebäuden, Betriebsmitteln, Infrastruktur, Einrichtungen) sowie eine angepasste Produktionsplanung und -steuerung, die sich schnell auf die neue Situation einstellen kann, sind die Kernelemente des Kontinuitätsmanagements.

Das Kontinuitätsmanagement muss sich ebenfalls auf die Beschaffungskette, die Supply Chain, erstrecken. Diese kann Auslöser eines Notfalls und einer Krise sein. Der Unterbruch einer kleinen Einheit kann zum Stillstand einer ganzen Produktionskette führen.

Die Sicherstellung der Betriebsfunktionen ist zudem bei hochverfügbaren IT-Systemen unerlässlich: Banken, Börsen (Finanz-, Rohstoff- und Energiebörsen), Verkehrsleitsysteme, Produktionsplanungs- und Warendispositions-Systeme verlangen ein funktionierendes Kontinuitätsmanagement.

Ein BCM ist für die Industrieversicherung von größter Bedeutung, denn es beeinflusst die Dauer der Betriebsunterbrechung und damit die Höhe der Versicherungsentschädigung.

4.7.4 Risikofinanzierung / Versicherungsmanagement

Oft wird die Risikofinanzierung bzw. die Versicherung als eigenständiges Instrument der Risikobewältigung dargestellt. Dies ist darauf zurückzuführen, dass das Risikomanagement für die Versicherungswirtschaft einen hohen Stellenwert hat und – vor allem in der Versicherung von Unternehmen – schon seit langer Zeit zu einer integrierten Dienstleistung gehört.

Folgende Versicherungszweige stehen dabei im Mittelpunkt:

- Die Sachversicherung umfasst die Erstattung eines Vermögensverlustes infolge von definierten Schadensereignissen wie Feuer, Explosion, abstürzenden Flugobjekten, Naturgefahren, um nur die wichtigsten zu nennen. Zur Sachversicherung gehören spezielle Zweige wie die Maschinen-, Transport-, Bau- und Montageversicherung.
- Die Sachversicherung ist oft mit der Versicherung von direkten Folgeschäden der Betriebsunterbrechung verbunden. Dabei werden die aus einem Sachschaden entstehenden Ertragsausfälle und Mehrkosten durch den Versicherungsvertrag entschädigt.
- Die Haftpflichtversicherung schützt Organisationen vor gesetzlichen Schadenersatzforderungen, wenn Personen-, Sach- und Vermögensschäden gegenüber

«Dritten» entstanden sind. Im Mittelpunkt steht die Betriebshaftpflichtversicherung, die Schäden aus Anlagen, Tätigkeiten oder Produkten versichert. Spezielle Deckungseinschlüsse wie Rückrufkosten, Ein- und Ausbaukosten, reine Vermögensschäden etc. runden die Haftpflichtversicherung ab.
- Die Haftpflicht kann sich auf die Berufsausübung erstrecken. Ingenieure, Anwälte und Ärzte gehören zu den Berufsgruppen, die eine solche Versicherung einkaufen.
- Die Personenversicherung mit betrieblichem und außerbetrieblichem Unfallschutz oder Entschädigung bei Krankheit fällt oft in den Bereich des Risikomanagements, vor allem im Zusammenhang mit Arbeitssicherheit und Gesundheitsschutz.
- Große Unternehmen können auf bekannte Formen der Eigenversicherung zurückgreifen. Vor allem der Einkauf von internationalen Versicherungsprogrammen und die Entwicklung von konzerneigenen Rückversicherungsgesellschaften ist eine beliebte Form der Risikofinanzierung bzw. Risikobewältigung.

Der Versicherung sind im Risikomanagement Grenzen gesetzt: Zwar kann sie den finanziell feststellbaren Schaden begleichen, nicht aber Kunden- und Marktanteilsverluste oder Reputationsschäden.

Die Versicherung leistet nur in denjenigen Risikobereichen einen Beitrag zur Risikobewältigung, welche durch «Schadensereignisse» entstanden sind. Alle Geschäftsrisiken, die eine Folge von ungünstigen äußeren Umständen oder Fehlentwicklungen und Fehlentscheidungen sind, werden i. d. R. als nicht versicherbar eingestuft. Dies betrifft besonders das Risikomanagement im Zusammenhang mit der strategischen und operationellen Unternehmensentwicklung.

4.7.5 Restrisiko akzeptieren

Es gibt drei Arten von Restrisiken, mit denen eine Organisation leben muss:
- Risiken, die man nicht entdeckt und nicht identifiziert hat.
- Risiken, die zwar nach Verminderung von Wahrscheinlichkeit und Auswirkung geringer geworden sind, aber die Ziele der Organisation immer noch erheblich beeinträchtigen.
- Restrisiken, die zwar immer noch über der Toleranzgrenze liegen, aber aus technischen, wirtschaftlichen und praktischen Gründen nicht reduziert werden können.

Damit wurden alle Schritte des Risikomanagement-Kernprozesses dargestellt.

4.8 Risikoüberwachung und Risikoüberprüfung

4.8.1 Risikomanagement als iterativer Prozess

Die Grundsätze des Risikomanagements halten fest, dass der Prozess der Risikobeurteilung laufend neue Rahmenbedingungen berücksichtigen muss und sich die Risikolage verändern kann:

«Das Risikomanagement ermittelt laufend Veränderungen und reagiert auf diese. Wenn interne oder externe Ereignisse eintreten, sich der Zusammenhang und das Wissen verändern, werden die Risiken überwacht und überprüft, treten neue Risiken auf, einige verändern sich und andere verschwinden»[162].

Auf diese Anforderungen wird im Risikomanagement-Prozess mit der Risikoüberwachung und Risikoüberprüfung eingegangen («Monitoring / Review»).[163] Diese beiden Tätigkeiten können als vorläufiger Abschluss der Durchführung des Risikomanagement-Prozesses angesehen werden, führen aber gleichzeitig wiederum zu neuem Handlungsbedarf in einer nächsten Phase des Prozesses.

4.8.2 Risikoüberwachung

Die Risikoüberwachung beobachtet primär vorhandene Restrisiken. Zu diesen gehören nicht nur die Risiken, die nach erfolgter Umsetzung von präventiven Maßnahmen verbleiben, sondern auch solche, die zwar vorhanden sind, aber noch nicht identifiziert und deshalb nicht behandelt worden sind. Ferner umfasst das Restrisiko solche Risiken, die bewusst eingegangen werden.

Eine besondere Aufgabe der Risikoüberwachung besteht in der Feststellung, wie sich die Risiken im Zeitablauf verhalten. Veränderungen können sowohl die Eintrittswahrscheinlichkeit als auch die Auswirkungen von Risiken betreffen. Entwicklungstrends sind kontinuierlich zu verfolgen. Die Früherkennung von Risiken, auch die Verstärkung oder Abschwächung von Früherkennungs-Indikatoren, gehört zur Aufgabe der Risikoüberwachung. Die Veränderungen von internen und externen Rahmenbedingungen, insbesondere von eigenen Zielen, Tätigkeiten und externen Anforderungen an die Organisation schaffen oft neue Risiken. Bestehende Risiken können infolge von internen und externen Anpassungen zudem verschwinden.

4.8.3 Risikoüberprüfung

Demgegenüber konzentriert sich die Risikoüberprüfung auf die Umsetzung der geplanten Tätigkeiten der Risikominderung. Risiken, die als nicht tragbar bewertet wurden, sollten mit konkreten Maßnahmen, Terminen, Verantwortungen gesteuert werden. Die Risikoüberprüfung stellt regelmäßig fest, ob die Maßnahmen umgesetzt werden und die Risikobehandlung wirksam ist. Man kann bei der Risikoüberprüfung auch vom Risikocontrolling sprechen.

---

162 ISO 31000:2009 Ziff. 3j) und ONR 49000:2014, Ziff. 4.2.10

163 Vgl. ISO 31000:2009 Ziff. 5.6 Monitor and Review.

5 Methoden der Risikobeurteilung

5.1 Überblick

Der im vorangehenden Kapitel aufgezeigte Risikomanagement-Prozess wurde unabhängig von den Methoden der Risikobeurteilung dargestellt. Die Umsetzung des Risikomanagement-Prozesses bedarf konkreter Vorgehensweisen, um das Risiko nach seiner Eintrittswahrscheinlichkeit und seiner Auswirkung auf die Ziele der Organisation oder auf die Funktionen eines Systems zu verstehen und einzuschätzen. Dafür stehen viele Methoden der Risikobeurteilung zur Verfügung[164]. Hier der Überblick:

Übersicht 46: Methoden der Risikobeurteilung im Überblick

Kreativitätstechniken	
Brainstorming	Die Methode sammelt in einem Team ohne Einschränkung eine Vielfalt von Ideen, bewertet und ordnet sie. (Anwendung: ursprünglich Marketing, sehr breit)
World Café	Die Methode basiert auf dem Brainstorming, ist aber für die Anwendung mit sehr großen Gruppen geeignet. Eingesetzt Moderatoren ermöglichen es, dass mehrere kleinere Gruppen sich von Thema zu Thema bewegen, um am Ende einen gemeinsamen Wissensstand zu erreichen (Anwendung: sehr breit)
Delphi-Technik	Die Methode kombiniert Expertenmeinungen, um von einem Problem stufenweise Ursachen und Auswirkungen zu identifizieren, die Wahrscheinlichkeit des Auftretens sowie die möglichen Auswirkungen zu schätzen und zu beurteilen. (Anwendung: sehr breit)
Citizens Conference	Partizipative Methode zur Beteiligung der Bürger in der Meinungsbildung bei politischen Entscheidungsprozessen. Kann für größere Gruppen zur Konsensbildung eingesetzt werden. (Anwendung: spezielle politische Meinungsbildung)
Szenarioanalysen i.w.S.	
Ursachen-Wirkungs-Diagramm	Ein eingetretenes Vorkommnis bzw. eine Schadensfall wird analysiert, um den Ablauf und die Einflussfaktoren zu erkennen. Es sollen Maßnahmen für die System- oder Prozessverbesserung gefunden werden, um ähnliche Schäden zu vermeiden. (Anwendung: sehr breit)

164 Die Inhalte dieses Kapitels sind eng an die ONR 49002-2:2014 angelehnt und haben sich in den vergangenen Auflagen des Buches und Versionen der ONR Hand in Hand weiter entwickelt.

Schadenfall-analyse	Systemanalyse schwerer Zwischenfälle oder Unfälle im medizinischen und im industriellen Bereich (Logistik, Transport usw.). Die Verkettung «unglücklicher Umstände» (Management-Faktoren, operative Einflussfaktoren, menschliche Fehler und fehlende Barrieren) kann aufgezeigt werden, ein schwerer Unfall damit sachlich aufgearbeitet und ausgewertet werden. (Anwendung: nur bei schweren Zwischenfällen, Unfällen)
Analyse von «Top Events»	Die Fehlerbaumanalyse definiert das Top Event (Ereignis) und ermittelt die einzelnen Ereignisursachen. Diese werden in einem Fehlerbaum grafisch dargestellt und logisch verknüpft. Den einzelnen Ursachen werden Wahrscheinlichkeitswerte für ihr Eintreten zugeordnet. Dadurch lässt sich die Eintrittswahrscheinlichkeit des Top Events bestimmen. Die Ablaufanalyse zeigt, dass das Top Event sehr unterschiedlich ausgehen kann. Die den Ausgang entscheidenden Kriterien müssen festgelegt werden. Aus dem Top Event (Hauptszenario) ergeben sich mehrere untergeordnete Szenarien, denen erneut Wahrscheinlichkeiten für den Eintritt zugeordnet werden können. (Anwendungen: Nuklearindustrie, Luftfahrtindustrie, Störfallprävention)
Szenarioanalyse i.e.S.	Die Risiken einer Organisation werden in einem Team identifiziert, analysiert und als schlimmstmöglicher, aber dennoch glaubwürdiger Fall bewertet. Die Beschreibung des Szenarios mit seinen Ursachen und Auswirkungen ist wichtig, um das Risiko zu verstehen. Bei jedem Szenario werden Eintrittswahrscheinlichkeit und potenzielle Auswirkungen auf die Ziele der Organisation, die Tätigkeiten und Anforderungen geschätzt und schließlich in einer Risikolandschaft dargestellt. (Anwendungen: Unternehmens-Risikomanagement: Top-down-Risikoanalyse für Organisationen und Projekt)
Indikatorenanalysen	
Critical Incidents Reporting System (CIRS)	Critical Incidents Reporting Systems (CIRS) ermitteln kritische Vorfälle, die als Indikatoren für größere Risikoszenarien gelten. Risiken, die selten auftreten, aber große Auswirkung auf die Organisation haben könnten, werden durch CIRS identifiziert, bevor sie sich realisieren. Die Auswertung der Indikatoren und die Umsetzung der Ergebnisse in Prozessen und Systemen unterstützt die Risikobewältigung. (Anwendung: Luftfahrt, öffentlicher Verkehr, Arbeitssicherheit, klinisches Risikomanagement)

Risk Based Change Management (RBCM)	Risk Based Change Management (RBCM) ist ein Früherkennungssystem, das sich auf Risiken konzentriert, die sich durch Veränderungen im Umfeld oder in der Organisation ergeben. Die Veränderungen werden systematisch identifiziert und mit einem Rating-Verfahren bezüglich ihrer Komplexität und Auswirkungen auf die Organisation beurteilt. Je nach dem wird das Management der Veränderung eskaliert und dann mit weiteren Risikomanagement-Methoden bearbeitet. (Anwendungen: Strategisches Management, Früherkennung, Change Management)
Funktionsanalysen, Gefährdungsanalysen	
Design FMEA	Die Design-(Konstruktions-)FMEA wird eingesetzt, um die Funktionalität, Zuverlässigkeit und Sicherheit von komplexen technischen Systemen, Komponenten und Produkten sicherzustellen. (Anwendungen: Automobilindustrie, Verkehrsindustrie, Medizinprodukte)
Process FMEA	Die Prozess-FMEA wird eingesetzt, um die Qualität, Funktionalität, Zuverlässigkeit und Sicherheit von automatisierten oder manuellen Prozessen sicherzustellen. (Anwendungen: Automobilindustrie, Medizinprodukte)
Gefährdungsanalyse, Prozessanalyse	Systeme oder Prozesse werden in ihre Teile zerlegt, Fehlfunktionen, die zu Gefährdungen bzw. Bedrohungen führen, identifiziert und als Risiken behandelt. (Anwendung: Gefährdungsanalyse: Arbeitssicherheit, Produktsicherheit, Gesundheitswesen, Bottom-up-Risikoanalyse) (Anwendung: Wirtschaftsprüfung, Interne Kontrollsysteme)
HAZOP	Die «Hazard and Operability Study» (HAZOP) ist der Design-FMEA ähnlich, wird aber in der chemischen Prozessindustrie angewendet. Sie erweitert die Funktionsanalyse und prüft die einzelnen Komponenten bzw. Funktionen mit den Leitworten: «kein»/«nicht»/«mehr»/«weniger»/«sowohl-als-auch»/ «zum Teil»/«umgekehrt»/«anders-als». (Anwendungen: Chemische Prozessindustrie)
HACCP	Die «Hazard and Critical Control Point»-Analyse (HACCP) wird hauptsächlich in der Nahrungsmittel- und Getränkeindustrie eingesetzt, um die Herstellungsprozesse an kritischen Kontrollpunkten zu überwachen. Es werden biologische Werte von Substanzen oder Anlagen gemessen, um festzustellen, ob sie sich innerhalb bestimmter vordefinierter Grenzen befinden. (Anwendungen: Nahrungsmittel- und Getränkeindustrie, Gesundheitswesen)
Statistische Methoden	
Standardabweichung der Normalverteilung	Die Standardabweichung wird in der Finanzindustrie eingesetzt, um die Abweichung von statistisch ermittelten Durchschnittswerten von Anlagen (Aktien, Obligationen etc.) zu messen. Die Standardabweichung ist das Maß für das Risiko. Je mehr die Werte der Verteilung um den Mittelwert gestreut sind, desto grösser ist das Risiko. (Anwendungen: Banken, Versicherungen)

Konfidenzintervall Value at Risk	Der «Value at Risk» wird in der Finanzindustrie verbreitet eingesetzt, um beim Vertrauensniveau (confidence level) von 95 %, 99 % oder darüber hinaus den Schaden bzw. Verlust festzustellen, der nicht überschritten wird. (Anwendungen: Banken, Versicherung)
Monte Carlo Simulation	Simulationsverfahren, bei dem häufig durchgeführte Zufallsexperimente es gestatten, Einzelergebnisse dynamisch darzustellen oder eine Gruppe von Risiken zu aggregieren. (Anwendung: Banken, Versicherung, zusammen mit Standardabweichung und Konfidenzintervall)
Andere	Es gibt weitere Methoden der Risikobeurteilung, die meist eine Kombination der oben erwähnten grundlegenden Methoden darstellen.

Nachfolgend werden die Methoden im Einzelnen erklärt.

5.2 Kreativitätstechniken

5.2.1 Brainstorming

5.2.1.1 Beschreibung

Die klassische Kreativitätstechnik ist das Brainstorming[165]. Es dient der Ideenfindung. Ursprünglich stammt das Brainstorming aus der Werbung. Später wurde es auch auf weitere Gebiete ausgedehnt wie die Produktentwicklung. Es eignet sich gut für die Risikoidentifikation in moderierten Gruppendiskussionen, bei denen zu einem Risiko Ideen gesucht oder Meinungen gebildet werden.

5.2.1.2 Vorgehen

Im ersten Schritt wird nach neuen Ideen zu einem bestimmten Risiko gesucht. Die Teilnehmer sind aufgefordert, ohne jede Einschränkung Ideen zu produzieren und mit anderen Ideen zu kombinieren. Jeder soll seine Gedanken frei äußern können. Es ist verboten, Ideen zu kritisieren, zu verwerfen, lächerlich zu machen oder willkürlich zu bewerten. Auf diese Weise soll die Gruppe in eine möglichst produktive, erfindungsreiche Stimmung versetzt werden.

Im zweiten Schritt werden nach einer Pause sämtliche Ideen vom Moderator vorgetragen, von den Teilnehmern bewertet und sortiert. Hierbei geht es zunächst um bloße thematische Zugehörigkeit und das Aussortieren von problemfernen Ideen. Die Bewertung kann in derselben Diskussion durch dieselben Teilnehmer erfolgen, oder die Auswertung der Ergebnisse erfolgt anderswo und von anderen Personen.

165 http://de.wikipedia.org/wiki/Brainstorming, letzter Zugriff Januar 2016. Der Autor des Brainstormings ist Alex Osborn. Er hat viele Jahre in der amerikanischen Werbebranche verbracht, wo die Kreativität auch heute noch eine besondere Rolle spielt

5.2.1.3 Anwendungen

Brainstorming wird im Risikomanagement z. B. in Verbindung mit der Szenario-Analyse eingesetzt. Grundlage für die Risikoidentifikation ist eine Auflistung von Risikofeldern. Es handelt sich dabei um die systematische Sammlung von Wissen und Erfahrungen zu bestimmten, weit gefassten Risikothemen. Das Brainstorming dient dazu, bei den einzelnen Risikofeldern die relevanten Risikoszenarien zu finden. Das Brainstorming unterstützt eine offene Fehler- und Risikokultur, weil sich jedermann frei fühlen kann, über Risiken zu sprechen und solche in die Diskussion einzubringen.

Das Brainstorming wird ebenso bei anderen Methoden der Risikobeurteilung, z. B. in der Schadenfallanalyse oder bei der Risikoidentifikation in der Szenarioanalyse, eingesetzt und ist in einer offenen Kommunikationskultur nicht wegzudenken.

5.2.2 World Café

5.2.2.1 Beschreibung

Das World Café ist ein Brainstorming für große Gruppen. In komplexen Situationen und in Veränderungsprozessen kann es erforderlich sein, konstruktive Diskussionen zu ermöglichen und dadurch einen breiten Konsens zu erzielen. Es sollten dabei viele Beteiligte zu Wort kommen, um ihnen so die Mitwirkung zu ermöglichen. Bei einer entspannten Gesprächsatmosphäre können das kollektive Wissen und der Leistungsvorteil der Gruppe sichtbar werden, um neue Perspektiven, Denkansätze und Verhaltensweisen zu ermöglichen.

5.2.2.2 Vorgehen

Die im World Café Teilnehmenden sitzen in einem Raum gruppenweise an Tischen mit vier bis acht Personen. Alle Teilnehmenden haben in der Gruppe die Möglichkeit, ihre Gedanken und Ideen zu visualisieren und zwar so, dass alle Teilnehmer am Tisch die Darstellungen sehen.

An jedem Tisch sitzt ein Gastgeber, ein Moderator. Er erklärt die Funktionsweise des World Café und die Verhaltensregeln. Der Moderator eröffnet die Sitzung mit einer spezifischen Fragestellung pro Tisch. Diese wird in einer offenen Diskussion mit visueller Unterlegung brainstormartig geführt.

Nach etwa 15 bis 30 Minuten wechseln die Gruppen zum nächsten Tisch. Der Gastgeber, Moderator bleibt zurück, empfängt die nächste Gruppe und führt diese in das von der ersten Gruppe erarbeitete Ergebnis ein. Die neue Gruppe nimmt auf dem bereits erreichten Stand die Diskussionen auf und ergänzt die bereits festgehaltenen Erkenntnisse mit neuen Aspekten. Diese werden graphisch auf dem Ergebnis der ersten Gruppe fortgeschrieben. Dann wechseln die Gruppen abermals zum nächsten Tisch usw.

Das World Café schließt mit einer Präsentation vor allen Teilnehmenden ab, wo die Gesamtergebnisse der einzelnen Gruppen zu allen Fragestellungen vorgestellt und zusammengefasst werden.

5.2.2.3 Anwendungen

Das World Café ist eine Kreativitätstechnik, an der viele Personen mitwirken können. Normale Gruppendiskussionen sind auf sieben bis acht Teilnehmer begrenzt; World Café kann jedoch auch mit sehr viel größeren Teilnehmerzahlen (z. B. 100 bis 200 Teilnehmende) arbeiten.

Im Risikomanagement leistet die World-Café-Methode wichtige Beiträge, wenn es um die Risikokommunikation, -identifikation, den Umgang mit Risiken und um die Risikokultur geht.

5.2.3 Delphi-Studie als Befragungstechnik

5.2.3.1 Beschreibung

Die Delphi-Studie[166] (auch Delphi-Methode oder Delphi-Befragung genannt) gehört zu den bekannten Befragungstechniken. Sie eignet sich für die Risikoanalyse und ist ein systematisches, mehrstufiges Verfahren, um zukünftige Ereignisse, Trends, technische Entwicklungen etc. möglichst gut einzuschätzen. Eine Gruppe von Experten ist beteiligt, doch sie kommunizieren nicht mündlich in Diskussionen wie beim Brainstorming, sondern schriftlich.

5.2.3.2 Vorgehen

Das Vorgehen bei der Delphi-Studie ist mehrstufig: Den Experten wird ein Fragenkatalog über ein bestimmtes Thema (z. B. zu einem Risiko) vorgelegt. Dabei geht es um die Einschätzung von Sachverhalten bzw. um die Ermittlung von Zukunftsprognosen und Trends. Die schriftlichen Antworten werden aufgelistet und anonym zusammengefasst. Danach wird das Ergebnis den Fachleuten für eine weitere Beurteilung erneut vorgelegt. Es kann sich eine dritte Stufe der Meinungsbildung anschließen. Das Endergebnis ist eine systematisch aufbereitete, fokussierte Gruppenaussage zum Thema. Angewendet auf die Risikoanalyse, kann eine Delphi-Studie abgestimmte und zuverlässige Ergebnisse für die Risikoeinschätzung erbringen.

5.2.3.3 Anwendungen

Die allgemeine Anwendung der Delphi-Studie dient der Ermittlung bzw. Einschätzung von Trends und Prognosen, z. B. über Entwicklungen im Umfeld (Technologie, Gesellschaft) oder über die Unternehmensentwicklung und Innovationsforschung.

Die Merkmale der Delphi-Studie sind für dessen Anwendung im Risikomanagement besonders prädestiniert, weil von derselben Absicht getragen: Einerseits ist es

166 http://de.wikipedia.org/wiki/Delphi-Methode, letzter Zugriff, Januar 2016. Das Befragungsverfahren wurde von der RAND-Corporation ca. 1964 entwickelt.

die Konzentration auf das Wesentliche. Andererseits ist für die zielgerichtete Verarbeitung von Risikoinformationen und für die Umsetzung von erarbeiteten Ergebnissen ein gleichartiges Verständnis des Risikos in der betroffenen Gruppe (Risikoeigner, Stakeholder) wichtig. Dazu gehört insbesondere der Konsens, der eine konvergente Beurteilung reflektiert und den Handlungsbedarf aufzeigt.

5.2.4 Citizens Conference / Bürgerkonferenz

5.2.4.1 Beschreibung

Eine Bürgerkonferenz ist eine partizipative Methode zur Beteiligung am politischen Entscheidungsprozess. Sie eignet sich für die Meinungsbildung für größere Gruppen (ab etwa 30 bis mehrere hundert Personen). Als Beispiel einer Bürgerkonferenz gilt die lang erprobte und vor allem in skandinavischen Ländern zur methodischen Reife entwickelte Konsens-Konferenz (Consensus Conference).

5.2.4.2 Vorgehen

Es werden etwa 10 bis 30 interessierte Bürger ausgewählt, die in Bezug auf Alter, Geschlecht, Bildungsgrad und Berufsspektrum einen möglichst repräsentativen Querschnitt der Bevölkerung darstellen sollten. Sie arbeiten sich mit Hilfe von Hintergrundberichten, Zeitungsartikeln, Stellungnahmen u. dgl. in die Fragestellung ein und treffen sich mehrmals zu vorbereitenden Sitzungen.

Die Bürgerkonferenz selbst findet an 2 bis 4 aufeinanderfolgenden Tagen statt. Dabei wird das Thema zusätzlich durch Sachverständige umfassend dargestellt, die Teilnehmer haben die Möglichkeit, die Experten zu befragen und das Thema zu diskutieren. Schließlich erstellen die Teilnehmer in den Gruppen einen schriftlichen Bericht mit ihren im Konsens erzielten Stellungnahmen, Empfehlungen und deren Begründung. Der Bericht wird Entscheidungsträgern präsentiert.

Problematisch ist der Druck, einen Konsens erzielen zu müssen, was dazu führen kann, dass gemeinsam eine Minimallösung entwickelt wird. Ein Lösungsweg ist die Erweiterung zu nicht-konsensualen Bürgerkonferenzen, die abweichende Meinungen (Sondervoten) und Minderheitspositionen im Gesamtbericht Einschließen.

5.2.4.3 Anwendungen

Der Zweck von Bürgerkonferenzen besteht darin, in der Bevölkerung (abgebildet in der Form einer repräsentativen Stichprobe) eine qualifizierte Meinungsbildung zu ermöglichen. Grundlage ist ein großes verfügbares Expertenwissen. Bürgerkonferenzen eignen sich für Themen, die kontrovers diskutiert werden, von hoher Gesellschaftsrelevanz sind und daher in irgendeiner Form von öffentlicher Hand reguliert werden müssen. Anwendungsbeispiele sind die Energiepolitik, die Vorschriften für gentechnisch veränderte Lebensmittel oder die Regulierung der Transplantationsmedizin.

5.3 Szenarioanalysen i.w.S.

5.3.1 Allgemeines

Szenarioanalysen i.w.S. beschreiben einzelne Risiken. Es sind Ursachen-Wirkungs-Darstellungen, die ein konkretes Bild eines Risikos vermitteln. Es gibt einfache und komplexe Methoden sowie qualitative und quantitative Ansätze.

Ein Szenario ist eine konkrete und bildhafte Darstellung eines Risikos, welche aufzeigt, wie sich Ereignisse oder Entwicklungen in einer Organisation oder in einem System verwirklichen könnten[167]. Risikoszenarien können in der Zukunft liegen oder eingetroffen sein. Im letzteren Fall spricht man von der Schadenfallanalyse. Dazu gehören verschiedene Ursache-Wirkungs-Diagramme.

5.3.2 Ursache-Wirkungs-Analyse / Ishikawa Diagramm

5.3.2.1 Beschreibung

Die einfache Ursache-Wirkungs-Analyse setzt bei einem Vorkommnis an. Es interessieren die vielfältigen Ursachen, die zum Ereignis geführt haben. Der «Erfinder» der Ursache-Wirkungs-Analyse, oft auch «Root Cause Analysis genannt, ist der Japaner Ishikawa. Das nach ihm benannte Ishikawa-Diagramm ist im Qualitätsmanagement theoretisch bekannt, wird aber kaum praktisch genutzt. Dabei kann das Ishikawa-Diagramm viel zur Erklärung von Fehlern beitragen. Es ermöglicht eine objektive Schilderung des Sachverhaltes und trägt zu einer offenen Fehler- und Risikokultur bei.

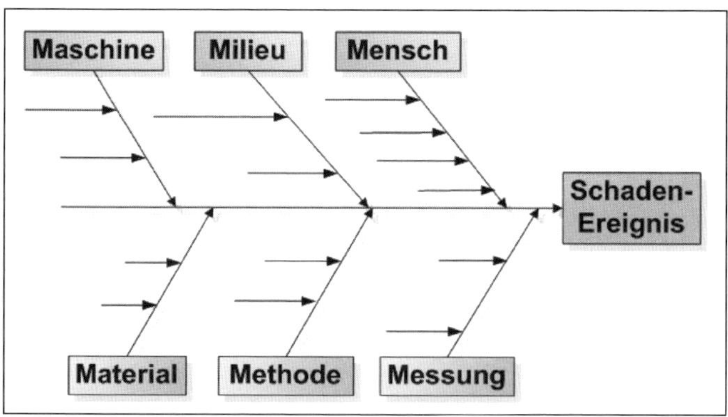

Übersicht 47: Das Fischgräte- bzw. Ishikawa-Diagramm

167 Vgl. ONR 49000, Ziff. 3.1.16 Szenario

Die Ursache-Wirkungs-Kette unterscheidet Haupt- und Nebenursachen. Die Hauptursachen werden als «6M» bezeichnet: Maschine, Milieu, Mensch, Material, Methode und Messung.

5.3.2.2 Vorgehen

Die Ursache-Wirkungs-Analyse geht von drei Schritten aus:

- Der erste Schritt ist die Identifikation des Vorkommnisses mit der Definition des Schadens, Fehlers, Mangels. Die möglichen Ursachengruppen (6M) werden aufgezeichnet.
- Der zweite Schritt besteht in der Feststellung (Brainstorming) der konkreten Ursachen, wobei nur die relevanten, nicht alle theoretischen möglichen Ursachen darzustellen sind. Sie werden im Fischgrat-Diagramm eingetragen und gewichtet.
- Im dritten Schritt werden Maßnahmen abgeleitet, die geeignet sind, die gewichteten Ursachen zu beeinflussen und zu eliminieren.

In bestimmten Anwendungsbereichen, z. B. der Arbeitssicherheit, geht man nicht vom 6M-Modell aus, sondern man spricht z. B. vom TOP-Modell. TOP steht für Technik – Organisation – Person. Es liefert eine noch einfachere Darstellung der möglichen Ursachen eines Schadensfalls.

In der Luftfahrt ist das Ursache-Wirkungs-Diagramm als SHELL-Modell bekannt. Das Fehlermodell wird wie folgt beschrieben:

S steht für Software: = Prozess-Organisation
H steht für Hardware = Technik und Material
E steht für Environment = Arbeitsplatz und Infrastruktur
LL steht für Lifeware = Menschen (Individuum und Teams)

Ursache-Wirkungs-Diagramme dienen der Erforschung von Ursachen eines Vorkommnisses oder eines Schadenfalls. Die Schuldfrage wird dabei ausgeklammert, um eine offene Fehler- und Risikokultur aufrecht zu erhalten.

5.3.3 Anwendungen

Die Einzelschadensanalyse eignet sich für die Analyse von kleineren Schadensereignissen oder Problemen. Die Methode ist einfach und wenig formalistisch. Der Aufwand hält sich in Grenzen.

5.3.4 Schadenfallanalyse

5.3.4.1 Beschreibung

Schadenfallanalysen werden dort eingesetzt, wo ein schwerer Unfall Folge eines Ablaufs ist. Verharmlosend wird gerne von der «Verkettung unglücklicher Umstände» gesprochen.

Ein besonders gutes Beispiel für die Schadenfallanalyse stellt das «London-Protokoll»[168] dar. Es handelt sich um eine Systemanalyse schwerer klinischer Zwischenfälle. Bis ein Unfall (z. B. eine Seitenverwechslung bei einer Operation im Krankenhaus) zustande kommt, braucht es vier verschiedene Elemente, welche zur «Verkettung unglücklicher Umstände» und damit zum Unfall führen: Es sind dies

- die fehlerhafte Organisation und Management-Kultur,
- die begünstigenden Einflussfaktoren,
- das menschliche (Fehl-) Verhalten und
- nicht wirksame Barrieren bzw. Kontrollen.

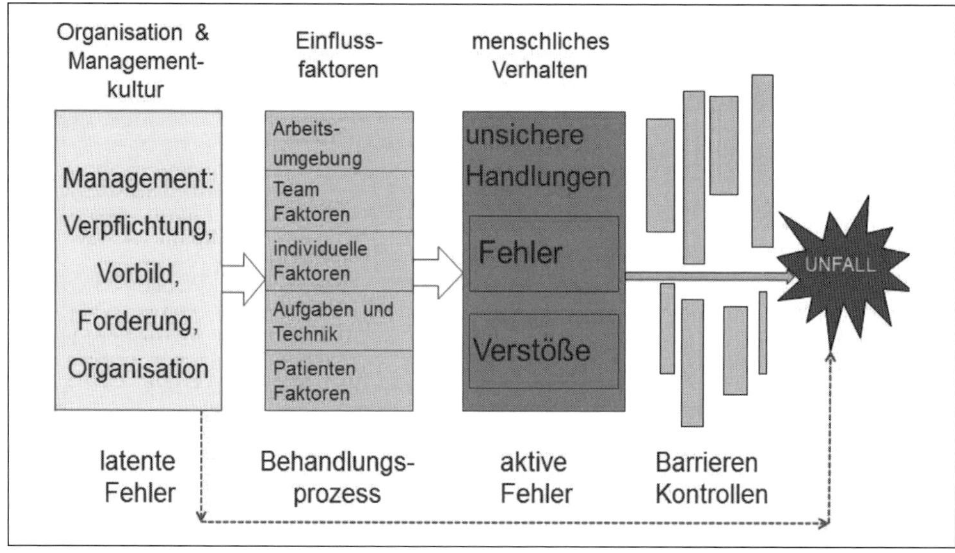

Übersicht 48: Systemanalyse nach dem London-Protokoll

5.3.4.2 Vorgehen

Zusätzlich zur Systemanalyse bietet das London-Protokoll eine Systematik an, die aufzeigt, wie solche schweren Unfälle abgeklärt werden sollten. Schwere Unfälle können meist nicht – wie bei der einfachen Ursache-Wirkungs-Analyse – im Team abgearbeitet werden, da damit Schuldfragen und möglicherweise auch schweres Fehlverhalten verbunden sind. Es braucht für die Durchführung der Schadenfallanalyse einen Entscheid der obersten Leitung, welcher den Auftrag und die Legitimation gewährleistet.

168 Taylor-Adams/Vincent (2007)

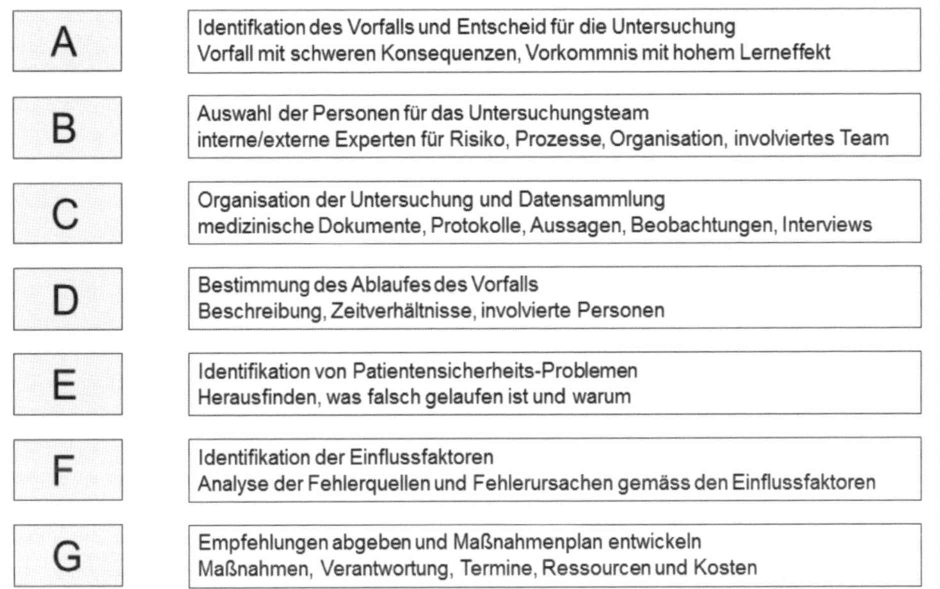

Übersicht 49: Vorgehen für die Abklärung eines schweren Unfalls

5.3.4.3 Anwendung

Das London-Protokoll wurde im Umfeld des klinischen Risikomanagements entwickelt und befasst sich mit der Abklärung von schweren Schadensereignissen, welche Folge von Systemfehlern sind. Es konzentriert sich auf die systemischen Aspekte und stellt mögliches menschliches Fehlverhalten in einen größeren Zusammenhang.

Das Ergebnis der Arbeit mit dem London-Protokoll besteht in einem Maßnahmenkatalog, welcher die systemischen und menschlichen Ursachen ermittelt, um ähnliche Vorfälle zu verhindern.

Die Methode kann außerhalb des Gesundheitswesens, z. B. in der Industrie und im Dienstleistungsbereich eingesetzt werden, um die Abklärung von schweren Unfällen zu unterstützen.

5.3.5 Szenarioanalysen i.e.S.

5.3.5.1 Beschreibung

Die «klassische» Methode der Risikobeurteilung ist die Szenario-Analyse. Werden mehrere Risiken gleichzeitig beurteilt, kann man sie mit einer Risikomatrix in einem Risikoprofil darstellen. Die Szenarioanalyse i.e.S. geht i. d. R. vom Top-down-Ansatz aus. Sie betrachtet die gesamte Organisation und beschränkt sich auf wenige, wichtige Risikoszenarien, die nach dem Credible-Worst-Case-Prinzip bewertet werden.

Die Szenarioanalyse wird im Unternehmens-Risikomanagement eingesetzt, das sich mit den «bestandesgefährdenden» strategischen und operativen Risiken einer Organisation befasst. Solche lassen sich z. B. aus einem Führungsmodell nach Balanced Scorecard ableiten. Sein Gliederungssystem für Ziele und Tätigkeiten umfasst die Bereiche «Kunden/Produkte», «operative Prozesse», «Finanzen» sowie «Management und Mitarbeiter».

Übersicht 50: Das Zielsystem nach Balanced Scorecard

Eine weitere Möglichkeit für die Risikoidentifikation besteht darin, den übergeordneten Wertschöpfungsprozess einer Organisation zu untersuchen.

Die anspruchsvollste Tätigkeit in der Szenarioanalyse i.e.S. besteht in der Analyse und Bewertung der Risiken. Die Analyse befasst sich mit dem Inhalt, den Ursachen und den Auswirkungen eines Risikos. Wenn das Risiko durch die Risikoeigner bis zu den Einzelheiten verstanden worden ist, kann es bewertet werden. Dazu dienen die Risikokriterien, welche die mögliche Eintrittswahrscheinlichkeit und die Auswirkung eines Risikos einschätzen.

Das Ergebnis der Szenarioanalyse i.e.S. kann ein Risikoprofil sein, das im Ist- und im Sollzustand (nach Umsetzung der geplanten Maßnahmen der Risikobewältigung) die Risikolage einer Organisation oder eines Systems verständlich aufzeigt.

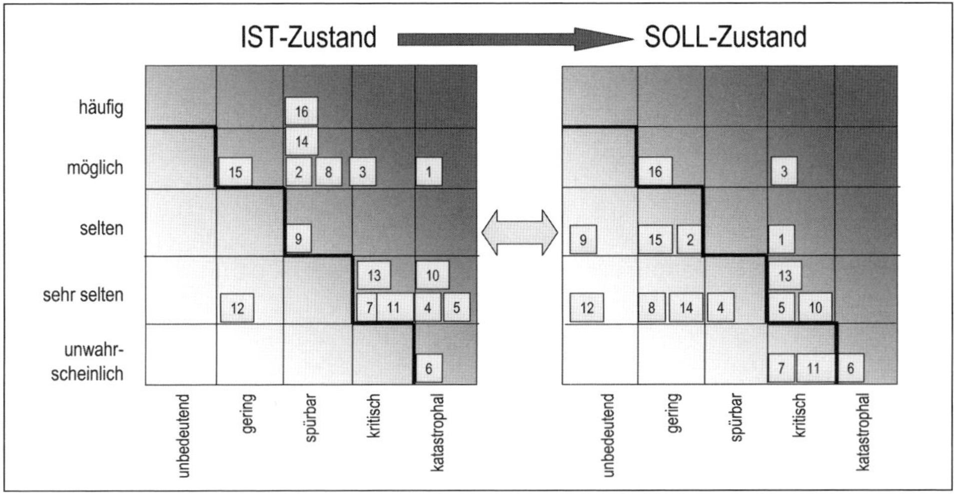

Übersicht 51: Risikolandschaft im Ist- und Soll-Zustand

5.3.5.2 Vorgehen

Um eine Szenarioanalyse durchzuführen, wird nach dem Risikomanagement-Prozess vorgegangen: Nach Klärung der Informationsbeschaffung sind die Rahmenbedingungen zu bestimmen und dabei die Risikokriterien zu definieren. Die Rahmenbedingungen definieren Ziel und Zweck sowie den inhaltlichen und organisatorischen Geltungsbereich der Risikobeurteilung.

Die Risikoidentifikation erfolgt mit einer «Liste der Ziele, Tätigkeiten und Anforderungen» (Risikofelder). Sie basiert auf einer breiten Wissensgrundlage. Ihre Inhalte können wie folgt lauten:

Risikogebiet 1: Governance (Führung der Organisation)
Risikogebiet 2: Veränderung von Umfeldfaktoren
Risikogebiet 3: Kundensegmente und Märkte
Risikogebiet 4: Produkte und Dienstleistungen
Risikogebiet 5: Operative Leistungsprozesse
Risikogebiet 6: Finanzen
Risikogebiet 7: Fusionen und Übernahmen
Risikogebiet 8: Fähigkeiten und Mitarbeiter
Risikogebiet 9: Fusionen und Übernahmen

Übersicht 52: Strategische und operative Risikofelder

Sind die Risikofelder und damit die Inhalte der Risikobeurteilung definiert, kann die Risikoidentifikation, die Risikoanalyse und die Risikobewertung durchgeführt werden. Die gängigen Risikomanagement-Normen betonen gerade für diese Methode die

Berücksichtigung des Team-Ansatzes, was wiederum auf die Bedeutung der Kreativitätsmethoden hinweist.

5.3.5.3 Anwendungen

Hauptanwendung der Szenarioanalyse i.e.S. ist das unternehmensweite (organisationsweite), strategische und operative Risikomanagement, das sich im Zusammenhang mit der langfristigen Planung mit den Fragen der Veränderungen von Umfeldfaktoren, Kundensegmenten und Marktstrukturen sowie mit dem eigenen Leistungsangebot an Produkten, Dienstleistungen befasst.

Es gibt es weitere Anwendungen, z. B. Risikomanagement bei Großprojekten, bei Innovationsprojekten, bei Unternehmensentwicklungs-Projekten und ähnlichen bedeutenden Vorhaben.

Die Analyse muss sich dabei nicht nur auf die Organisation oder auf das Gesamtsystem erstrecken, sondern kann sich durchaus nur mit Teilbereichen befassen. Diese können bei Bedarf zu einer Gesamtbetrachtung zusammengefügt werden.

5.3.6 Fehlerbaum- und Ablaufanalyse[169]

5.3.6.1 Beschreibung

Eine weitere Methode der Risikobeurteilung ist die Fehlerbaum- und Ablaufanalyse. Anstelle des Begriffs Ablaufanalyse wird oft auch von Ereignisbaum-Analyse gesprochen. Die Fehlerbaumanalyse stellt die Ursachenstruktur eines Risikos dar. Die Ereignisbaumanalyse befasst sich mit dem Ablauf bzw. mit den Auswirkungsszenarien. Beide Teilanalysen werden i. d. R. miteinander eingesetzt. Sie kommen bei der Beurteilung von komplexen und besonders risikobehafteten technischen Systemen zur Anwendung wie bei Atomkraftwerken, in der Flug- und Raumfahrtindustrie und bei Störfallrisiken bzw. Immissionsschutzrisiken im Rahmen der Umweltschutzgesetzgebung[170].

Die Methode der Fehlerbaum- und Ablaufanalyse ist der Szenarioanalyse ähnlich. Die Szenarioanalyse findet in sozialen Systemen bzw. in Organisationen Anwendung, die Fehlerbaum und Ablaufanalyse hingegen im Umfeld von technischen Systemen. Hier herrscht ingenieurtechnisches Denken vor, das zu einer quantitativen Analyse neigt.

Zentraler Punkt bzw. Ausgangsereignis der Fehlerbaum- und Ablaufanalyse ist das «Top-Event». Darunter versteht man ein definiertes Ereignis wie etwa «Verlust der Kontrolle über das Flugzeug» oder «Erdgashochdruckleitung versagt» oder «Kernreaktor gerät außer Kontrolle». Das Top-Event wird einer eingehenden Analyse ihrer Ursachen (Fehlerbaumanalyse) und der möglichen nachfolgenden Abläufe (Ablaufanalyse) unterzogen. Die folgende Übersicht zeigt die Methode[171] auf.

169 Vgl. DIN 25424 (1981)
170 Siehe EU Richtlinie 96/82/EG («SEVESO-Richtlinie»)
171 Vgl. https://www.risknet.de/wissen/rm-methoden/fehlerbaumanalyse/ letzter Zugriff Februar 2016

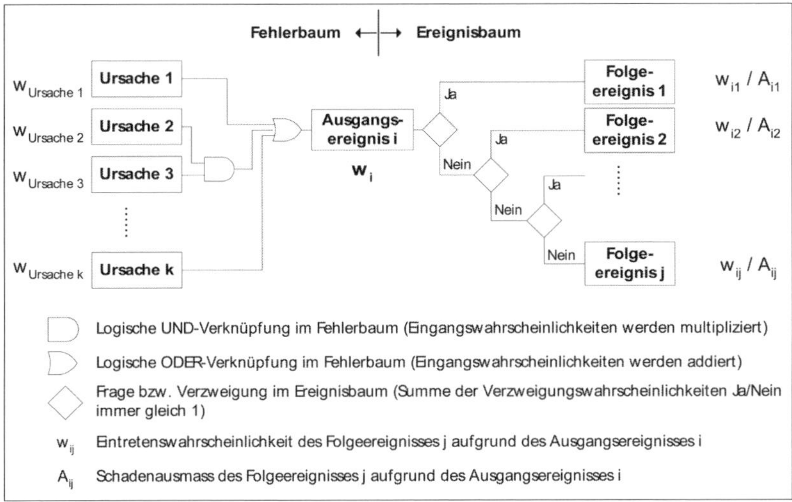

Übersicht 53: Fehlerbaum- und Ablaufanalyse

5.3.6.2 Vorgehen

Die Fehlerbaum- und Ablaufanalyse verläuft grundsätzlich ebenfalls nach den Schritten des Risikomanagement-Prozesses. Am Anfang stehen die Rahmenbedingungen, welche die Systemabgrenzung festlegen. Besondere Aufmerksamkeit ist der Bestimmung des Top-Events zu schenken. Bei technischen Systemen erfolgt dies normalerweise aufgrund der Kenntnisse des Systems und seiner Funktionen. Der Top-Event ist nicht gleichzusetzen mit dem ihm folgenden möglichen «Worst Case», sondern ein Vorzustand, der bei ungünstigem Verlauf diesen ermöglicht. Um es mit Beispielen zu verdeutlichen: Nicht der Flugzeugabsturz ist der Top-Event, sondern der «Verlust der Kontrolle» über das Flugzeug. Nicht die Explosion nach der Beschädigung einer Erdgashochdruckleitung ist der Top-Event, sondern das Versagen der Leitung. Nicht das Schmelzen des Kernreaktors, sondern der «Verlust der Kontrolle über den Reaktor» ist der Top-Event. Wenn es möglich ist, die verlorene Kontrolle schnell wieder zurückzugewinnen, handelt es sich um einen «günstigen» Fall. Der Top-Event kann sich jedoch zur Katastrophe entwickeln, weil es in seltenen Fällen nicht gelingt, mit Schutzmaßnahmen bzw. durch das Krisenmanagement die volle oder teilweise Kontrolle über das betreffende technische System wieder zurückzugewinnen.

Die Fehlerbaum- und Ablaufanalyse wird i. d. R. quantitativ durchgeführt, wobei jeder Ursache eine Eintrittswahrscheinlichkeit zugeordnet wird. Die Ursachen können logisch verknüpft werden (und- bzw. oder-Verbindung).

Für die Darstellung des Top-Events und der einzelnen Ablaufszenarien kann – wie bei der Szenario-Analyse – eine Risikomatrix eingesetzt werden. In ihr lassen sich die akzeptierbaren, tolerierbaren, bedingt und nicht tragbaren Risiken darstellen.

5.3.6.3 Anwendung

Die Fehlerbaum- und Ablaufanalyse eignet sich für die Risikobeurteilung von Störfällen. Beispiele sind die Freisetzung von Propan, Chlor oder andern Substanzen oder etwa die Leckage einer Erdgasleitung. Der «Rahmenbericht zur standardisierten Ausmaßeinschätzung und Risikoermittlung» der Schweizer Erdgaswirtschaft[172] umfasst grundsätzlich sechs verschiedene Ursachen für das Top-Event, welches als «Versagen der Erdgashochdruckleitung» definiert wird. Die Ursachen sind:

- Äußere Einwirkungen (z. B. durch Bauarbeiten)
- Bodenbewegungen (z. B. durch Naturereignisse)
- Material- und Konstruktionsfehler (z. B. Leck an Schweißnähten)
- Korrosion (z. B. Abnutzung im Zeitablauf)
- Hot tap made by error und (z. B. Anbohren durch Verwechslung)
- Andere / unbekannte Gründe.

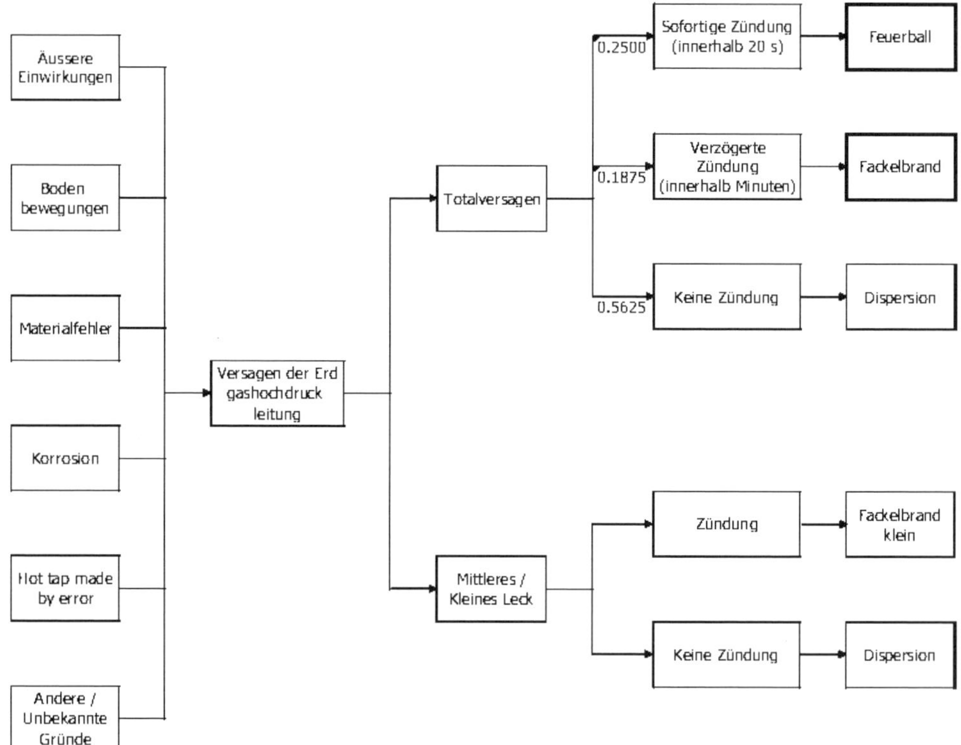

Übersicht 54: Beispiel Erdgasleitung[173]

172 Schweizer Erdgaswirtschaft (2010) S. 4.
173 A.a.O.: S. 5.

Die Auswirkungen des Top-Events können einerseits zu einem Totalversagen, andererseits zu einem mittleren / kleinen Leck führen. Je nach Verlauf der Entzündung kann es zu verschiedenen Ergebnissen[174] kommen:

- Feuerball: «Bei sofortiger oder kurz verzögerter Zündung kann in der Anfangsphase eine kugelförmige Abbrandform entstehen, die nach einigen Sekunden in eine stehende Fackelflamme übergeht. Dieser Feuerball emittiert kurzzeitig eine sehr große Hitzestrahlung, die diejenige eines stehenden Fackelbrandes übertrifft»,
- Fackelbrand: «Nach einem Störfall an einer Erdgashochdruckleitung mit anschließender Zündung brennt das austretende Erdgas im Allgemeinen als Fackelbrand ab. Aus einem Leck strömt kontinuierlich Gas aus, welches in einer länglichen Flammenform ähnlich einer Fackel abbrennt» und
- Dispersion: «Beim Totalversagen einer Erdgashochdruckleitung ohne Zündung strömt das Erdgas strahlartig aus der Leckstelle. Durch Expansion auf Normaldruck kühlt sich das Gas ab, erwärmt sich jedoch durch Vermischung mit der Umgebungsluft rasch auf die Umgebungstemperatur. Die Dichte des Erdgas-/Luft-Gemisches ist dabei annähernd gleich der Dichte der Umgebungsluft, so dass sich kein Schweregas bilden kann».

174 A.a.O.: S. 9-11.

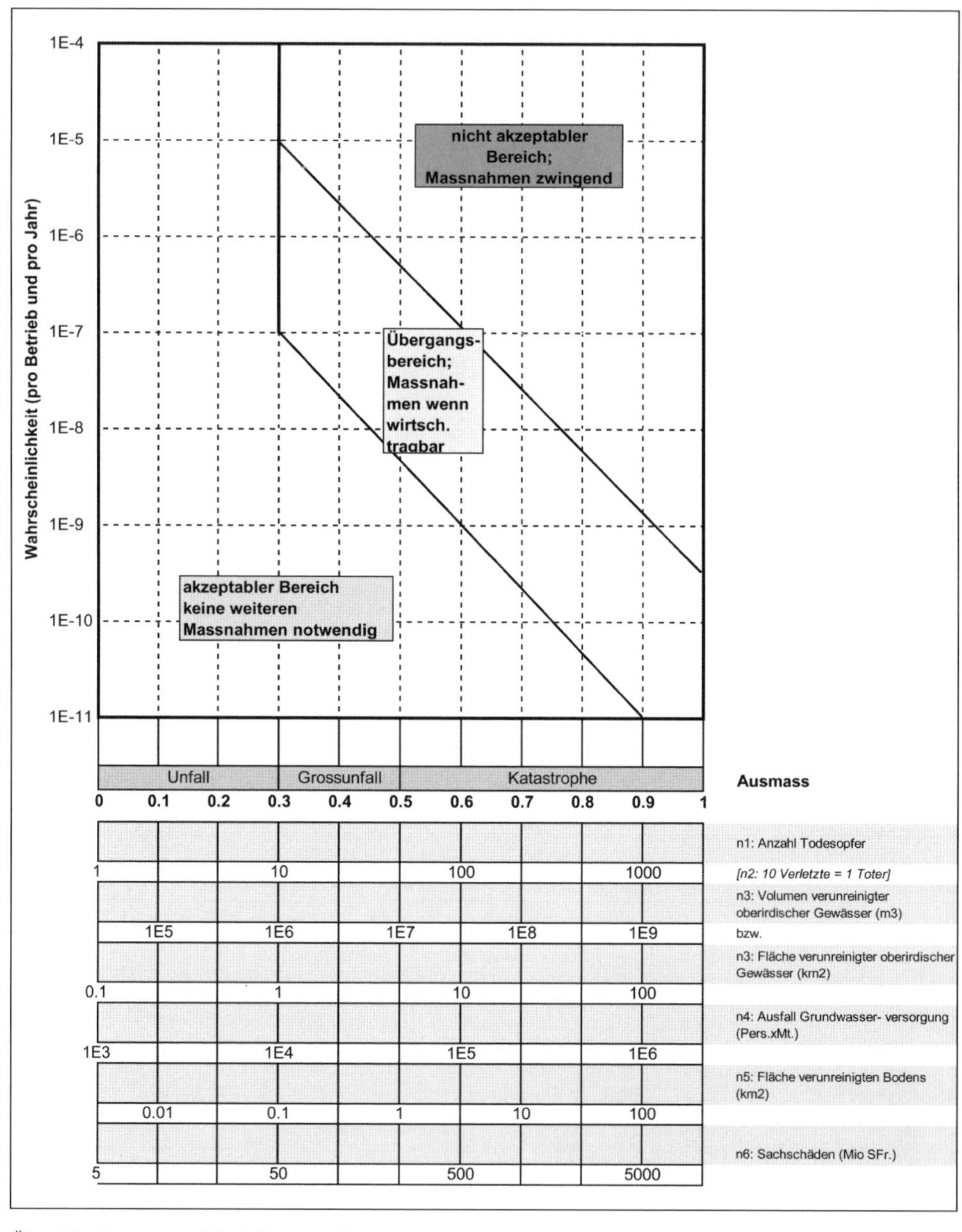

Übersicht 55: Das Störfall-Risikomatrix[175]

Die Ergebnisse der Fehlerbaum- und Ablaufanalyse lassen sich in einer Risikomatrix darstellen, welche Eintrittswahrscheinlichkeiten auf der vertikalen Achse abbildet.

175 BUWAL (1996, 2001)

Die Risikoauswirkungen werden nach mehreren Risikokriterien dargestellt, die der Zielsetzung der Störfallvorsorge entsprechen. Die Kriterien betreffen mögliche Todesfälle (n1), verletzte Menschen (n2) (Annahme: 10 verletzte Menschen = 1 Todesfall), das Volumen verunreinigter oberirdischer Gewässer in m^3 bzw. die Fläche verunreinigter oberirdischer Gewässer in km^2 (n3), der Ausfall der Grundwasserversorgung (n4), die Fläche verunreinigten Bodens in km^2 (n5) und die Sachschäden in Mio. Fr. (n6). Ein Störfallereignis mit seinen Ablaufszenarien lassen sich in die Risikomatrix eintragen.

5.4 Indikatorenanalysen

5.4.1 Fehlermeldesysteme (Critical Incidents Reporting Systems)

5.4.1.1 Beschreibung

Critical Incidents Reporting ist eine Methode der Risikobeurteilung, die sich nicht am Credible-Worst-Case-Szenario orientiert, denn Risiken mit schweren Auswirkungen treten naturgemäß selten auf, Informationen über ihre Eintrittswahrscheinlichkeit sind entsprechend begrenzt. Um Risikoinformationen zu erhalten, orientieren sich Fehlermeldesysteme an niederschwelligen Vorkommnissen, die beinahe zu einem Schaden hätten führen können. Es handelt sich um Fehler, Ursachen, Auslöser und Indikatoren eines schweren Risikos. Hinter gut funktionierenden Fehlermeldesystemen verbergen sich Systemschwächen. Die Einwirkung auf solche Fehler wirken auch auf die Eintrittswahrscheinlichkeit des Credible-Worst-Case Szenarios ein, wie der Vergleich mit dem bereits bekannten Eisberg es bildhaft aufzeigt.

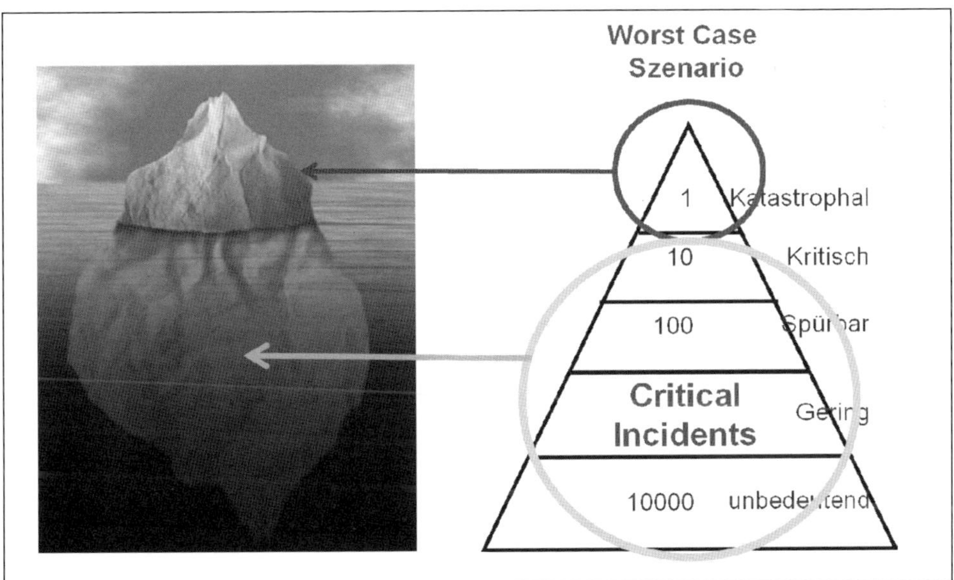

Übersicht 56: Critical Incidents als Teil des Eisbergs

5.4.1.2 Vorgehen

Fehlermeldesysteme sind in der Luftfahrt, im öffentlichen Verkehr und im Gesundheitswesen verbreitet. Ob eine Behörde oder eine Organisation ein Fehlermeldesystem einführt und nutzt, kann auf Freiwilligkeit oder auf gesetzlicher Vorschrift beruhen. Dasselbe gilt für die Meldepflicht: Ein Vorkommnis kann freiwillig gemeldet werden oder die Meldung wird gesetzlich verlangt. Allen Meldesystemen ist gemeinsam, dass sie ausschließlich der Verhütung von Unfällen und Störungen dienen und nicht der Klärung von Schuld und Haftungsfragen.

Fehlermeldesysteme sind Lernsysteme: Es geht darum, dass eine Organisation, ihre Führungskräfte und die Mitarbeiter aus Fehlern lernen. Der Lernprozess leistet einen Beitrag zur Organisationsentwicklung. Die Organisation erreicht damit eine höhere Sicherheitskultur und kann sich so besser vor Unfällen und Betriebsstörungen schützen.

5.4.1.3 Anwendungen

Anwendung in der Zivilluftfahrt

Mit Datum vom 3. April 2014 erlässt die EU (Nr. 376/2014) die Verordnung über die Meldung, Analyse und Weiterverfolgung von Ereignissen in der Zivilluftfahrt[176]. Um einen hohen allgemeinen Sicherheitsstandard zu gewährleisten und um die Zahl von Unfällen und Störungen zu verringern und das Vertrauen der Öffentlichkeit zu erhalten, sollen nicht nur effiziente Sicherheitsuntersuchungen durchgeführt werden, sondern auch Ereignismeldesysteme eingeführt und betrieben werden.

«Zur Verbesserung der Flugsicherheit sollten sicherheitsrelevante Informationen aus der Zivilluftfahrt gemeldet, erfasst, gespeichert, geschützt, ausgetauscht, verbreitet und analysiert sowie auf der Grundlage der erfassten Informationen geeignete Sicherheitsmaßnahmen getroffen werden. Dieser proaktive und evidenzbasierte Ansatz sollte von den zuständigen Flugsicherheitsbehörden mit Mitgliedstaaten, von Organisationen als Teil ihres Sicherheitsmanagementsystems und von der Agentur (für Flugsicherheit) umgesetzt werden»[177]. Dabei gibt es meldepflichtige Ereignisse und freiwillige Meldungen:

Zu den Meldepflichten gehören:

- Ereignisse im Zusammenhang mit dem Betrieb des Luftfahrzeugs
- Ereignisse im Zusammenhang mit technischen Zuständen, Wartung und Instandsetzung
- Ereignisse im Zusammenhang mit Flugsicherungsdiensten und -einrichtungen sowie
- Ereignisse im Zusammenhang mit Flugplätzen und Bodendiensten.

Zu den freiwilligen Meldungen gehören:

- Angaben zu Ereignissen, die möglicherweise nicht unter das System zur Erfassung meldepflichtiger Ereignisse fallen und
- andere Sicherheitsbezogene Informationen, die vom Meldenden als tatsächliche oder potentielle Gefahr für die Flugsicherheit betrachtet werden.

---

176 VERORDNUNG (EU) Nr. 376/2014
177 a. a. O. Ziff. (6).

Interessant ist dabei, dass die Zivilluftfahrt nicht nur die Sicherheitskultur anspricht, sondern auch den Begriff der «Redlichkeitskultur» einführt. Sie «sollte Einzelpersonen zur Meldung sicherheitsbezogener Informationen ermutigen. Dadurch sollen diese aber nicht von ihrer normalen Verantwortung entbunden werden. In diesem Zusammenhang sollten Angestellte und Vertragspersonal keine Nachteile auf der Grundlage der Informationen, die sie übermittelt haben, erfahren, soweit nicht Vorsatz oder eine Situation vorliegt, in der es zu einer offenkundigen, schwerwiegenden und ernsten Missachtung eines offensichtlichen Risikos gekommen ist und ein gravierender Mangel an beruflicher Verantwortung hinsichtlich der Wahrnehmung der unter den Umständen ersichtlich erforderlichen Sorgfalt vorliegt, wodurch eine Person oder Sache vorhersehbar geschädigt oder die Flugsicherheit ernsthaft gefährdet worden ist»[178].

Anwendung im öffentlichen Verkehr

Auch die Gesetzgebung im öffentlichen Verkehr hat in den vergangenen Jahren das Risikomanagement mit neuen Instrumenten ausgestattet. Im Anhang 1 der Verordnung (EU) Nr. 1169/2010 DER KOMMISSION vom 10. Dezember 2010 über eine gemeinsame Sicherheitsmethode für die Konformitätsbewertung in Bezug auf die Anforderungen an die Erteilung von Eisenbahnsicherheitsgenehmigungen wird festgehalten:

«Die Bewertung (… der Erfüllung der Anforderungen …) muss

- den Risiken, dem Charakter und dem Umfang des Betriebs des Antragstellers angemessen sein ,
- sich auf die Einschätzung stützen, inwieweit der Fahrwegbetreiber insgesamt in der Lage ist, einen sicheren Betrieb wie in seinem Sicherheitsmanagementsystem angegeben, zu gewährleisten».[179]

Bei der Auflistung der Kriterien zu Bewertung der Erfüllung der Anforderungen bestimmt Teil Q.1:

«Es bestehen Verfahren, die sicherstellen, dass Unfälle, Störungen, Beinaheunfälle und sonstige gefährliche Ereignisse a) gemeldet, protokolliert, untersucht und ausgewertet werden; b) entsprechend der jeweiligen Rechtslage nationalen Stellen gemeldet werden.»[180]

Ein Beispiel für die Umsetzung dieser Anforderungen liefert die Schweiz in der Verordnung über die Sicherheitsuntersuchung von Zwischenfällen im Verkehrswesen (VSZV) vom 17. Dezember 2014 (Stand am 1. Februar 2015) mit dem Art. 16 Öffentlicher Verkehr, Meldung an das Bundesamt für Verkehr (BAV)

178 a. a. O., Ziff. (36) und (37)
179 VERORDNUNG (EU) Nr. 1169/2010 Anhang I Verfahren…L 327/15
180 A.a.O. Anhang II Kriterien…L 327/22

[2] Überdies sind dem BAV folgende Ereignisse zu melden:

a. von den Eisenbahnunternehmen:
1. Entgleisungen bei Zug- oder Rangierfahrten,
2. Zusammenstöße mit anderen Fahrzeugen oder Hindernissen bei Zug- oder Rangierfahrten,
3. Entlaufen von Schienenfahrzeugen,
4. Signalfälle;

b. von den Seilbahnunternehmen:
1. Risse und Entgleisungen von Seilen,
2. Abstürze und Entgleisungen von Fahrzeugen,
3. Zusammenstöße mit anderen Fahrzeugen, mit der Infrastruktur oder mit externen Hindernissen,
4. Schäden aufgrund von Profilüberschreitungen,
5. Versagen von Beschleunigungs- oder Verzögerungseinrichtungen beim Ein- und Ausfahren sowie von Bremsen und Klemmvorrichtungen,
6. Abstürze von Personen aus Fahrzeugen.

[3] Die Ereignisse müssen innerhalb von 30 Tagen gemeldet werden.

Anwendung im Gesundheitswesen

Das Risikomanagement im Gesundheitswesen orientiert sich gerne an der Luftfahrt. Schweizer Ärzte haben das Instrument des Critical Incidents Reportings übernommen und an die Besonderheiten des Gesundheitswesens angepasst. Federführend bei der Entwicklung des CIRS-Medical-Instruments war D. Scheidegger[181] am Kantonsspital Basel. Bisher waren sowohl die Einführung als auch die Nutzung eines solchen Systems freiwillig. Gleichwohl haben in den vergangenen Jahren sehr viele Krankenhäuser solche Systeme eingeführt. Es sind in öffentlich zugänglichen Meldeportalen mittlerweile viele Fehlermeldungen mit entsprechender Beschreibung von Sachverhalten zugänglich[182]. Dies zu nutzen kann mit großen Lerneffekten verbunden sein.

Mit der Änderung des SGB V § 137 (Gemeinsamer Bundesausschuss-Beschluss)[183] wird in Deutschland die Einführung und der Betrieb eines Fehlermeldesystems in Kliniken gesetzlich gefordert. Darin wird festgelegt, dass die Meldungen freiwillig, anonym und sanktionsfrei zu erfolgen haben.

- Jeder Mitarbeiter besitzt die Möglichkeit, Fehler zu melden. Eine freiwillige Fehlermeldung muss niederschwellig möglich sein, um den Mitarbeiter dazu zu motivieren. Allerdings würde eine Pflicht, kritische Vorkommnisse zu melden, eine gesetzliche Grundlage erfordern. Eine solche besteht im Gesundheitswesen i. d. R. nicht. Zudem sollte ein Mitarbeiter, wenn immer möglich, auch mit seinem Vorgesetzten über das Vorkommnis sprechen können.

---

181 Kaufmann/Scheidegger (2004)
182 Vgl. www.cirsmedical.de; www.cirsmedical.at
183 Vgl. Kapitel 332.6 Neue gesetzliche Anforderungen in Deutschland

- Fehlermeldungen sollen anonym sein, um die Meldung zu erleichtern und um einen Meldenden zu schützen. Damit soll das Misstrauen gegenüber dem Fehlermeldesystem, der Organisation und den Vorgesetzten abgebaut werden. Es sollte jedoch die Möglichkeit bestehen, dass der Meldende freiwillig seine Anonymität preisgeben kann, um bei Unklarheiten Rückfragen zu ermöglichen. Eine Aufhebung der Anonymität bei besonders schwerwiegenden Verstößen, wie sie die Luftfahrt vorsieht, wird im Gesundheitswesen nicht postuliert.
- Das Fehlermeldesystem soll für den Mitarbeiter sanktionsfrei sein. Es dient der Förderung der offenen Fehler- und Risikokultur. Die Sanktionsfreiheit stößt jedoch bei absichtlichen und fahrlässigen Verstößen gegen gesetzliche oder dienstliche Vorschriften an seine Grenzen. CIRS-Meldungen können der Leitung eines Krankenhauses eine offensichtliche Gefährdungslage aufzeigen, auf die sie unbedingt reagieren muss. Ansonsten handelt es sich rechtlich um eine Inkaufnahme einer Gefährdung, die durchaus strafrechtliche Konsequenzen haben kann.

Trotz der in Deutschland vorliegenden gesetzlichen Anforderungen geht das Gesundheitswesen beim Betrieb der Fehlermeldesysteme weniger weit als die Luftfahrt und der öffentliche Verkehr, und es bestehen insbesondere keine Behörden, welche solche Meldungen entgegennehmen und diese zur Steuerung der Patientensicherheit einsetzen wollen. Umso wichtiger ist es nun, die Erfolgsfaktoren im Rahmen des klinischen Risikomanagements zu beachten. Es sind folgende:

- Die Eigen-Verpflichtung und das Vorbild der Vorgesetzten sind auch hier entscheidend für die Akzeptanz und Nutzung des Instruments durch die Mitarbeiter.
- Die Anzahl der Meldungen sollten hoch sein, wodurch ein tiefer Einblick in die Systemeigenschaften eines Krankenhauses ermöglicht wird. Mit zunehmender Kenntnis von Fehlern steigt die Notwendigkeit, Risikomanagement zu betreiben.
- Eine breite Meldebasis aus allen relevanten Arbeitsbereichen stellt sicher, dass die offene Fehler- und Risikokultur nicht nur selektiv in einzelnen Abteilungen gelebt wird.
- Der Einbezug aller Berufsgruppen (Ärzte, Pflege und Technik) fördert das Vertrauen in die Organisation und in die interdisziplinäre Zusammenarbeit.
- Jeder, der eine Meldung abgibt oder abzugeben bereit ist, wünscht sich Verbesserungen. Die Umsetzung von Verbesserungen muss deshalb sichtbar sein und kommuniziert werden.

Fehlermeldesysteme haben die Aufgabe, eine offene Fehlerkultur und Risikokommunikation im Gesundheitswesen zu ermöglichen. Es handelt sich um Lernsysteme, die zu einer Entwicklung der Organisation beitragen. Aber Fehlermeldesysteme sind nicht gleichzusetzen mit klinischem Risikomanagement. Es stellt darin aber ein wichtiges Instrument dar. Es kann seinen Nutzen im Verbund mit weiteren Instrumenten wesentlich erhöhen. Dazu gehören die Szenario-Analysen und die Prozessanalysen.

5.4.2 Risk Based Change Management (RBCM)

5.4.2.1 Beschreibung

Risiken sind oft eine Folge von Veränderungen, mögen diese im externen Umfeld entstehen oder innerhalb der Organisation auftreten. Es entspricht deshalb einem Bedürfnis der Führung, solche Veränderungen systematisch zu entdecken, rechtzeitig zu erfassen und Lösungen zu entwickeln, um die daraus Chancen und Bedrohungen zu antizipieren.

In gleicher Weise wie beim Critical Incidents Reporting System (CIRS) basiert das (RBCM) auf einem in der Organisation verzweigten Meldesystem. In jeder Organisationseinheit befindet sich ein RBCM-Beauftragter. Er hat die Aufgabe, interne und externe Veränderungen in seinem direkten Wahrnehmungskreis zu beobachten, zu bewerten und einer zentral dafür eingerichteten Stelle (Risikomanager) zu berichten. Dort werden die beobachteten Veränderungen bewertet, um ihre Tragweite und Komplexität für die gesamte Organisation zu ermitteln und daraus erforderliche Steuerungsmaßnahmen abzuleiten.

5.4.2.2 Vorgehen

In einem ersten Schritt müssen die Veränderungs-Faktoren für die Organisation definiert und spezifiziert werden. Im untenstehenden Fall (es handelt sich bei diesem um eine größere Airline) sind es (1) die Art der Veränderung, (2) die verfügbare Zeit, (3) die betroffenen Organisationseinheiten, (4) die Auswirkungen auf die meldende Organisationseinheit und (5) die erforderliche Zeit. Jeder Faktor wird mit Punkten bewertet, es gibt eine Punktzahl pro Faktor und schließlich eine Punktzahl für die gesamte Veränderung, immer erst aus der Sicht der entsprechenden Organisationseinheit betrachtet.

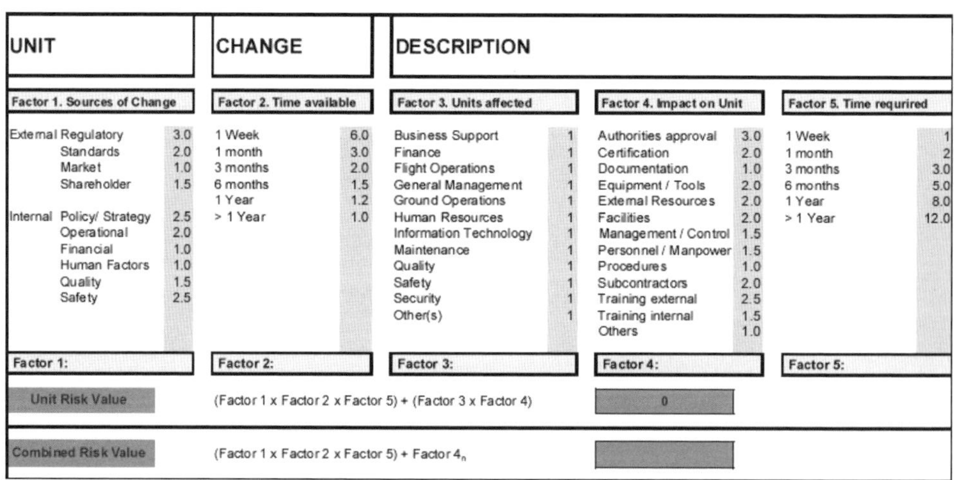

UNIT		CHANGE		DESCRIPTION					
Factor 1. Sources of Change		**Factor 2. Time available**		**Factor 3. Units affected**		**Factor 4. Impact on Unit**		**Factor 5. Time required**	
External Regulatory	3.0	1 Week	6.0	Business Support	1	Authorities approval	3.0	1 Week	1
Standards	2.0	1 month	3.0	Finance	1	Certification	2.0	1 month	2
Market	1.0	3 months	2.0	Flight Operations	1	Documentation	1.0	3 months	3.0
Shareholder	1.5	6 months	1.5	General Management	1	Equipment / Tools	2.0	6 months	5.0
		1 Year	1.2	Ground Operations	1	External Resources	2.0	1 Year	8.0
Internal Policy/ Strategy	2.5	> 1 Year	1.0	Human Resources	1	Facilities	2.0	> 1 Year	12.0
Operational	2.0			Information Technology	1	Management / Control	1.5		
Financial	1.0			Maintenance	1	Personnel / Manpower	1.5		
Human Factors	1.0			Quality	1	Procedures	1.0		
Quality	1.5			Safety	1	Subcontractors	2.0		
Safety	2.5			Security	1	Training external	2.5		
				Other(s)	1	Training internal	1.5		
						Others	1.0		
Factor 1:		**Factor 2:**		**Factor 3:**		**Factor 4:**		**Factor 5:**	
Unit Risk Value		(Factor 1 x Factor 2 x Factor 5) + (Factor 3 x Factor 4)				0			
Combined Risk Value		(Factor 1 x Factor 2 x Factor 5) + Factor 4_n							

Übersicht 57: Bewertung der Veränderung

Treten Veränderungen auf, werden diese vom RBCM-Beauftragten mit dem Punktesystem bewertet und an die dafür zentral eingerichtete Stelle, bzw. an den Risikomanager, weiter gemeldet.

Der Risikomanager validiert die von einer Geschäftseinheit gemeldete Veränderung. Wenn die Veränderung nach Aussage der meldenden Organisationseinheit oder nach seinem eigenen Urteil auch andere Organisationseinheiten betrifft, werden diese in den Rating-Prozess einbezogen. Somit eskaliert die Bewertung der Veränderung auf die Stufe der Leitung der Organisation.

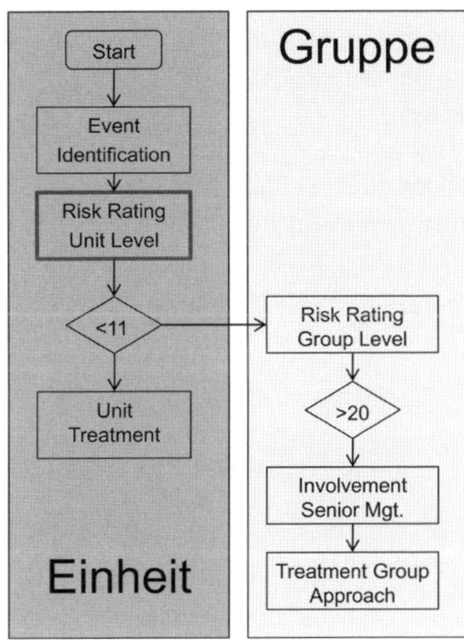

Übersicht 58: Eskalationsprozess

Das Bemerkenswerte an der CBRM-Methode besteht darin, dass ein Rating, das auf klar definierten Kriterien beruht, sowohl eine Risikobewertung als auch eine Komplexitätseinschätzung für eine spezifische Veränderung ermöglicht und damit die Eskalation des Risikos auf die entsprechende Managementstufe stattfindet.

5.4.2.3 Anwendung

RBCM ist eine spezielle Methode des Risikomanagements, das eine bemerkenswerte Eigenschaft hat: Wenn ein Risiko bzw. eine komplexe Veränderung vorliegt, so wird mit einem semi-quantitativen Vorgehen ein Eskalationsprozess ausgelöst, der das Risiko dem Management zur Entscheidung vorlegt. Genau dieser Prozess hat in der Subprime-Krise gefehlt, wie das folgende Beispiel aufzeigt.

Das World Economic Forum publizierte im Januar 2007 den Bericht «Global Risks 2007»[184]. Das darin höchste Risiko, sowohl in Eintrittswahrscheinlichkeit als auch in Auswirkung gesehen, ist bezeichnet mit «asset price collaps», das wie folgt beschrieben wird:

184 WEF (2007)

Blow up in asset prices/excessive indebtedness

House prices have doubled in most mature markets (and in some emerging markets) in real terms over the last 10 years, putting price-to-income ratios at all-time highs. Many experts fear a major correction, with differential impacts on consumption, economic growth and other asset prices.

[Explosion von Anlagepreisen/maßlose Verschuldung
In den meisten reifen Märkten (und in einigen sich entwickelnden Märkten) haben sich die Hauspreise reell betrachtet über die letzten 10 Jahre verdoppelt. Die Preis-Einkommens-Raten befinden sich auf einem Allzeit-Hoch. Viele Experten fürchten eine größere Korrektur mit verschiedenen Auswirkungen auf Konsum, Wirtschaftswachstum und andere Anlagen-Preise.]

Bezeichnenderweise haben die Experten von mehreren Organisationen an der Entstehung dieser Erkenntnisse mitgewirkt: Gleichwohl waren an den Prognosen involvierte Unternehmen in höchstem Maß von der Subprime-Krise betroffen, obwohl ihre Risikomanager das Risiko mit großer Präzision und hohem Konsens vorausgesagt haben. Warum hat das Management hochqualifizierte Risikomanager engagiert und diese gar öffentlich auftreten lassen, selbst aber aus deren Erkenntnissen keine Konsequenzen gezogen?

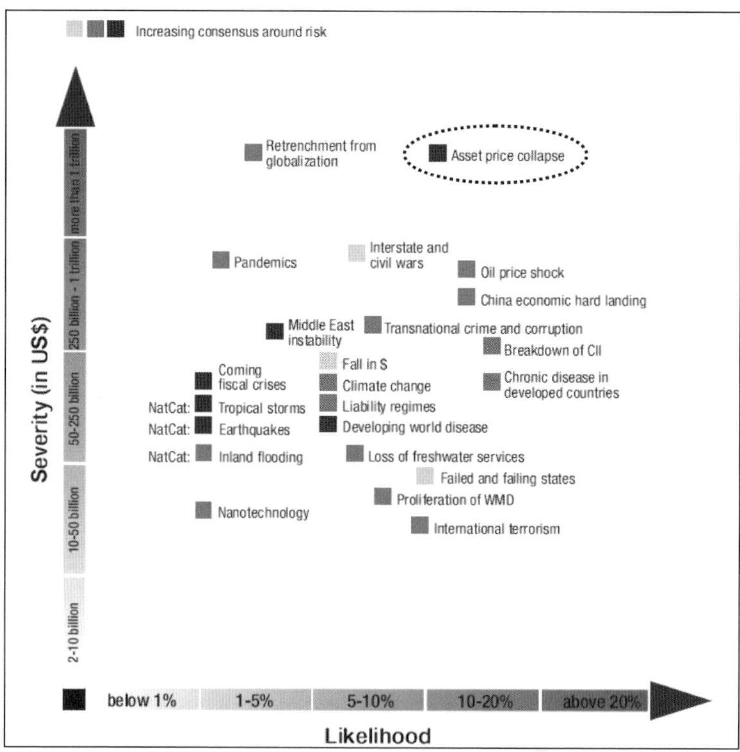

Übersicht 59: Frühe Voraussicht der Subprime-Krise in 2007

Die Antwort auf diese Frage liegt in der Tatsache begründet, dass das Risikomanagement mit seinen z. T. scharfen Instrumenten nicht immer leicht in der Leitung von Unternehmen und Organisationen ankommt, vor allem wenn ein Risiko mit Zielkonflikte und persönliche Interessen verbunden ist.

Risk Based Change Management (RBCM) ist eine spezielle Früherkennungs-Methode im Risikomanagement. Veränderungen sind Indikatoren für Risiken, für deren Erfassung und Bewertung es passende Instrumente gibt.

5.5 Funktionsanalysen, Gefährdungsanalysen

5.5.1 Allgemeines

Neben der Szenario-Analyse gehört die FMEA, die «Failure Mode and Effects Analysis» zu den bekanntesten Methoden der Risikoanalyse. Die Szenario-Analyse ist ein Top-down-Ansatz, d. h. die Risikobeurteilung folgt der Vorgehensweise, bei der die Gesamtheit der Organisation oder des Systems Gegenstand der Risikoidentifikation und der Risikoanalyse ist. Demgegenüber konzentriert sich die FMEA als Bottom-up-Ansatz auf die Details eines Systems oder einer Organisation, um die Risiken zu beurteilen. Dabei kann es sich um das Design eines Systems (Konstruktion) oder um einen Prozess innerhalb einer Organisation handeln.

5.5.2 FMEA – Failure Mode and Effects Analysis

5.5.2.1 Beschreibung

Die FMEA, im Deutschen auch unter dem Namen «Fehlermöglichkeiten und Einflussanalyse» bekannt, stammt – wie andere Methoden der Risikoanalyse – aus dem US-Verteidigungsministerium. Sie trägt ursprünglich die Bezeichnung MIL-STD-1629[185]. Ihr Zweck wurde wie folgt beschrieben:

«This standard establishes requirement and procedures for performing a failure mode, effects, and criticality analysis (FMECA) to systematically evaluate and document by item failure mode analysis, the potential impact of each functional or hardware failure on mission success, personnel and system safety, system performance, maintainability, and maintenance requirements. Each potential failure is ranked by the severity of its effect in order that appropriate corrective actions may be taken to eliminate or control the high risk items».

185 MIL-STD-1629A (1980)

[Diese Norm legt Anforderungen und Verfahren für die Durchführung einer Fehlermöglichkeiten- und Kritikalitätsanalyse (FMECA) fest, um systematisch die Fehlermöglichkeitenanalyse eines Gegenstandes, die mögliche Auswirkung jedes Funktions- oder Hardwarefehlers auf den Auftrags-Erfolg, die Sicherheit von Personen und Systemen, die Systemleistung, die Wartungsmöglichkeit und die Unterhalts-Anforderungen zu bewerten und zu dokumentieren. Jeder mögliche Fehler ist nach der Schwere der Auswirkungen eingestuft, um angemessene Korrekturmaßnahmen zu unternehmen und die hohen Risiken zu vermeiden oder zu kontrollieren].

Die FMEA zog aber bald weitere Kreise außerhalb der Militärindustrie, um vor allem in der Automobilindustrie einen sehr breiten Einsatz zu finden. Sie wird in verschiedenen Normen (VDA 6.1, EN ISO 16949 und QS 9000) verlangt und ist nicht nur eine grundlegende Methode der Risikobeurteilung, sondern auch ein klassisches Instrument der Produkt- und Prozessentwicklung. Die FMEA umfasst einerseits die Design-FMEA, bei der es um die Gestaltung und Funktionalität eines technischen Systems geht, auch unter Einbezug der Lieferanten. Andererseits gibt es die Prozess-FMEA, die sich mit der Gestaltung von zuverlässigen Herstellungsprozessen beschäftigt.

5.5.2.2 Vorgehen

Der erste Schritt in der Design- und in der Prozess-FMEA ist Auflösung des «Systems» in seine Details. Es wird eine umfassende Darstellung jeder Funktion (mission), Funktionsphase, Betriebszustand mit Einschluss von primären und sekundären Funktionszielen (mission objectives) vorgenommen. Die Systemanalyse erfolgt je nach Zielsetzung in verschiedenen Systemsegmente und Bearbeitungstiefen.

Im zweiten Schritt werden zu jeder Funktion die möglichen Betriebsarten (mode) und die möglichen Fehlfunktionen gesucht, deren Ursachen und Auswirkungen ermittelt. Schließlich werden auch bestehende Kontrollen in Betracht gezogen, um die Entdeckbarkeit einer Fehlfunktion zu ermitteln. Jede einzelne Fehlfunktion wird als Risiko mit der sogenannten Risikoprioritätszahl (RPZ) charakterisiert.

Der dritte Schritt definiert bei nicht tragbaren Risiken (die RPZ überschreitet eine im Voraus bestimmte Grenze) «Abstellmaßnahmen». Eine Neubewertung des Risikos unter Berücksichtigung der getroffenen Massnahmen zeigt, ob die Risikoprioritätszahl nun die festgelegte Grenze einhält.

Die Risikoprioritätszahl besteht aus der Multiplikation von drei Risikokriterien: Das erste ist die *Wahrscheinlichkeit des Auftretens* eines Fehlers:

unwahrscheinlich =	1
sehr gering =	2–3
gering =	4–6
mäßig =	7–8
hoch =	9–10

Das zweite Kriterium betrifft die *Auswirkung des Fehlers auf den Kunden:*

kaum wahrnehmbare Auswirkung =	1
unbedeutender Fehler, geringe Belästigung =	2–3
mäßig schwerer Fehler =	4–6
schwerer Fehler, Verärgerung des Kunden =	7–8
äußerst schwerwiegender Fehler =	9–10

Das dritte Kriterium betrifft die *Entdeckbarkeit* des möglichen Fehlers:

hoch =	1
mäßig =	2–5
gering =	6–8
sehr gering =	9
unwahrscheinlich =	10

Die Risikoprioritätszahl (RPZ) kann einen Wert zwischen 1 (kein Risiko) und 1000 (maximales Risiko) annehmen. Das Risiko kann z. B. bis zu einem Wert von 49 Punkten tragbar sein. Liegt ein höheres Risiko vor, entsteht ein Handlungsbedarf, das Risiko zu vermindern.

Die FMEA-Methode ist ein Instrument der Produktentwicklung. Eine neue oder eine abgeänderte Konstruktion darf erst zur Produktion freigegeben werden, wenn alle Risiken aus der Design-FMEA umgesetzt sind. In gleicher Weise darf die Serienfertigung erst freigegeben werden, wenn die Prozess-FMEA umgesetzt und die Fabrikationsprozesse, deren Risikoprioritätszahl zuvor die Toleranzgrenze überschritt, (theoretisch) keine Fehlfunktionen mehr produzieren.

Ein Kritikpunkt bei der FMEA bezieht sich auf die Risikoprioritätszahl bzw. auf die Multiplikation der drei in ihr enthaltenen Risikokriterien. Die Multiplikation verwässert das Worst-Case-Risikoszenario. Weil Eintrittswahrscheinlichkeit nicht scharf von der Entdeckbarkeit abzugrenzen ist, ergibt die klassische FMEA oft Ergebnisse, die aus der Sicht des Risikomanagements fragwürdig sind. Dies lässt sich leicht korrigieren: Wenn die «Auswirkung auf den Kunden» acht und mehr Punkte (von Maximum zehn) beträgt, sind Maßnahmen erforderlich.

Die FMEA verbreitet sich heute weit über die Design- und Prozess-FMEA in der Autoindustrie hinaus in andere Gebiete, so etwa in die Bereiche von Medizinprodukten und anderen komplexen technischen Systemen. Sie ist der Impulsgeber für die Gefährdungsanalysen.

5.5.2.3 Anwendung

Die FMEA wird heute noch in der Automobilindustrie und in der Entwicklung und Produktion von komplexen technischen Geräten, wie z. B. Medizinprodukte eingesetzt.

Konstruktions FMEA (Prozess FMEA)		Teil - Name	Modell / System / Fertigung						Teil Nr	Techn. Aenderungsstand					
		Bestätigung druch betr. Abteilung / Lieferant	Name, Abt. Lieferant	Name, Abt. Lieferant					Erstellt durch (Name, Abteilung)		Datum	Überarbeitet			
				DERZEITIGER ZUSTAND							VERBESSERTER ZUSTAN				
Systemteil / Funktion	Potentielle Fehler	Potentielle Folgen des Fehlers	Potentielle Fehlerursachen	vorgesehene Prüfmassnahmen	A	B	E	RPZ	Empfohlene Abstellmassnahmen	Verantwortlich	getroffene Massnahme	A	B	E	RPZ

A : Wahrscheinlichkeit des Auftretens (Fehler kann vorkommen)		B: Bedeutung (Auswirkung auf den Kunden)		E: Wahrscheinlichkeit der Entdeckung (vor Auslieferung an Kunden)		Prioritäts (RPZ)	
unwahrscheinlich =	1	kaum wahrnehmbare Auswirkung =	1	hoch =	1	hoch	1000
sehr gering =	2 - 3	unbedeutender Fehler, gering Belästigung =	2 - 3	mässig =	2 - 5		
gering =	4 - 6	mässig schwerer Fehler =	4 - 6	gering =	6 - 8	mittel	125
mässig =	7 - 8	schwerer Fehler, Verärgerung des Kunden =	7 - 8	sehr gering =	9		
hoch =	9 - 10	äusserst schwerwiegender Fehler =	9 - 10	unwahrscheinlich =	10	keine	1

Übersicht 60: Original FMEA-Arbeitsblatt

5.5.3 Gefährdungsanalysen

5.5.3.1 Beschreibung

Dem Vorbild der FMEA folgend gibt es eine Anzahl von weiteren Methoden der Risikobeurteilung, die sich mit den Gefährdungen von Prozessen oder Systemen befassen. Im Englischen spricht man von «Hazard Analysis». Dabei wird die auf drei Faktoren aufgebaute Risikoprioritätszahl der FMEA i. d. R. in eine Methode überführt, die nur zwei Faktoren umfasst.

Die Risikokriterien der Gefährdungsanalyse beruhen erneut auf der Kombination von Eintrittswahrscheinlichkeit und Auswirkung. Ihre Interpretation geht weiter als die FMEA mit den Ziffern von 1 – 10. Die Eintrittswahrscheinlichkeit wird situationsgerecht spezifiziert, also z. B. mit konkreten Werten von Häufigkeiten (einmal pro Monat) oder Fallwahrscheinlichkeiten (1 x pro 1000 Produkte) definiert. Die Auswirkungen eines Risikos sind in der Gefährdungsanalyse konkreter als in der FMEA. Ein «äußerst schwerwiegenden Fehler» wird beispielsweise zum «Tod eines Menschen» in der Arbeitssicherheit oder in der Patientensicherheit.

In der Gefährdungsanalyse erfolgt die Risikoidentifikation endogen, d. h. sie ergibt sich primär aus dem betrachteten System mit seinen Funktionsgrenzen. Eine Kombination mit einer Gefahrenliste ist denkbar, um die spezifischen Anforderungen an die Sicherheit oder an den Gesundheitsschutz zu ermitteln, wie dies in vielen EU-Richtlinien der Produktsicherheit wie Maschinen, Seilbahnen oder Medizinprodukten und ähnlichen technischen Systemen zu finden ist.

Die Risikokriterien für die Auswirkungen enthalten nicht nur Fehlfunktionen des Systems, sondern auch Sicherheitsmerkmale. Gefährdungen werden zu Risiken, die nach Eintrittswahrscheinlichkeit und Auswirkungen auf Systeme, Prozesse und daran beteiligten Menschen analysiert werden.

Nr.	Stufe	Interpretation
1	unbedeutend	Fehlfunktion mit Kundenreklamation
2	gering	Fehlfunktion mit Ersatzanspruch
3	spürbar	Leichte Verletzung mit ambulanter Behandlung, Serieschaden, Verlust von Kunden
4	kritisch	Schwere Verletzung mit stationärer Behandlung, Rückruf, Verlust vieler Kunden
5	katastrophal	Verletzung mit bleibenden Folgen, Todesfall, Verlust der Marktstellung

Übersicht 61: Risikokriterien bei der Gefährdungsanalyse

Der Verzicht auf die Risikoprioritätszahl, die sich aus drei Elementen und deren Multiplikation ergibt, führt dazu, dass das Risiko wieder nach der gängigen Definition als Kombination von Eintrittswahrscheinlichkeit und Auswirkung verstanden und in einem Risikoprofil dargestellt werden kann. Dadurch werden Risiken von hoher Frequenz und geringen Schadenpotentials nicht mit Risiken von geringer Frequenz und hohem Schadenpotential in der Bewertung gleichgestellt.

5.5.3.2 Vorgehen

Die Gefährdungsanalyse beginnt mit der Systemdefinition und mit der Analyse der Systemfunktionen oder der Systemanforderungen. Das sind die Rahmenbedingungen, zu denen die Risikokriterien hinzukommen. Auf der Grundlage der Systemelemente, der Funktionen und Fehlfunktionen bzw. der nicht Erfüllung von definierten Anforderungen an das System werden die Gefährdungen identifiziert und mit der Eintrittswahrscheinlichkeit und der Auswirkung eingeschätzt.

Die so ermittelten Risiken müssen nun noch der Risikobehandlung zugeführt werden. Nicht tragbare Risiken erfordern Maßnahmen der Risikobewältigung. Es folgen die weiteren Elemente des Risikomanagement-Prozesses, insbesondere die Risikoüberwachung und Risikoüberprüfung.

5.5.3.3 Anwendungen

Für die Gefährdungsanalyse gibt es viele Anwendungen, insbesondere für Produkte (Produktsicherheit) und technische Systeme. Aber auch innerhalb von Organisationen kann die Gefährdungsanalyse wichtige Beiträge im Risikomanagement leisten, z. B. für die Bewertung der Arbeitssicherheit für Mitarbeiter oder die Gewährleistung der Patientensicherheit in einem Krankenhaus. Eine weitere Anwendung als Prozess-Risikoanalyse findet bei risikobasierten internen Kontrollsystemen statt.

Gesundheitswesen:
Gegenstand der Gefährdungsanalyse ist z. B. der Patientenpfad mit Eintritt, Diagnose, Behandlung, Betreuung und Entlassung. Die Risikobeurteilung fächert diesen Behandlungspfad in seine feingliedrigen Teilprozesse auf. In jedem Teilprozess werden die Risiken identifiziert, analysiert und bewertet.

Interne Kontrollsysteme:
Gegenstand der nach der Gefährdungsanalyse vorgenommenen Risikobeurteilung sind die Geld- und Warenflüsse in einer Organisation. Ziel ist die korrekte Buchführung, Bewertung und Finanzberichterstattung, die eine Anforderung an die Finanzplanung und Finanzkontrolle darstellt.

5.5.4 HAZOP

5.5.4.1 Beschreibung

Eine mit der FMEA und der Prozessanalyse innerlich verwandte Methode ist die HAZOP-Analyse (Hazard and Operability Study), die auch als PAAG-Methode (Prognose, Auffinden, Abschätzen, Gegenmaßnahmen) bezeichnet wird.

Die HAZOP-Methode wurde in den frühen 1970er Jahren von Imperial Chemical Industries (ICI) entwickelt. Eine HAZOP wird für Anlagen der chemischen Industrie durchgeführt, sobald ein Vorentwurf vorhanden ist, der die Hauptkomponenten der Anlage und die Chemikalien-Flüsse enthält.

Die HAZOP hat zum Ziel, gefährliche Zustände bzw. Vorgänge in einem chemischen Prozess zu erkennen und Abhilfe zu schaffen. Die Gefährdungen bestehen in Brand, Explosion, Todesfällen oder Verletzungen von Personen, Leckage, Umweltbeeinträchtigung und in dem damit verbundenen materiellen Schaden.

5.5.4.2 Vorgehen

Die Risikoidentifikation erfolgt wie bei der FMEA durch die Aufteilung der Anlage in ihre Komponenten. Danach werden für jede Komponente Fehlfunktionen gesucht, und zwar unter Berücksichtigung der individuellen Art der möglichen Fehlfunktion. Leitworte wie «kein/nicht», «mehr», «weniger», «sowohl-als-auch», «zum Teil», «umgekehrt» und «anders-als» sollen Fehlfunktionen für jeden Anlageteil identifizieren und zu den entsprechenden Szenarien führen.

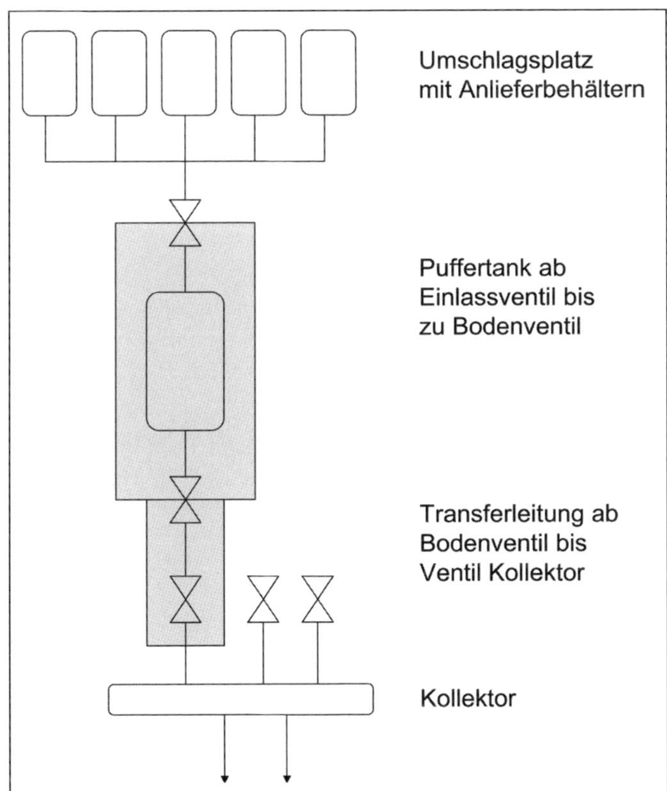

Übersicht 62: HAZOP Anwendung in der chemischen Industrie

Das Bild zeigt die schematische Darstellung eines Anlageteils. Für jede Komponente werden technische und organisatorische Maßnahmen, die für die Sicherstellung der

Soll-Funktion vorgesehen sind, aufgelistet. Die Leitwörter führen zu Abweichungen von den Soll-Funktionen. Erkannte Abweichungen führen zur Bildung von Risikoszenarien. Von ihnen werden jeweils die Ursachen und die Auswirkungen beschrieben und analysiert. Dabei werden Stufen der Wahrscheinlichkeit und der Auswirkungen gebildet und zugeordnet.

Die Eintrittswahrscheinlichkeiten werden differenzierter als bei der FMEA ermittelt, indem z. B. häufig (1/a), gelegentlich (1/10a), selten (1/100a) und unwahrscheinlich 1/1000a) bedeuten.

Die Risikokriterien für die Auswirkungen lehnen sich an die Gefährdungsanalyse an. Die Auswirkungen werden nach Menschen (intern/extern), Ökosphäre, Infrastruktur, Schadensumme und ähnlichen Kriterien eingeteilt. Hier eine typische Definition:

Stufe	Interpretation
unbedeutend	Lästige, vorübergehende Beeinträchtigung der Arbeitsverhältnisse, kurzer Unterbruch der Infrastruktur und Produktion, Umweltbeeinträchtigung innerhalb verbindlicher Grenzwerte (z. B. < 100000 €)
gering	Gesundheitliche Belästigung von Mitarbeitern durch Reizungen mit keinem oder geringem Arbeitsausfall, kurze Unterbrüche der Infrastruktur oder Produktion (z. B. < 300000 €)
spürbar	Verletzung von Mitarbeitern mit vorübergehendem Arbeitsausfall, Beeinträchtigung von Anwohnern/Passanten, vorübergehende Belastung der Ökosphäre, Unterbruch der Infrastruktur und Produktion. Behördliche Maßnahmen und Strafuntersuchungen, negative Berichterstattung in Medien (z. B. < 1 Mio. €)
kritisch	Todesfall/bleibender Gesundheitsschaden im Betrieb. Vergiftungen und Verletzungen von Anwohnern und Passanten, schwere Ökoschäden, Infrastrukturschäden und Produktionsunterbrüche. Behördliche Maßnahmen und Strafuntersuchungen, negative Berichterstattung in den Medien (z. B. < 3 Mio. €)
katastrophal	Todesfälle/bleibende Gesundheitsschäden im Betrieb. Vergiftungen und Verletzungen von Anwohnern und Passanten, andauernde Ökoschäden, Infrastrukturschäden und Produktionsunterbrüche. Behördliche Maßnahmen und Strafuntersuchungen, negative Berichterstattung in den Medien (z. B. < 10 Mio. €)

Übersicht 63: Definition der Auswirkungen

Die Ergebnisse der HAZOP-Analyse führen zu einer Risikolandschaft, die von der bisherigen Darstellung nicht abweicht. Die Risikobewertung bzw. die Festlegung einer Risikotoleranzgrenze werden ähnlich der Szenario-Analyse oder der Gefährdungsanalyse gehandhabt.

5.5.5 Anwendung

Die HAZOP wird vor allem bei der Gestaltung der Sicherheit von chemischen Prozessen bzw. Anlagen der Grundstoffchemie eingesetzt.

5.6 Statistische Methoden

5.6.1 Allgemeines

Um statistische Methoden anzuwenden, ist eine ausreichende Datenbasis erforderlich. Man spricht vom «Gesetz der großen Zahl». Im Mittelpunkt stehen Zufallsexperimente, z. B. das Würfelspiel oder andere vom Zufall bestimmte Vorgänge. Je grösser die Anzahl der Zufallsexperimente bzw. die Datenbasis von vorausgehenden Zufallsexperimenten, desto näher liegen die Ergebnisse dem theoretischen Wahrscheinlichkeitswert.

Welche Vorstellungen verbergen sich hinter der Arbeit mit statistischen Methoden im Risikomanagement?

- Der Begriff des Risikos enthält das Wort «Unsicherheit» bzw. präzisier übersetzt «Uncertainty = Ungewissheit». Das deutet auf die unvollständige Information und auf den Zufall von Vorgängen oder Sachverhalten hin, die Gegenstand des Risikomanagements werden sollen.
- Der Begriff «Wahrscheinlichkeit» ist mehrdeutig. Er umfasst einerseits ein probabilistisches Verständnis als relative Häufigkeit des Eintritts von Ereignissen oder Entwicklungen. In der englischen und in der französischen Sprache gibt es andererseits die Begriffe «Likelihood» bzw. «Vraisemblance», die eine subjektive bzw. durch ein Individuum geprägte persönliche Erwartung an das Ergebnis eines Vorgangs ausdrücken. Wo keine ausreichenden Datenmengen vorhanden sind, stellt sich die Frage, ob die Anwendung von statistischen Methoden überhaupt möglich und sinnvoll ist.
- Der Begriff Risiko ist zukunftsbezogen. Der Einsatz von statistischen Methoden im Risikomanagement bedeutet eine Extrapolation von Vergangenheitserfahrungen in die Zukunft. Bei der Anwendung des Gesetzes der großen Zahl kann eine Prognose nun auf einer Datenbasis der Vergangenheit erfolgen. Beim Fehlen von statistischen Daten tritt die persönlich ausgedrückte Erfahrung und Erwartung an deren Stelle. Wenn mehrere Personen bzw. Experten, die sich im zu beurteilenden Sachverhalt auskennen, an einer Prognose beteiligt sind, könnte wiederum das Gesetz der großen Zahl gelten, z. B. mit der Aussage: 90 % der «Experten» erwarten, dass eine Zufallsvariable in der Zukunft einen bestimmten Erwartungswert einnimmt. Deren Eintrittswahrscheinlichkeit ist 90 %.
- Damit nutzen wir im Risikomanagement nicht nur probabilistische Methoden, welche auf das Gesetz der großen Zahl beruhen, sondern auch «hypothetische» Wahrscheinlichkeiten, bei denen die fehlende Datenbasis durch einen Konsens der subjektiven Einschätzung von Experten ersetzt werden muss.

5.6.2 Abbildung des Risikos mit einer Verteilungsfunktion

5.6.2.1 Klassische Normalverteilung

Im Risikomanagement wird für die Beschreibung der Unsicherheit bzw. Ungewissheit oft die klassische Normalverteilung verwendet. Bei einem Zufallsexperiment liegen die zu erwartenden Werte gleichmäßig verteilt um einen mittleren Wert. Der Mittelwert (m) der Verteilung bezeichnet das arithmetische Mittel, die Standardabweichung (s) gibt an, wie breit die Zufallswerte um diesen Mittelwert gestreut sind. Dabei liegen

- 68,27 % aller Messwerte in der Entfernung von einer Standardabweichung σ vom Mittelwert,
- 95,45 % aller Messwerte in der Entfernung von zwei Standardabweichungen 2σ vom Mittelwert,
- 99,73 % aller Messwerte in der Entfernung von drei Standardabweichungen 3σ vom Mittelwert.

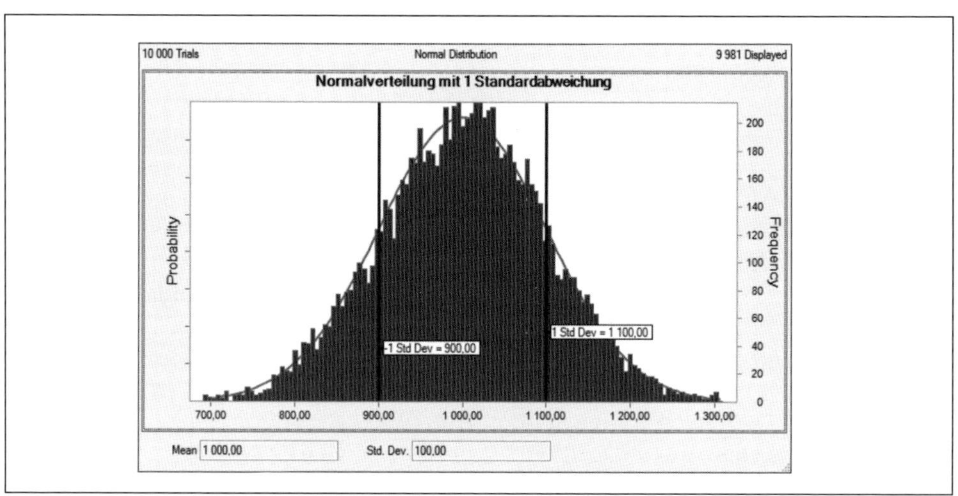

Übersicht 64: Normalverteilung mit Standardabweichung

Die Größe der Standardabweichung ist nun ein Maß für die Streuung, bzw. für das Risiko. Je weiter die einzelnen Werte vom Mittelwert entfernt sind, desto grösser ist das Risiko. Die nachfolgende Übersicht zeigt zwei Normalverteilungen, bei der einen ist die Standardabweichung σ = 10 % und bei der andern ist σ = 20 % bei einem Mittelwert m = 1000.

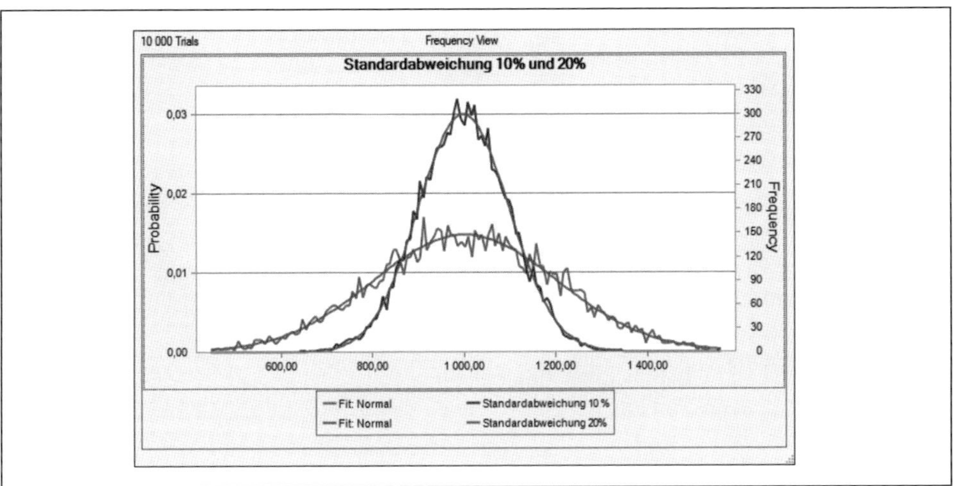

Übersicht 65: Standardabweichung als Maß für das Risiko

Nicht alle Risiken sind normal verteilt und können mit einer Standardabweichung beschrieben werden. Für die Bestimmung der Eigenschaften von Risiken gibt es mehrere Verteilungsfunktionen.

5.6.2.2 Abbildung von Risikoszenarien mit anderen Verteilungsfunktionen

Risikoszenarien, bei denen keine ausreichenden Datenmengen vorliegen und damit die Anforderungen des Gesetzes der großen Zahl nicht genügen, können trotzdem durch einige statistische Merkmale charakterisiert werden. Dabei sind folgende Fragen zu stellen:

- Ist das Risiko gleichmäßig (normal) oder ist es schief verteilt?
- Gibt es neben dem Mittelwert einen davon abweichenden Zentralwert?
- Ist das Ende der Verteilung endlich oder unendlich?
- Verläuft das Risiko stetig steigend oder sinkend?
- Wie verhält sich das Risiko bei besonderen Werten (z. B. Nullpunkt)?
- Kann man bei einem Risikoszenario einen Worst-, Middle- und Best-Case erkennen?
- Hat ein Risiko nur Verlustpotential oder auch Chancen?

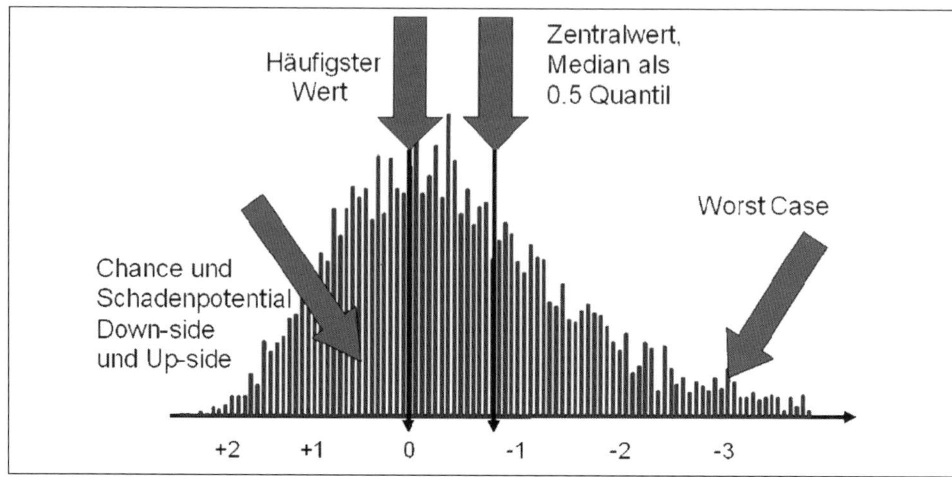

Übersicht 66: Statistische Merkmale eines Risikos

Von besonderer Bedeutung ist bei der Risikoquantifizierung mit den statistischen Werkzeugen die Möglichkeit, Risiken nicht nur mit ihrer negativen Seite der Bedrohung oder des Verlustpotentials, sondern erstmals auch mit den Gewinnchancen darzustellen. Neben dem Down-side- wird es nun auch möglich, das Up-side Risiko darzustellen (Achsenbeschriftung: links Chancen, rechts Bedrohungen).

Wenn man die statistischen Merkmale eines Risikos erfasst, lässt sich eine passende Verteilungsfunktion für die Beschreibung des Risikos definieren. Die Statistik stellt eine Vielzahl von Verteilungen zur Verfügung. Nachfolgend sind die Verteilungen aufgezeigt, die das Excel-basierte Softwaretool «Crystal Ball» zur Verfügung stellt.

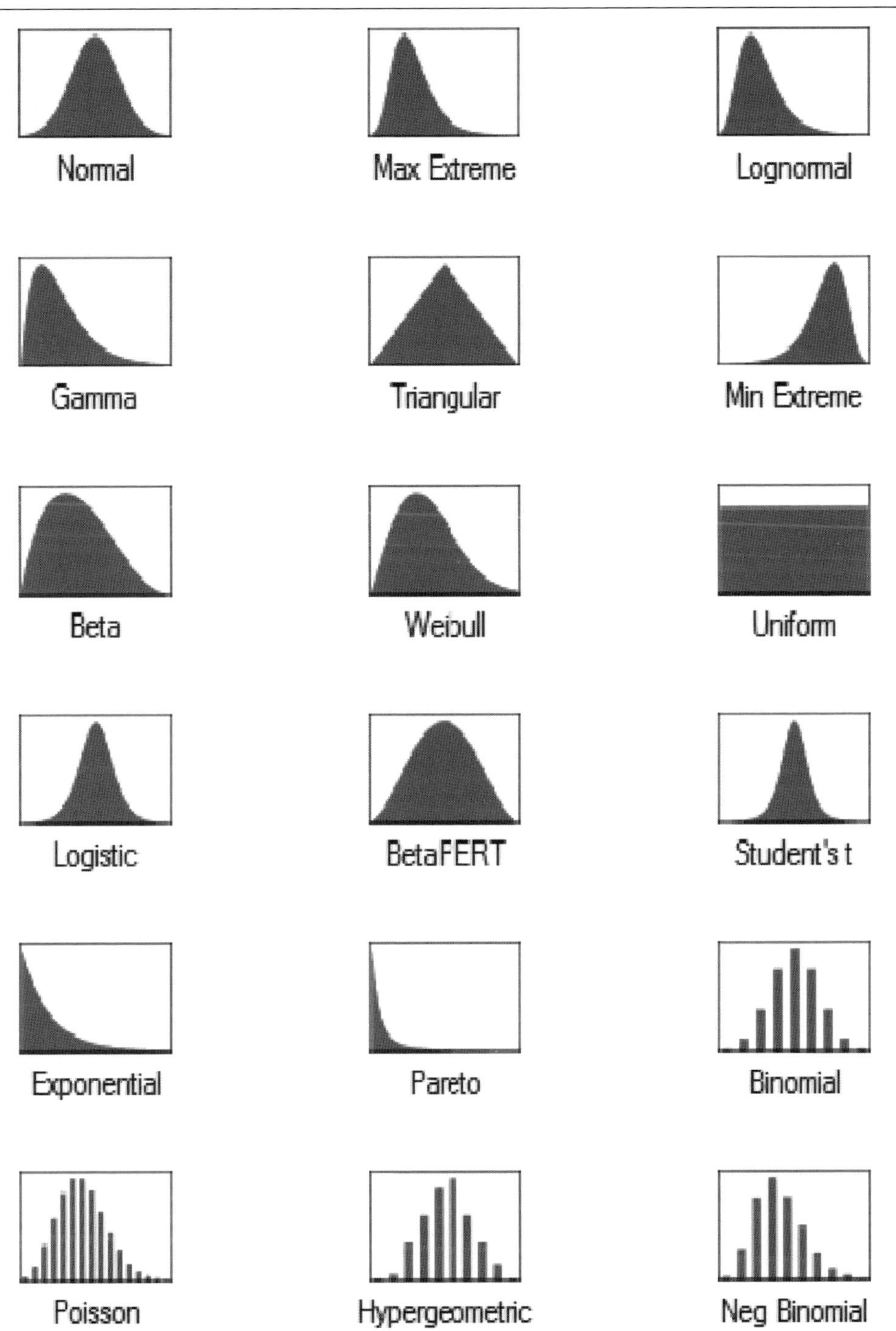

Übersicht 67: Verteilungsfunktionen aus Crystall Ball

Der Mittelwert (häufigster Wert oder Zentralwert) einer Verteilungsfunktion stellt einen Lageparameter dar. Es gibt jedoch nicht nur einen mittleren Lageparameter, sondern auch einen für die extremen Werte der Verteilung: Dieser ist bekannt unter dem Begriff Konfidenzintervall. Im Zusammenhang mit der Anwendung von statistischen Werkzeugen hat sich der Begriff «Value at Risk» eingebürgert, dem nachfolgend die Aufmerksamkeit gilt.

5.6.3 Value at Risk als Maß für das Risiko

«Der Value at Risk (VaR), der sich unmittelbar aus einer Verteilung ableiten lässt, ist dabei definiert als Schadenshöhe, die in einem bestimmten Zeitraum ( ) mit einer festgelegten Wahrscheinlichkeit ( ) nicht überschritten wird.»[186]

Der Value at Risk kann mathematisch berechnet oder mit einem Zufallsgenerator bzw. mit der Monte-Carlo-Simulation empirisch ermittelt werden, wenn man die Parameter der gewählten Verteilung kennt. Nachfolgend ein einfaches Beispiel des Value at Risk (VaR), basierend auf der Normalverteilung:

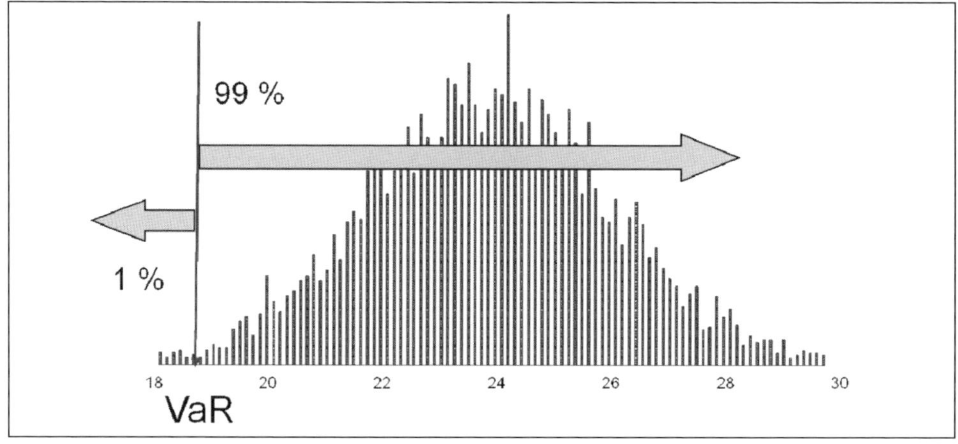

Übersicht 68: Value at Risk als Maß für das Risiko

Der Value at Risk ist vergleichbar mit dem Worst-Case-Szenario eines Risikos. Es stellt einen schlimmstmöglichen Fall bzw. eine Kombination von sehr geringer Eintrittswahrscheinlichkeit und extrem vorstellbarer Auswirkung dar. Die bei der Bestimmung des Value at Risk in Betracht gezogenen Wahrscheinlichkeiten sind i. d. R. gering, also z. B. 5 % bzw. 95 % (das wäre gleichbedeutend mit einmal in 20 Jahren) oder 1 % bzw. 99 % (einmal in 100 Jahren).

186 Vgö. Gleissner/Meier 2001, S. 144f. und ONR 49000:2014, Ziff 2.1.20.

5.6.4 Monte Carlo Simulation zur Risikoaggregation

5.6.4.1 Beschreibung

Monte Carlo ist der Stadtteil des Fürstentums Monaco, in dem im Spielcasino Roulette gespielt wird. Das Glücksspiel beruht auf einem einfachen mechanischen Zufallsgenerator. Demgegenüber arbeitet die Monte Carlo Simulation für die Erzeugung von Zufallsreihen mit der modernen Computertechnik.

In einer Monte Carlo Simulation werden einzelne oder mehrere Zufallsvariablen, seien sie nun auf historischen Datensätzen oder auf hypothetischen Verteilungen abgestützt, miteinander verbunden, um aus den sich ergebenden Zufallsreihen ein neues Gesamtrisiko zu ermitteln. Diesen Vorgang nennt man Risikoaggregation. Das daraus entstehende neue Gesamtrisiko verfügt wiederum über einen Erwartungswert bzw. über einen Value at Risk, der sich bei einer genügend großen Eintrittswahrscheinlichkeit von z. B. 95 % oder 99 % ergibt oder ausbleibt.

5.6.4.2 Vorgehen

Um eine Monte Carlo Simulation durchzuführen, empfiehlt sich das folgende Vorgehen:

- Zuerst muss das Ziel bzw. das zu erreichende Ergebnis der Monte Carlo Simulation festgelegt werden: Es kann lediglich in einem besseren Risikoverständnis liegen, indem nicht ein statischer Einzelwert als Prognose dient, sondern eine dynamische Verteilungsfunktion den Einfluss der Eintrittswahrscheinlichkeit berücksichtigt. Die simulierten Werte sollen möglicherweise mit Finanzkennziffern einer Organisation in Verbindung gebracht werden, z. B. mit dem Gewinn oder mit dem EBIT.
- Eine Monte Carlo Simulation verlangt ein Simulationsmodell als Rechnungsmodell. Oft basiert die Monte Carlo Simulation auf einer Erfolgsrechnung, in der einzelne Risiken auf passende Positionen der Erfolgsrechnung bezogen und diese zu Zufallsvariablen werden. Man kann aber auch einzelne Risiken aggregieren, indem sie unter Berücksichtigung gegenseitiger Abhängigkeiten miteinander kombiniert werden.
- Im Rechnungsmodell muss nun festgelegt werden, welches die Zufallsvariablen sind und wie sie parametrisiert werden können. Dabei sollen bei vorliegenden Datenreihen der Vergangenheit diese verwendet oder bei deren Fehlen auf hypothetische Verteilungsfunktionen zurückgegriffen werden.
- Bei der Durchführung der Berechnungen müssen die Ergebnisse plausibilisiert werden. Dies ist nicht wegen des Rechnens an sich, sondern wegen der Annahmen vorzunehmen, die der Berechnung zugrunde liegen.
- Aufgrund der erzielten Ergebnisse der Monte Carlo Simulation ist das Modell möglicherweise zu verfeinern, um die definitiven Berechnungen durchzuführen. Diese sind dann zusammen mit den getroffenen Annahmen zu dokumentieren.
- Schließlich sind die Ergebnisse der Simulation den Risikoeignern und anderen Stakeholdern zu kommunizieren und zusammen mit den getroffenen Annahmen zu erläutern.

5.6.4.3 Anwendungen

Für die Durchführung von Monte Carlo Simulationen gibt es fast unzählig viele Anwendungsmöglichkeiten. Die wichtigsten sind folgende:

Risiken der Kapitalanlage
Im finanziellen Anlagenmanagement werden historische Werte für die langfristige Rendite von Aktien und von Anleihen empirisch ermittelt. In der Schweiz betrug die Rendite der Aktien zwischen 1926 und 2003 über alle Jahre im Durchschnitt 7,9 %, währendem die Anleihen «nur» eine Rendite von 4,6 % erreichten. Dafür ist aber die Unsicherheit von Aktien größer als die von Anleihen. Das Maß für das Risiko ist die Standardabweichung bzw. die Volatilität. Diese beträgt bei Aktien knapp 20 %, bei den Anleihen rund 3,5 %.

Aus diesen Daten lässt sich das Risikoprofil von Aktien und Anleihen darstellen:

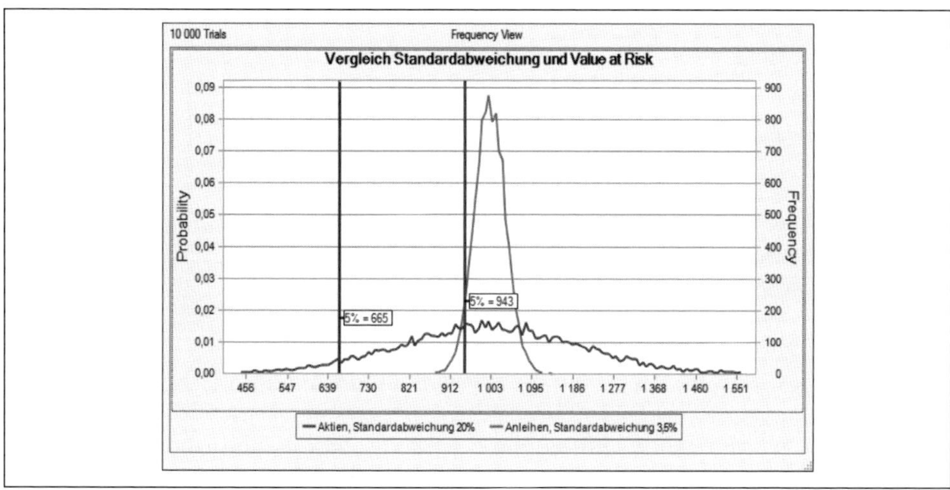

Übersicht 69: Risiko von Aktien und Anleihen[187]

Die Darstellung zeigt, dass die Aktien wegen ihrer großen Standardabweichung eine viel höhere Schwankung bzw. Unsicherheit haben als die Anleihen. Theoretisch kann man also mit den Aktien viel mehr gewinnen, aber auch verlieren als mit Anleihen. Das Verlustrisiko bei einer Wahrscheinlichkeit von 95 % (5 %) ist bei Aktien nicht grösser als (1000-665=) 335 Einheiten auf 1000, bei den Anleihen hingegen nur (1000-943=) 57 Einheiten auf 1000. Dementsprechend sind die Gewinnchancen verteilt, bei Aktien hoch, bei Anleihen klein. Diese einfache Darstellung entspricht natürlich nur einem schmalen Abbild der Wirklichkeit. Trotzdem lässt sich das Risiko gut darstellen.

187 Gehrig/Zimmermann (2000), S. 40

Risiken einer Versicherung
Die Versicherer sind fast ausschließlich im Bereich quantitativ messbarer Risiken tätig. Sie verfügen über umfassende Schadenstatistiken, welche die Grundlage für die Prämienkalkulation sind. Ein Risiko ist i. d. R. nur versicherbar, wenn es messbar ist. Deshalb kann man bei der Versicherung viel über den quantitativen Umgang mit Risiken lernen. Der Schadenverlauf ist bei der Versicherung eine typische Zufallsvariable, für deren Darstellung die Extrem Value Verteilung geeignet ist.

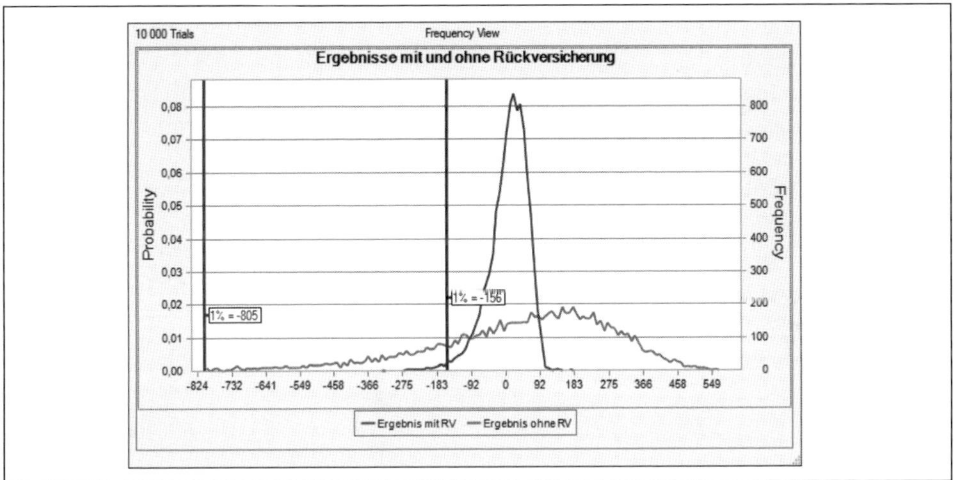

Übersicht 70: Risiko einer Versicherung

Dieser Simulation liegt ein Gewinn einer Versicherung mit 150 Einheiten ohne den Abschluss einer Rückversicherung bzw. mit 30 Einheiten beim Abschluss einer Rückversicherung zugrunde. Der Value at Risk bei 99 % (1 %) zeigt nun das Risiko: Ohne Rückversicherung kann ein Verlust von bis zu 805 Einheiten eintreten anstelle eines erwarteten Gewinns von 150 Einheiten. Demgegenüber beträgt die Verlustmöglichkeit, die mit 99 % Eintrittswahrscheinlichkeit nicht überschritten wird, gerade noch einen Verlust von 156 Einheiten anstelle eines erwarteten Gewinns von 30. Damit lässt sich das Risiko von zwei verschiedenen Geschäftsoptionen eindrücklich darstellen.

Gesamtrisiko eines Risikoprofils
In gleicher Weise ist es möglich, ein klassisches Risikoprofil nicht nur graphisch oder mit einem Erwartungswert darzustellen. Wenn nun jedem im Risikoprofil enthaltenen Risiko eine passende Verteilungsfunktion zugeordnet wird, lässt sich das Gesamtrisiko ermitteln, vorausgesetzt, dass sich die gegenseitigen Abhängigkeiten der einzelnen Risiken erkennen, ermitteln und in der Simulation abbilden lassen. Das Simulationsmodell trifft dazu Annahmen, die offengelegt und mit den Risikoeignern abgestimmt sein müssen.

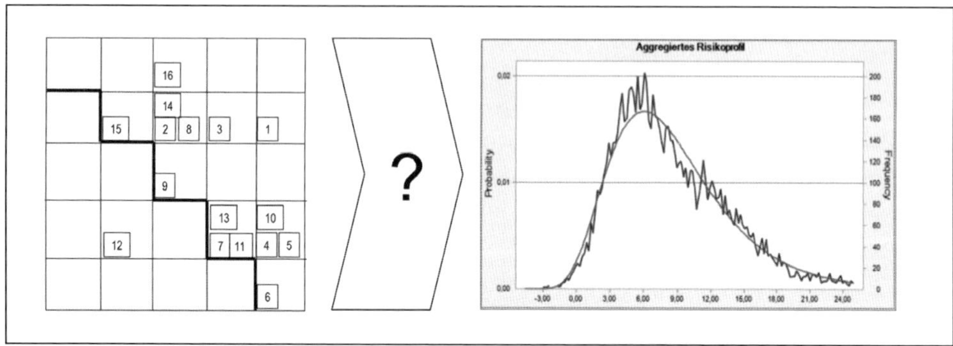

Übersicht 71: Aggregation eines Risikoprofils

Wenn man zusätzlich das Risikoprofil im IST- und im SOLL-Zustand auf der Grundlage des gleichen Modells simuliert, ergeben sich weitere interessante Erkenntnisse:

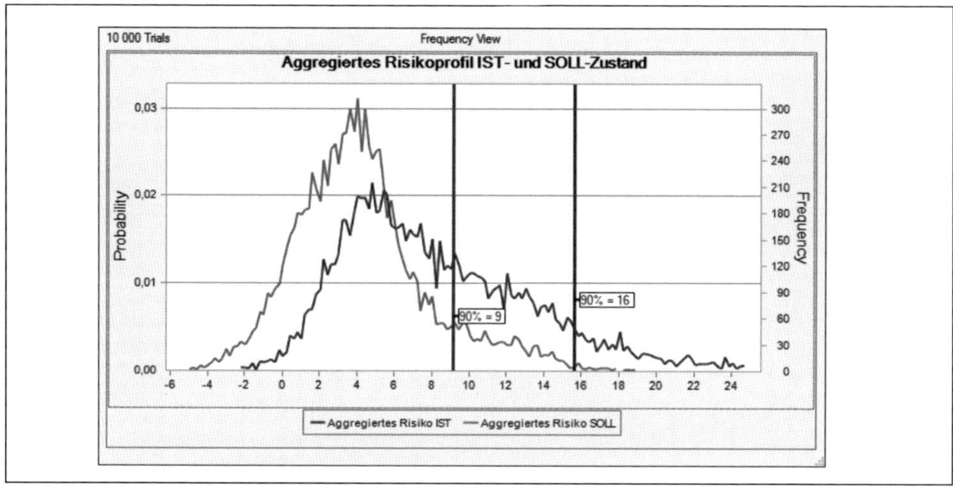

Übersicht 72: Vergleich des Value at Risk IST- und SOLL

Aus dem Simulationsergebnis (Achsenbeschriftung: links [-] Gewinn, rechts Verlust [+]) lässt sich ableiten, dass der Value at Risk bei 90 % im IST-Zustand (man könnte auch von 1 mal in 10 Jahren sprechen) etwa 16 Einheiten beträgt, während dem er im SOLL-Zustand auf rund 9 Einheiten geschätzt (oder im Modell auch genau ermittelt) werden kann. Dies heißt konkret, dass das eingesetzte Modell eine Risikoverbesserung von 7 Einheiten herbeiführt, wenn die Maßnahmen, die vom IST-Zustand in den SOLL-Zustand führen, umgesetzt sind und wirksam werden.

5.7 Zusammenfassung: Methodeneinsatz

Den Risikoeignern und den Risikomanagern stehen für die Beurteilung von Risiken viele Methoden zur Verfügung, die sie kennen und anwenden müssen. Die geeignete Methode auszuwählen ist für ein wirksames Risikomanagement von Bedeutung. Dabei spielen nicht nur die Zielsetzung des Risikomanagements eine Rolle, sondern auch die verfügbaren Ressourcen in Form von Geld, Zeit und Fähigkeiten.

Es gibt Methoden, die für die Anwendung einfach sind und andere, die sich als eher komplex erweisen. Zu den ersten gehören Brainstorming, Schadenfallanalyse (Ursache-Wirkungs-Diagramm), sowie die FMEA und die von ihr direkt abgeleitete Gefährdungsanalyse. Eher schwierig sind die Methoden der Fehlerbaum- und Ablaufanalyse, die Credible-Worst-Case Szenarioanalyse und die statistischen Methoden. Die schwierigen Methoden verlangen auch mehr Zeit und Ressourcen als die einfacheren.

Für die Auswahl der geeigneten Methode sollten zusätzlich die Merkmale der einzelnen Methoden bekannt sein, die sich nach den folgenden Kriterien bestimmen lassen:

- Unterstützung für die einzelnen Schritte in der Risikobeurteilung (Identifikation, Analyse, Bewertung, Bewältigung).
- Anwendung auf Management-Stufe: Top-down-Ansatz,
- Anwendung für die operationelle Systemgestaltung: Bottom-up-Ansatz.

Bei der fortgeschrittenen Praxis des Risikomanagements können in komplexen Organisationen einzelne Methoden kombiniert werden, um passende Ergebnisse zu erzielen.

Die nachfolgende Übersicht verbindet die Methoden der Risikobeurteilung mit den Kriterien und zeigt auf, welche Methoden sich in welchem Kontext empfehlen.

Methode	**Prozess-Schritte im Risikomanagement**					Top-down (T) Bottom-up (B)
	Identifikation	Analyse und Bewertung			Bewältigung	
		Auswirkungen	Wahrscheinlichkeit	Risikohöhe		
Brainstorming	+++	+	+		+	(T), (B)
Delphi-Technik	++	++	++		++	(T), (B)
World-Café	+++	+	+		+	(T), (B)
Citizens Conference						
Ursache-Wirkungs-Diagramm	+++	+	++		+	(B)
Schadenfallanalyse	+	+	+		+++	(T)
Fehlerbaum- und Ablaufanalyse		++	+++	+	+	(T), (B)
Szenario-Analyse	+++	+++	++	++	+++	(T)
CIRS	+++		+		++	(B)
RBCM	+++	+			++	(T)
FMEA	+++	++	++	+	++	(B)
Gefährdungsanalyse Prozessanalyse	+++	+++	++	++	++	(B)
HAZOP	+++	+++	++	+	++	(B)
HACCP	++	++		+	++	(B)
Standardabweichung		++	+++	++		(T)
Konfidenzintervall		++	+++	++		(T)
Monte Carlo Simulation	+	++	+++	++		(T)

Übersicht 73: Übersicht über die Methoden

6 Risikomanagement-System

6.1 Einführung des Risikomanagements

6.1.1 Projekt der Unternehmensentwicklung

Organisationen, deren Management sich entschlossen hat oder infolge von regulatorischen Vorgaben verpflichtet ist, ein Risikomanagement einzuführen, stehen vor einer Vielzahl von Fragen. Um das Risikomanagement als Führungsinstrument aktiv zu nutzen, beginnen viele Unternehmen in pragmatischer Weise mit der Einführung eines einzelnen Instrumentes, z. B. der Beurteilung einer Gesamt-Risikosituation nach der Credible-Worst-Case Szenarioanalyse. Ist die Organisation klein und übersichtlich, können die Durchführung und die periodische Aktualisierung einer solchen Top-down-Risikobeurteilung ausreichend und bereits sehr wirksam sein.

Größere Organisationen können ein Risikomanagement jedoch nur dauerhaft betreiben und aufrechterhalten, wenn es ein durchgängiges Konzept darstellt. Man spricht dann vom Risikomanagement-System. Wie dieses aussehen soll, ist den Beteiligten am Anfang oft nicht klar und schwer vorstellbar. Deshalb wird das Risikomanagement-Konzept schrittweise entwickelt und das Risikomanagement-System oft erst spät verbindlich festgelegt und dokumentiert. Erst wenn sich konkrete Erfolge zeigen und die ersten Erwartungen an das Risikomanagement erfüllt worden sind, lässt es sich systematisch in die Organisation, in ihre Führung und in die Prozesse einbetten. Dieses schrittweise Vorgehen ist typischerweise ein Projekt der Unternehmensentwicklung. Die Einführung des Risikomanagements nimmt bei größeren Unternehmen mit komplexen Risikothemen i. d. R. mehrere Jahre in Anspruch.

«Ein Projekt ist ein Vorhaben, bei dem innerhalb einer definierten Zeitspanne ein definiertes Ziel erreicht werden soll, und das sich dadurch auszeichnet, dass es im Wesentlichen ein einmaliges Vorhaben ist.»[188] Ein Risikomanagement-Projekt ist durch die folgenden Merkmale gekennzeichnet:

- Neuheit, Mangel an Erfahrung: Es gibt zwar in allen Unternehmen und Organisationen partielle Ansätze von Risikomanagement, der umfassende und systemische Ansatz aber ist oftmals neu. Kaum ein Mitglied der Führung hat bereits Erfahrungen mit Risikomanagement. Das Einführungs-Projekt ist erstmalig und einmalig.
- Unsicherheit: Es bestehen Erwartungen an ein Risikomanagement, oft Zweifel an der Notwendigkeit, jedoch noch keine konkreten Vorstellungen über den Aufwand und den konkreten Nutzen des Risikomanagements.
- Fokussierung und Interdisziplinarität: Risikomanagement ist thematisch fokussiert, es befasst sich zuerst nur mit bestimmten Aspekten, z. B. mit den strategischen

188 vgl. http://de.wikipedia.org/wiki/projekt, letzter Zugriff Februar 2016, zitiert nach DIN 69901 Projektmanagement; Projektmanagementsysteme 2009.

Führungsrisiken. Charakteristisch ist, dass es Themen interdisziplinär und funktionsübergreifend behandelt.

- Ressourcen, Aufwand, Fähigkeiten: Die dem Projekt zugeteilten Ressourcen bzw. der zeitliche Aufwand und die erforderlichen Fähigkeiten für das Projekt sind während einer definierten Zeit meist hoch oder werden von extern beschafft. Für eine langfristige Ressourcenbindung liegen keine Entscheidungen vor.
- Organisationsform: Jedes Projekt ist eine vorläufige Organisation. Für die definitive organisatorische Ausgestaltung des Risikomanagements nach der erfolgreichen Einführung gibt es erst vage Vorstellungen, aber noch keine verbindlichen Entscheidungen.
- Kompetenzen: Aufgrund des Neuheitsgrads des Projektes ist es vorerst nicht notwendig, allfällige spätere Aufgaben, Verantwortungen und Kompetenzen schon jetzt zu regeln. Mit einer einfachen, provisorischen Festlegung von Risikoeignern (Linienmanagement) und Risikomanagern (interne oder externe Spezialisten) kann das Projekt in einem zeitlich definierten Rahmen durchgeführt werden.

Wenn das Projekt Risikomanagement abgeschlossen ist, besteht ausreichende Klarheit über das Ergebnis und über den erwarteten Nutzen des Risikomanagements. Die Anwendung des neuen Führungsinstruments muss in den meisten Organisationen einen Reifeprozess durchlaufen, um seine Wirksamkeit zu entfalten und zu beweisen. Es handelt sich dabei um einen typischen Prozess der Unternehmensentwicklung. Wenn dieser Prozess abgeschlossen ist, wird das Risikomanagement zur andauernden Führungsaufgabe.

Die Einführung und Einbettung des Risikomanagements in größeren Organisationen bedarf es der Klärung mannigfaltiger Fragen und Aspekte: Im Vordergrund stehen einerseits Widerstände von Führungskräften gegen Veränderungen. Die Einführung von Risikomanagement verlangt ein «Change Management».

6.1.2 Auftretende Widerstände

Die Einführung von Risikomanagement als neue Managementaufgabe ist, wie alle Projekte der Unternehmensentwicklung, nicht nur von Begeisterung, sondern vor allem auch von Unsicherheiten und von vielen Widerständen begleitet. Die wichtigsten, vordergründigen Widerstände, die man in der Wirklichkeit antrifft, sind folgende:

- «Wir haben Risikomanagement schon immer gemacht»: An sich ist dieses Argument nicht falsch, denn jedes Unternehmen bzw. jede Organisation, die schon längere Zeit besteht und erfolgreich arbeitet, hat die Chancen genutzt und die Risiken begrenzt. Es geht vielmehr darum, dass das Risikomanagement systematisch und wirksam ist, also z. B. auch bei Veränderungen der Organisation, vor allem bei personellem Wechsel von Führungskräften.
- «Wir haben keine Zeit und keine Ressourcen für Experimente»: Ressourcen sind in jedem Unternehmen und in jeder Organisation knapp. Weil das Risikomanagement die zu behandelnden Themen priorisiert und sich auf die wesentlichen Fragen konzentriert, trägt es besonders dazu bei, dass Ressourcen sinnvoll eingesetzt werden.

- «Risikomanagement ist eine Modeerscheinung»: Das kann man wohl nicht mehr behaupten, denn die Verankerung des Risikomanagements in Corporate Governance und in vielen Gesetzen lässt sich nicht als Modeerscheinung wegdiskutieren.
- «Berater, Zertifizierungsorganisationen oder Wirtschaftsprüfer müssen mit Risikomanagement Geld verdienen»: Dieses Argument ist nicht ganz von der Hand zu weisen. Gerade bei der US-amerikanischen Praxis der internen Kontrollsysteme nach dem Sarbanes-Oxley Act (SOX) stellt sich die Frage, wer mitunter zu den großen Nutznießern des Gesetzes gehört.
- «Risikomanagement führt zu unnötiger Bürokratie»: Man kann jedes Führungsinstrument zur Bürokratie verkommen lassen, das hat nichts mit dem Führungsinstrument zu tun, sondern mit denjenigen Personen, die es nicht zweckmäßig einsetzen.

Daneben gibt es noch viel schwerer zu überwindende verborgene Widerstände, z. B. folgende:
- Zielkonflikte, die eine einseitige, kurz- oder langfristige Maximierung von Umsatz und Gewinn beinhalten und dabei bedrohende Risiken als Störfaktoren betrachtet werden. Risikoblindheit und Risikoignoranz sind verbogene Widerstände, die u. a. zur Finanzkrise beigetragen haben.
- Risiko hat oft mit Fehlern auf verschiedener Ebene zu tun. Unabhängig davon, ob es sich um menschliche, technische oder organisatorische Fehler handelt, erfordert das Risikomanagement einen Führungsstil, der auf einer offenen Fehler- und Risikokultur aufbaut. Autoritäre Führung tut sich mit dem Risiko schwer.
- Verborgene Widerstände gegen das Risikomanagement bestehen darin, dass das Top-Management Neuerungen überstürzt einführt, ohne die Zeitverhältnisse richtig einzuschätzen. Dabei werden Organisationen überfordert und überstrapaziert, was bei den Führungskräften Widerstand erzeugt.
- Schließlich führen ungelöste Ressourcenprobleme, wie z. B. fehlende Befähigung, fehlendes oder falsches Verständnis oder fehlende Zeit, zur stillschweigenden Ablehnung von Neuerungen oder von an sich wertvollen Entwicklungen.

Wer Risikomanagement einführen und wirksam gestalten will, muss sich dieser Wiederstände bewusst sein und sie überwinden.

6.1.3 Handlungsspielraum und Entscheidungsfreiheit

Bei der Gestaltung von Risikomanagement-Systemen muss beachtet werden, dass der Handlungsspielraum und die Entscheidungsfreiheit des Managements im Risikomanagement nicht immer gleich sind. Es lassen sich verschiedene Situationen unterscheiden:
- Geringe Entscheidungsfreiheit: Risikomanagement wird durch das Gesetz zwingend vorgeschrieben, z. B. in den Bereichen der Produktsicherheit, der internen Kontrollsysteme, der Arbeits- oder Umweltsicherheit. Das Management ist verpflichtet, die Anforderungen der Gesetze zu beachten. Behörden können die Ein-

haltung der Gesetze direkt oder indirekt kontrollieren. Es bleibt kaum Handlungsspielraum, um diese gesetzlichen Vorgaben umzusetzen. Eine Nichtbeachtung der gesetzlichen Anforderungen führt zu Strafen (Compliance Risiken).

- Begrenzte Handlungsfreiheit: Gesetze geben Prinzipien vor, nicht immer konkrete Anforderungen. Das Management ist verpflichtet, ein Risikomanagement einzuführen und zu betreiben. Es verfügt bei der Gestaltung des Risikomanagement-Systems über eine gewisse Handlungsfreiheit. Diese erstreckt sich im Risikomanagement insbesondere auf die organisatorische Gestaltung, die Einbettung ins Managementsystem und auf die Wahl und Anwendung von Methoden.
- Schließlich gibt es viele Anwendungsgebiete des Risikomanagements, wo gewisse Entscheidungs- und Handlungsfreiheit besteht. Diese wird oft durch anerkannte Praktiken oder anerkannte Empfehlungen, z. B. in freiwilligen Normen beeinflusst, nicht aber zwingend gefordert. Dazu gehört insbesondere das unternehmensweite, strategische und operative Risikomanagement.

6.1.4 Organisationsspezifische Gegebenheiten

Wie das Risikomanagement-System gestaltet werden soll, hängt u. a. von der Größe und Komplexität der Organisation, von den Risiken und der Gestaltungsfreiheit des Managements, von der Tätigkeit bzw. des Geschäfts, von den bereits vorhandenen Elementen im Risikomanagement sowie vom Managementsystem ab, das die Organisation für ihre Führung einsetzt.

6.1.4.1 Größe und Komplexität

Die Ausgestaltung des Risikomanagements ist von der Größe und der Komplexität der Organisation abhängig. Kleine Organisationen verfügen i. d. R. über einfache Tätigkeiten und transparente Entscheidungsstrukturen. Die Steuerung erfolgt über direkte Einflussnahme. Die Komplexität der Prozesse und Strukturen ist gering. Die Umsetzung bzw. Anwendung eines einfachen Risikomanagement-Prozesses mag vollauf genügen und ist der Übersichtlichkeit und Einfachheit der Verhältnisse angemessen.

Große Organisationen weisen hingegen einen höheren Formalisierungsgrad auf. Dieser schafft Verbindlichkeit und Sicherheit. Risikomanagement muss darin Gegenstand von Führungsprozessen, Verantwortlichkeitsstrukturen, Regelkreisen, formalen Weisungen und Kontrollen sein. Es müssen für die Integration des Risikomanagements Ressourcen bereitgestellt, Fähigkeiten gesichert und durch Ausbildung und Anwendung aufrechterhalten werden.

6.1.4.2 Risikoexposition und Gestaltungsfreiheit

Es gibt Organisationen mit geringer, andere mit hoher Risikoexposition. Dabei stellt sich die Frage, welche Risikoarten betrachtet werden. Es gibt viele Organisationen der öffentlichen Verwaltung, die ebenso viele Risiken haben können wie private Unternehmen. Auffallend ist, dass im Zuge der Marktöffnung und Deregulierung viele frühere Monopolunternehmen in die finanzielle Selbständigkeit entlassen wurden und damit sowohl die Organisationsentwicklung, die Unternehmensstrategie und das Risikomanagement wegen der Erhöhung der Eigenverantwortlichkeit eine neue Bedeutung erhalten haben.

Die öffentliche Verwaltung hat sich in den vergangenen Jahren stark verändert. Auf der einen Seite bringt das «New public management» mehr Dynamik und Gestaltungsfreiheit mit sich. Auf der anderen Seite gerät die öffentliche Verwaltung immer mehr ins Interesse der Medien und der Öffentlichkeit. Die Risikoexposition steigt. Hier hat das Risikomanagement-System einen höheren Stellenwert bekommen. Gutes Beispiel dafür ist die Schweizerische Bundesverwaltung. Mit Datum vom 24. September 2010 erließ und veröffentlichte der Bundesrat die «Weisung für die Risikopolitik des Bundes», die das Risikomanagement-System der Bundesverwaltung mit seinen sieben Departementen beschreibt.

6.1.4.3 Vorhandene Risikomanagement-Elemente

Bei der Gestaltung des Risikomanagement-Systems sollte jede Organisation zuerst eine Bestandsaufnahme von bereits vorhandenen Elementen durchführen. Keine Organisation beginnt bei null. Überall sind bereits Elemente des Risikomanagements vorhanden. Dazu sollten mindestens die gesetzlich geforderten Maßnahmen in der Arbeits-, Produkt- und Umweltsicherheit gehören. Das Risikomanagement-System macht es sich zur Aufgabe, diese oft isoliert dastehenden Einzelmaßnahmen untereinander zu vernetzen und Synergien zu schaffen.

Bei der Einführung eines Risikomanagement-Systems ist es wichtig, die bereits vorhandenen Elemente in das Gesamtkonzept einzubinden und sie mit den neuen Risikomanagement-Aktivitäten abzustimmen. Wenn z.B. in einem Unternehmen der Automobilindustrie ein ganzheitliches Risikomanagement eingeführt wird, sollen darin die bisherigen Elemente wie FMEA für Design und Prozesse sowie Arbeitssicherheit, Brandschutz, Business Continuity Management oder etwa IT-Sicherheit nicht einfach ausgeklammert, sondern eingebunden und miteinander koordiniert werden.

6.1.4.4 Vorhandene Führungsinstrumente

Die Planung, Einführung und Umsetzung eines Risikomanagements sollten die vorhandene Führungsphilosophie und die bestehenden Führungsinstrumente berücksichtigen. Hier spielt in der Industrie das weitum etablierte Qualitätsmanagement-System von ISO 9001 eine bedeutende Rolle. Es gibt daneben aber auch andere Managementsysteme, wie etwas das EFQM-Modell oder Balanced Scorecards. Auch hier drängt sich auf, das Risikomanagement in die vorhandenen Führungssysteme zu integrieren, weil sonst Transparenz und Übersicht verloren gehen. Allerdings könnte das Risikomanagement eigenständig als Führungsinstrument eingeführt, aufgebaut und betrieben werden.

6.2 Steuerung des Risikomanagements

6.2.1 Risikomanagement-System

Das Risikomanagement-System umfasst die Elemente bzw. die Bestandteile des Managementsystems, die sich mit der Steuerung von Risiken befassen[189] und die Anwendung und Umsetzung des Risikomanagement-Prozesses gestalten. Die Aufgabe des Managements besteht generell darin, die Entwicklung und Anpassung der Organisation an veränderte Umweltbedingungen zu planen, die daraus entstehenden Ziele und Strategien umzusetzen, die erzielten Ergebnisse zu bewerten und die Organisation bzw. ihre Leistungsfähigkeit zu verbessern. Die Führungsaufgabe lässt sich mit dem Deming-Kreis bzw. mit den Tätigkeiten «Plan–Do–Check–Act» umschreiben (vgl. Kapitel 231. Management). Wenn nun dieser Führungsprozess mit dem Risikomanagement-Prozess verbunden wird, entsteht das vollständige Bild des Risikomanagement-Systems, wie es in ISO 31000 und in der ONR 49001 dargestellt ist.

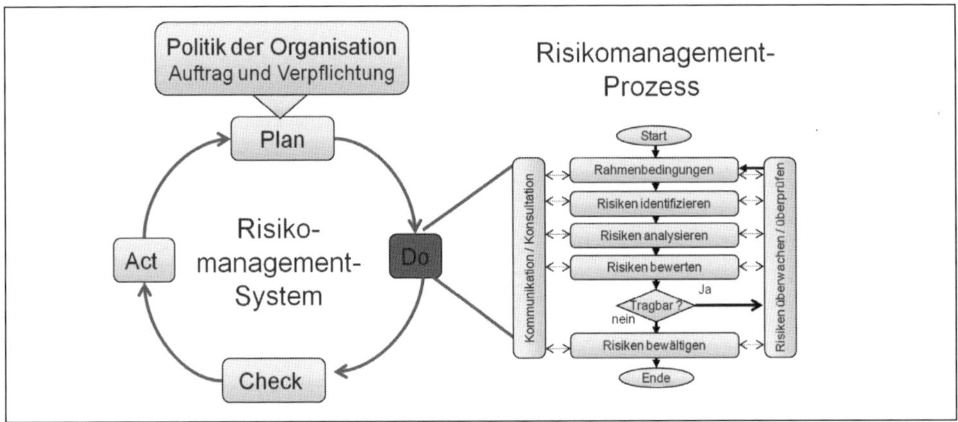

Übersicht 74: Das Risikomanagement-System

Die Steuerung des Risikomanagements erfolgt nach den Tätigkeiten «Plan–Do–Check–Act» (Planen-Umsetzen-Bewerten-Verbessern), wie im Deming-Kreis zugrunde gelegt wurden (siehe Ziff. 231. Management).

189 Vgl. ISO/IEC Guide 73, Ziff. 3.1.8 Risk management system: «set of elements of an organization's management system concerned with managing risk.»

6.2.2 Auftrag und Verpflichtung der Leitung

6.2.2.1 Verantwortung der Leitung

Das Risikomanagement beginnt mit der Verantwortung der Leitung. Sie umfasst die Aufgaben der Früherkennung von Risiken, die Analyse und das Verständnis der Risiken, die Prävention sowie die Intervention, wenn Restrisiken eintreten und immer noch schwere Auswirkungen auf die Ziele, Tätigkeit und die Erfüllung von rechtlichen Anforderungen haben können.

Die Verantwortung der Leitung einer Organisation ergibt sich aus den Grundsätzen von Corporate Governance, wie bereits früher (Ziff. 2.4. Corporate Governance) dargestellt wurde. Dazu kommen die vielfältigen gesetzlichen Anforderungen für das Risikomanagement. Die Aufgabe des Managements umfasst primär die langfristige Lenkung der Organisation, was die Entwicklung von Zielen und Strategien und die Umsetzung in operationelle Tätigkeiten umfasst. All diese Leitungsaufgaben sind mit Risiken verbunden. Die Verantwortung der Leitung wird insbesondere dadurch wahrgenommen, indem sie

- das Risikomanagement an den Zielen, Tätigkeiten und an den gesetzlichen und regulatorischen Anforderungen der Organisation ausrichtet,
- die Bedeutung und den Nutzen des Risikomanagements den Führungskräften und den Mitarbeitern auf allen Stufen der Organisation vermittelt,
- die Risikoakzeptanz in Einklang mit anerkannten Anforderungen der interessierten Kreise bringen und die Risikofähigkeit mit den vorhandenen finanziellen Mitteln und Möglichkeiten abstimmt,
- daraus die Risikomanagement-Politik ableitet, welche verbindlich festlegt, wie die Organisation das Risikomanagement gestaltet, umsetzt, bewertet und verbessert,
- die Verfügbarkeit von fachlichen, personellen und finanziellen Ressourcen sicherstellt,
- im Inneren eine offene Fehler- und Risikokultur fördert und die interne und externe Risikokommunikation plant, lenkt und leitet,
- das Risikomanagement-System in das bestehende Führungssystem integriert oder als eigenständiges System gestaltet,
- die Leistungsindikatoren des Risikomanagements (Früherkennung, Frühwarnung, Risikowahrnehmung und Risikoverständnis, erforderliche Handlungsschwerpunkte, Prioritäten, Risikofähigkeit und umgesetzte Systemelemente u. dgl.) festlegt,
- die Bewertung des Risikomanagement-Systems in geplanten Abständen durchführt, um dessen andauernde Eignung, Angemessenheit und Wirksamkeit sicherstellt.

6.2.2.2 Einführen, dokumentieren, aufrechterhalten, verbessern

Die inhaltliche Verantwortung und die daraus abgeleiteten Aufgaben der Leitung müssen systemisch verankert werden. Dies umfasst den Auftrag, das Risikomanagement einzuführen, zu dokumentieren, zu betreiben und laufend zu verbessern.

Die Einführung des Risikomanagements findet im Rahmen der Unternehmensentwicklung statt. Meist soll ein ganzheitliches Risikomanagement in der Organisation verwirklicht werden. Die Einführung des Risikomanagements kann sich auf wichtige

Teilbereiche konzentrieren. Wichtig ist, dass die Leitung gegenüber den Mitarbeitenden der Organisation ebenso wie gegenüber außenstehenden Stakeholdern das Risikomanagement erkennbar fördert und unterstützt.

Normalerweise sind im Risikomanagement einer Organisation schon einzelne Elemente vorhanden. Es geht nicht mehr nur um die Einführung von weiteren Elementen, sondern um die Weiterentwicklung des Risikomanagement-Systems als Ganzem.

Die Dokumentation des Risikomanagements bezieht sich einerseits auf die Ergebnisse des Risikomanagement-Prozesses, andererseits auf das Risikomanagement-System. Letzteres legt verbindlich fest, wie das Risikomanagement als Führungsaufgabe gestaltet, umgesetzt, bewertet und verbessert werden soll. Die Dokumentation hilft nicht nur bei der internen und externen Kommunikation über das Risikomanagement-System. Sie unterstützt den Nachweis, dass die Leitung ihrer Verantwortung nachgekommen ist. Dies ist rechtlich relevant.

Risikomanagement zu betreiben bedeutet, dass die Leitung das Risikomanagement zum Inhalt ihrer Führungstätigkeit macht und dafür sorgt, dass die dokumentierten Vorgaben umgesetzt werden. Bestandteile davon sind die Risikokommunikation, die stufengerechte Einbettung des Risikomanagements in die Entscheidungsfindung und in die operativen Tätigkeiten.

Die Ergebnisse des Risikomanagements müssen regelmäßig und systematisch bewertet werden. Aus dabei erkannten Schwachstellen ergeben sich die Verbesserungen des Risikomanagement-Prozesses und des Risikomanagement-Systems.

6.2.3 Planung des Risikomanagements

Die Planung ist die erste Führungsaufgabe im Risikomanagement. Sie beginnt mit der Risikomanagement-Politik, welche beschreibt, wie das Risikomanagement-System konkret in der Organisation gestaltet werden soll.

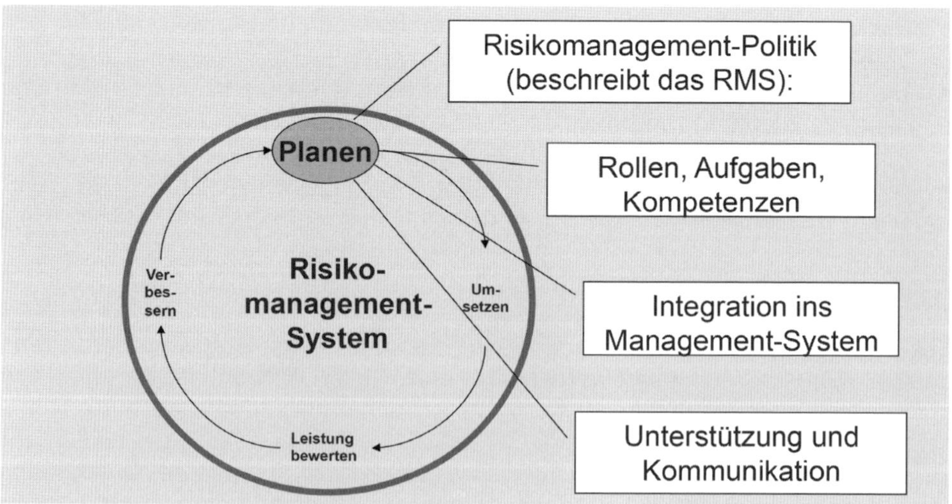

Übersicht 75: Planung des Risikomanagements

6.2.3.1 Die Risikomanagement-Politik

Eine Politik umfasst Ziele, Strategien und deren Umsetzung. Oft werden die Begriffe Politik, Strategie oder Konzept gleichgesetzt. Konkret legt nun die Risikomanagement-Politik die Ziele und die Strategien für das Risikomanagement fest und zeigt auf, wie diese in der Organisation umgesetzt werden sollen. Es handelt sich um eine Vorgabe, die in einem Dokument von der Leitung der Organisation verbindlich festgelegt wird. Die Inhalte der Risikomanagement-Politik lassen sich in die folgenden drei Hauptthemen gliedern:

- Ziele und Grundsätze
  - Motivation und Begründung für das Risikomanagement,
  - Ausrichtung auf die wesentlichen Chancen und Bedrohungen,
  - Verpflichtung und Einsatz der Leitung,
  - Anwendungsgebiete des Risikomanagements,
  - Aufgaben, Rollen, Verantwortungen und Kompetenzen,
  - Risikokommunikation, offene Fehler- und Risikokultur.
- Umsetzung, Anwendungen
  - Strategisches Risikomanagement (Umfeld, Kunden, Märkte),
  - Operatives Risikomanagement (Produkte, Projekte, Infrastruktur),
  - Sicherheit, Gesundheitsschutz und Umweltmanagement
  - Internes Kontrollsystem und Compliance,
  - Notfall-, Krisen- und Kontinuitätsmanagement,
  - Schaden- und Versicherungsmanagement.
- Integration und Kommunikation
  - Abstimmung des Risikomanagements mit den Führungsinstrumenten,
  - Anpassung des Risikomanagements an Veränderungen,
  - Verankerung im Human Resources Management, Befähigung,
  - Management-Reviews, Audits und ständige Verbesserung und
  - Verankerung in Weisungen und Richtlinien.

Die von der obersten Leitung als verbindlich erklärte und unterzeichnete Risikomanagement-Politik dient internen und externen Zwecken. Sie richtet sich in erster Linie an die Führungskräfte, an die Mitarbeitenden, an externe Stakeholder (auch Lieferanten und Kunden) und ist Bestandteil der internen Ausbildung und Kommunikation.

Ein konkretes Beispiel für die Risikomanagement-Politik ist nachfolgend dargestellt:

Übersicht 76: Beispiel Risikomanagement-Politik

Risikomanagement-Politik der MUSTER-Gruppe

1. Grundsätze

1.1 Ohne Risiken kein Geschäftserfolg

Die MUSTER-Gruppe will ihre Wettbewerbsvorteile und ihre Marktstellung langfristig sichern und ausbauen. Die damit verbundenen Chancen und Bedrohungen sollen systematisch und zeitgerecht durch die verantwortlichen Führungskräfte in ihren Entscheidungen berücksichtigt werden. Unter einem Risiko werden Chancen und potentielle Gefährdungen und Bedrohungen verstanden, die mit einer gewissen Wahrscheinlichkeit eintreten und schwerwiegende Auswirkungen auf die strategischen Ziele und auf die Finanzlage des Unternehmens, auf die operationellen Tätigkeiten sowie auf die Sicherheit und Gesundheit der Mitarbeiter, Kunden und anderer Menschen haben. Das Chancenmanagement kommt in der Unternehmensstrategie zum Ausdruck, das Risikomanagement stellt die strategische Entwicklung und die operativen Tätigkeiten sicher. Um erfolgreich zu bleiben, müssen Risiken eingegangen werden. Die Führungskräfte müssen diese aber kennen und mit den Ressourcen und der Finanzlage in einem angemessenen Verhältnis stehen. Eine offene Risikokultur und eine sachliche Risikokommunikation innerhalb der MUSTER-Gruppe sind eine Selbstverständlichkeit.

1.2 Anwendungen des Risikomanagements

Das Risikomanagement verschafft der Unternehmensleitung und den Führungskräften eine Übersicht über alle wesentlichen Risiken. Das Risikomanagement wird in der MUSTER-Gruppe zentral gesteuert und dezentral umgesetzt.
Das strategische Risikomanagement soll sich auf die Tätigkeiten und die Entwicklung der Geschäftsbereiche, auf große Investitionsprojekte und Produktinnovationen beziehen.
Das operative Risikomanagement umfasst die Leistungsprozesse und erstreckt sich auf die Arbeits- und Anlagensicherheit, die IT-Sicherheit und den Schutz der Vermögenswerte (internes Kontrollsystem).
Das Notfall-, Krisen- und Kontinuitätsmanagement ist Bestandteil des Risikomanagements. Ihnen kommt die Aufgabe zu, auf Restrisiken zu reagieren, die immer noch schwerwiegende Auswirkungen auf Betriebsbereiche der MUSTER-Gruppe haben.

1.3 Verpflichtung der Gruppenleitung

Die Leitung der MUSTER-Gruppe stellt für das Risikomanagement in der Zentrale die erforderlichen personellen und zeitlichen Ressourcen zur Verfügung, führt das Risikomanagement-System als Bestandteil des Management-Systems ein, überwacht und verbessert es laufend.
Der Leiter Finanzen der MUSTER-Gruppe ist Beauftragter der obersten Leitung für das Risikomanagement. Ihm untersteht die Funktion Risikomanagement in der MUSTER-Gruppe.

1.4 Verantwortung und Zusammenarbeit

Grundsätzlich liegt das Risikomanagement in der Verantwortung jeder Geschäftseinheit und jeder Führungskraft. Jeder Linienvorgesetzte und jeder Prozesseigner sind Risikoeigner.
Der Gruppen-Risikomanager (Head of Risk Management) ist dem Beauftragten der obersten Leitung unterstellt und unterstützt die Geschäftseinheiten beim Risikomanagement. Er ist befugt, von allen Führungskräften Informationen einzufordern, um zu einzelnen Risiken und zum Risiko-

management eine Zweitmeinung zu bilden und diese in die Diskussion mit den Führungskräften und der obersten Leitung einzubringen. Er berichtet dem Beauftragten der obersten Leitung.
In den Geschäftsbereichen wird eine nebenamtliche Funktion Risikomanager geschaffen, welche die fachliche Unterstützung der Führungskräfte im Risikomanagement wahrnimmt und mit ihnen die Risikomanagement-Politik umsetzt.
Zwischen Führungskräften (Risikoeignern), den dezentral angesiedelten Risikomanagern und dem zentralen Gruppen-Risikomanagement sollen die direkte fachliche Kommunikation und der gegenseitige Austausch von Risikoinformationen stattfinden.

1.5 Gesetzliche Vorschriften und Best Practice

Die für das Risikomanagement relevanten gesetzlichen Vorschriften (Arbeitssicherheit, Umweltschutz, Produktsicherheit, Finanzkontrolle usw.) müssen den betreffenden Führungs- und Fachkräften bekannt sein und eingehalten werden.
Das Risikomanagement wird nach den Empfehlungen der ISO 31000 und der ONR 49000 praktiziert.

2. Umsetzung des Risikomanagements

2.1 Strategisches Risikomanagement

In der MUSTER-Gruppe soll in jeder selbständigen Geschäftseinheit jährlich im Rahmen des strategischen Planungsprozesses eine Beurteilung der Top-Risiken durchgeführt werden. Diese Risikobeurteilung soll im Management-Team erfolgen und nach den einheitlichen Vorgaben mit einem Risikoprofil dargestellt und dokumentiert werden.
Die Leitung der Geschäftseinheit befasst sich mindestens zweimal jährlich mit dem Risikomanagement und stellt fest, ob es die erwartete Wirkung erzielt.
Die wesentlichen Gruppen-Risiken werden jährlich aus den Risiken der Geschäftseinheiten durch Konsolidierung zusammengeführt. Abhängigkeiten zwischen einzelnen Risiken und Querschnittsrisiken sind zu koordinieren und darzustellen.
Das Gruppen-Risikomanagement quantifiziert die Risikodaten nach einem einheitlich angewendeten Simulationsmodell und stellt für jede Geschäftseinheit sowie für die Gruppe als Ganzes den Value at Risk bei 90 % dar.

2.2 Risikomanagement bei strategischen Investitionsprojekten

Strategische Investitionsprojekte (Investitionsbetrag > 5 Mio. €) werden mit einem Projekt-Risikomanagement begleitet. Der Projektleiter erstellt bei Projektbeginn eine Risikobeurteilung und führt diese während des Projektes laufend nach.
Das gruppenweite Projekt-Portfolio zeigt zu den einzelnen Projekten auch den aktuellen Stand der Risiken und der Maßnahmen zur Bewältigung.

2.3 Risikomanagement bei Produktinnovationen

Produktentwicklungen (neue Produkte und Änderungen von Produkten) werden laufend mit einer passenden Gefährdungsanalyse (z. B. FMEA) begleitet, die sowohl die Design als auch die Prozess-Risikoanalyse umfasst. Dabei sind die gesetzlichen Anforderungen der Konformitätsdeklaration zu beachten.
Der Produkt-Manager ist für die Analyse der organisatorischen und kommerziellen Chancen und Risiken von Produktinnovationen verantwortlich. Diese werden bei den bewilligten, größeren Innovationsprojekten (Investitionsbetrag > 3 Mio. €) schriftlich dokumentiert.

Das gruppenweite Innovations-Portfolio zeigt zu den einzelnen Entwicklungsprojekten auch deren Chancen und Risiken.

2.4 Notfall- und Krisenmanagement

Jede Geschäftseinheit ist für das lokale Notfallmanagement verantwortlich. Es umfasst alle Vorkommnisse des betrieblichen Sicherheits- und Gesundheitsmanagements.
Auf Stufe der MUSTER Gruppe wird ein Krisenmanagement mit einem Krisenstab eingerichtet. Er steht in Verbindung mit den lokalen Notfallteams, beurteilt die Lage bei Krisen und nimmt die Aufgaben, vor allem die Krisenkommunikation nach innen und nach außen hin, wahr. Der Krisenstab führt jährlich zwei Stabsübungen durch, eine davon in Koordination mit dem lokalen Notfallmanagement.

2.5 Risikomanagement im operativen Bereich

Risikomanagement in den Bereichen der Arbeitssicherheit, des Brand- und Umweltschutzes erfolgt nach den gesetzlichen Vorgaben oder anerkannten Standards in Eigenverantwortung des zuständigen Linien-Managements der Geschäftseinheiten.
Die IT-Sicherheit stellt ein Querschnittsrisiko dar und liegt in der Verantwortung des Leiters der IT. Er überwacht die Einhaltung der Vorgaben für einen sicheren IT-Betrieb in der ganzen MUSTER-Gruppe. Die IT-Sicherheit entspricht den Anforderungen von ISO 27001.

2.6 Schadenmanagement

Treten Risiken ein und führen sie zu größeren Schäden und Verlusten, so sind sie im Hinblick auf ihre Ursachen zu analysieren. Risikoeigner und Risikomanager ziehen daraus die operativen und methodischen Konsequenzen.
Das Gruppen-Risikomanagement führt eine Statistik über die eingetretenen Schadensrisiken, einschließlich der Versicherungsfälle und IT-Sicherheits-Vorkommnisse.

2.7 Versicherungen

Die Sach-, Betriebsunterbrechungs- und Haftpflichtversicherung sind mit internationalen Versicherungsprogrammen gestaltet, in denen periodisch Präventionsdienstleistungen der Versicherer beansprucht werden.
Die Koordination dieser Risikobeurteilungen und ihre Einordnung ins Risikomanagement werden zwischen der für die Versicherung zuständigen Finanzabteilung und der Fachstelle Risikomanagement abgestimmt.

3. Integration in das Managementsystem

3.1 Risikomanagement als Führungsprozess und Führungsaufgabe

Das Risikomanagement wird in der MUSTER Gruppe als ein wesentlicher Bestandteil des strategischen Managements und des Gruppen-Management-Systems verstanden.
Auf operativer Ebene kann das Risikomanagement in das gegebenenfalls vorhandene Qualitätsmanagement integriert und dort dokumentiert werden.

3.2 Einheitliche Mindeststandards

Das Gruppen-Risikomanagement definiert einheitliche Mindeststandards für die operative Handhabung des Risikomanagements in der Gruppe. Dazu gehört die Beschreibung der einzelnen Instrumente für die Risikoermittlung und Risikokommunikation.

Die Risikomanager in der Gruppe und in den Geschäftsbereichen werden nach anerkannten Anforderungen qualifiziert und regelmäßig weitergebildet.

3.3 Information von Führungskräften und Mitarbeitern

Der Risikomanagement-Prozess, die Risikopolitik und ihre Umsetzung sind Gegenstand der Ausbildung von Führungskräften.

Die Einführungsprogramme für neue Mitarbeitende berücksichtigen gemäß den speziellen Bedürfnissen das Risikomanagement.

3.4 Schnittstellen

Die Schnittstellen zwischen Risikomanagement und Projektmanagement, Internem Kontrollsystem, dem Notfall- und Krisenmanagement sowie der operationellen Anwendungen sind in entsprechenden Arbeitsanweisungen zwischen den einzelnen Funktionsbereichen zu klären und schriftlich darzulegen.

Es findet jährlich mindestens eine Koordinationssitzung zwischen den einzelnen Funktionsbereichen statt.

3.5 Review und ständige Verbesserung

Das Risikomanagement ist Bestandteil des Managementsystems und wird einmal jährlich einer Management-Bewertung unterzogen. Die Ergebnisse der Management-Bewertung werden durch das Gruppen-Risikomanagement in einem Jahresbericht festgehalten.

Die interne Revision bewertet, bei Bedarf verstärkt mit externen Fachspezialisten, unabhängig vom Risiko- und Qualitätsmanagement, die Wirksamkeit des Risikomanagements, einschließlich besonderer Vorkommnisse und meldet die Ergebnisse an den Aufsichtsrat (Verwaltungsrat), der die Ergebnisse mit der Geschäftsleitung bespricht.

Die Ergebnisse der Management-Bewertung und der internen Revision Fließen in den kontinuierlichen Verbesserungsprozess ein. Die Leitung der MUSTER-Gruppe und die Leitungen der Geschäftsbereiche passen das Risikomanagement stets an die internen Bedürfnisse und an veränderte externe Bedingungen an.

6.2.3.2 Rollen, Aufgaben und Kompetenzen

Im Rahmen des Risikomanagements gibt es mehrere Funktionen, denen jeweils spezifische Aufgaben, Rollen und Kompetenzen zukommen. Die wichtigen werden nachfolgend beschrieben:

Risikoeigner

Die Rolle des Risikoeigners ist in den Normen ISO 31000 und ONR 49000 als «Person oder Stelle mit der Verantwortung und Befugnis, hinsichtlich eines Risikos zu handeln» einheitlich definiert[190]. Risikoeigner sind alle Führungskräfte einer Organisation, die über gewisse Entscheidungskompetenzen verfügen. Diese können strategischer und/oder operativer Art sein. Risikoeigner ist auch ein Pilot, ein Arzt oder ein Schiffskapitän. Er fällt Entscheidungen mit großer Verantwortung für deren Tragweite.

---

190 AS (2014) Buch S. 30 und 64.

Die Kompetenz des Risikoeigners im Risikomanagement geht so weit wie seine angestammte Kompetenz in der Organisation. Er kann in seinem Verantwortungsbereich auf Risiken stoßen, die seine Kompetenz bei weitem übersteigen. Dies führt dazu, dass er den Auftrag, hinsichtlich eines Risikos zu handeln, in diesen Fällen nicht alleine wahrnehmen kann. Ein solches Risiko muss eskaliert werden auf diejenige Ebene, die über die entsprechende Entscheidungskompetenz verfügt.

Umgekehrt kann eine Unternehmensleitung Aufgaben und Kompetenzen delegieren, hier eingeschlossen der Auftrag, hinsichtlich der dabei entstehenden Risiken zu handeln. Delegation von Aufgaben und Kompetenzen umfasst eine Kommunikations- und Überwachungsfunktion, die bezüglich der Chancen und Bedrohungen anwendbar sind.

Risikomanager

Die ONR 49000 definiert den Risikomanager als «Person, die den Risikomanagement-Prozess anwenden und in Organisationen umsetzen kann. Die Aufgaben erstrecken sich zusätzlich auf die Einbettung des Risikomanagements in die Organisation»[191]. Die erforderlichen Fähigkeiten und die Verantwortung sind fachlicher Natur. Im Englischen spricht man vom «Risk Professional», ein Könner in seinem Fachgebiet. Entscheidungsbefugnisse, wie sie dem Risikoeigner zukommen, besitzt der Risikomanager keine.

Der Risikomanager unterstützt die Risikoeigner als Fachexperte, Moderator, Kommunikator. Innerhalb der Organisation stellt er die fachlichen Anforderungen sicher, indem er entweder Regeln für das Risikomanagement setzt oder gesetzte Regeln anwendet.

Der Risikomanager unterstützt die Leitung der Organisation, z. B. bei der Gestaltung der Risikomanagement-Politik. Dabei bringt er seine Fähigkeiten für die Konzeptgestaltung ein, er arbeitet im Auftrag der Leitung. Die Entscheidungskompetenz liegt bei ihr. Der Risikomanager kann jedoch seine fachlichen Fähigkeiten so gut einbringen, dass er faktisch über einen hohen Einfluss und eine fachliche Autorität verfügt. Sie beeinflusst die Entscheidungsfindung der Leitung und schließlich die Gestaltung des Risikomanagement-Systems nachhaltig.

Die Aufgabe und Funktionen des Risikomanagers können folgende sein:

- Dienstleistungsfunktion: Fachliche Unterstützung der Leitung und der Risikoeigner. Der Risikomanager untersteht einem Mitglied der Leitung, das für das Risikomanagement zuständig ist. Es kann sich dabei um ein Risikomanagement-Komitee handeln, an dessen Vorsitzenden der Risikomanager berichtet.
- Methodenkompetenz: Der Risikomanager muss die relevanten Methoden des Risikomanagements, die im Unternehmen eingesetzt werden, sicher beherrschen.
- Urteilskraft in der Risikobeurteilung: Der Risikomanager ist ein Experte. Innerhalb einer bekannten Umgebung muss der Risikomanager über Urteilskraft zu Schlüsselrisiken, deren Ursachen und Auswirkungen sowie deren Bewertung verfügen. Diese Fähigkeit macht ihn zum Gesprächspartner des Risikoeigners und der Leitung der Organisation.

191 A.a.O.: S. 65

- Controlling-Funktion: Risikoanalysen sind Pläne für die Risikosteuerung. Der Risikomanager treibt solche Umsetzungspläne voran. Obwohl dies in die Verantwortung der Risikoeigner fällt, übernimmt der Risikomanager die Initiative in der Controlling-Funktion, indem er zuhanden der Leitung, des Risikomanagement-Komitees und der Risikoeigner die Realisierung dieser Pläne verfolgt und darüber gezielt berichtet.
- Urteilskraft bei der Beurteilung der Systemleistung: Der Risikomanager erkennt, ob und wie gut in der Organisation das Risikomanagement funktioniert. Er erkennt Stärken, Schwächen und Verbesserungsmöglichkeiten für das Risikomanagement. Der Risikomanager kann der Leitung und den Risikoeignern Möglichkeiten aufzeigen, die Wirksamkeit des Risikomanagement-Systems zu steigern.
- Weisungsbefugnis: Der Risikomanager kann von der Leitung mit speziellen Weisungsbefugnissen ausgestattet werden. Dies ist vor allem in der Finanzindustrie der Fall.

In der Finanzindustrie nimmt der «Chief Risk Officer» eine Sonderstellung ein, indem er z. B. eine Gesamtverantwortung für das Risikomanagement-System innehat und über erhebliche Entscheidungskompetenzen für die Annahme oder Ablehnung von spezifischen Risiken verfügt. Beispiele sind insbesondere die Kredit- und Marktrisiken, die gewisse Limiten nicht überschreiten dürfen. Die Zuteilung und Überwachung von Risikoexpositionen gehören zu den Kernaufgaben des Chief Risk Officers. Er vereint damit praktisch mehrere Funktionen im Risikomanagement, insbesondere die des Risikoeigners.

Auditor / Revision

Es ist zu beobachten, dass Auditoren bzw. Revisoren eine immer aktivere Rolle im Risikomanagement wahrnehmen. Ausgelöst durch Empfehlungen von Corporate Governance und daraus abgeleiteten gesetzlichen Bestimmungen wird der unabhängigen Prüfung der Wirksamkeit von Risikomanagement, Compliance-Management und von internen Kontrollsystemen eine zunehmende Bedeutung beigemessen. Dabei gibt es verschiedene Lösungsansätze:

Der Auditor ist im klassischen Qualitätsmanagement bekannt. Es gibt internationale Standards, welche die Rolle des Auditors und das Vorgehen bei einem Audit sehr detailliert beschreiben: Die ISO 19011 Leitfaden zur Auditierung von Managementsystemen gibt Empfehlungen, die auch auf die Bewertung eines Risikomanagement-Systems angewendet werden können. Dabei soll geklärt werden, wie ein Systemaudit gelenkt, geleitet und durchgeführt wird. Selbstverständlich müssen die Inhalte des Audits detailliert festgelegt werden. Eine Anleitung für die Durchführung eines Risikomanagement-Systemaudits wird in der ONR 49001 im Anhang eingehend beschrieben[192].

Der Revisor stammt aus einer ganz anderen Berufsgruppe, die im Englischen auch mit «Auditor» bezeichnet wird. Der externe Revisor ist der klassische Wirtschaftsprüfer mit der Kernaufgabe, festzustellen, ob die finanzielle Berichterstattung einer

192 A.a.O. Buch S. 114

Organisation formell richtig und aussagekräftig ist. Der interne Revisor wird für weitere Prüfungsaufgaben zuhanden des Aufsichts- bzw. Verwaltungsrats beigezogen. Gegenstand ist u. a. das Risikomanagement mitsamt den Belangen, die im weiteren Sinne damit verbunden sind. In einem engeren Sinn prüft der Revisor nur das interne Kontrollsystem, in einem weiteren jedoch das Unternehmens-Risikomanagement. Eine Anleitung für die Durchführung eines Risikomanagement-Systemaudits liefert der DIIR Revisionsstandard Nr. 2 «Prüfung des Risikomanagementsystems durch die interne Revision»[193].

«Three lines of defense»
Das Konzept der drei Verteidigungslinien wurde in den vergangenen Jahren in vielen Organisationen eingeführt. Es stellt dar, welche Funktionen bzw. Personen im Risikomanagement aktiv sind. Dabei wird auf ein Bild von «Verteidigungslinien» Bezug genommen. Diese entsprechen zwar genau den zuvor beschriebenen Rollen und Funktionen, reflektieren aber eine ganz andere Philosophie. Es geht hier nicht primär um Erfolgssteuerung, sondern um Verteidigung gegen Risiken, die wie «Angriffe» auf die Organisation verstanden werden. Chancen haben hier keinen Raum. Risikomanagement ist reine Abwehr.

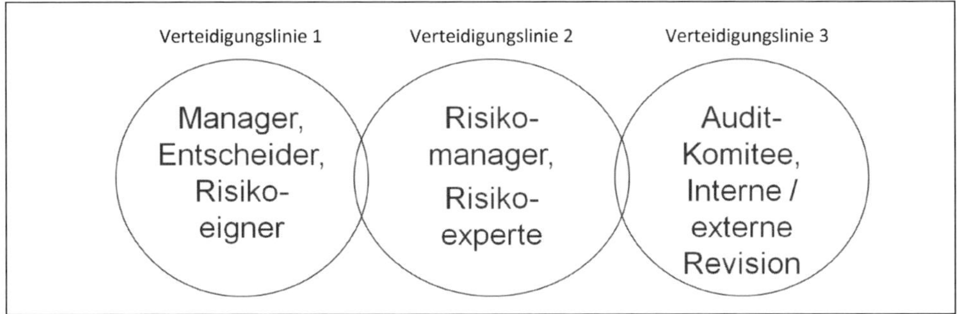

Übersicht 77: Die drei Verteidigungslinien

Die Darstellung der Verantwortung der Leitung und der Rollen, Aufgaben und Kompetenzen im Risikomanagement beziehen sich auf einzelne Personen oder Funktionen. Wie diese in der Organisation nun in ihrem Umfeld eingebettet sind und Synergien wahrnehmen können, zeigt der nächste Teil.

6.2.3.3 Integration ins Managementsystem

Das Risikomanagement ist eng mit den Zielen, Tätigkeiten und Anforderungen von Organisationen verbunden. Eine isolierte Darstellung des Risikomanagements ohne Bezug zu anderen Elementen der Führung von Organisationen und Unternehmen ist nicht sinnvoll. Vielmehr geht es darum, dass die Elemente und Bestandteile des Risikomanagement-Systems mit dem bestehenden Managementsystem oder mit Teilen

193 DIIR (2014)

davon möglichst gut vernetzt werden. Folge davon sind Synergien, die durch viele Gemeinsamkeiten zustande kommen.

Eine der herausragenden Gemeinsamkeiten von Managementsystemen ist deren Aufbau auf dem Regelkreis von Plan-Do-Check-Act, auf Deutsch Planen, Betreiben, Bewerten und Verbessern. Somit liegt es nahe, das Risikomanagement-System in die Nähe des Qualitätsmanagement-Systems zu rücken, welches seinerseits wohl das weltführende Managementsystem überhaupt darstellt. Die neue Version der ISO 9001 von 2015 führt zudem das risikobasierte Denken und den risikobasierten Ansatz ein, welche im Ziff. 38. Risikobasiertes Ansatz schon eingehend behandelt worden ist.

Das Risikomanagement ist in der grafischen Darstellung der ISO 9001 nicht direkt sichtbar. Wenn es nur das risikobasierte Denken betrifft, ist eine Sichtbarkeit des Risikomanagements nicht erforderlich, weil es sich um eine unverbindliche Haltung handelt. Sucht man hingegen den risikobasierten Ansatz, würde sich dieser als Prozess und als System wie folgt verbergen:

- Der Risikomanagement-Prozess beginnt mit den Rahmenbedingungen: Diese sind links als Inputs mit «Organisation und deren Kontext», «Anforderungen der Kunden» und «Erfordernisse, Erwartungen relevanter interessierter Parteien» zu finden.
- Der Risikomanagement-Prozess selbst steht als Führungsaufgabe in der Mitte. Er ist als solcher nicht sichtbar, aber in der Führung enthalten.
- Das Risikomanagement-System wird mit dem P-D-C-A-Zyklus identisch abgebildet. Es liegt nahe, Qualitätsmanagement und Risikomanagement zusammenzuführen. Das Qualitätsmanagement bildet den Rahmen, der die Elemente des Risikomanagements integrieren kann.

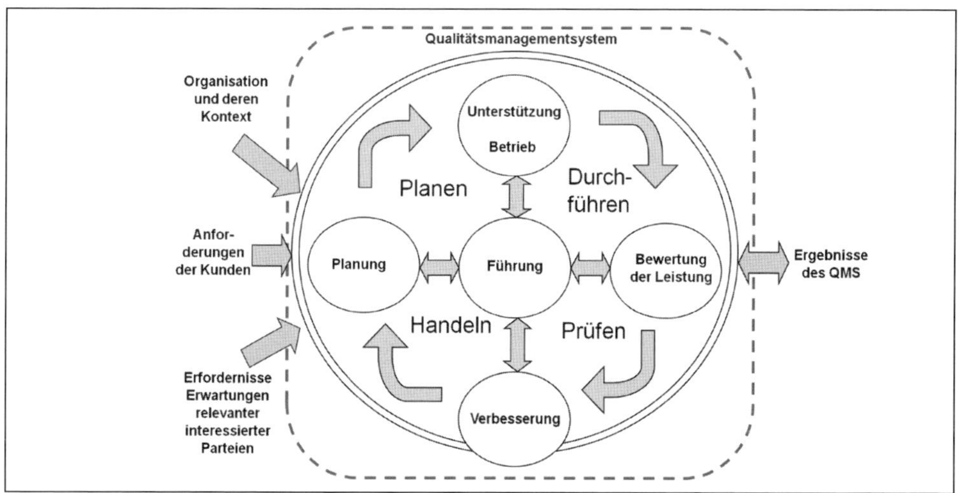

Übersicht 78: Risikomanagement in ISO 9001[194]

194 Bild stammt aus der DIN EN ISO 9001:2015

Moderne Managementsysteme, auch das Risikomanagement, sind prozessorientiert. Es gibt Führungsprozesse, Ressourcen-, Produkt- und Dienstleistungs- sowie Unterstützungsprozesse. In dieser Prozessordnung lässt sich Risikomanagement als Führungsprozess eingliedern, eng verbunden mit dem Strategieprozess und den Führungsaufgaben im Rahmen von Management-Informationssystemen.

Risikomanagement darf nicht von Leistungsprozessen isoliert werden. Deshalb muss der Risikomanagement-Prozess mit andern Kernprozessen der Organisation vernetzt und verschmolzen werden. Dies betrifft vor allem strategische, aber auch operative Prozesse.

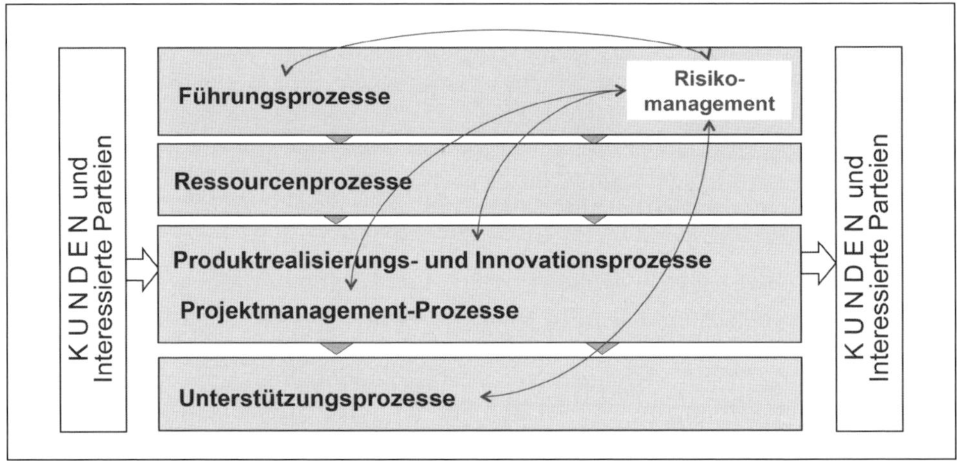

Übersicht 79: Risikomanagement als vernetzter Führungsprozess

Der Integration des Risikomanagement-Systems in ein (Qualitäts-)management-System sind folgende Grenzen gesetzt:

- Es gibt zahlreiche Organisationen und Unternehmen, die nicht über ein passendes Managementsystem verfügen, das für die Integration des Risikomanagements geeignet ist.
- Das vorhandene Qualitätsmanagement ist operativ ausgerichtet und vermag nicht, die Themen der Unternehmensstrategie und Unternehmensentwicklung zu erreichen. Damit würde das Risikomanagement auf operative Aspekte beschränkt.
- Das Qualitätsmanagement ist auf Teile der Organisation begrenzt, das Risikomanagement hingegen erstreckt sich auf alle wichtigen Risiken und erfordert deshalb einen anderen organisatorischen Geltungsbereich.

Beim Vorliegen solcher Grenzen für die Integration des Risikomanagements in ein Managementsystem kann das Risikomanagement auch als eigenständiges Managementsystem eingerichtet und betrieben werden.

6.2.3.4 Unterstützung und Kommunikation

Die Organisation muss das Risikomanagement mit Ressourcen unterstützen. Diese beziehen sich auf Personen, die sich den Aufgaben des Risikomanagements annehmen, auf die Fähigkeiten und Kompetenzen, die für die Umsetzung des Risikomanagements erforderlich sind. Zu den Ressourcen gehören finanzielle Mittel, die für die Umsetzung des Risikomanagement erforderlich sind.

Bei der Kommunikation im Risikomanagement muss zwischen drei verschiedenen Bereichen unterschieden werden:

Interne Risikokommunikation
Sie umfasst die interne Kommunikation über einzelne Risiken. Die Kommunikation und Konsultation sind Elemente des Risikomanagement-Prozesses (siehe auch Kapitel 4.2 Kommunikation und Konsultation). Es geht nicht nur darum, dass die Risikowahrnehmung ausgeprägt und realistisch ist, um Risiken zeitgerecht zu identifizieren. Die Kommunikation muss auch verschiedene Hierarchiestufen erreichen. Dies sind die Anforderungen des Top-down und Bottom-up-Ansatzes.

Externe Risikokommunikation
Externe Kommunikation ist teilweise gesetzlich gefordert. Vor allem in Deutschland enthalten Jahresberichte i. d. R. einen Risikobericht. In ihm werden die vorhandenen Unternehmensrisiken auf eine allgemeine Art dargestellt, ohne dabei auf zu viele Einzelheiten einzugehen. Dies mag interessant und aufschlussreich sein.

Wo keine gesetzliche Risikokommunikation verlangt ist, stellt sich die Frage, ob nach außen Risiken kommuniziert werden sollen. Ein möglicher Inhalt kann das Risikomanagement-System betreffen. Es mag vertrauensfördernd sein, wenn eine Organisation öffentlich darlegt, dass sie über ein wirksames Risikomanagement-System verfügt.

Die externe Risikokommunikation kann für die Leitung einer Organisation jedoch zweischneidig sein: Auf der einen Seite soll dargestellt werden, dass die Organisation umsichtig gelenkt wird, auf der anderen Seite existieren trotzdem Restrisiken, die bei Eintritt die Frage aufwerfen, ob das Risikomanagement-System wirksam gewesen ist.

Krisenkommunikation
Zur Kommunikation im Risikomanagement gehört die Krisenkommunikation. Sie muss geplant und gelenkt werden, was bei größeren Organisationen über die Medienstelle erfolgt.

6.2.4 Umsetzung des Risikomanagements

Zur Umsetzung des Risikomanagements gehören in erster Linie die Risikobeurteilungen bzw. die Pläne für die Einschätzung und den Umgang mit Risiken. Dazu kommt die Vernetzung des Prozesses Risikomanagement mit den anderen relevanten Unternehmensprozessen. Schließlich muss die Umsetzung des Risikomanagements das Notfall-,

Krisen- und Kontinuitätsmanagement berücksichtigen. Das Risikomanagement-System muss in Organisationen mit hohem Formalisierungsgrad dokumentiert sein.

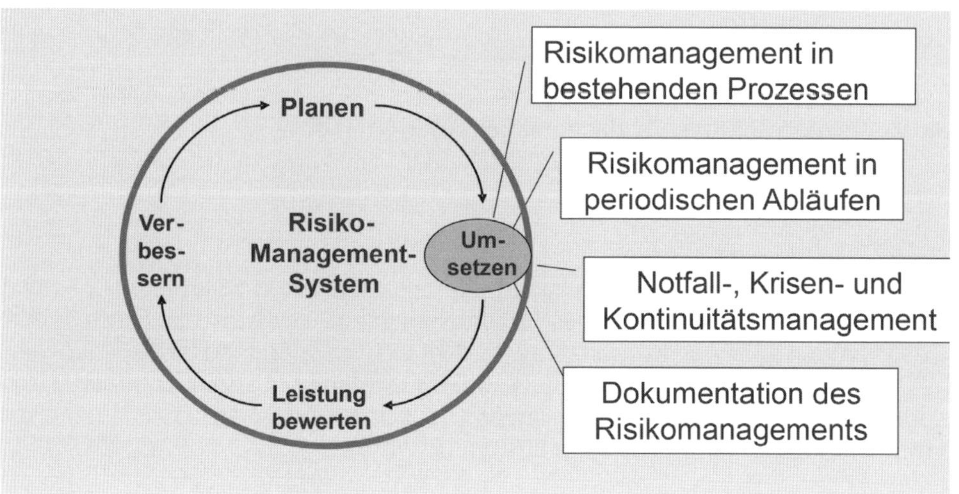

Übersicht 80: Umsetzung des Risikomanagements

6.2.4.1 Risikomanagement in bestehenden Prozessen

Die drei nachfolgenden Beispiele zeigen, wie der Risikomanagement-Prozess mit einem Kernprozess verknüpft werden kann. Nach dem jeweiligen Übersichtsbild erfolgt eine Beschreibung der zu beachtenden Besonderheiten.

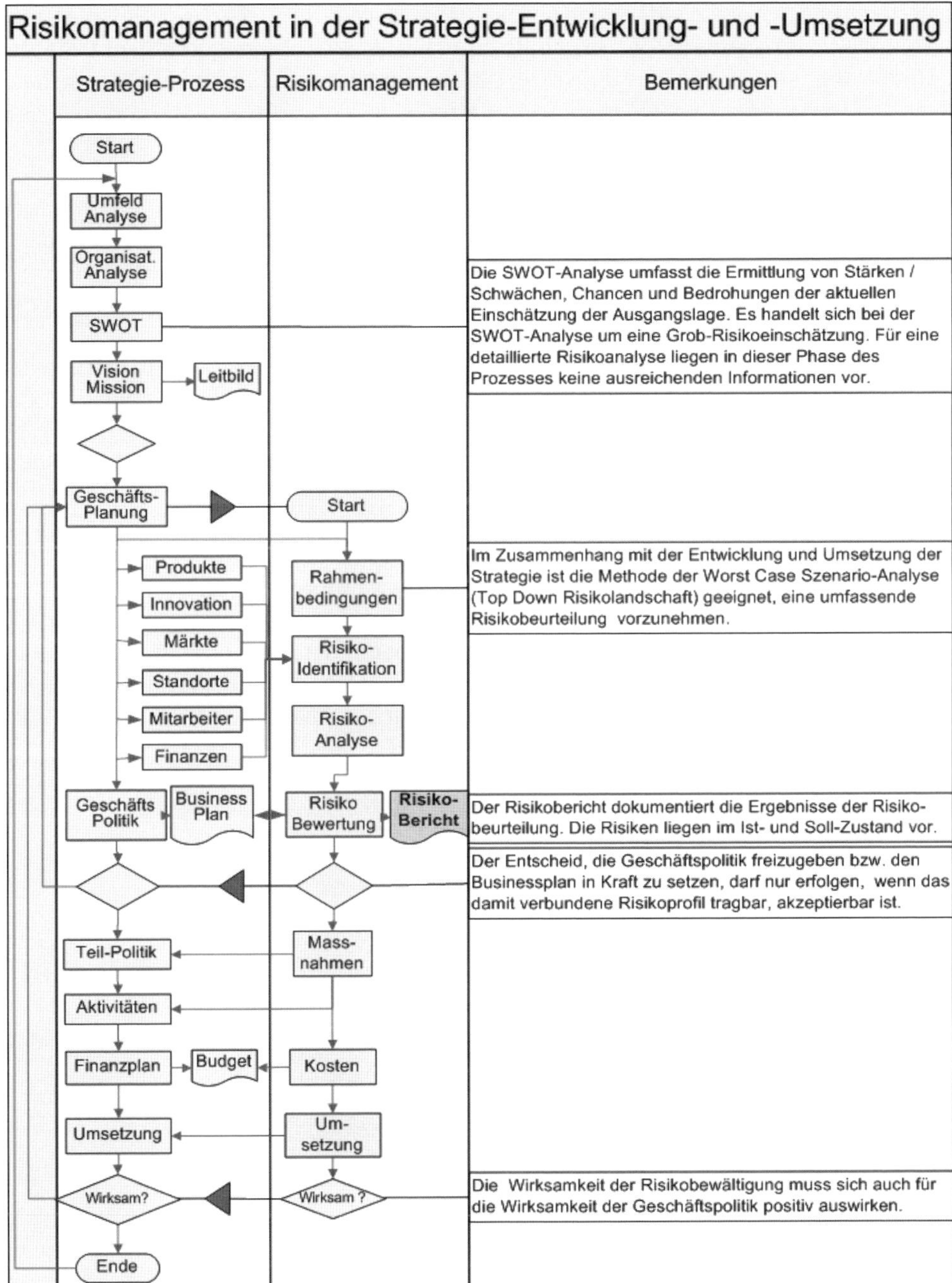

Übersicht 81: Risikomanagement im Strategieprozess[195]

195 Vgl. AS (2014), Buch S. 131

Der Strategieprozess gliedert sich in eine Analysephase, in die Geschäftsplanung sowie in die Umsetzung des Geschäftsplanes. Die Risikomanagement-Aktivitäten laufen integriert ab. Nur aus optischen bzw. didaktischen Gründen sind die beiden Prozesse in jeweils einer eigenen Spalte abgebildet, damit die Ursprungsprozesse besser erkennbar bleiben. Es gibt bei der Verschmelzung der beiden Prozesse einige Besonderheiten:

- Eine erste besteht darin, dass die SWOT-Analyse keine Risikobeurteilung, sondern nur eine vorläufige Einschätzung darstellt. Dies liegt darin begründet, dass der SWOT-Analyse nicht die für eine detaillierte Risikobeurteilung erforderlichen Informationen verfügbar sind. Eine SWOT-Analyse enthält keine Ziele, Tätigkeiten oder konkreten Anforderungen.
- Auf der Grundlage des Leitbildes wird die Geschäftspolitik festgelegt. Die zweite Besonderheit ist, dass es eine Geschäftspolitik bzw. ein Geschäftsmodell geben muss, auf dessen Ziele, Tätigkeiten und Anforderungen sich die Risiken konkret beziehen können. Entscheidend ist dabei, dass die Risiken des Geschäftsplans tragbar sein müssen (Risikofähigkeit).
- Schließlich geht es in der dritten Phase darum, den dokumentierten Geschäftsplan umzusetzen und seinen Erfolg zu messen. In dieser Phase läuft der Risikomanagement-Prozess mit der Umsetzung der geplanten Maßnahmen ab.

Für den Prozess-Schritt der Risikoidentifikation arbeitet die Szenarioanalyse mit strategischen und operativen Risikofeldern. Sie sind ein unterstützendes Arbeitsinstrument für den Einsatz der Kreativitätstechniken und für die systematische Risikoidentifikation im Team.

Feld 1: Governance (Führung der Organisation)	
1.1	Oberste Organe der Führung
1.2	Entwicklung der Strategie
1.3	Umsetzung der Strategie
1.4	Interne Führungs- und Kontrollinstrumente
1.5	Externes Reporting
1.6	Legal Compliance
Feld 2: Veränderung von Umfeldfaktoren	
2.1	Ordnungspolitische Rahmenbedingungen
2.2	Rechtssicherheit und Stabilität
2.3	Rechtsverhältnisse
2.4	Regulierung der Märkte
2.5	Rohstoffe
Feld 3: Kundensegmente und Märkte	
3.1	Kundenzufriedenheit und Kundenbindung
3.2	Sicherstellen von Wettbewerbsvorteilen
3.3	Veränderung der Marktattraktivität

3.4	Abhängigkeiten
3.5	Image und Reputation
Feld 4: Produkte und Dienstleistungen	
4.1	Innovations- und Änderungsmanagement
4.2	Neue Produkte, Lebenszyklus
4.3	Technologische Entwicklungen
4.4	Vertragswesen, Patente und geistiges Eigentum
4.5	Projektmanagement
Feld 5: Operative Leistungsprozesse	
5.1	Leistungserstellungsprozess
5.2	Entwicklung von Fähigkeiten (Human Resources)
5.3	Beschaffung (Supply Chain Management)
5.4	Fertigung und Produktionsanlagen
5.5	Ressourcenplanung und -verwaltung (ERP)
5.6	IT-Projekte
5.7	IT-Security
5.8	Umweltgefahren/Arbeitssicherheit
5.9	Notfall-, Krisen- und Kontinuitätsmanagement
Feld 6: Finanzen	
6.1	Liquidität und Kapitalbindung
6.2	Marktpreise
6.3	Garantien
6.4	Steuern
6.5	Politische Faktoren
Feld 7: Fusionen und Übernahmen	
7.1	Strategie und erwarteter Return on Investment
7.2	Führungsstrukturen
73	Führungsinstrumente
7.4	Kulturelle Verträglichkeit
7.5	Umsetzung der Fusion bzw. Übernahme
Feld 8: Fähigkeiten und Mitarbeiter	
8.1	Human Resources
8.2	Verhalten (Compliance)
8.3	Projektmanagement
8.4	Kommunikation

Übersicht 82: Risikofelder Strategische Führung

Das zweite Praxisbeispiel zeigt die Vernetzung des Produkt-Entstehungsprozesses mit dem Risikomanagement. Es handelt sich hier um ein physisches Produkt, also z. B. eine Komponente für die Automobilindustrie, ein Medizinprodukt oder eine Maschine.

Der Produkt-Entstehungsprozess beginnt mit der Produktstrategie, gefolgt von der technischen Entwicklungsphase für Konstruktion und Produktion und anschließend mit der Vermarktung und mit der Kundenbetreuung.

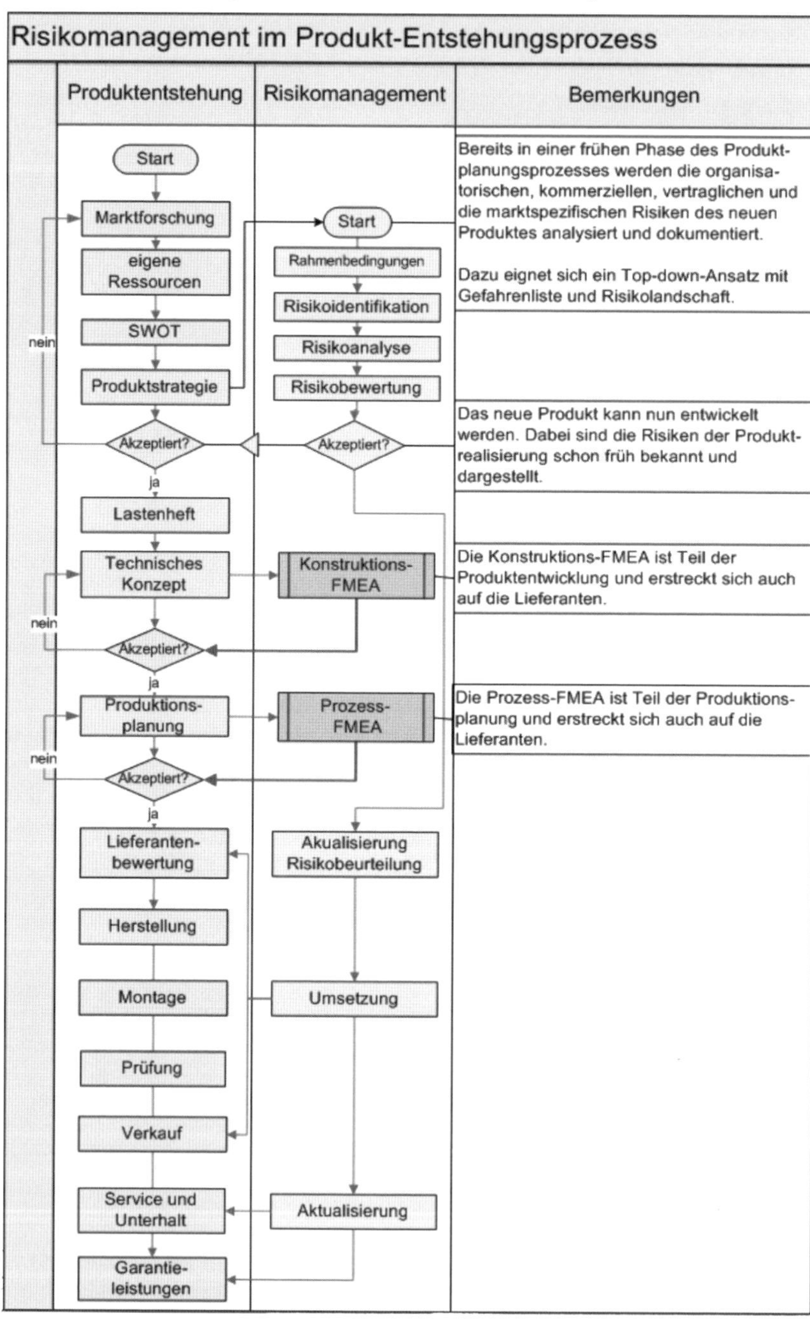

Übersicht 83: Produkt-Risikomanagement[196]

196 A.a.O: Buch S. 134

Wiederum aus optischen bzw. didaktischen Gründen sind die beiden Prozesse in jeweils einer eigenen Spalte abgebildet, damit die Ursprungsprozesse besser erkennbar bleiben. Es gibt bei der Verschmelzung der beiden Prozesse folgende Besonderheiten:

- Das Risikomanagement ist zweigeteilt: Auf der einen Seite werden die «Business-Risiken» des neuen Produktes verfolgt, auf der anderen Seite die technischen Risiken, welche die Konformität des Produktes sicherstellen.
- Die «Business-Risiken» werden im Top-down Ansatz behandelt, die technischen Risiken mit einer FMEA bzw. Gefährdungsanalyse im Bottom-up-Ansatz.

Um das Produkt-Risikomanagement systematisch und strukturiert durchführen zu können, hilft wiederum eine Liste der Risikofelder

Feld 1: Projektsystem	
1.1	Objektstruktur/Baugruppen
1.2	Projektplanung, Projektstruktur und Projektablauf
1.3	Systemunterstützung und Methodik
1.4	Leistungsumfang, Workshare
1.5	Gesetze, Standards und Regelwerke
1.6	Personelle Ressourcen
Feld 2: Vertrag und Finanzierung	
2.1	Spezifikationen
2.2	Liefertermine, Zahlungsbedingungen und Vertragsstrafen
2.3	Leistungs- und Funktionsgarantien
2.4	Versicherungen
2.5	Kalkulation des Projektpreises, Preissteigerungen
2.6	Währungs- und Zinsrisiken
Feld 3: Produktentwicklung	
3.1	Lastenheft
3.2	Entwicklungsprozess (Change Management)
3.3	Systempflichtenheft
3.4	Normen und Regelwerke
3.5	Auswahl der Subsysteme
3.6	Technologische Anforderungen
3.7	Qualitätseigenschaften (Zuverlässigkeit, Verfügbarkeit, Sicherheit)
3.8	Eigene Patente bzw. Verletzung von fremden Patenten
Feld 4: Beschaffung	
4.1	Lieferantenauswahl
4.2	Beschaffungsprozess
4.3	Beschaffungsanforderungen, Lieferkonditionen
4.4	Stabilität und finanzielle Solidität Lieferanten

4.5	Genehmigungen und Vertraulichkeiten
4.7	Reklamationsmanagement
Feld 5: Fertigung	
5.1	Produktionsprozess
5.2	Produktionsplanung und -steuerung
5.3	Personal, Betriebsmittel, Standorte, Materialfluss
5.4	Technologietransfer, Schutz von Know-how
5.6	Sicherheit, Umwelt
Feld 6: Lieferung	
6.1	Warendisposition
6.2	Systemunterstützung (Umlagerung)
6.3	Genehmigungen und Transporte
6.4	Abnahme, Übergabe und Fakturierung
6.5	Reklamationsabwicklung
6.6	Gesetzliche Anforderungen für den Warenverkehr
Feld 7: After Sales Services	
7.1	Ausbildung, Training
7.2	Handbücher, Instruktion, Gebrauchsanweisungen
7.2	Garantieansprüche
7.3	Kundenbetreuung
7.4	Entsorgung

Übersicht 84: Risikofelder Produktrisiken

Das dritte Praxisbeispiel zeigt das Risikomanagement in Großprojekten. Es handelt sich hier um ein Bau- oder Infrastrukturprojekt, also z. B. ein Tunnel oder ein geothermisches Tiefenbohrprojekt. Das Risikomanagement bei Großprojekten beginnt ganz am Anfang bei der Projektentwicklung, gefolgt von der Ausführungsphase bis zur Abnahme und den Garantieleistungen.

Die ersten Ergebnisse des Risikomanagements fließen ins Vorprojekt ein. Dieses muss die wesentlichen technischen, wirtschaftlichen und politischen Risiken des Projektes berücksichtigen. Mit zunehmendem Projektfortschritt werden die Risiken konkreter und müssen auf der Zeitschiene angepasst und neu beurteilt werden.

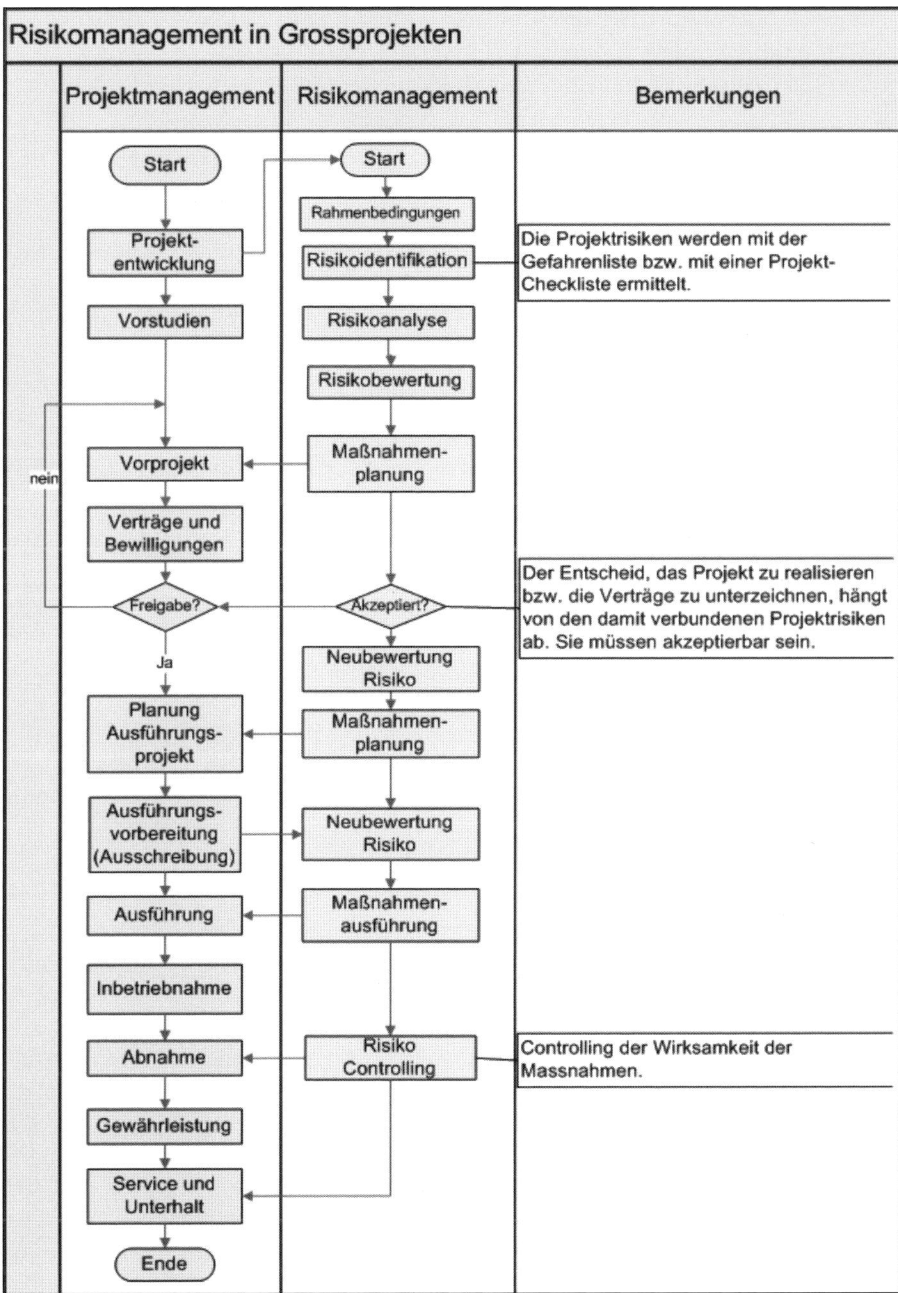

Übersicht 85: Projekt-Risikomanagement[197]

197 A.a.O: Buch S. 137

Wiederum aus optischen bzw. didaktischen Gründen sind die beiden Prozesse in jeweils einer eigenen Spalte abgebildet, damit die Ursprungsprozesse besser erkennbar bleiben. Es gibt bei der Verschmelzung der beiden Prozesse folgende Besonderheiten:

- Das Risikomanagement konzentriert sich auf die Entwicklungsphase des Projektes. Frühzeitig erkannte Risiken müssen im Vorprojekt bereits mit entsprechenden Maßnahmen der Risikobewältigung berücksichtigt sein.
- Bei der Projektausführung muss die Risikobeurteilung regelmäßig an die neue Situation angepasst und ergänzt werden.

Um das Projekt-Risikomanagement systematisch und strukturiert durchführen zu können, hilft wiederum eine Liste der Risikofelder

Feld 1: Projektumfeld	
1.1	Markttrend und Bedarf
1.2	Akzeptanz der Stakeholder
1.3	Akzeptanz der Politik
1.4	Machbarkeit und Finanzierung
1.5	Verlässlichkeit der Partner
Feld 2: Umwelt und Ökologie	
2.1	Erschließung, Zugang, Zufahrten
2.2	Städtebau und Landschaftsschutz
2.3	Emissionen
2.4	Baugrund und Grundwasser
2.5	Bestehende Bausubstanz, Nachbarbauten
2.6	Altlasten
Feld 3: Projektmanagement	
3.1	Personelle und organisatorische Stabilität
3.2	Projektvorgaben
3.3	Projektorganisation
3.4	Arbeitspakete und Spezifikationen
3.5	Termine und Qualitätsmanagement
3.6	Projektcontrolling
Feld 4: Rechtliche Aspekte und Finanzierung	
4.1	Gesetze und Vorschriften
4.2	Zonenplanung und Bewilligungsverfahren
4.3	Bestehende Verträge und Grundlasten
4.4	Verträge und Versicherungen
4.5	Garantien und Vertragsstrafen
4.6	Kalkulation und Finanzierung
4.7	Währungsrisiken, Zinsrisiken
4.8	Kreditrisiken, Insolvenzmanagement

Feld 5: Projekterstellung und Logistik	
5.1	Technologie und Verfahren
5.2	Materialien und Beanspruchung
5.3	Arbeitssicherheit
5.4	Naturereignisse
5.5	Sachschäden und Betriebsunterbrechung
5.6	Kriminelle Handlungen

Übersicht 86: Risikofelder Projektmanagement

6.2.4.2 Risikomanagement in periodischen Abläufen

Organisationen, die nicht über integrationsfähige Prozesse verfügen, führen den Risikomanagementprozess entlang der Zeitachse durch. Auf dieser befindet sich ein Prozess mit definierten Schritten der Steuerung und Überwachung der Organisation.

Der Risikomanagementprozess kann auf gewisse Zeitsegmente entlang des jährlichen Führungsrhythmus aufgeteilt werden. Die folgende Übersicht zeigt die Inputs und die Risikobeurteilung, die als erster Schritt erfolgen, gefolgt von der Entwicklung von Maßnahmen und Lösung in einem zweiten Schritt und der Umsetzung in einem dritten Schritt. Diese Abfolge wird durch Validierungen und Entscheidungen der Leitung begleitet, z. B. bezüglich der Inhalte der Risiken, der verantwortlichen Risikoeigner, der Maßnahmen und dazu erforderlichen Ressourcen.

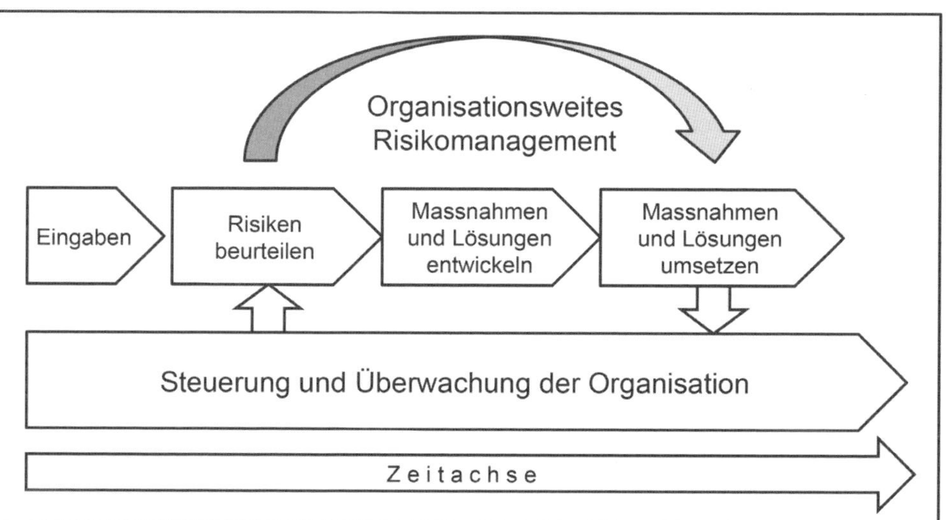

Übersicht 87: Risikomanagement im Zeitablauf

Die Praxis bei großen Organisationen geht dahin, dass der Risikomanagement-Prozess einmal jährlich durchgeführt wird. Unterjährig finden Zwischentätigkeiten statt, z. B. das Maßnahmencontrolling. Es ist vertretbar, wenn der Risikomanagementprozess z. B. in kleineren Unternehmen nicht jährlich, sondern nur alle zwei oder drei Jahre stattfindet. Dieses größere Intervall ändert aber nichts am Zeitintervall des Maßnahmencontrollings.

6.2.4.3 Notfall- und Krisenmanagement

Das Notfall-, Krisen- und Kontinuitätsmanagement sind Bestandteile des Risikomanagements, werden aber in der ISO 31000 nicht behandelt. Dort wird auf diese Themen nur lose verwiesen. Das ist bedauerlich, denn es macht keinen Sinn, das Notfall-, Krisen- und Kontinuitätsmanagement vom Risikomanagement loszulösen und dafür ein eigenes Management-Teilsystem zu entwickeln.

ISO hat das Notfall-, Krisen- und Kontinuitätsmanagement jüngst in der Reihe «ISO 22301 Societal security – Business continuity management systems – Requirements» festgehalten. Dieser Standard folgt der britischen Vorgänger-Versionen BS 25999:2006 Part 1 Business continuity management und BS 25999:2007 Part 2 A specification of BCM. Zudem gibt es die Publikation des Deutschen Bundesministeriums des Innern zum Schutz kritischer Infrastrukturen[198].

Die ONR 49000 betrachtet das Notfall-, Krisen- und Kontinuitätsmanagement als ein Teil des Risikomanagements. In ONR 49002-3 werden die Funktion und die Anforderungen präzise definiert und spezifiziert. Das Notfall-, Krisen- und Kontinuitätsmanagement dienen der Bewältigung von Restrisiken, die durch die Prävention nicht ausgeräumt werden konnten und die immer noch eine schwere Beeinträchtigung der Ziele der Organisation darstellen. Die Organisation muss mit speziellen Maßnahmen auf Risiken, deren Eintritt durch präventive Abwehrmaßnahmen nicht verhindert werden konnten, reagieren.

Das Notfall-, Krisen- und Kontinuitätsmanagement kommen nur bei den «Ereignisrisiken» (Schadensrisiken) zum Einsatz. Ereignisse treten plötzlich und unvorhergesehen ein und gefährden Menschen, Sachen oder die Umwelt. Die Organisation muss auf sie vorbereitet sein, weil der Ereignisfall eine rasche Reaktion erfordert. Der Begriff «Notfall» wird entsprechend definiert als «plötzliches und für gewöhnlich unvorhergesehenes Ereignis mit schwerwiegenden Folgen, das in der Regel nur auf eine Organisationseinheit begrenzt ist, und das außerordentliche Maßnahmen und ein rasches Eingreifen erfordert». Demgegenüber ist eine Krise eine «Situation, die organisationweit außerordentliche Maßnahmen erfordert, weil bestehende Organisationsstrukturen und Prozesse zu ihrer Bewältigung nicht ausreichen»[199].

Risiken als eine Folge der Veränderung von Umfeldfaktoren sind definitionsgemäß nicht Gegenstand des Notfall-, Krisen- und Kontinuitätsmanagements, weil ihnen in der Regel der Zeitdruck fehlt. Hier kommen andere Instrumente wie z. B. das Turnaround Management zur Anwendung.

198 BMI (2008)
199 AS (2014), a. a. O.: Buch S. 58

Im Risikomanagement wird deshalb zwischen Krisen im engeren und Krisen im weiteren Sinn unterschieden: Die Krise im engeren Sinne kann durch einen schweren Notfall ausgelöst werden, während dem die Krise im weiteren Sinn eine problematische Entwicklung oder Entscheidungssituation darstellt. Die Krise im engeren Sinn erfordert einen Krisenstab, was bei der Krise im weiteren Sinn normalerweise nicht der Fall ist.

• Brand, Explosion	• Produktrückruf
• Umweltereignis	• IT-Systemfehler
• Naturkatastrophe	• IT-Security-Vorfall
• Unfall mit Gefahrgut	• Energieausfall
• Gewaltakt	• Versorgungsengpass
• Kriminelle Handlung	• Technische Störung
• Fehler in der Leistungserbringung	• Rechtsfall
	• Schlüsselpersonen

Übersicht 88: Beispiele für Notfälle und Krisen

Die Verantwortung für das Notfall-, Krisen- und Kontinuitätsmanagements liegt wie beim Risikomanagement bei der Leitung der Organisation. Sie konstituiert für den Ereignisfall eine Notfallorganisation und einen Krisenstab. Es handelt sich dabei um besondere Elemente der Führung für Situationen, in denen die normale Führung nicht ausreicht.

Um die Funktions- und Arbeitsweise der Notfall- und Krisenorganisation besser zu verstehen, muss der typische Situationsablauf beschrieben werden. Die horizontale Achse stellt den Zeitablauf dar, die vertikale steht für die Intensität der Tätigkeiten.

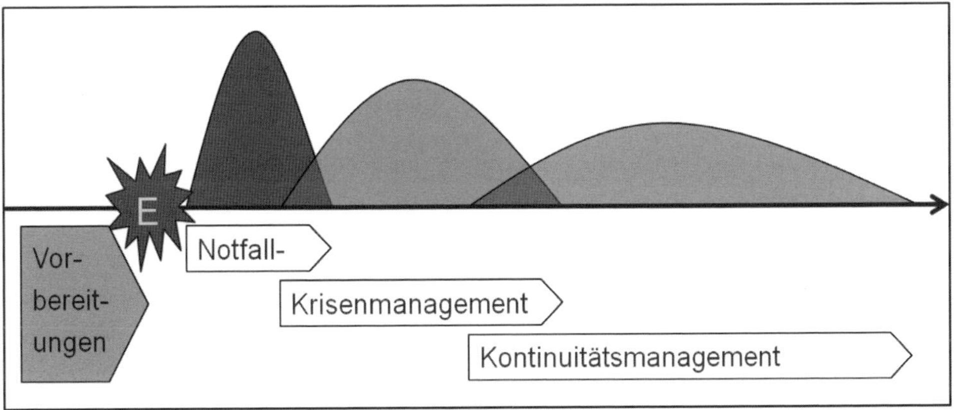

Übersicht 89: Ablauf von Notfällen und Krisen[200]

200 A.a.O.: Buch S. 181

Der Notfall wird durch externe Intervention bestimmt. Im Vordergrund stehen die Rettungskräfte von Sanität, Polizei und Feuerwehr. Ihre Tätigkeit im Ereignisfall ist vorgängig eingeübt worden.

Der Eintritt eines Schadenereignisses ist für die Organisation eine chaotische Situation. In schweren Fällen muss das Krisenmanagement einsetzen, um die Handlungsfähigkeit zurückzugewinnen. Im Notfall- und Krisenmanagements geht es um die Reaktion («Response») auf die Überraschung. Sie hat die Aufgabe, den Schaden zu begrenzen, die noch vorhandenen Betriebsfunktionen unter erschwerten Bedingungen aufrecht zu erhalten und die Kommunikation nach innen und nach außen sicherzustellen.

Die Aufgaben des Krisenstabes erstrecken sich konkret auf die Informationsbeschaffung, das Ergreifen von Sofortmaßnahmen, die Lagebeurteilung, auf die Schadensbegrenzung, auf die Zusammenarbeit mit Behörden und Partnern, auf die interne und externe Information und Kommunikation, auf logistische Maßnahmen sowie auf die Rückführung der Organisation in den normalen Zustand bzw. auf die Auflösung des Krisenstabes. Diese Rückführung der Organisation wird mit dem Begriff «Recovery» treffend beschrieben. Er führt zum Kontinuitätsmanagement.

Grundlage für die Arbeit des Krisenstabes sind die möglichen und wahrscheinlichen Notfall- und Krisenszenarien. Der Krisenstab hält für ihre Bewältigung Lösungen bereit. Sie sind im Krisenplan antizipiert und dokumentiert. Die erforderlichen Daten und Checklisten sind hinterlegt. Die Organisation übt regelmäßig das Notfall- und Krisenmanagement mit den involvierten Personen, Kräften, Teams und Mitarbeitern. Dabei werden die Pläne und Unterlagen aktualisiert.

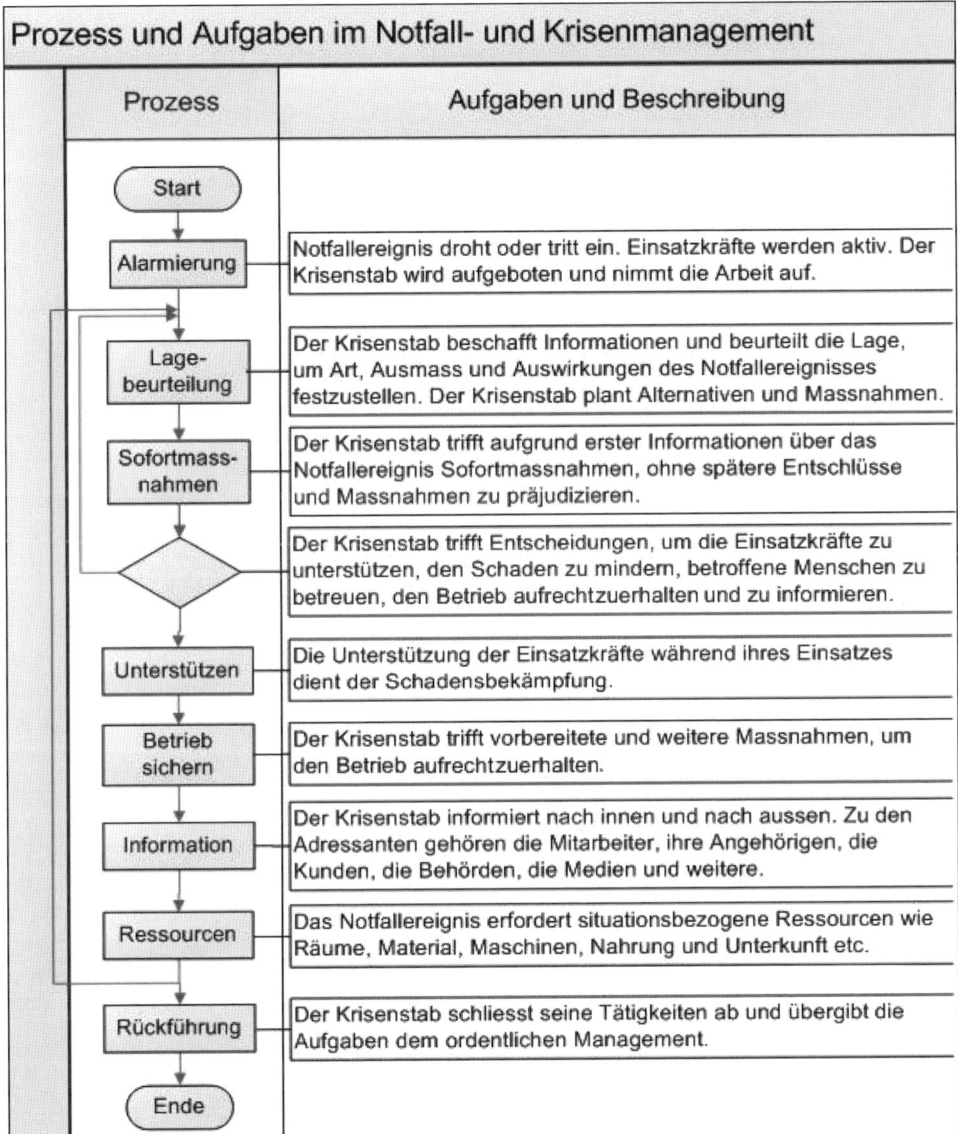

Übersicht 90: Führungsprozess Krisenmanagement[201]

201 A.a.O.: Buch S. 187

Eine wichtige Aufgabe des Krisenmanagements ist die Krisenkommunikation. Die Krisenkommunikation muss auf einer genauen Zielgruppenanalyse aufgebaut sein und folgende Grundsätze beachten:

- Medien- und Kommunikationsstrategie planen und vorbereiten,
- Medienvertreter im Ereignisfall in Empfang nehmen und betreuen,
- Allgemeine Informationen bereithalten, welche die Medienleute interessieren, wie Produktinformationen, Firmeninformationen,
- Medienvertreter zusammenhalten und Medienkonferenz einberufen, wenn man weiß, was man zu sagen hat und was nicht,
- Informationen über gesicherte Tatsachen, keine Spekulationen, keine Schuldfragen, keine Vermutungen, keine Versprechen,
- Persönliche Anteilnahme bei den betroffenen Opfern bzw. Angehörigen zeigen und ausdrücken.

Die Medienarbeit muss professionell vorbereitet, geschult und trainiert werden. Es ist nicht Aufgabe des Risikomanagers, den Krisenstab oder die Medienarbeit zu leiten. Der Risikomanager hat jedoch sicherzustellen, dass die heiklen Aufgaben des Notfall- und Krisenmanagements systemisch richtig geplant, umgesetzt, bewertet und allenfalls verbessert werden.

Die logische Fortsetzung des Notfall- und Krisenmanagements bildet das Kontinuitätsmanagement. Es ist, wie auch das Risikomanagement, nichts Neues. Die Versicherung hat sich schon vor vielen Jahren mit den Fragen der Unterbrechung von Betriebsfunktionen bzw. der Leistungserstellung auseinandergesetzt. Diese Risiken sind in den vergangenen Jahren viel bedeutsamer geworden, denn die vernetzten Produktionsstrukturen und die globale Arbeitsteilung in der industriellen Fertigung machen die Organisationen verwundbarer.

Das heutige Kontinuitätsmanagement ist eine Gegenbewegung zu den Konzepten des Just-in-Time- und Supply Chain-Managements, welche bestrebt sind, die Fähigkeiten von Organisationen zu spezialisieren (Outsourcing) und die Kapitalbindung infolge von Redundanzen und Lagerhaltung zu vermindern. Wenn erhebliche Störungen in den Produktionsprozessen auftreten, soll das Kontinuitätsmanagement dafür sorgen, dass diese im Umfang möglichst gering und von kurzer Dauer sind. Das ist eine große Herausforderung.

Das Kontinuitätsmanagement hat folgende wichtige Aufgaben:

(1) Die Aufrechterhaltung der eigenen Betriebsfunktionen nach einem Schadensereignis
(2) Die rasche Wiedergewinnung / Wiederherstellung verlorener Betriebsfunktionen
(3) Die Versorgung der Organisation mit den Informationen für die Leistungserstellung. Informationstechnologie und Informationssicherheit sind dabei zentrale Aspekte
(4) Das Kontinuitätsmanagement in der Beschaffung (Supply Chain), wenn Leistungen von externen Organisationen bezogen werden (Outsourcing).

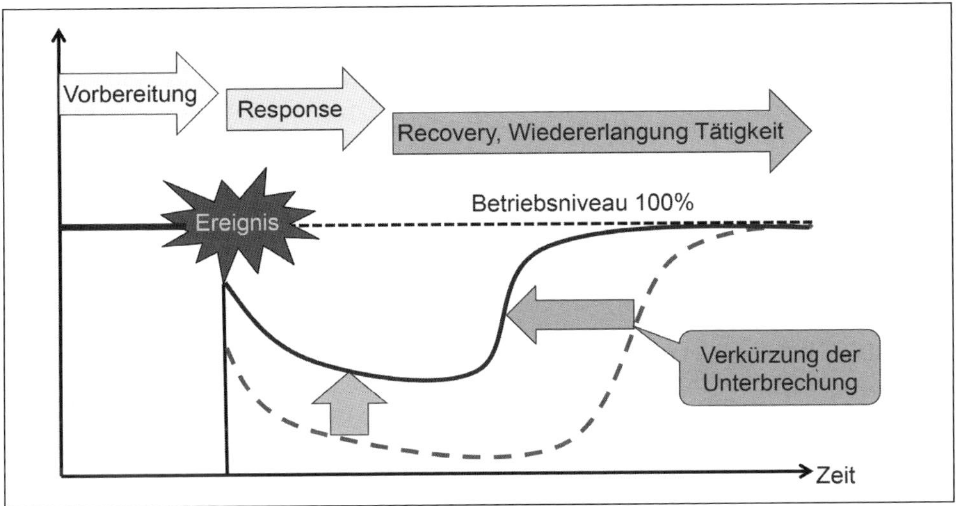

Übersicht 91: Kontinuitätsmanagement

Im klassischen Kontinuitätsmanagement wird die «Business Impact Analysis»[202] gebraucht, um die möglichen Notfallszenarien zu beurteilen. Es handelt sich um eine Risikobeurteilung nach der Szenario-Analyse (Top-down) oder nach der Prozessanalyse (Bottom-up). Die Risikokriterien sind dabei speziell auf das Kontinuitätsmanagement zugeschnitten. Wesentlich sind die Faktoren Zeit, Geld und Kunden. Die Folge einer Betriebsunterbrechung kann der Verlust der Marktstellung sein.

Stufe	Interpretation (Risikokriterien)	Zeit/Kosten a)
unbedeutend	Betriebsfunktion vorübergehend leicht gestört oder unterbrochen	bis 2 Tage
gering	Betriebsfunktionen ganz unterbrochen, aber leicht zu beheben, begrenzte Mehrkosten	1 Woche bzw. 100 000 €
spürbar	Betriebsfunktionen ganz unterbrochen, aber schwer zu beheben, hohe Mehrkosten, Kunden unzufrieden	1 Monat bzw. 300 000 €
kritisch	Betriebsfunktionen ganz unterbrochen, Produktivitätsverlust erheblich, Verlust von Kunden	1 Quartal bzw. 1 000 000 €
katastrophal	Betriebsfunktionen ganz unterbrochen, Verlust der Marktstellung	Bis 1 Jahr bzw. > 1 000 000 €
a) Die Kosten sind mit der Größe der Organisation bzw. mit ihrer Risikofähigkeit abzustimmen.		

Übersicht 92: Risikokriterien für das Kontinuitätsmanagement

202 BS 25999:2006

Das Ziel des Kontinuitätsmanagements ist die Stabilität in der Leistungserbringung, die auch dann sichergestellt werden soll, wenn Betriebsfunktionen einzeln, teilweise oder vollumfänglich ausfallen. Um verlorene Betriebsfunktionen möglichst rasch wieder zu erreichen, sind Kapazitätsreserven, Vorratshaltung und Ersatzbeschaffung erforderlich:

- Kapazitätsreserven: Redundanzen wie Ausweich-Rechenzentrum, Double Sourcing, Mehrschicht-Betrieb usw.,
- Vorratshaltung: Rohstoffe, Halbfabrikate, Fertigprodukte und
- Ersatzbeschaffung zur Wiederherstellung von Produktionseinrichtungen.

Dabei können bei den verschiedenen «Produktionsfaktoren» Maßnahmen ergriffen werden, um die verlorenen Betriebsfunktionen möglichst schnell wieder zurück zu gewinnen, in Bezug auf:

- Mitarbeiter,
- Räumlichkeiten und Infrastruktur,
- Anlagen und Einrichtungen,
- Informationen,
- Energien und Rohstoffe,
- Lieferanten sowie
- Das Setzen von Prioritäten.

Die Maßnahmen zur Sicherstellung der Kontinuität der Leistungen von Organisationen sind i. d. R. mit hohen Kosten verbunden. Dem Kontinuitätsmanagement sind deshalb natürliche Grenzen gesetzt. Nur eine vertiefte Analyse zeigt, ob das Restrisiko akzeptierbar ist oder nicht.

6.2.4.4 Dokumentierte Informationen über das Risikomanagement

Der Umfang der Dokumentation des Risikomanagements ist von der Größe der Organisation und von der bestehenden Praxis abhängig. Grundsätzlich betreffen die dokumentierten Informationen einerseits den Risikomanagement-Prozess, andererseits das Risikomanagement-System.

1. Die Dokumentation des *Risikomanagement-Prozesses* ist nicht für alle Methoden gleich. Am Beispiel der weit verbreiteten Worst-Case-Szenario-Analysen und der meisten Funktionsanalysen, in denen ein Risikoportfolio für eine Organisationseinheit oder für ein technisches System zusammengestellt wird, lässt sich der Dokumentationsumfang gut darstellen. Er umfasst mindestens die folgenden Inhalte:
   - Organisation (Einschlüsse bzw. Ausschlüsse),
   - Risikoeigner (Verantwortung für das Risiko),
   - Risikomanager (Qualität der Risikoinformation),
   - Sachliche Geltung (relevante Risikofelder),
   - Ziel, Zweck, Anlass und Ergebnis (Auftraggeber, Kontext),
   - Risikokriterien definiert und verständlich (bei Schadenfallanalyse sind diese hinfällig),
   - Verständliche Beschreibung von Szenarien und Gefährdungen,

- Struktur von Risiken und Prioritäten für die Risikobewältigung,
- Maßnahmen, Verantwortung, Termine, Kosten (konkret, praktikabel, realistisch),
- Verbindlichkeit, Freigabe durch den/die Risikoeigner und die Leitung,
- Maßnahmencontrolling,
- Geltungsdauer/Aktualität der Risikoanalyse.

2. Die Dokumentation des *Risikomanagement-Systems* ist komplexer als diejenige für die jeweilige Risikobeurteilung. Es handelt sich um folgende dokumentierte Informationen:
   - Von der Leitung unterzeichnete Risikomanagement-Politik,
   - dokumentierter Risikomanagement-Prozess,
   - Vernetzung Risikomanagement-Prozess mit Kernprozessen,
   - Funktionsbeschreibungen und Zielsetzungen für Risikoeigner und Risikomanager,
   - Risikobeurteilungen jeder Art nach obigen Anforderungen,
   - Dokumentierte Information für das Notfall- und Krisenmanagement,
   - Dokumentierte Information der Szenarien und der Dokumente für die Aufrechterhaltung der Betriebsfunktionen (Business Continuity Management),
   - Aufzeichnungen für die Umsetzung und Wirksamkeit des Risikomanagements,
   - Dokumentierte Information zur Verbesserung des Risikomanagements.

6.2.5 Leistungsbewertung des Risikomanagements

6.2.5.1 Allgemeines

Die formellen Ziele des Risikomanagement bestehen in

- der Früherkennung von Risiken,
- der Analyse und des Verständnisses der Risiken,
- der Steuerung und Bewältigung von Risiken und
- der Intervention beim Auftreten von Restrisiken.

Bei den materiellen Zielen des Risikomanagements geht es darum, dass die Organisation ihre strategischen Ziele erreicht, die operationellen Tätigkeiten störungsfrei umsetzt (Resilienz, Widerstandsfähigkeit) und die Anforderungen von Recht und Gesellschaft erfüllt. Werden die materiellen Ziele erreicht, trägt das Risikomanagement zur langfristigen Wertschöpfung der Organisation bei.

Die Bewertung der Leistungen des Risikomanagements lässt sich letztlich nur nach einer langfristigen Beobachtungsperiode feststellen. Die Bedürfnisse der Führung bestehen darin, zeitnah festzustellen, ob sich eine Organisation dahingehend entwickelt, dass der langfristige Erfolg berechtigterweise erwartet werden kann. Es sind Management-Indikatoren erforderlich, die über die Leistung des Risikomanagements verlässliche Aussagen ermöglichen. Zu diesen Indikatoren-Instrumenten gehören die qualitative und die quantitative Bewertung, die Management-Bewertung sowie das unabhängige Audit der Elemente der Risikomanagement-Systems

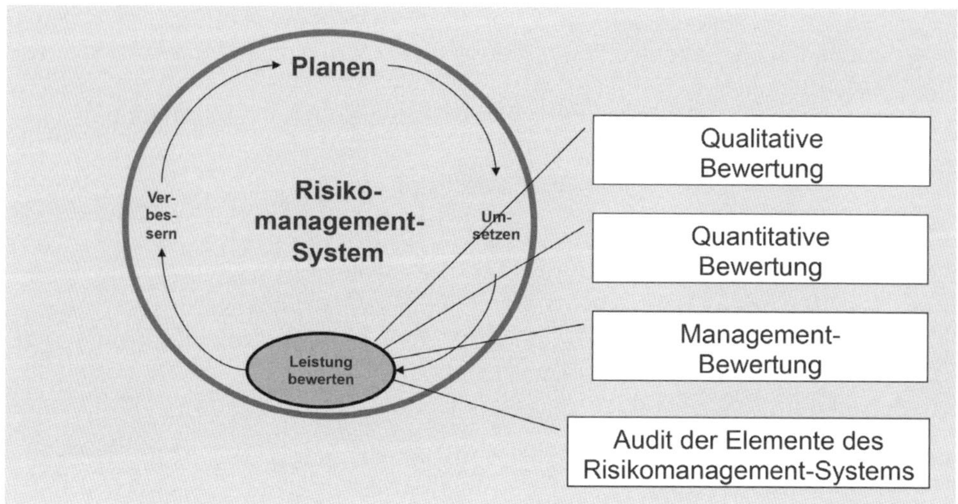

Übersicht 93: Leistungsbewertung im Risikomanagement

6.2.5.2 Qualitativ bestimmbare Ergebnisse

Viele Ergebnisse eines wirksamen Risikomanagements sind nur qualitativ bestimmbar. Zu den Kriterien können z. B. Kundenreklamationen, Qualitätsdaten, Veränderungen von Marktanteilen, Aufzeichnungen von operationellen Risiken, Umweltmanagement-Zielen, kritische Vorkommnisse, Kommunikationserfolge oder -Fehlleistungen und dergleichen in Betracht gezogen werden.

Wichtige qualitative Daten für die Feststellung der Wirksamkeit des Risikomanagements sind in den Risikoanalysen selbst zu finden. Die Risikokriterien müssen die Auswirkungen von Risiken auf Ziele, Tätigkeiten und Anforderungen der Organisation reflektieren, die Risiken nachvollziehbar beschreiben, die Risikoursachen zutreffen und damit die Maßnahmen der Risikobewältigung zum Ziel führen.

Wenn das Risikocontrolling die Umsetzung Maßnahmen nachvollziehen kann, darf dies als Indikator dafür bewertet werden, dass das Risikomanagement wirksam ist. Durch eine aktualisierte Risikobewertung lässt sich feststellen, ob Risiken entfallen, vermindert werden oder neue Risiken entstehen. Die nachfolgende Übersicht aus einer großen Organisation zeigt, wie sich ein Risikoportfolio über einen Zeitraum verändert.

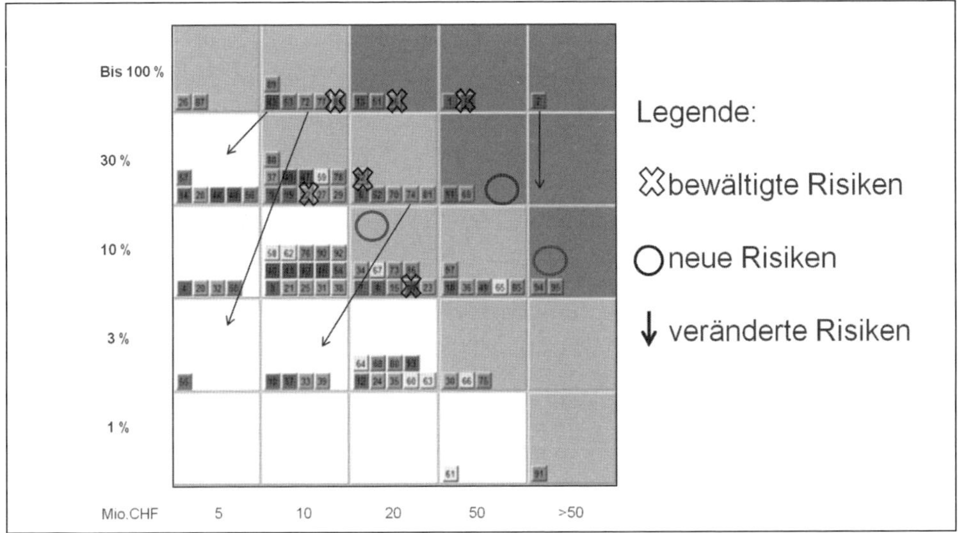

Übersicht 94: Veränderungen der Risikolandschaft

Solche qualitativen Ergebnisse sind zwar nicht exakte Daten, jedoch zuverlässige Indikatoren dafür, dass das Risikomanagement zu Verbesserungen der Risikolage einer Organisation führt.

6.2.5.3 Quantitativ messbare Ergebnisse

Die Wirksamkeit des Risikomanagements lässt sich quantitativ erst nach langer Zeit, nach Jahrzehnten aufzeigen. Doch der Bedarf nach kurzfristig quantifizierbaren Werten ist für das Risikomanagement legitim. Es gibt verschiedene Möglichkeiten, diesen Bedarf zu befriedigen:

- Statistische Daten können zeigen, dass sich Risiken verbessert haben. Solche Informationen lassen sich bei Risiken mit hoher Frequenz aufarbeiten, z. B. die Unfallstatistik, die Krankenstatistik in einer Organisation oder die Sturzstatistik in einem Krankenhaus.
- Bei Risiken mit tiefer Frequenz und hohem Schadenpotential ist es kaum möglich, eine zeitnahe Statistik zu erheben. Gleichwohl kann die Veränderung eines oder mehrerer Risiken in einer Risikolandschaft, in der die Bewertung nach dem Credible-Worst-Case erfolgte, mit statistischen Instrumenten abgebildet werden, wohlverstanden nicht als exakte Werte, aber als wirklichkeitsnahes Modell für die Nachbildung der realen Welt.

Ein solches Simulationsmodell kann beispielsweise aufzeigen, wie sich Risikoprofile im Zeitablauf verändern. Das nachfolgende Beispiel ist eine Langzeitsicht des Ergebnisses eines Risikomanagement-Programms. Erstmals wurden die Risiken im Jahr 2005, nächstes Mal im Jahr 2010 und das dritte Mal im Jahr 2015 ermittelt und dargestellt.

Das zugrunde liegende Modell basiert auf einer minimalen, mittleren und maximalen Auswirkung des einzelnen Risikos. Die Zufallsvariablen des Modells sind sowohl die Eintrittswahrscheinlichkeit als auch die Auswirkung jeden Risikos. Die Risiken werden schließlich zusammengeführt in ein Gesamtbild (Risikoprofil). Daraus entsteht nun für die ausgewählten Jahre folgendes quantitative Risikoprofil:

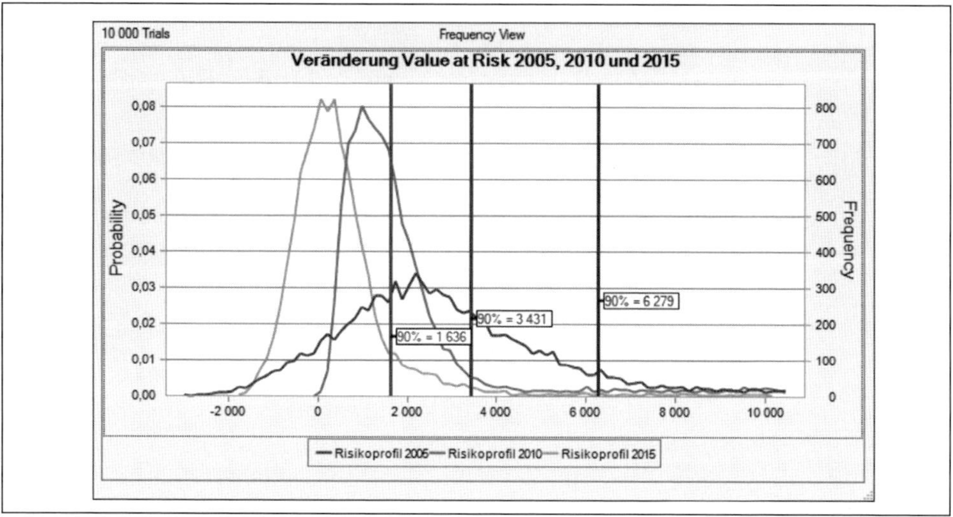

Übersicht 95: Langzeitergebnisse eines Risikomanagement-Programms

Beim Simulationsmodell wird der Value at Risk (bei 90 %) aufgezeigt (Achsenbeschriftung: links Gewinne, rechts Verluste). Es lassen sich bei dieser Darstellung die Chancen genauso aufzeigen wie die Bedrohungen / Verluste. In der Grafik ist gut ersichtlich, dass sich die Risiken jeweils deutlich von der negativen Verlust-Seite in die Chancen-Seite verschieben (von links nach rechts). Die Simulationskurve des Jahres 2005 zeigt eine sehr große Unsicherheit mit einer breiten Streuung, die sich von bedeutendem Verlustpotential bis zu einer gewissen Chance erstreckt. Demgegenüber zeigt das Jahr 2015, dass den aggregierten Verlustpotentialen der Risiken, die sich bei einem Value at Risk bei 90 % von nur noch 1636 Einheiten ein deutliches Chancenpotential gegenübersteht, das links des Null-Punktes abgebildet ist.

6.2.5.4 Managementbewertung des Risikomanagement-Systems

Die Managementbewertung des Risikomanagement-System ist eine Selbstbewertung durch das Management oder durch den Risikomanager. Sie erfolgt nicht durch eine unabhängige Person und kann deshalb die Systembewertung nicht verbindlich abschließen.

Der Inhalt einer Managementbewertung orientiert sich an der festgelegten Risikomanagement-Politik, die das Management selbst festgelegt hat. Die zentrale Aufgabe erstreckt sich auf die Feststellung, ob die vorgegebene Politik von der Organisation verstanden und stufengerecht umgesetzt worden ist. Die Managementbewertung bezieht frühere Feststellungen ein.

Das Ergebnis der Managementbewertung besteht in einer dokumentierten Feststellung der Wirksamkeit des Risikomanagements in der Organisation.

6.2.5.5 Audit des Risikomanagement-Systems

Die Wirksamkeit des Risikomanagements kann dadurch bewertet werden, dass man feststellt, in welchem Maß die definierten Systemelemente des Risikomanagement-Systems umgesetzt worden sind. Dabei lassen sich zwei Ansätze verfolgen:

- Das in einer Organisation eingerichtete Risikomanagement-System wird mit den Anforderungen der Norm verglichen. Es lässt sich so feststellen, ob sie in der betrachteten Organisation angemessen umgesetzt worden sind.
- Das in einer Organisation eingerichtete Risikomanagement wird mit der formulierten Risikomanagement-Politik der Organisation verglichen. Dabei lässt sich feststellen, ob die Politik wie vorgesehen umgesetzt worden ist, vorausgesetzt, dass die Risikomanagement-Politik die normativen Anforderungen erfüllt.

Der Begriff «Audit» stammt aus der Sprache der Managementsysteme und bedeutet «Hinhören, Zuhören». In den ISO Directives, Annex SL, Appendix 2 (normative) High level structure, identical core text, common terms and core definitions[203] wird der Begriff Audit wie folgt definiert:

audit
systematic, independent and documented process (...) for obtaining audit evidence and evaluating it objectively to determine the extent to which the audit criteria are fulfilled
Note 1 to entry: An audit can be an internal audit (first party) or an external audit (second party or third party), and it can be a combined audit (combining two or more disciplines).
[Systematischer, unabhängiger und dokumentierter Prozess zur Erlangung von Auditnachweisen und zu deren objektiver Auswertung, um zu ermitteln, inwieweit die Auditkriterien erfüllt worden sind.
Ein Audit kann ein internes Audit (Erstparteien-Audit) oder ein externes Audit (Zweit- oder Drittparteien-Audit), und es kann ein kombiniertes Audit sein (Kombination mehrere Wissensgebiete)]

Für die Überprüfung der Wirksamkeit des Risikomanagement-Systems kann nun eine Auflistung der wichtigsten Anforderungen nach ONR 49001 vorgenommen werden, mit denen die Umsetzung der Elemente des Risikomanagement-Systems in der betreffenden Organisation nachgewiesen werden kann. Dabei geht es um folgende Punkte:

203 ISO/IEC Directives (2015), p. 140

1)	Das Risikomanagement berücksichtigt die interessierten Kreise der Organisation
2)	Der Geltungsbereich des Risikomanagements erstreckt sich auf alle wesentlichen Risiken der Organisation. Darunter fallen Risiken aus der Veränderung internen und externen Einflussfaktoren (Entwicklungen) und Risiken, die durch den Eintritt von plötzlichen Ereignissen schwerwiegende Auswirkungen auf die Organisation haben können
3)	Das Risikomanagement ist mit risikobasierten Führungsinstrumenten vernetzt wie • Compliance Management • Interne Kontrollsysteme • Qualitätsmanagementsysteme • Informations- und Kommunikations-Technologie Systeme • Betriebliche Sicherheitssysteme (Arbeits-, Gesundheits- und Umweltschutz)
4)	Der Auftrag und die Verpflichtung der Leitung und der Führungskräfte bezüglich Einführung, der Verwirklichung und der ständigen Verbesserung des Risikomanagements sind vorhanden
5)	Das Risikomanagement ist mit der Politik der Organisation abgestimmt
6)	Es besteht eine dokumentierte Risikomanagement-Politik, welche den Geltungsbereich und die Gestaltung des Risikomanagement-Systems beschreibt und von der Leitung genehmigt ist
7)	Die Funktionsfähigkeit des Risikomanagements ist bei Veränderungen sichergestellt
8)	Die Verantwortung der Leitung für das Risikomanagement ist definiert
9)	Risikoeigner stellen als Entscheidungsträger in der Organisation sicher, dass das Risikomanagement integrierter Bestandteil der Führungstätigkeit ist
10)	Risikomanager sind benannt, betreuen das Risikomanagement als Fachkräfte und unterstützen damit die Risikoeigner bzw. die Leitung
11)	Risikomanager verfügen über eine entsprechende Eignung, Ausbildung und Erfahrung
12)	Die Leitung und die Führungskräfte stellen für die Planung und Umsetzung des Risikomanagements die erforderlichen Ressourcen bereit. Dazu gehören personelle Ressourcen und Kompetenzen, verfügbare Zeit und finanzielle Mittel
13)	Die Organisation legt die interne Kommunikation über das Risikomanagement-System und über die Risiken zwischen den verschiedenen Führungsebenen und zwischen den Risikoeignern und den Risikomanagern verbindlich fest
14)	Die externe Kommunikation über Risiken und über das Risikomanagement erfolgt gemäß den gesetzlichen Anforderungen und den Bedürfnissen der Leitung der Organisation
15)	Der Risikomanagement-Prozess ist in den Führungsdokumenten beschrieben
16)	Risikomanagement ist mit den Kernprozessen der Organisation verbunden
17)	Methoden der Risikobeurteilung passen zu den Anwendungsgebieten (Top-down und Bottom-up).
18)	Die Tätigkeiten der Umsetzung des Risikomanagements sind periodisch festgelegt und erfolgen in einem sich wiederholenden Rhythmus
19)	Bei der Anwendung des Risikomanagement-Prozesses besteht ein Teamansatz, der den interessierten Kreisen und dem erforderlichen Fachwissen Rechnung trägt

20)	Die Festlegung der Rahmenbedingungen im Risikomanagement-Prozess berücksichtigt die externen und die internen Faktoren. Die Risikokriterien reflektieren diese
21)	Die Risikoidentifikation erfolgt systematisch und berücksichtigt interne als auch externe Risikoquellen. Die gegenseitige Abhängigkeit von Risiken wird ermittelt
22)	Die Risikoanalyse schafft das Verständnis der Risiken unter Einschluss ihrer Ursachen und Auswirkungen. Dabei werden die technischen, organisatorisch-wirtschaftlichen sowie die menschlichen Ursachen des Risikos berücksichtigt
23)	Die Risikobewertung trägt den Rahmenbedingungen und den Risikokriterien Rechnung
24)	Risiken werden mit präventiven Methoden ermittelt. Es werden systematisch Schadensfallanalysen durchgeführt, um einzelne Risiken zu verbessern und um Rückschlüsse auf die Wirksamkeit des Risikomanagement-Systems zu erhalten
25)	Risikobeurteilungen und Schadensfallanalysen sind dokumentiert und von der Leitung und den Führungskräften als Risikoeigner bestätigt
26)	Maßnahmen der Risikobewältigung werden bewilligt, umgesetzt und laufend auf ihre Umsetzung und Wirksamkeit überprüft
27)	Das Notfall-, Krisen- und Kontinuitätsmanagement ist geplant, dokumentiert, wird geübt und periodisch überprüft
28)	Die Krisenkommunikation ist sichergestellt und im Krisenplan geregelt
29)	Die Wirksamkeit des Risikomanagements wird jährlich mit einer Managementbewertung überprüft
30)	Interne und externe Audits stellen die Wirksamkeit des Risikomanagement unabhängig und objektiv fest
31)	Die Ergebnisse der Systembewertung werden zusammengeführt, um das Risikomanagement-Systems und die Risikomanagement-Politik zu verbessern
32)	Die ständige Verbesserung des Risikomanagement-Systems orientiert sich an den Reifegraden der einzelnen Systemelemente
33)	Das Risikomanagement sowie das Notfall-, Krisen- und Kontinuitätsmanagement sind dokumentiert und auf das Wesentliche ausgerichtet
34)	Die Dokumente sind auffindbar, aktuell und mit einem Revisionsstand gekennzeichnet
35)	Die Leitung verbessert das Risikomanagement-System kontinuierlich

Übersicht 96: Die wichtigsten Audit-Punkte

6.2.6 Verbesserung des Risikomanagements

Organisationen wachsen und werden reifer. Risikomanagement wird oft mit einem Projekt gestartet, von dem man zu Beginn noch kaum weiß, was es an Arbeit, Kosten und Nutzen bringen wird. Das Risikomanagement geht später vom Einführungsprojekt in die Regelorganisation über. Es wird definiert, dokumentiert und aufrechterhalten. Es schließt sich den Verbesserungen an, die sich aus den Leistungsbewertungen ergeben.

Die Systemverbesserung umfasst Korrekturmaßnahmen, die sich aus Instrumenten der Leistungsbewertung ergeben. Ein durch eine unabhängige Stelle durchgeführtes Systemaudit wird dokumentiert und geht als Audit-Bericht an die Leitung. Er enthält Vorschläge, wie das Risikomanagement wirksamer gestaltet werden kann, wenn dies möglich und sinnvoll ist.

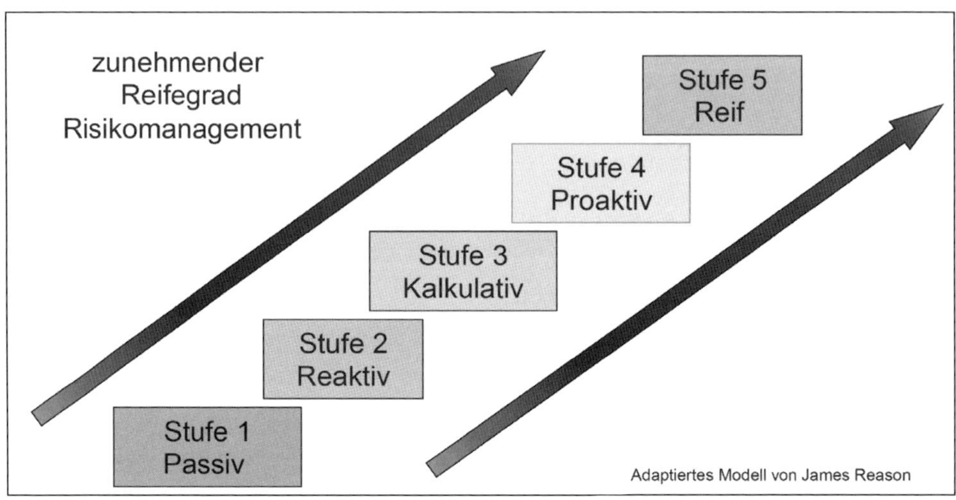

Übersicht 97: Das Reifegradmodell des Risikomanagements

Stufe 1	Passiv	Die Leitung behauptet, dass die Organisation und ihre Führungskräfte die Risiken bei ihrer Tätigkeit automatisch und spontan berücksichtigen.
Stufe 2	Reaktiv	Risikomanagement wird als wichtig erklärt, konkrete Maßnahmen werden jedoch nur dann getroffen, wenn ein schweres Ereignis / ein Unfall eingetreten ist oder wenn aufgrund von Gesetzen Aktivitäten zwingend sind.
Stufe 3	Kalkulativ	Teil-Systeme und Instrumente sind eingeführt, um mit allen Risiken umzugehen. Ob die Risiken wirklich verstanden werden und ob die Systeme robust und verlässlich funktionieren, steht nicht im Vordergrund. Dienstanweisungen dienen der rechtlichen Absicherung. Formelle Zertifizierungen sollen die Systemwirksamkeit beweisen.
Stufe 4	Proaktiv	Das Risikomanagement-System ist eingeführt. Die Leitung, die Führungskräfte und die Mitarbeiter haben die Risiken verstanden und versuchen, systematisch mit ihnen umzugehen. Es treten immer wieder neue Fragen auf, die behandelt werden müssen. Kontinuierliche Verbesserung ist als Prozess eingeführt und funktioniert.
Stufe 5	Reif	Risikomanagement ist Teil des Geschäftsmodells. Es herrscht eine offene Risikokultur, die in der ganzen Organisation über alle Hierarchiestufen verstanden und gelebt wird. Bei strategischen Entscheidungen und operativen Tätigkeiten werden Risikoaspekte integriert und mit adäquaten Methoden bearbeitet. Risikomanagement wird zur Selbstverständlichkeit.

Jede Organisation, unabhängig ihrer individuellen Merkmale, sollte den höchsten Reifegrad anstreben, wie es die Grundsätze des Risikomanagements in den internationalen Normen verlangen:

- Risikomanagement ist maßgeschneidert,
- Risikomanagement ist Teil der Entscheidungsfindung,
- Risikomanagement ist Teil des Betriebsgeschehens («operations»).

Eine Organisation muss seinem Management- und Risikomanagement-System regelmäßig Energie zuführen und Aufmerksamkeit schenken, damit seine Leistungsfähigkeit aufrecht erhalten bleibt und im Bedarfsfall verbessert werden kann.

Damit schließt sich der Regelkreis der Managementaufgaben vorläufig. Organisationen und Systeme müssen fortlaufend an die neuen Anforderungen des Umfeldes angepasst werden, um im Markt erfolgreich zu sein und mit der Organisation effizient arbeiten zu können.

6.3 Risikomanagement in komplexen Organisationen

6.3.1 Komplexe Organisationen

Der Risikomanagement-Prozess bezieht sich auf eine Entscheidung oder auf eine Tätigkeit, die vielfältigen Kriterien und Anforderungen genügen muss. Das Ergebnis dieses Prozesses besteht in der Beurteilung und Steuerung eines Risikos oder mehrerer Risiken in einer Organisation.

Innerhalb einer Organisation kann es verschiedene Anwendungsmöglichkeiten des Risikomanagement-Prozesses geben: Das Unternehmens-Risikomanagement, weitere risikobasierte Teilbereiche, wie z. B. das interne Kontrollsystem oder das Compliance-Management. Die Gestaltung des Risikomanagements mit verschiedenen Anwendungen und Schnittstellen ist Gegenstand der Risikomanagement-Politik bzw. des Risikomanagement-Systems.

Des Weiteren gibt es große Organisationen, die sich aus vielen einzelnen Organisationen zusammensetzt und miteinander durch Beteiligungsstrukturen verbunden sind. Beispiele dafür sind Unternehmensgruppen und Konzerne. Solche Organisationen besitzen entsprechende Strukturen und sind hierarchisch gegliedert. Die tief gestaffelten Aufgaben und Verantwortungen in komplexen Organisationen stellen an das Risikomanagement besondere Herausforderungen. Risikobeurteilung und Risikosteuerung müssen die unterschiedlichen Aufgaben, Kompetenzen und Verantwortungen stufengerecht berücksichtigen.

Risikomanagement ist die Verantwortung jeder rechtlichen Einheit, unabhängig ihrer Position in einer komplexen Organisation. Es obliegt jeder Geschäftsführung, die Verantwortung für das Risikomanagement wahrzunehmen. Risiken einer Geschäftseinheit bleiben aber nicht auf diese begrenzt, sondern können sich in einer komplexen Organisation horizontal und vertikal auswirken. Deshalb ist es erforderlich, auf die besonderen Anforderungen des Risikomanagements in komplexen Organisationen einzugehen.

Viele Organisationen bzw. ihre Leitungen sind bestrebt, das Risikomanagement zentral mit einheitlichen Grundsätzen zu steuern und dezentral in der Verantwortung der Leitung jeder Organisation umzusetzen.

6.3.2 Vertikale Integration von Risiken

Die vertikale Integration von Risiken ergibt sich aus der Information und Kommunikation von Risiken über verschiedene Hierarchiestufen. Risiken auf der Stufe einer Geschäftseinheit werden an die übergeordnete Stufe z. B. des Konzerns berichtet. Das umgekehrte Vorgehen ist ebenfalls möglich, dass Risiken der Gesamtorganisation an die unterstellten Einheiten kommuniziert werden mit dem Auftrag, die Relevanz eines bestimmten Risikos in der betreffenden Teilorganisation zu ermitteln. Weit verbreitet ist Berichterstattung von unten nach oben in einer komplexen Organisation.

6.3.2.1 Berichterstattung im Risikomanagement

Risiken mit schwerwiegenden Auswirkungen für eine Organisationseinheit bzw. für die gesamte Organisation stehen im Mittelpunkt des Interesses: Der Risikoeigner in der Organisationseinheit muss Risiken mit schwerwiegenden Folgen mit der Risikotragfähigkeit abgleichen. Die Risikotragfähigkeit wird monetär gemessen und mit den Eckpunkten der Bilanz an den Eigenmitteln ausgerichtet. Wenn der «Credible Worst Case» bzw. der «Value at Risk» eines einzelnen Risikos oder von mehreren aggregierten Risiken an die Grenzen der Risikotragfähigkeit stoßen oder diese gar überschreiten, ist eine Risikokommunikation an die übergeordnete Instanz zwingend.

Aus der Sicht der Gesamtleitung der komplexen Organisation ergeben sich Informationsbedürfnisse ähnlicher Art: Risiken, welche in einzelnen Geschäftseinheiten auftreten und sich spürbar auf die Finanzen der Gesamtorganisation auswirken, erwecken das besondere Interesse der Leitung der Gesamtorganisation, weil sie in ihre Verantwortung fallen.

Um die vertikale Integration des Risikomanagements und die Berichterstattung durchzuführen, braucht es ein systematisches Vorgehen. Es wird mit dem Begriff «Konsolidierung» umschrieben.

6.3.2.2 Konsolidierung von Top-Risiken

Die volle Konsolidierung von Risiken der verschiedenen Geschäftseinheiten würde dazu führen, dass alle Risiken in eine Gesamtsicht eingebunden werden. Das mag illustrativ sein, trägt aber der Führung nicht Rechnung, weil sich diese nicht mit allen Risiken der komplexen Organisation beschäftigen kann und auch nicht beschäftigen muss. Die Delegation von Aufgaben, Kompetenzen und Verantwortlichkeiten führt auch zur analogen Delegation der Risiken und des Risikomanagements auf die entsprechende hierarchische Stufe.

Sind die Risiken der einzelnen Organisationseinheiten bekannt, können sie konsolidiert werden. Normalerweise werden aber nicht alle Risiken zusammengeführt, sondern nur diejenigen, die für die Gesamtorganisation von Bedeutung sind. Risiken mit geringen Auswirkungen für die einzelne Organisationseinheit treten beim Vorgang der Konsolidierung in den Hintergrund. Eine Konzentration auf die Top-Risiken ist sinnvoll.

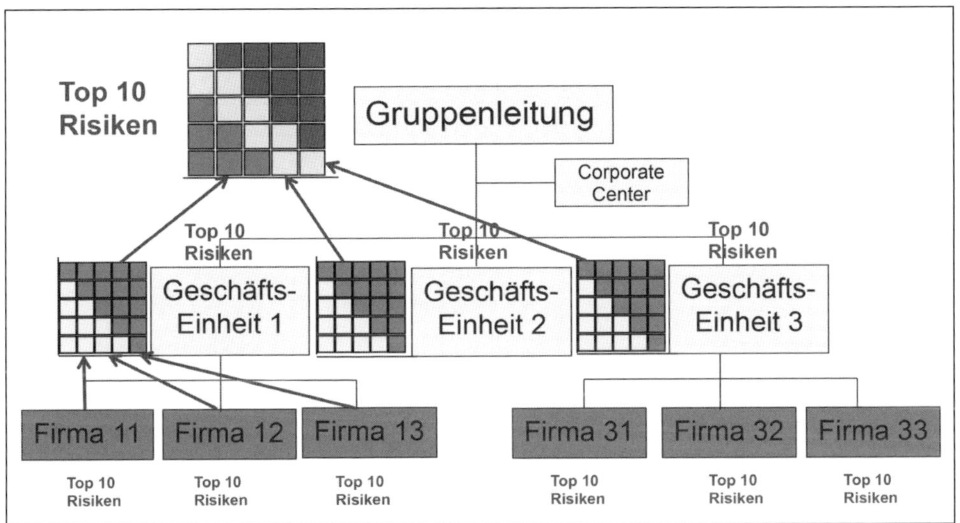

Übersicht 98: Konsolidierung von Risiken

Eine Konsolidierung von Risiken in einer komplexen Organisation beruht auf einheitlichen Grundsätzen. Diese umfassen die Systematik der Risikoidentifikation, die Grundsätze der Bewertung von Risiken und die Kriterien, mit denen die Risiken gewichtet werden.

Das Ergebnis der Konsolidierung besteht darin, dass innerhalb einer komplexen Organisation auf der Ebene der einzelnen Organisationseinheiten viele Risiken existieren und dort gesteuert werden. Nur ein geringer Teil von ihnen wird bis zur obersten Leitung «konsolidiert».

Konsolidierte Top-Risiken entstehen nicht nur aus transferierten Einzelrisiken, sondern können ebenfalls aus einer Anzahl ähnlicher Risiken sein, die aus der Sicht der Führung betrachtet, einheitlich gesteuert werden können. Das ist die horizontale Integration.

6.3.3 Horizontale Integration von Risiken

Die horizontale Integration von Risiken ist bei denjenigen Risiken erforderlich, bei der eine einheitliche Steuerung sinnvoll ist. Das Gesamtrisiko setzt sich aus einer Struktur von mehreren Risiken zusammen, die in verschiedenen Organisationen eintreten, dort aber nur begrenzt durch den Risikoeigner gesteuert werden können. Die dezentrale Auswirkung eines Risikos geht auf eine zentrale Ursache zurück, auf die der Risikoeigner der einzelnen Organisation keinen Einfluss hat. Beispiele dafür sind funktionale Abhängigkeiten von Organisationen untereinander, beispielsweise:

- Betriebsunterbrechungs-Risiken, die sich auf andere Einheiten in der komplexen Organisation auswirken.
- Cyber-Risiken mit der Auswirkung von Datenverlusten, Systemfehlern und Systemausfällen, verbunden mit Erpressung und böswilligen Absichten.
- Risiken, die von außen mehrere Einheiten treffen und sich in der Gesamtorganisation verstärken können, ebenso wie Risiken nach außen, die verschiedene interne Quellen besitzen und einen bedeutenden Stakeholder (z. B. Kunden) betreffen.

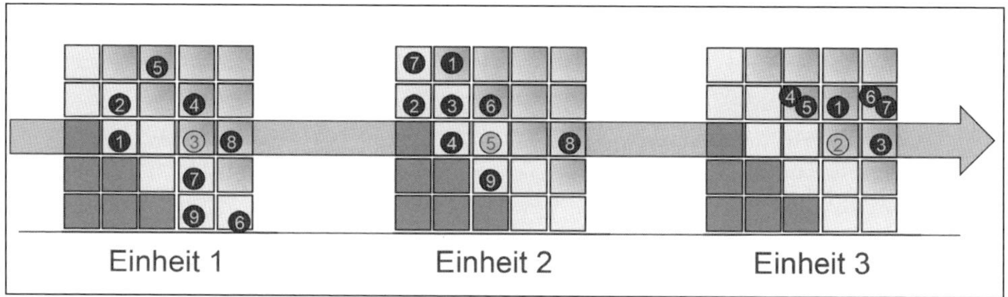

Übersicht 99: Querschnittsrisiken

Es fällt in den Aufgabenbereich der Risikomanager und der Risikoeigner, gemeinsam solche Querschnittsrisiken zu identifizieren und die organisatorischen und führungsmäßigen Voraussetzungen zu schaffen, damit eine einheitliche Steuerung dieser «Klumpenrisiken» ermöglicht wird.

Schlusswort

Risikomanagement dient der Unternehmensentwicklung. Es geht von den strategischen Zielen einer Organisation aus, stellt die operationelle Leistungsfähigkeit sicher und sorgt für die möglichst hohe Übereinstimmung der Ziele und Werte einer Organisation mit den interessierten Kreisen.

Der allgemein formulierte Nutzen des Risikomanagements kann nur erreicht werden, wenn die Instrumente, Methoden, Konzepte und Systeme verstanden sind und angewendet werden können. Größtes Interesse am Erfolg des Risikomanagements hat die oberste Leitung einer Organisation. Sie muss viele rechtliche Verpflichtungen erfüllen. Sie hat insbesondere jedoch eine gesellschaftliche und soziale Aufgabe, die Wertschöpfung der Organisation sicherzustellen und damit auch Arbeitsplätze zu erhalten und zu schaffen.

Die Beherrschung der systemischen Elemente des Risikomanagements stellt hohe Anforderungen an die Personen, die das Risikomanagement in der Organisation betreuen. Mit faszinierenden Strategien und vollständigen Risikobuchhaltungen lässt sich kein Unternehmen entwickeln. Es braucht dazu Intellekt, Überzeugungskraft, Ausdauer und Hartnäckigkeit, nicht zu vergessen der gesunde Menschenverstand.

Verzeichnis der Begriffe[204]

Auswirkung	Ausgang eines Ereignisses oder einer Entwicklung, welcher die Ziele, Tätigkeiten und Anforderungen einer Organisation oder die Funktionsfähigkeit eines Systems beeinträchtigt.
Bedrohung	Potentielle Quelle eines Risikos, die zu einer ungünstigen Auswirkung führen kann.
Chance	Potentielle Quelle eines Risikos, die zu einer positiven Auswirkung führen kann.
Entwicklung	Langsame oder allmähliche Veränderung von Umständen, die sich auf die Organisation positiv oder negativ auswirkt. Die negative Auswirkung äußert sich als ungünstige Entwicklung oder als Fehlentwicklung.
Ereignis	Plötzlicher Eintritt einer bestimmten Kombination von Umständen, die sich auf die Organisation positiv oder negativ auswirken können.
Gefahr	Eine potentielle Quelle eines Risikos, die zu einem plötzlich eintretenden Schadenereignis führen kann.
Gefährdung	Gefahr, die sich negativ auf ein Objekt (Mensch, Sache, Umwelt oder auf Ziele oder auf Systemfunktionen) auswirken kann.
Kontinuitätsmanagement	Teilbereich des Risikomanagements mit der Aufgabe, die operationellen Betriebsfunktionen bei Unterbrechung oder Verlust möglichst rasch wiederherzustellen.
Krise	Situation, die organisationsweit außerordentliche Maßnahmen erfordert, weil die bestehenden Strukturen und Prozesse für die Bewältigung nicht ausreichen. Eine Krise i.e.S. kann, muss aber nicht durch einen Notfall ausgelöst werden.
Krisenmanagement	Teilbereich des Risikomanagements mit der Aufgabe, die kurzfristige Reaktion der Organisation gegenüber einem eingetretenen Schadensereignis oder einer operationellen Fehlleistung sicherzustellen.
Krisenstab	Führungsinstrument für den Krisenfall auf Stufe der Organisation.
Managementsystem	System zur Festlegung der Politik (mit Zielen, Strategien und Ressourcen) sowie ihrer Umsetzung in einer Organisation.
Notfall	Plötzliches und für gewöhnlich unvorhergesehenes Ereignis mit schwerwiegenden Folgen für eine Organisationseinheit, das außerordentliche Maßnahmen und ein rasches Eingreifen erfordert.

204 Die Begriffe sind angelehnt an die ONR 49000:2014, siehe Normensammlung, Buch S. 57 ff.

Notfallmanagement	Koordinierte Tätigkeit, die eine Organisationseinheit ausführen muss, um drohende oder bereits eingetretene Notfälle zu bewältigen.
Organisation	Gruppe von Personen und Einrichtungen mit einem Gefüge von Verantwortungen, Befugnissen und Beziehungen.
Prozess	Satz von in Wechselbeziehung oder in Wechselwirkung stehenden Tätigkeiten, der Eingaben in Ergebnisse umwandelt.
Risiko	Auswirkung von Unsicherheit auf Ziele: • die Kombination von Wahrscheinlichkeit und Auswirkung, • die Auswirkungen können positiv oder negativ sein, • die Unsicherheit bzw. Ungewissheit wird mit Wahrscheinlichkeiten geschätzt bzw. ermittelt, • die Ziele der Organisation erstrecken sich auf die strategische Entwicklung (z. B. Kundenbedürfnisse, Innovation, Marktstellung). Die Tätigkeiten umfassen die operativen Aktivitäten (z. B. Beschaffung, Produktion und Dienstleistung sowie Vertrieb). Die Anforderungen beziehen sich insbesondere auf Gesetze, Normen sowie weitere externe oder interne regulatorische Vorgaben, auch betreffend die Sicherheit von Menschen, Sachen und der Umwelt, und • Risiko ist eine Folge von Ereignissen oder von Entwicklungen.
Risikoaggregation	Verfahren, welches das Zusammenwirken mehrerer, unterschiedlicher, voneinander eventuell abhängiger Einzelrisiken einer Organisation zu einem Gesamtrisiko gestattet. Die Risikoaggregation erfolgt i. d. R. mit der Monte-Carlo-Simulation.
Risikoakzeptanz	Entscheid, ein Risiko zu tragen.
Risikoanalyse	Systematische Ermittlung und Gebrauch von Informationen, um ein Risiko zu verstehen und nach Wahrscheinlichkeit und Auswirkung auf eine Organisation oder auf ein System einzuschätzen.
Risikoappetit	Absicht, bewusst gewisse Risiken einzugehen
Risikoaversion	Einstellung, Risiken möglichst zu vermeiden.
Risikobeurteilung	Gesamtheit des Verfahrens, das Risikoidentifikation, Risikoanalyse und Risikobewertung enthält.
Risikobewältigung	Auswahl und Umsetzung von Maßnahmen, um ein Risiko zu verändern. Das Notfall-, Krisen- und Kontinuitätsmanagement sind Bestandteile des Risikomanagements und der Risikobewältigung.
Risikobewertung	Verfahren, das feststellt, ob ein Risiko vertretbar / akzeptierbar ist.
Risikoeigner	Person mit der Entscheidungskompetenz und Verantwortung, hinsichtlich eines Risikos zu handeln. Der Risikoeigner kann das Risiko beeinflussen.

Risikoeinstellung	Haltung eines Entscheidungsträgers, ein Risiko einzugehen oder ein Risiko abzulehnen.
Risikoidentifikation	Prozess, um Risiken zu finden und mit ihren Ursachen und Auswirkungen zu beschreiben.
Risikocontrolling	Maßnahmen, die zur Steuerung eines Risikos ergriffen werden.
Risikokriterien	Bezugspunkte, zu welchen die Bedeutung eines Risikos für die Organisation oder für das System bewertet wird.
Risikokultur	Denken, Handeln und Verhalten einer Organisation nach den Regeln und Grundsätzen des Risikomanagements.
Risikomanagement	Prozesse und Verhaltensweisen, die darauf ausgerichtet sind, eine Organisation bezüglich Risiken zu steuern. Die Umsetzung des Risikomanagements führt zu einer Risikokultur in der Organisation.
Risikomanager	Person, die den Risikomanagement-Prozess anwenden und in der Organisation umsetzen kann. Die Aufgaben erstrecken sich zusätzlich auf die Einbettung des Risikomanagements in die Organisation.
Risikomanagement-Politik	Umfassende Absichten und Ziele einer Organisation betreffend die Handhabung von Risiken. Die Risikomanagement-Politik ist von der obersten Leitung formell zu genehmigen. Die Risikomanagement-Politik beschreibt, wie eine Organisation ihr Risikomanagement plant, umsetzt, bewertet und verbessert.
Risikomanagement-System	Satz von Elementen des Managementsystems einer Organisation mit der Aufgabe, Risiken zu bewältigen.
Risikomatrix	Graphische Darstellung, in der Risiken nach einer Skala für die Auswirkungen und für die Wahrscheinlichkeit eingeordnet werden.
Risikoprofil	Beschreibung und Struktur einer Anzahl von Risiken.
Risikoszenario	Konkrete und bildhafte Darstellung eines Risikos mit Ursachen und Abfolgen von Ereignissen oder Entwicklungen, die aufzeigt, wie sich Chancen und Bedrohungen / Gefahren in einer Organisation oder in einem System auswirken. Im Risikomanagement wird das Szenario oft als schlimmst- möglicher, aber dennoch glaubwürdiger Fall (credible worst case) dargestellt, weil die Menschen sich dann besser vorstellen können, worum es geht.
Risikotoleranz	Annahme eines Risikos im Rahmen der gesetzlichen bzw. regulatorischen Vorgaben.

Risikowahrnehmung	Betrachtung eines Risikos durch eine interessierte Partei. Die Betrachtungsweise kann durch individuelle oder kollektive Werte, subjektive Einschätzungen und Gefühle oder Urteile bestimmt werden.
Standardabweichung	Statistisches Streuungsmaß, das benutzt wird, um das Risiko z. B. einer Kapitalanlage zu messen.
System	Satz von in Wechselbeziehung oder in Wechselwirkung stehenden Elementen.
Unsicherheit	Zustand fehlender Information bezüglich des Eintritts zukünftiger Ereignisse oder Entwicklungen, ihrer Auswirkungen und ihrer Wahrscheinlichkeit.
Value at Risk	Die Schadenshöhe, die in einem bestimmten Zeitraum mit einer festgelegten, genügend großen Wahrscheinlichkeit, nicht überschritten wird. Der Value at Risk ist ein Maß für das Risiko.
Vorkommnis	Ereignis, in dem ein Schaden beinahe hätte eintreten können.
Widerstandsfähigkeit (Resilience)	Eigenschaft einer Organisation, die Leistungsfähigkeit trotz negativen Einwirkungen aufrecht zu erhalten.

Literaturverzeichnis

AHRQ: Agency for Healthcare Research and Quality AHRQ, Becoming a High Reliability Organization: Operational Advice for Hospital Leaders, Edited by: Hines S, Luna, K, Lofthus J, et al. Becoming a High Reliability Organization: Operational Advice for Hospital Leaders. (Prepared by the Lewin Group under Contract No. 290-04-0011.) AHRQ Publication No. 08-0022. Rockville, MD: Agency for Healthcare Research and Quality. April 2008

Allenspach, M. (Hrsg): Integriertes Risiko-Management – Perspektiven einer chancenorientierten Unternehmensführung, Festschrift für Matthias Haller, St. Gallen 2001

Allenspach, M.: Beratung im integrierten Risiko-Management, Wurzeln, Formen und kritische Erfolgsfaktoren, I.VW-HSG Schriftenreihe, Band 47, St. Gallen 2006

Ansoff, H.I./McDonnel, E.: Implanting Strategic Management, 2nd edition, New York/London 1990,

Austrian Standards (AS), Normensammlung Risikomanagement, 2. akt. Auflage, Wien 2014

Bank for International Settlements; Secretariat of the Basel Committee on Banking Supervision, The New Basel Capital Accord: an explanatory not, January 2001

Bank for International Settlements, Basel Committee on Banking Supervision, Consultative Document Operations Risk, January 2001

Bank für Internationalen Zahlungsausgleich, Basler Ausschuss für Bankenaufsicht, Konsultationspapier: Überblick über die Die Neue Basler Eigenkapitalvereinbarung, Übersetzung der Deutschen Bundesbank, January 2001

Barr, A.; Raimbault, C-A.: Risques Emergents, un pilotage stratégique, Economica, Paris 2010

Berg, D., Ulsenheimer, K.(Hrsg.): Patientensicherheit, Arzthaftung, Praxis- und Krankenhausorganisation, Springer, Berlin/Heidelberg 2006

Beschluss 93/465/EWG des Rates über die in den technischen Harmonisierungsrichtlinien zu verwendenden Module für die verschiedenen Phasen der Konformitätsbewertungsverfahren und die Regeln für die Anbringung und Verwendung der CE-Konformitätskennzeichnung – ABl. L 220 vom 30.8.1993 und Bull. 7/8-1993

Beschluss des Gemeinsamen Bundesausschusses über eine Änderung der Vereinbarung des Gemeinsamen Bundesausschusses gemäß § 137 Abs. 1 Satz 3 Nr. 1 SGB V über die grundsätzlichen Anforderungen an ein einrichtungsinternes Qualitätsmanagement für nach § 108 SGB V zugelassene Krankenhäuser: Umsetzung des § 137 Absatz 1d Satz 1 SGB V

Bitz, H.: Risikomanagement nach KonTraG, Schäffer-Poeschel, Stuttgart 2000

British Standard 25999: Business Continuity Management, Part 1: Code of practice, Part 2: Specification, London 2006

Bruggmann, M.; Humbel, F.: Schafft die Offenlegung über die Durchführung einer Risikobeurteilung einen Mehrwert für Kreditgeber? Fachhochschule Nordwestschweiz, MAS in Corporate Finance, Zürich, Brugg 2010.

Brühwiler, B.: Risk Management – eine Aufgabe der Unternehmensführung, Haupt, Bern 1980

Brühwiler, B.: Internationale Industrieversicherung: Risk Management, Unternehmensführung, Erfolgsstrategien, Karlsruhe 1994

Brühwiler, B.; Stahlmann, B.: Innovative Risikofinanzierung, neue Wege im Risk Management, Gabler, 1998

Brühwiler, B.: Risk Management als Führungsaufgabe, Haupt, Bern, Stuttgart, Wien, 2003, 2. Aufl. 2007

Brühwiler, B., Romeike, F.: Praxisleitfaden Risikomanagement, ISO 31000 und ONR 49000 sicher anwenden, Berlin 2010

Brühwiler, B.: Zur Lage des Risikomanagements – Ergebnisse einer OECD Umfrage, Zürich 2014

Bühler, A.: Risikomessung mit Value at Risk Methoden, in: Gehrig. B., Zimmermann, H.: Fit for Finance, Theorie und Praxis der Kapitalanlage, 6. Auflage, Zürich 2000

Bundesamt für Umwelt, Wald und Landschaft (BUWAL), Beurteilungskriterien I zur Störfallverordnung, Bern 1996 und Beurteilungskriterien II zur Störfallverordnung II, Bern 2001

Bundesgesetz (Schweiz)über die Banken und Sparkassen (Stand 28. September 1999) sowie die Verordnung über die Banken und Sparkassen (Stand 30. November 1999)

Bundesgesetz (Schweiz)über die Sicherheit von technischen Einrichtungen und Geräten vom 19. März 1976

Bundesgesetz (Österreich) über die Verantwortlichkeit von Verbänden für Straftaten, Verbandsverantwortlichkeitsgesetz vom 23. Dezember 2005

Bundesministerium des Innern (BMI): Schutz kritischer Infrastrukturen – Risiko- und Krisenmanagement, Leitfaden für Unternehmen und Behörden, Berlin, Januar 2008

Bundesnetzagentur: Bericht der Bundesnetzagentur für Elektrizität, Gas, Telekommunikation, Post und Eisenbahn über die Systemstörung im deutschen und europäischen Verbundsystem am 4. November 2006, Bonn, Februar 2007

British Standards BS 25999:2006 Part 1 Business continuity management, London 2006

British Standards BS 25999:2007 Part 2 A specification of BCM, London 2007

Chong, Yen Y., Brown, E. M.: Managing Project Risk, Business Risk Management for Project Leaders, Pearson Education Limited, 2000

Cipolat, U.: Strategische Früherkennung, in: Brühwiler, B., Romeike, F.: Praxisleitfaden Risikomanagement, ISO 31000 und ONR 49000 sicher anwenden, Berlin 2010

Collins, J. : How the Mighty Fall and why some companies never give in, Random House Business Books, London 2009

Comité Européen des Assurances, Solvency II, CEA Notes, August 2002

Corsten, D., Gabriel, Ch.: Supply Chain Management erfolgreich umsetzen, Grundlagen, Realisierung und Fallstudien, Springer, 2002

COSO: The Committee of the Sponsoring Organizations of the Treadway Commission, Jersey City 2004.
Council of Europe, Committee of Ministers, Recommendation (2006) of the Committee of Ministers to member states on management of patient safety and prevention of adverse events in health care (Adopted by the Committee of Ministers on 24 May 2006 at the 965th meeting of the Ministers' Deputies)
Crostack, H.-A.; Höfling, M.; Gösling, M.; Rautenberg, J. Entwicklung von Hilfsmitteln zur Einführung von prozessorientierten Systemen in der Werkzeugindustrie unter Berücksichtigung der Forderungen aus QS-9000 TES und VDA 6.4 Zukunftsperspektiven des Qualitätsmanagements, Crostack, H.-A., Winzer. P. (Hrsg.), Band 2, Shaker Verlag, ISBN 3-8322-2580-3, Aachen 2004
Damodaran, A.: Corporate Finance, Theory and Practice: 2nd edition, Wiley, 2001
Denk, R., Exner-Merkelt, K., Ruthner, R.: Corporate Risk Management, 2. überarbeitete und erweiterte Auflage, Linde international, Wien 2008
Department of Health and Human Services, U.S Food and Drug Administration, September 2004.
Deutscher Corporate Governance Kodex, Fassung vom 5. Mai 2015
Deutsches Bundesministeriums des Innern: Schutz kritischer Infrastrukturen – Risiko- und Krisenmanagement, Leitfaden für Unternehmen und Behörden, Berlin 2008
Deutsches Institut für Interne Revision e.V.: Revisionsstandard Nr. 2, Prüfung des Risikomanagementsystems durch die interne Revision, Frankfurt 2014
Deutsches Institut für Normung (1981/1990) DIN 25424 Fehlerbaumanalyse (Fehlerbaumanalyse, Teil 1: Methode und Bildzeichen, Teil 2: Handrechenverfahren zur Auswertung eines Fehlerbaumes), Ausgabe 1981-09 bzw. Ausgabe 1990-04, Berlin 1981/1990.
Deutsches Institut für Normung DIN 69901(1-5) Projektmanagement; Projektmanagementsysteme 2009
Deutsches Institut für Normung DIN EN ISO 9001:2015 (ISO 9001:2015)
Edwards, E.: Man and Machine: Systems for Safety, 1972, London, UK, British Airlines Pilots Association. Proceedings of British Airlines Pilots Association Technical Symposium
EG-Maschinenrichtlinie, Richtlinie 2006/42/EG des Europäischen Parlaments und des Rates vom 17. Mai 2006 über Maschinen und zur Änderung der Richtlinie 95/16/EG (Neufassung)
EG-Produktsicherheitsrichtlinie, Richtlinie des Rates 92/59/EWG vom 29. Juni 1992 über die allgemeine Produktsicherheit; Richtlinie 2001/95/EG des Europäischen Parlaments und des Rates vom 3. Dezember 2001 über die allgemeine Produktsicherheit
EG-Produkthaftungsrichtlinie, Richtlinie des Rates 85/374/EWG vom 25. Juli 1985 zur Angleichung der Rechts- und Verwaltungsvorschriften der Mitgliedstaaten über die Haftung für fehlerhafte Produkte
EG-Solvabilitätsrichtlinie, Richtlinie 2002/13/EG des Europäischen Parlaments und des Rates vom 5. März 2002 zur Änderung der Richtlinie 73/239/EWG des Rates hinsichtlich der Bestimmungen über die Solvabilitätsspanne für Schadenversicherungsunternehmen

Elsberg, Marc: Blackout, morgen ist es zu spät. 7. Auflage, Blanvalet, München 2013

EN ISO 9000:2015: Qualitätsmanagementsysteme – Grundlagen und Begriffe

EN ISO 9001:2015: Qualitätsmanagementsysteme – Anforderungen

EN ISO 9004:2010: Qualitätsmanagementsysteme – Leitfaden zur Leistungsverbesserung

EN ISO 13485: 2012: Medical devices — Quality management systems — Requirements for regulatory purposes

EN ISO 14791 : 2013 Medizinprodukte – Anwendung des Risikomanagements auf Medizinprodukte

EN ISO 12100-1: Sicherheit von Maschinen – Grundbegriffe, allgemeine Gestaltungsleitsätze – Teil 1: Grundsätzliche Terminologie, Methodologie (ISO 12100-1:2003)

EN ISO 12100-2: Sicherheit von Maschinen – Grundbegriffe, allgemeine Gestaltungsleitsätze – Teil 2: Technische Leitsätze (ISO 12100-2:2003)

EN ISO 14121: Sicherheit von Maschinen – Risikobeurteilung – Teil 1: Leitsätze (ISO/DIS 14121-1:2007)

EN ISO 17021:2011: Conformity assessment – Requirements for bodies providing audit and certification of management systems

EN ISO 17024:2012: Conformity assessment – General requirements for bodies operating certification of persons

EN ISO 19011:2011 Leitfaden für Audits von Qualitätsmanagement- und /oder Umweltmanagementsystemen

EN ISO 31000:2009 Risk Management – Principles and guidelines

Erster Bericht der Kommission an das Europäische Parlament und den Rat über die Anwendung der Eigenmittelrichtlinie (89/299/EWG) vom 8. Februar 2000

EU Richtlinie 96/82/EG DES RATES vom 9. Dezember 1996 zur Beherrschung der Gefahren bei schweren Unfällen mit gefährlichen Stoffen

EU Richtlinie 96/82/EG des Rates vom 9. Dezember 1996 zur Beherrschung der Gefahren bei schweren Unfällen mit gefährlichen Stoffen, auch als «SEVESO-Richtlinie» bekannt

EU Richtlinie 98/37/EG des Europäischen Parlaments und des Rates vom 22. Juni 1998 zur Angleichung der Rechts- und Verwaltungsvorschriften der Mitgliedstaaten für Maschinen

EU-Richtlinien 2006/42/EG des Europäischen Parlaments und des Rates vom 17. Mai 2006 zur Angleichung der Rechts- und Verwaltungsvorschriften der Mitgliedstaaten für Maschinen.

EU-Richtlinie 2008/114/EG DES RATES vom 8. Dezember 2008 über die Ermittlung und Ausweisung europäischer kritischer Infrastrukturen und die Bewertung der Notwendigkeit, ihren Schutz zu verbessern

Europäische Kommission: Leitfaden für die Umsetzung der nach dem neuen Konzept und dem Gesamtkonzept verfassten Richtlinien, Europäische Gemeinschaften, 2000

European Commission, DG Health and Consumer Protection, Patient Safety – Making it happen, Declaration on Patient Safety, 2005

Fritzsche, A. F.: Wie sicher leben wir? Risikobeurteilung und -Bewältigung in unserer Gesellschaft, Köln 1986

Frey, H., Niessen, G.: Monte Carlo Simulation, Quantitative Risikoanalyse für die Versicherungsindustrie, Gerling Akademie Verlag, München 2001

Gesellschaft für Reaktorsicherheit (GRS): Deutsche Risikostudie Kernkraftwerke, Hauptband.

Eine Untersuchung zu dem durch Störfälle in Kernkraftwerken verursachten Risiko. Verlag TÜV Rheinland GmbH, Köln, 1979

Gleissner, W.: Grundlage des Risikomanagements in Unternehmen, Vahlen, München 2008

Gleissner, W., Meier, G.: Wertorientiertes Risiko-Management für Industrie und Handel, Methoden, Fallbeispiele, Checklisten, Gabler, 2001

Gleissner, W.; Romeike, F.(Hrsg): Praxishandbuch Risikomanagement, Konzepte – Methoden – Umsetzung, Erich Schmidt Verlag, Berlin, 2015

Haller, M.: Erübrigt sich angesichts der Globalisierung der Risiko-Dialog? in: Gomez, P., Müller-Stewans, G., Rüegg-Stürm, J.(Hrsg.): Entwicklungsperspektiven einer integrierten Managementlehre. Haupt, Bern 1999, S. 73–120

Heinen, E.: Einführung in die Betriebswirtschaftslehre, 9. Aufl. Wiesbaden 1986

Hochreutener, M.-A.(Hrsg.): Patientensicherheit, Leitfaden für den Umgang mit Risiken im Gesundheitswesen, Fakultas, Wien 2005

Hunziker, St.; Grab, H.; Dietiker, Y.; Gwerder, L.: IKS-Leitfaden, Internes Kontrollsystem für Gemeinden, Haupt, Bern 2012

Huth, M.; Romeike, F.(Hrsg): Risikomanagement in der Logistik, Konzepte – Instrumente – Anwendungsbeispiele, SpringerGabler, Wiesbaden 2016

IAEA SAFETY STANDARDS SERIES: Flood Hazard for Nuclear Power Plants on Coastal and River Sites, Austria 2003, superseded by document SSG-18,

ISO/IEC 27001:2013 Information technology – Security techniques – Information security management systems – Requirements

ISO/IEC Directives, Part 1 — Consolidated ISO Supplement — Procedures specific to ISO, Sixth edition, 2015

ISO/IEC Guide 51:2014 Sicherheitsaspekte – Leitfaden für deren Aufnahme in Normen, Beuth

ISO/IEC Guide 73:2009 Risk Management – Guidelines for use in standards

ISO/TS 14798:2006: Lifts (elevators), escalators and moving walks – Risk assessment and reduction methodology

ISO/TS 16949:2009: Quality management systems – Particular requirements for the application of ISO 9001:2000 for automotive production and relevant service part organizations

ISO 19600:2014 Compliance management systems — Guidelines

ISO 19011:2011 Leitfaden zur Auditierung von Managementsystemen

ISO 22301:2012 Societal security – Business continuity management systems – Requirements

ISO 26000:2010 Guidance on social responsibility

Jungermann, H. & Slovic, P. (1993). Die Psychologie der Kognition und Evaluation von Risiko. In G. Bechmann (Hrsg.), Risiko und Gesellschaft: Grundlagen und Ergebnisse interdisziplinärer Risikoforschung (S. 167-207). Opladen: Westdeutscher Verlag.

Kahn, Hermann; Wiener, Anthony: The year 2000, a framework for speculation on the next thirty-three years, McMillan, New York 1967

Kahla-Witzsch, H.: Praxis des Klinischen Risikomanagement, ecomed Medizin, Augsburg 2005

Kaplan, R. S., Norton, D. P.: Balanced Scorecard, Strategien erfolgreich umsetzen, Schäffer-Pöschel, 1997

Kaufmann, M., Scheidegger, D.; Anonymes Critical Incident Reporting: Ein Beitrag zur Patientensicherheit (Lernen aus Fehlern), in: Synapse, Das offizielle Kommunikationsorgan der Ärztegesellschaft Baselland und der Medizinischen Gesellschaft Basel, Ausgabe 2, März 2004

Kendall, R.: Risk Management, Unternehmensrisiken Erkennen und Bewältigen, Gabler, 1998

Knight, F.: Risk, Uncertainty and Profit, Boston and New York 1921

Leitner, F.: Die Unternehmensrisiken, Berlin 1915

Lombriser, R., Aplanalp, P.: Strategisches Management, Visionen entwickeln, Strategien umsetzen, Erfolgspotentiale aufbauen, 4. Auflage, Versus, Zürich 2005

MIL-STD-882E, Department of Defense, Standard Practice for System Safety, 10 February 2012

MIL-STD-1629A Military Standard Procedures for Performing a Failure Mode, Effects and Criticality Analyses, 24 November 1980

Mistele, P.: Die Relevanz der High Reliability Theory für Hochschulleistungssysteme, Technische Universität Chemnitz, 2005

Mintzberg, H.: The Rise and Fall of Strategic Planning, New York 1994

Müller, W.A.: Strategic Foresight, Prozesse strategischer Trend- und Zukunftsforschung in Unternehmehmen, Dissertation, St.Gallen 2008

Neumayr, A.; Baubin, M.; Schinnerl, A.: Risikomanagement in der prähospitalen Notfallmedizin, Werkzeuge, Massnahmen, Methoden, Springer, Berlin, Heidelberg, 2016

Neue Zürcher Zeitung NZZ, 20. Juli 2006, «Schindlers Lift und Japans verdrängtes Trauma, wie ein tödlicher Unfall Empörungswellen gegen eine Schweizer Firma auslöst», von Urs Loosli

Neue Züricher Zeitung NZZ, VW-Abgas Skandal, Mitarbeiter packt aus, 9. 11.2015 von Christoph Eisenring

OECD, Organisation für wirtschaftliche Zusammenarbeit und Entwicklung, OECD-Grundsätze von Corporate Governance, Neufassung 2004.

OECD, G20/OECD Principles of Corporate Governance, OECD Publishing, Paris 2015.

OECD, DIRECTORATE FOR FINANCIAL AND ENTERPRISE AFFAIRS, CORPORATE GOVERNANCE COMMITTEE, Peer Review 6: Risk Management and Corporate Governance, (DAF/CA/CG(2013)5/FINAL)

Oertmann, P.: Capital Asset Pricing Model, in: Gehrig, B./Zimmermann, H.: Fit for Finance, Theorie und Praxis der Kapitalanlage, 6. Auflage , 2000

ON-Regel 49000 Risikomanagement für Organisationen und Systeme – Begriffe und Grundlagen, Version 2014

ON-Regel 49001 Risikomanagement für Organisationen und Systeme – Risikomanagement, Version 2014

ON-Regel 49002-1 Risikomanagement für Organisationen und Systeme, Leitfaden für die Einbettung des Risikomanagements ins Managementsystem, Version 2014

ON-Regel 49002-2 Risikomanagement für Organisationen und Systeme, Leitfaden für die Methoden der Risikobeurteilung, Version 2014

ON-Regel 49002-3 Risikomanagement für Organisationen und Systeme, Leitfaden für das Notfall-, Krisen- und Kontinuitätsmanagement, Version 2014

ON-Regel 49003 Risikomanagement für Organisationen und Systeme, Anforderungen an die Qualifikation des Risikomanagers, Version 2014

Österreichischer Corporate Governance Kodex, Jänner 2015

Pfaff, D., Flemming, R.: Schweizer Leitfaden zum Internen Kontrollsystem (IKS), 6. aktualisierte und erweiterte Auflage, orell füssli 2013

Porter, M. E.: Towards a Dynamic Theory of Strategy, in: Strategic Management Journal, Vol. 12, Special Issue, 1991

Promotorengruppe Kommunikation der Forschungsunion Wirtschaft – Wissenschaft: Abschlussbericht des Arbeitskreises Industrie 4.0, Vorabversion Berlin 2012

Proske, D.: Katalog der Risiken, Risiken und ihre Darstellung, Eigenverlag, Dresden 2004

REACH-Projekt Baden-Württemberg: Abschätzung der Auswirkungen der neuen europäischen Chemikalienpolitik auf Produktion, Innovation und Wettbewerbsfähigkeit in Baden-Württemberg – Ergebnisse einer Unternehmensbefragung, Oktober 2004

Reason, J.: Managing the risk of organizational accidents, Ashgate Publishing Company, Hampshire, England

Reason, J.: Human Error, Cambridge, MA, Cambridge University Press, 1990

Reason, J.: Menschliches Versagen: psychologische Risikofaktoren und moderne Technologien. Heidelberg: Spektrum, 1994.

Romeike, F.: Lexikon Risiko-Management, Wiley, Köln 2004

Romeike, F., Finke, R. (Hrsg.): Erfolgsfaktor Risiko-Management, Chance für Industrie und Handel, Methoden, Beispiele, Checklisten, Gabler, Wiesbaden 2003

Romeike, F., Müller-Reichart, M.: Risikomanagement in Versicherungsunter-nehmen, Wiley, Weinheim 2005

Romeike, Frank; Spitzner, Jan: Von Szenarioanalyse bis Wargaming, Betriebswirtschaftliche Simulationen im Praxiseinsatz,

Rüegg-Stürm, J.: Das neue St. Galler Management-Modell, Institut für Betriebswirtschaft, St. Gallen 2002

Rühli, E.: Unternehmungsführung und Unternehmungspolitik, Bd. I, Bern und Stuttgart 1973, Bd. II Bern und Stuttgart 1978

Scharpf, P.: Risikomanagement- und Überwachungssysteme im Treasury, Darstellung der Anforderungen nach KonTraG, Schäffer-Poeschel, Stuttgart 1998

Scherer,J.; Fruth, K.: Governance-Management Band I, Grundsätze ordnungsgemässer Unternehmensführung und –Überwachung, Deggendorf 2015,

Schweizerische Arbeitsgemeinschaft für Qualitätsförderung: Integrierte Produktsicherheit, Ausgabe 1998

Schweizerische Eidgenossenschaft, Büro für Flugunfalluntersuchungen 2009, Statistik über Flugunfälle von der der Schweiz immatrikulierten Luftfahrzeugen im In- und Ausland sowie von im Ausland immatrikulierten Luftfahrzeugen in der Schweiz.

Schweizerische Eidgenossenschaft, Büro für Flugunfalluntersuchungen 1994-2004, kommentierte Statistik über Air Traffic Incident Reports, berücksichtigt sind die Jahre 1999-2003

Schweizerische Erdgaswirtschaft: Sicherheit von Erdgashochdruckanlagen, Rahmenbereicht zur standardisierten Ausmasseinschätzung und Risikobeurteilung, Zürich, Revision 2010

Schweizerische Unfallversicherungsanstalt: Methode Suva zur Beurteilung von Risiken an Arbeitsplätzen und bei Arbeitsabläufen, September 2000

Siegmann, S., Tenckhoff, B.: BSM, Vernetztes Betriebssicherheits-Management, Heidelberg 2009

Standards Australia: AS/NZS 4360:2004 Risk Management

Starr, C.: Social Benefit vs. Technological Risk; What is our Society willing to pay for, Strategy Unit Report: Risk: Improving government's capability to handle risk and uncertainty, London, November 2002

Stiftung für Patientensicherheit, Lernen aus Behandlungsfehlern, Projekt ERA, Error & Risk Analysis, nicht veröffentlicht, Zürich 2005

St.Pierre, M.; Hofinger, G.: Human Factors und Patientensicherheit in der Akutmedizin, 3. Aufl., Springer, Berlin, Heidelberg, 2014

Swiss Code of Best Practice for Corporate Governance, Economiesuisse, August 2014

Swiss Reinsurance Company: Product liability Claims in Europe, Zurich 1996

Taskforce Patientensicherheit: Vorschlag für ein nationales Programm zur Erhöhung der Patientensicherheit, April 2001

Taylor-Adams, S., Vincent, C.: Systems Analysis for Clinical Incidents. The London Protocol, British Medical Journal. 2000; 320(7237):777–781.

Taylor-Adams, S. / Vincent, C.: Systemanalyse Klinischer Zwischenfälle. Das London Protokoll. Deutsche Übersetzung, herausgegeben von: Stiftung für Patientensicherheit, Zürich 2007

The UK Corporate Governance Code, London 2014,

Ulrich, H., Krieg. W.: St. Galler Management-Modell, 3. Auflage, Haupt, Bern 1974

Ulrich, H.: Unternehmungspolitik, Haupt, Bern 1978

UVEK Eidgenössisches Departement für Umwelt, Verkehr, Energie und Kommunikation, «Beurteilung von Maßnahmen zur Reduktion von Risiken im Gefahrguttransport auf der Schiene» vom Januar 2002

VERORDNUNG (EU) Nr. 1169/2010 DER KOMMISSION vom 10. Dezember 2010 über eine gemeinsame Sicherheitsmethode für die Konformitätsbewertung in Bezug auf die Anforderungen an die Erteilung von Eisenbahnsicherheitsgenehmigungen, Anhang I Verfahren, Anhang II Kriterien

VERORDNUNG (EU) Nr. 376/2014 DES EUROPÄISCHEN PARLAMENTS UND DES RATES vom 3. April 2014 über die Meldung, Analyse und Weiterverfolgung von Ereignissen in der Zivilluftfahrt, zur Änderung der Verordnung (EU) Nr. 996/2010 des Europäischen Parlaments und des Rates und zur Aufhebung der Richtlinie 2003/42/

EG des Europäischen Parlaments und des Rates und der Verordnungen (EG) Nr. 1321/2007 und (EG) Nr. 1330/2007 der Kommission

VIMENTIS, die neutrale Informationsplattform: Das Schweizer Bankgeheimnis im internationalen Umfeld, 22. 9.2013

Vincent, C., Taylor-Adams, S.; Stanhope, N.: Framework for analysing risk and safety in clinical medicine, in: BMJ 1998; 316, S. 1154–7

Vincent, C.: Patient Safety, second edition, Wiley-Blackwell, 2010

Vorschlag für ein nationales Programm zur Erhöhung der Patientensicherheit, Task Force «Patientensicherheit», Hrsg.: Brunner HH., Conen D., Günter P., von Gunten M., Huber F., Kehrer B., Komorowski A., Langenegger M., Scheidegger D., Schneider R., Suter P., Vincent C., Weber O., undatiert

Williams, C. A., Heins, R. M.: Risk Management and Insurance, McGraw Hill, 1971.

Wolf, K., Runzheimer, B.: Risikomanagements und KonTraG, Konzeption und Implementierung, 3., überarbeitete und erweitere Auflage, Gabler 2001

World Economic Forum: Global Risks 2007, a Global Risk Network Report, January 2007

World Economic Forum: Global Risks 2015, 10th edition, January 2015

World Economic Forum: The Global Risks 2016, 11th edition, January 2016

World Health Organization (WHO): Patient Safety, A World Alliance for Safer Health Care, Doc. 1.8: Patient safety and invasion procedures, Geneva 2012

Zogg, H.: «Zürich» –Gefahrenanalyse, Grundprinzipien, Zürich Versicherungs-Gruppe, Risk Engineering, Zürich 1987

Verzeichnis der Internetquellen

www.cirsmedical.de , letzter Zugriff Februar 2016
www.cirsmedical.at, letzter Zugriff Februar 2016
http://de.wikipedia.org/wiki/COSO letzter Zugriff Januar 2016
http://de.wikipedia.org/wiki/Cobit, letzter Zugriff Januar 2016.
http://de.wikipedia.org/wiki/Norman_Rasmussen, letzter Zugriff Mai 2013
http://www.25999.info/ letzter Zugriff Februar 2016
http://ec.europa.eu/health/patient_safety/policy/index_de.htm , letzter Zugriff Januar 2016
http://ec.europa.eu/health/patient_safety/healthcare_associated_infections/index_de.htm letzter Zugriff Januar 2016
http://www.england.nhs.uk/ourwork/patientsafety/never-events/ letzter Zugriff August 2015
http://europa.eu/rapid/press-release_IP-08-1973_de.htm?locale=en , letzter Zugriff Januar 2016
http://www.dupont.com/safety/philosophy.html , letzter Zugriff Oktober 2006
http://www.ipcc.ch/pdf/assessment-report/ar5/syr/AR5_SYR_FINAL_SPM.pdf, Climate change synthesis report, Summary for Policy Makers, letzter Zugriff Februar 2016
http://www.nzz.ch/wirtschaft/amerikas-abrechnung-mit-der-credit-suisse-1.18305966, letzter Zugriff Februar 2016
http://www.justice.gov/tax/swiss-bank-program, letzter Zugriff Februar 2016
https://www.pwc.ch/user_content/editor/files/publ_ass/pwc_iks_fuehrungsinstrument_wandel_06_d.pdf, letzter Zugriff Januar 2016
http://www.itwissen.info/definition/lexikon/supervisory-control-and-data-aquisition-SCADA.html, letzter Zugriff Januar 2016
https://www.sif.admin.ch/sif/de/home/themen/internationale-steuerpolitik/us-steuerstreit.html, letzter Zugriff Februar 2016
http://www.srf.ch/risiko/ueberschaetzte-risiken#_ftnref3 , letzter Zugriff Januar 2016
http://www.spiegel.de/wirtschaft/unternehmen/volkswagen-skandal-die-wichtigsten-daten-und-fakten-zur-abgasaffaere-a-1058920.html, letzter Zugriff Februar 2015
http://www-pub.iaea.org/books/IAEABooks/6731/Flood-Hazard-for-Nuclear-Power-Plants-on-Coastal-and-River-Sites, letzter Zugriff Februar 2016
https://de.wikipedia.org/wiki/Herbert_William_Heinrich , letzter Zugriff Januar 2016
http://de.wikipedia.org/wiki/Brainstorming, letzter Zugriff Januar 2016
http://de.wikipedia.org/wiki/Delphi-Methode, letzter Zugriff, Januar 2016
https://de.wikipedia.org/wiki/Kenneth_Lay, letzter Zugriff Februar 2016

http://de.wikipedia.org/wiki/projekt, letzter Zugriff Februar 2016
http://de.wikipedia.org/wiki/TGN1412, letzter Zugriff Februar 2016
http://de.wikipedia.org/wiki/Transrapid, letzter Zugriff Oktober 2006.
https://de.wikipedia.org/wiki/Verordnung_(EG)_Nr._1907/2006_(REACH), letzter Zugriff Februar 2016
https://de.wikipedia.org/wiki/Vorsorgeprinzip , letzter Zugriff Januar 2016.
http://de.wikipedia.org/wiki/Wahrscheinlichkeit, letzter Zugriff Januar 2016
https://de.wikipedia.org/wiki/William_Edwards_Deming, letzter Zugriff Februar 2016
https://www.risknet.de/wissen/rm-methoden/fehlerbaumanalyse/ letzter Zugriff Februar 2016
https://www.risknet.de/themen/risknews/die-nuklearkatastrophe-von-fukushima/9039e27501722c61e1527360464f1b01/, letzter Zugriff Februar 2016

Stichwortverzeichnis